南京水利科学研究院出版基金资助

河湖水系连通与水安全保障关键技术研究及应用

吴时强 戴江玉 吴修锋 等 著

·北京·

内 容 提 要

本书是"十三五"国家重点研发计划项目"河湖水系连通与水安全保障关键技术（2018YFC0407200）"研究成果的系统总结，主要以我国典型区域河湖水系为例，揭示了典型区域河湖水系连通格局形成机理及其演变规律，创建了河湖水系连通的"评价-治理-集成"一体化水安全保障关键技术，提出了河湖水系连通水安全保障能力评价技术导则，建立了代表性突出和特色鲜明的河湖水系连通综合治理示范区并技术示范，构建了国家现代水网布局战略框架，形成了河湖水系连通治理理论与技术体系。

本书可供河湖保护与治理、水安全保障、水资源配置与调度、水生态环境保护、地理科学、水力学及河流动力学、水文水资源学、生态水利学等相关领域的科研技术人员、政府部门有关管理人员以及高等院校师生阅读和参考。

图书在版编目（CIP）数据

河湖水系连通与水安全保障关键技术研究及应用 / 吴时强等著. -- 北京 : 中国水利水电出版社, 2024. 12. -- ISBN 978-7-5226-2877-6

Ⅰ．TV213.4

中国国家版本馆CIP数据核字第2024M8R869号

书　　名	河湖水系连通与水安全保障关键技术研究及应用 HEHU SHUIXI LIANTONG YU SHUI'ANQUAN BAOZHANG GUANJIAN JISHU YANJIU JI YINGYONG
作　　者	吴时强　戴江玉　吴修锋　等　著
出版发行	中国水利水电出版社 （北京市海淀区玉渊潭南路1号D座　100038） 网址：www.waterpub.com.cn E-mail：sales@mwr.gov.cn 电话：（010）68545888（营销中心）
经　　售	北京科水图书销售有限公司 电话：（010）68545874、63202643 全国各地新华书店和相关出版物销售网点
排　　版	中国水利水电出版社微机排版中心
印　　刷	北京印匠彩色印刷有限公司
规　　格	184mm×260mm　16开本　18.75印张　456千字
版　　次	2024年12月第1版　2024年12月第1次印刷
定　　价	128.00元

凡购买我社图书，如有缺页、倒页、脱页的，本社营销中心负责调换

版权所有·侵权必究

前　言

河湖水系是由自然演进过程中形成的江河、湖泊、湿地等水体以及人工修建形成的水库、闸坝、堤防、渠系与蓄滞洪区等水工程共同组成的一个复杂的"自然-人工"复合水系。河湖水系是陆地水循环系统的重要组成部分，是水资源形成与演化的主要载体，也是自然生态环境的重要构成要素。

人类文明的起源与发展同河湖水系密切相关，河湖水系分布与连通格局从根本上决定了陆地上水资源的分布格局，影响区域水资源配置与保障能力，影响与之相关联的自然生态环境系统和人类社会经济系统的发展与稳定。河湖水系连通作为改善河湖水系联系、调整水土资源匹配关系、改进河湖服务功能的手段，历来就是人类不断实践与探索的过程。我国4000多年前的大禹治水，就是采取沟通河道、疏导洪水的方法才获得成功。从春秋战国时期以军事和航运为目的的邗沟、防洪与灌溉兼顾的都江堰开始，到举世闻名的京杭大运河，我国的河湖水系连通在兴水利、除水害方面发挥了十分重要的作用，留下了非常宝贵的经验。

我国水资源时空分布不均，部分地区水资源承载能力和调配能力不足，一些江河和地区还存在洪涝水宣泄不畅、河湖湿地萎缩严重、水环境和水生态恶化等水安全问题，河湖水系格局及其功能与特定区域经济社会发展布局不匹配矛盾尤为凸显。2011年中央一号文件和中央水利工作会议明确提出，尽快建设一批河湖水系连通工程，提高水资源调控水平和供水保障能力。通过构建"引得进、蓄得住、排得出、可调控"的河湖水网体系，旨在实现水量优化配置，提高供水的可靠性，增强防洪保安能力，改善生态环境。目前有关河湖水系连通与水安全保障方面的基础理论与关键技术还不够成熟，严重制约了河湖水安全保障实践。因此，通过理论研究和技术创新与示范，开展河湖水系连通与水安全保障关键技术研究，有助于促进区域经济社会发展，服务于生态文明建设战略。

南京水利科学研究院牵头承担"十三五"国家重点研发计划项目"河湖

水系连通与水安全保障关键技术（2018YFC0407200）"，围绕我国河湖水系连通水安全保障科技需求，揭示典型区域河湖水系连通格局形成机理与演变规律，创建河湖水系连通"评价-治理-集成"一体化水安全保障关键技术，提出河湖水系连通水安全保障能力评价技术导则，建立代表性突出和特色鲜明的河湖水系连通综合治理示范区并技术示范，构建国家现代水网布局战略框架，形成河湖水系连通治理理论与技术体系，服务国家水网建设与水安全保障战略。

本书以"河湖水系连通与水安全保障关键技术"项目研究成果为基础编著而成，共分为8章，第1章综述了国内外河湖水系连通与水安全保障相关的理论技术研究现状；第2章揭示了河湖水系连通格局特征、形成机理及变化环境下典型区的演变规律；第3章创建了河湖水系连通与水安全保障适配性评价技术；第4章结合典型区研发了河湖水系连通"动力重构-有序流动-目标协同-风险管控"共性治理技术；第5章提出了南水北调东线影响区水系连通与水安全保障技术，评价技术示范效果；第6章提出了高城镇化水网区河湖水系连通与水安全保障技术，评价技术示范效果；第7章在分析新形势我国水网连通需求的基础上提出了国家水网布局战略框架；第8章总结凝炼研究成果，形成研究结论。

本书由吴时强、戴江玉统稿，第1章由吴时强、吴修锋、戴江玉、王芳芳撰写，第2章由鲁春辉撰写，第3章由程磊撰写，第4章由吴时强、张宇、高昂撰写，第5章由孟建川、戴江玉、杜涛、刘倩倩撰写，第6章由石亚东、蔡梅、柳杨撰写，第7章由李云玲、马睿撰写，第8章由吴时强、戴江玉撰写。

研究过程中，得到了张建云院士、唐洪武院士、王超院士、陈晓宏教授、刘晓燕正高级工程师、陈进正高级工程师、阮晓红教授、贾海峰教授、柴宏祥教授、易雨君教授等资深专家学者的大力支持和悉心指导。本书的出版还得到了南京水利科学研究院出版基金的资助，一并表示感谢。

我国河湖水系格局复杂多样，水安全保障问题与需求因地各异，加之气候变化、水网建设、水安全问题等因素交织和变化，还需深化变化环境下河湖水系连通治理理论，优化河湖水系连通水安全保障技术体系，强化河湖水系连通水安全保障技术推广。加上作者水平有限，书中难免有偏颇、遗漏和不妥之处，恳请广大读者和同行批评指正，以利今后深入研究。

作者

2024年10月

目 录

前言

1 绪论 ········· 1
  1.1 研究背景与意义 ········· 1
  1.2 国内外研究现状 ········· 2
  1.3 研究目标与内容 ········· 11

2 河湖水系连通格局形成机理与演变规律 ········· 12
  2.1 我国河湖水系连通格局特征及形成机理 ········· 12
  2.2 变化环境下河湖水系连通演变规律研究 ········· 24
  2.3 小结 ········· 39

3 河湖水系连通与水安全保障适配性评价 ········· 41
  3.1 河湖水系连通与水安全保障适配性评价体系 ········· 41
  3.2 典型区河湖水系连通水安全保障现状评价及未来预测 ········· 54
  3.3 小结 ········· 85

4 河湖水系连通治理关键技术 ········· 86
  4.1 河湖水系动力重构技术 ········· 86
  4.2 河湖水系有序流动调控技术 ········· 98
  4.3 河湖水系连通多目标协同调控技术 ········· 112
  4.4 河湖水系连通伴生风险识别与管控技术 ········· 126
  4.5 小结 ········· 150

5 南水北调东线影响区水系连通与水安全保障技术示范 ········· 152
  5.1 沂沭泗流域河湖水系连通格局优化 ········· 152
  5.2 南四湖湖东片"截-导-滞-净-控"水质保障技术 ········· 156
  5.3 沂沭河上片"拦-蓄-调-补-用"水资源配置技术 ········· 176
  5.4 技术示范效果 ········· 192
  5.5 小结 ········· 201

6 高城镇化水网区河湖水系连通与水安全保障技术示范 ········· 203
  6.1 武澄锡虞片河湖水系连通格局优化 ········· 203

 6.2 武澄锡虞片"分片治理-滞蓄有度-调控有序"防洪除涝技术 …………… 205
 6.3 常州市"多源互补-引排有序-精准调控"水环境质量提升技术 …………… 225
 6.4 技术示范效果 ………………………………………………………… 244
 6.5 小结 …………………………………………………………………… 259
7 我国河湖水系格局与国家水网布局战略框架 …………………………… 261
 7.1 新形势下国家水网需求分析 ………………………………………… 261
 7.2 河湖水系连通与国家水网布局战略框架 …………………………… 280
 7.3 小结 …………………………………………………………………… 286
8 结论 ……………………………………………………………………… 288
参考文献 …………………………………………………………………………… 290

1 绪论

1.1 研究背景与意义

水旱灾害、水资源短缺、水环境恶化是全球水安全面临的三大挑战。河湖水系连通作为优化水资源配置战略格局、提高水利保障能力、促进水生态文明建设的有效举措，在水安全保障中起到了举足轻重的作用。自古以来，人类就采用河湖水系连通方式来满足当时的水安全需求，如都江堰、京杭大运河、尼罗河引水灌溉工程等，已经成为河湖水系连通工程的典范。受气候变化与人类活动等因素胁迫，当今水安全问题呈现出全球性、复杂性、关联性和不确定性，河湖水系连通对水问题的作用机制与保障手段也呈现出适应性、综合性、协同性和差异性。因此如何认识河湖水系连通工程驱动机制及其演变规律、确定与其功能的适配性，创新连通治理技术，构建水安全保障的水网战略是河湖水系连通亟须解决的重大理论与技术难题，也是保障水安全的迫切需求。

河湖水系经历了从自然渐变到人工干预突变的演变历程，探求河湖水系连通演变及其自然-人工驱动机制，评判与水安全适配程度对河湖水系治理具有重要理论意义。已有学者从生产生活方式、水土资源开发方式、人水关系以及其连通状况等角度，划分了河湖水系连通演变的不同历史阶段，初步识别了自然与人工驱动因素。同时，也建立了涵盖结构连通性、水力连通性、水安全功能的定性评价指标体系，但缺乏水系连通与水安全相适配的定量评价手段。河湖水系连通治理需求迫切，作为指导如何干预河湖水系连通格局的理论依据，深入认识河湖水系连通演变规律及其自然与人工驱动作用尤为关键。

全球水安全保障需求呈现从单目标向多目标发展的态势，对水安全保障技术的多样化与系统性也提出要求，研发河湖水系连通治理关键技术是实现多目标水安全保障的技术支撑。河湖水系连通格局的实现首先须通过工程手段，国内外普遍采用开设河道、兴建水库、重建湿地等工程措施，在此基础上研究了河湖水系连通水力再造技术、水资源多目标调度技术、水环境改善调控技术以及连通风险应对技术等分项技术，也形成了诸如加州水道工程实时调度模型等治理系统，但技术适用性往往局限于具体研究区域。随着河湖水系连通工程的广泛应用，亟待研发适应不同河湖水系连通格局与功能需求的综合治理技术。

河湖水系连通涉及国家、区域、城市等不同层面，需适应社会经济与生态文明发展要求，研究河湖水系连通布局与发展战略对保障社会可持续发展至关重要。国外较早开展了区域河湖水系连通战略规划研究，强调工程对防洪与水生态环境提升等多种水安全功能的融合，也注重制定相关法案，例如美国加州三角洲水系综合规划。而我国主要侧重河湖水系连通技术研究，部分研究也从国家、省级以及城市等不同层面，初步提出了我国河湖水系连通的布局构想。统筹考虑多层面与多功能河湖水系连通需求，重点发展与水生态文明建设相适应的连通布局战略是必然趋势。

经过多年江河治理与开发，我国已基本形成了以满足防洪与供水功能的河湖水系连通格局。但由于气候变化与城镇化等因素影响，河湖水系连通的发展还面临众多挑战，体现在水资源时空分布与社会经济发展不匹配、气候变化引发的不确定性影响以及河湖水系连通治理问题的复杂性。在习近平总书记"节水优先、空间均衡、系统治理、两手发力"治水思路指引下，迫切需要开展河湖水系连通演变理论研究，构建与水安全适配的定量评价体系，研发基于水安全保障的河湖水系连通治理核心技术，提出国家现代水网布局战略建议，支撑社会经济发展与生态文明建设国家战略。

1.2 国内外研究现状

1.2.1 河湖水系格局与河湖水系连通理论研究

河湖水系格局是区域江河、湖泊、湿地以及水库等地表水体在平面轮廓或展布，是外界地形、气候以及人类活动等因素作用地表水体最直接的表现，是河湖水系形态及功能研究的基础。河湖水系格局研究最早可以追溯到20世纪30年代，早期的研究主要以河湖水系特征的定性描述为主，例如Glock[1]从河流历史演变的角度提出水系发育首先出现干流，然后出现滞留，接着便出现更小的支流，最后沟通地表水体形成河湖水系。国内研究者根据历史文献记载、历史地图，采用历史地理学溯源、历史地图解读等方法对地质时期和历史时期的河网水系演变进行了定性的描述[2]。

20世纪40年代，Horton[3]从统计学的角度出发提出著名的河数定律及河长定律；Strahler[4]表明在均质流域内河网分布有着几何学上的自相似性，对Horton的河流分级系统进行修正。Horton定律揭示了流域水网分布普遍存在经验形的数量关系。在此基础上，不少研究从河流地貌学的角度评估大尺度流域河湖水系网格局，例如高华端和杨世逸[5]依据Strahler河道分级法则，分析了乌江流域河网水系格局，从河网水系分枝比等指标出发，构建了流域内河湖水系网的分布数学模型。周家维和胡藻[6]对北盘江流域水系进行了分析，从水网密度、水系等级、分枝比与分枝能力方面揭示了流域的河湖水系格局特征。

20世纪70年代，美国数学家Mandelbrot[7]开创分形理论，并于1983年提出河网具有分形特征[8]。随后，分形维数计算公式被提出，分形理论被广泛应用于河湖水系格局和水系发育程度的研究中。Tarboton[9]分析验证了自然河湖水网普遍具有分形特征，且分形维数接近于2；La Barbera和Rosso[10]计算出多个流域的分形维数，介于1~2之间，均值1.6~1.7。梁虹和卢娟[11]将分形与熵值理论结合，从分形特征的角度研究了喀斯特流域和非喀斯特流域的几类河湖水系网格局。

随着计算机技术的大力发展，尤其是3S（即遥感技术RS、地理信息系统GIS和全球定位系统GPS）空间分析技术的大力发展，对河湖水系格局的研究逐步形成了河流地貌学、地理水文学、景观生态学等多学科相结合的研究方法。由以往定性描述为主逐步转向为定量描述为主的阶段。例如利用数字高程系统 DEM 推求河道坡度；高清遥感影像观测图像刻画河湖水系网、地表水体面积等。早期难以计算的流域面积、河网密度、水面率、河湖水系网坡度等指标被广泛地用于河湖水系格局评价[12,13]。

连通的河湖水系与区域水资源调配能力、调水排涝抵御水旱灾害能力以及缓解区域水污染功能密切相关。随着河湖水系工程作为一种水资源优化配置、提高水利保障能力、促进水生态文明建设的有效举措在国内外广泛开展，河湖水系研究的逐渐兴起，国内外越来越多的学者增加河湖水系连通度来描述区域河湖水系网，即河湖水系连通格局。但国内外对河湖连通的定义及内涵理解多样，见表1.1，早在1998年Watts和Strogatz[14]从水文学角度认为水系连通指径流从源区-干流-流域网络-出流移动的效率或水循环各要素间的有机物、能量转移速率[15-16]。长江水利委员会编写的《维护健康长江，促进人水和谐研究报告》中，将水系连通定义为：河道干支流、湖泊及其他湿地等水系的连通情况，反映水流的连通性和水系连通状况[17]。张欧阳等[18]指出河湖水系连通是集中于湖泊、湿地、河道干支流等水系的连通状况；Gubiani等[19]从生态学的角度出发，指出水系连通是物质、能量以及生物体在水圈或水圈各要素间随着水质的转换。Turnbull等[20]则认为河湖水系连通性包含动态连通性及功能连通性，是一个用过程描述的区域相互连接的动态属性。在之后，徐宗学和庞博[21]认为河湖水系连通为一个宏观的概念，涵盖了河湖水系间的多种水力联系作用。李宗礼等[22]将河湖水系连通定义为依靠自然水循环更新能力以及人工措施构建的河湖水系连通网络，其根本目的在于促进水资源的可持续利用。刘加海[23]认为一般意义上的河湖水系连通是指以江河、湖泊、湿地以及水库等为基础，通过科学的调水、疏导、沟通、调度等措施建立或改变江河湖库水体之间水力联系的行为。而刘伯娟等[24]认为河湖水系连通本质上是"根据河、湖特性，统筹考虑区域发展要求，通过自然与人工手段进行科学有效地连通，构建脉络相通的水网体系"。李原园等[25]进一步较为客观、科学地阐述了河湖水系连通的定义：依靠自然水循环更新能力以及人工措施构建的河湖水系连通网络体系，其根本目的在于促进水资源的可持续利用，为人们的生存发展奠定坚实的基础。Golden等[26]给出水文连通性用于描述地理上孤立的湿地水与地表系统中的水通过地表水、浅层地表水或地下水的连接方式及程度。

表1.1 不同水安全定义及内涵

定义出处	水安全定义内涵
Watts和Strogatz[14]	水系连通指径流从源区-干流-流域网络-出流移动的效率或水循环各要素间以水为介质的有机物、能量转移速率
蔡其华[17]	河道干支流、湖泊及其他湿地等水系的连通情况，反映水流的连通性和水系连通状况
张欧阳等[18]	河湖水系连通是集中于湖泊、湿地、河道干支流等水系的连通状况
Gubiani等[19]	水系连通是物质、能量以及生物体在水圈或水圈各要素间随着水质的转换
Turnbull等[20]	河湖水系连通性包含动态连通性及功能连通性，是一个用过程描述的区域相互连接的动态属性
徐宗学和庞博[21]	河湖水系连通为一个宏观的概念，涵盖了河湖水系间的多种水力联系作用

续表

定义出处	水 安 全 定 义 内 涵
李宗礼等[22]	河湖水系连通为依靠自然水循环更新能力以及人工措施构建的河湖水系连通网络,其根本目的在于促进水资源的可持续利用
刘伯娟等[24]	河湖水系连通本质上是"根据河、湖特性,统筹考虑区域发展要求,通过自然与人工手段进行科学有效地连通,构建脉络相通的水网体系"
李原园等[25]	依靠自然水循环更新能力以及人工措施构建的河湖水系连通网络体系,其根本目的在于促进水资源的可持续利用,为人们的生存发展奠定坚实的基础
Golden等[26]	直接产生与地理上孤立的湿地水与地表系统中的水通过地表水、浅层地表水或地下水的连接方式及程度

夏军等[27]系统地探讨了对水系连通进行分类的基本原则,包括相关性原则、主导性原则、完整性原则及表征性原则。然后依据水系连通涉及的不同特征及要素进行了水系连通的分类体系构建,其中从水资源管理工作需求出发,推荐以连通目的、空间格局和连通对象的分类方式。

河湖水系连通定义及内涵的多样性,加之受驱动因素、地理位置、连通方式、连通对象等特征的影响,当前国内外河湖水系连通格局定量化的研究相对较少,且明确的连通性度量指标仍未达成共识。黄初龙等[28]研究提出了一套描述城市水系连通功能的指标体系、评价标准和评价方法,用以定量评价城市化对水系连通功能的影响程度。靳梦和窦明[29]使用年平均径流保证率、河道侵蚀模数、河流水质达标率等10项指标构建了城市河湖水系连通性评价体系。左其亭和崔国韬[31]构建了以目标层、准则层、分类层、指标层4个层次构成的量化指标体系,从宏观角度量化和分析人类活动对河湖水系连通的影响,并将其应用于人类活动剧烈的淮河流域。目前广泛采用的定量化评价主要包括水力模型、图论、景观生态学等其他辅助方法。Karim等[32]采用MIKE21模型来计算径流时间、持续性以及空间的连通范围。图论是利用图的性质来研究各种系统的数学方法,将河湖水系连通格局概化为点线的数学模型,方法相对简单且有数学基础,被广泛用于河湖水系连通格局评价[30,32,33]。景观生态学中的廊道是不同于周围景观基质的线状或带状景观要素。河流本身就是廊道,因此节点度数、廊道密度等景观生态学连通性评估也可以用于河湖水系连通格局的评价[31]。

针对以上多种河湖水系连通格局的评价角度,目前较为系统的河湖水系连通评估方法往往综合多种评估指标,综合河湖水系数量特征、储水量特征、水力特征和连通特征评估区域河湖水系格局变化。例如王柳艳[35]在评价太湖流域河湖水系连通格局时采用河网密度、分形维数以及水面率等多种指标。何蒙等[36]选用水面率、水系连通度、节点连接率以及流域面积长度比等多个指标反映长江荆南三口区域河湖水系连通格局的变化。

1.2.2 水安全的定义、内涵及其评价研究

水资源是最为重要的自然资源之一,与人类社会起源息息相关,深刻影响区域内人与自然的健康发展。保障水安全自始至终是人类社会的重要话题之一[37-38]。尤其在中国,一方面,中国人均水资源占有率低且时空分布严重不均,水资源时空分布与经济社会发展

不协调;另一方面,用水效率较低、水资源浪费、高速发展带来的水污染问题进一步加剧了我国的水安全问题。日趋严重的水安全保障问题已经成为我国未来健康可持续发展的严重制约之一,如何有效地应对我国水安全保障问题是一项艰巨的挑战[38,39]。保障我国的水安全自20世纪90年代末就引发了中国学者的一系列讨论,包括饮用水安全、水资源短缺、水污染和洪旱灾害等。近些年,保障水安全在政府、学术界和工业界的热度进一步增加,已经作为国家政策制定的重要依据。2014年3月,中共中央财经领导小组就水安全问题展开研究讨论,并于4月宣布将水资源及水安全保障问题纳入国家安全体系的战略目标。2015年10月,多部委联合颁布的《国家水安全创新工程实施计划》旨在进一步促进水安全的创新,引导企业参与水安全研究与相应的成果应用,加强我国水安全已经成为我国现代化工程建设的主要任务之一。习近平总书记强调,水安全是涉及国家长治久安的大事,全党要大力增强水忧患意识、水危机意识,从全面建成小康社会、实现中华民族永续发展的战略高度,重视解决好水安全问题。党的十九大报告做出新时代中国特色社会主义发展新的战略安排,擘画了从2020年到21世纪中叶两个阶段的宏伟蓝图,对决胜全面建成小康社会、开启全面建设社会主义现代化国家新征程做出了战略部署,形成了紧密相连、相互贯通的方针政策体系。解决好水安全问题,能够为我国最终实现"两个一百年"奋斗目标和中华民族伟大复兴的中国梦提供坚实的水利支撑和保障。因此,评估我国水安全现状,对识别水安全风险区、明晰区域水安全突出问题对水安全保障政策的实施、未来水资源规划及水利工程的布局、实现我国社会经济又好又快发展有着重要的指导作用。

水安全评价涉及问题广泛,科学和合理的水安全评价首先需要明确"水安全"的定义。水安全这一概念自提出便受到了世界范围内的广泛关注。2000年发布的《海牙宣言》中指出,水安全应该是在保护生态系统,确保可持续发展和政治稳定的同时,人们都有能力获得必需的足够水并免受水灾害的威胁[41]。2001年时任联合国秘书长安南在世界水日上指出水安全是人类的基本需求,保障水安全强调水安全的"卫生"和"公平分配"两方面内涵。同年的波恩国际淡水会议部长宣言则给水安全赋予了可持续发展的意义,将维护水安全与扶贫联系起来,扩展了水安全的内涵。近十几年,越来越多的政府管理机构采用水安全这一概念,水安全概念及内涵也为越来越多学科所解释。Cook和Bakker[42]在2012年对过去十多年中以"水安全"为关键词的文献检索中发现,水安全研究逐年递增。Bakker[43]在《科学》(Science)杂志上综合以往的研究给出了水安全的定义:人类与自然处在可接受水灾害风险之内,人类生存、国家安全和生态服务能够可持续地获取足够保质保量的水资源。即强调在水灾害风险内水资源的资源量和水资源的质量有保障,这一定义及类似定义后来为全球水合作伙伴(Global Water Partnership,GWP)[44]、亚洲发展银行(Asian Development Bank,ADB)[45]、联合国大学(United Nations University)[46]等权威机构所采纳,为水安全定义及研究提供了参考蓝本。

在国内,2002年中国工程院针对我国水安全问题给出的"水多、水少、水脏和水浑"内涵则是我国水资源管理和实践的重要纲领性文献。此外,也有许多学者给出了关于水安全的定义及内涵。例如贾绍凤等[47]认为水资源安全的实质是水资源供给能否满足合理的水资源需求,它涉及社会安全、经济安全和生态安全等多个层次。陈绍金[48]对水安全的定义进行了详细辨析,指出水安全是"一个地区(或国家)涉水灾害的可承受和水的可持续利用能确保社会、经济、生态的可持续发展";张翔等[49]考虑了环境变化与安全问题的本质联系,认为水安全是指水的存在方式及水事活动对人类社会的稳定与发展是无威胁的。在区域尺度上,韩宇平和阮本清[50]理解水安全为:在现在或将来,由于自然的水文循环波动或人类对水循环平衡的不合理改变,或是两者的耦合,使得人类赖以生存的区域水状况发生对人类不利的演进,并正在或将要对人类社会的各个方面产生不利的影响,表现为干旱、洪涝、水量短缺、水质污染、水环境破坏等方面,并由此可能引发粮食减产、社会不稳、经济下滑及地区冲突问题等。Sun等[51]总结分析了2000年以来国内超过200篇的文献,总结得出国内的学者倾向于从状态的角度定义水安全,认为水资源在总量及质量上能维持人类生活、经济社会可持续发展,水灾害风险在可接受的范围内的这种状态是水安全。这一点与国际广泛接受的水安全定义类似,即从水灾害、水资源的质和量上保障社会生产生活的健康可持续。随着人类社会进一步发展以及全球化带来的国家间的紧密联系,水安全的定义及内涵也在不断扩展与增加。例如在我国,随着人们日益增长的物质水平,保障区域水生态、水景观、实现青山绿水的美好追求赋予了水安全生态景观保障的内涵,以及国际河流的水安全问题赋予的国家间的水权保障内涵等[46]。综上所述,水安全的定义及内涵受到不同学科不同尺度的影响,国内外最广为接受的水安全定义是水资源在总量和质量得到保证以及水灾害风险处于可控状态从而保障人与自然、社会经济健康可持续发展。

当前水安全评价主要有三类:一是制定定量指标以表征水安全关键要素的研究;二是建立指标评价体系综合评估水安全指数或风险的研究;三是在制定水安全综合评价体系的基础上基于系统动力学、社会经济发展模型等预测未来水安全状态或趋势。无论哪一类研究,不难看出构建科学合理的水安全评价指标是水安全评估及预测的基础。当前水安全研究提出诸多水安全评估指标,例如李雪松和李婷婷[41]从水循环安全、水环境安全、水生态安全、水社会安全、水经济安全五个方面选取共40个指标评估了我国2000—2012年水安全变化。郭相春[40]从我国"十三五"规划的思路和方向,采用层次分析方法,把影响我国水资源可持续利用的因素分成三层:第一层为水安全程度,即目标层;第二层为经济社会、粮食保障和资源生态三个准则层;第三层具体的指标层,包括人均水资源占有量、人均水资源消耗数量、农业耗水比例、工业耗水比例、水资源依赖指数等共13项指标,量化了我国2003—2010年水安全变化。吴强等[52]从防洪保安、供水保障、农水保粮和生态保护四个方面选取14个指标构建了水安全指数,评估了我国典型省份的水安全现状。不同的指标会严重影响水安全评估结果,在拥有足够数量的以全面表征水安全的指标与拥有足够数量的易于获得的指标之间始终存在如何折中的问题。一些研究人员建议,理想情况下,水安全指数应不超过12~15个子指标,综合20个以上子指标的指数仅适用于数据丰富的地区[49]。

具体到某个水安全评估中,由于水安全评估指标的差异很大,因此通常在将其汇总为一个综合指标之前进行标准化。线性插值是最常用的归一化方法[53-54],而一些研究人员还应用非线性方法来解决,例如减少边际效用[54]。用于综合指标评价的方法从最简单的加权平均值,到更复杂的多属性决策方法,例如主成分分析,通过类似寻求最优解的方式进行优先顺序选择的技术,或模糊数学算法、灰色关联分析、物质元素、集合对分析、人工神经网络和巨变理论等[56]。在大多数情况下，指标会在综合评价中分配以不同的权重，通常通过诸如分析层次结构过程、熵方法、Delphi技术或变异系数等方法得出[56]。

针对水安全的评估有着明显的尺度效应，在不同尺度的水安全评价有着不同的评价指标和评估体系。不同的学科倾向于关注不同的尺度。发展性的研究倾向于使用国家尺度，或在较大国土面积的国家使用省、州的尺度[38]。水文学家经常关注流域尺度，无论评估的对象是国家或者只是区域层面。而社会科学则更多关注区域层面，采用更多社会性指标。Cook和Bakker[42]通过荟萃分析超过400篇水安全评价研究表明行政区划的水安全研究相较于流域层面的研究更多。但在更加注重科学定量的学科领域（例如水资源或环境科学研究等）则对流域层面的研究表现出更多倾向。在国内也有类似的情况，超过300篇的文献综述表明近八成的水安全评估研究集中于省、市或者县级行政区划上。15%左右的研究在流域层面，例如海河流域[58]、巢湖[59]、辽河[60]等。国家层面的定量研究相对较少，且主要以全国为研究对象，探讨不同时期我国的水安全整体性变化。少有更高精度的研究，如Wang等[61]评估了我国31个省的水安全现状。更高精度的水安全评估，例如市级尺度的研究仍集中于较小的区域。

水安全定义多样，不同视角下的水安全定义不同、定义不同导致指标不一，水安全评估的尺度以及多指标综合评估水安全方法的不同均会导致水安全评估结果不一。例如，Han等[62]、Wang等、Shen和Xie[63-64]应用相同的指标体系和同样的数据源，但运用了不同的水安全指标综合方法评估我国七个省（黑龙江、山西、江苏、河南、广西、云南和陕西）的水安全状态，结果有着不同的水安全风险排序。早在2012年，Bakker[43]在Science发表的水安全研究指出，当前水安全评价面临着三个主要的挑战。第一是多样化，即定义多样化，不同的学科、学术研究者与政策制定者的水安全评估侧重不同，使用水安全定义往往不一致。第二是随着气候变化、经济社会发展、保护环境意识增强等，水安全评估吸引了越来越多学科的关注[37,50]，并逐步成为需要跨学科、多学科合作共同协作的综合性。如何把握水安全的综合性或单一性评估需要认真考虑评估目标。第三是不同学科的研究人员在水安全评估研究倾向于在不同的尺度上进行，例如水文研究者倾向于在流域尺度研究，而政策制定者更倾向于以行政区划（省、市、县等）为子单元进行水安全评估。水安全评估也存在明显的尺度效应，更大的尺度如国家一级水资源区，省、自治区、直辖市的水安全评估难以考虑更为细节的水安全内涵，如水生态景观保障等。总而言之，水安全评估仍是一项复杂的评估工作，水安全的内涵随着人类社会的发展不断丰富，水安全评估的侧重点与不同背景的评估人员及评价的时空尺度有关。

总的来说，水多、水少、水脏等水安全问题作为制约我国经济社会健康可持续发展重要阻碍，评估我国水安全现状、识别水安全突出区域、明晰区域水安全对指导水安全问题治理、未来水资源管理及规划有着重要的意义。水安全定义多样，但不难看出水资源短缺、水旱灾害和水环境恶化仍是我国水安全保障最为关键的挑战，聚焦区域水资源优化配置、防洪抗旱和水生态修复评估将对水安全保障起到举足轻重的作用。

1.2.3　面向水安全保障的河湖水系连通治理研究

随着社会经济的不断发展，人对水的依存性越来越大，水资源优化配置的概念逐步明确，内涵日益丰富，至今仍在发展之中[65]。《全国水资源综合规划技术大纲》中，对水资源合理配置的定义是："在流域或特定的区域范围内，以公平性、有效性和可持续性为原则，结合各种工程与非工程措施，按照市场经济规律以及资源配置准则，采用合理抑制需求、保障有效供给、维护和改善生态环境质量等手段和措施，在区域间和各用水部门间对多种可持续利用水源进行的配置。"这一定义目前被大家广泛认可[66]。我国在水资源配置方面的研究起步较晚，但发展却很快。20世纪60年代就开始了以水库优化调度为先导的水资源分配研究。80年代初，由华士乾教授为首的课题组对北京地区的水资源利用系统工程方法进行了研究，并在"七五"国家重点科技攻关项目中加以提高和应用。该项研究成果考虑了水量的区域分配、水资源利用效率、水利工程建设次序以及水资源开发利用对国民经济发展的作用，成为我国水资源配置研究的雏形。80年代中期以来，国内对水资源优化配置的研究已成为水资源学科研究的热点之一。研究成果多以系统分析和最优化技术的原理方法为主要研究手段，得到一定水量在各部门之间的合理配置。80年代后期，学术界开始提出水资源合理配置及承载能力的研究课题，并取得初步成果。不少学者结合当前发展需求和新技术研究了水资源系统配置的一些理论和方法。甘泓等[67]给出了水资源配置的目标量度和分配机制，提出了水资源配置动态模拟模型，开发了相应的决策支持系统，研制出可适用于巨型水资源系统的智能型模拟模型。王浩等[68]提出了水资源配置"三次平衡"和水资源可持续利用的思想，系统阐述了基于流域的水资源系统分析方法，提出了协调国民经济用水和生态用水矛盾下的水资源配置理论。冯耀龙等[69]系统分析了面向可持续发展的区域水资源优化配置的内涵与原则，建立了优化配置模型，给出了实用可行的求解方法。尹明万等[70]在探讨水资源系统及水资源配置模型概念的基础上，介绍了全面考虑生活用水、生产用水和生态环境用水要求的、系统反映各种水源及工程供水特点的水资源配置模型的建模思路和技巧，给出了可以应用于大型复杂水资源系统的水资源配置系统模型实例。总体而言，我国水资源严重短缺、水生态环境问题日益严重，国内学者对水资源配置理论和应用研究以及相应决策分析做了较多工作。但由于研究范围和投入力量的限制，各类研究通常以具体问题为导向，应用范围有限[71-72]。

我国降水时空分布极不均匀，旱涝灾害频发。防洪安全是国家经济安全的重要组成部分，也是国家经济安全的基础，属于国家经济安全的范畴，归属于非传统意义上的安全范畴。赵洪杰和唐德善[73]指出防洪安全评价是对流域防洪体系中固有的或潜在的危险及其严重程度进行的分析和评估，并以防洪安全度定量地表示防洪安全状况。姜付仁[74]进一步对防洪安全度做出了解释，认为其是防洪安全的保障程度，是通过防洪工程体系对社会和经济等方面有直接影响相关领域的保障程度进行分析，评价我国防洪工程体系对保障社会稳定、支撑经济发展、减轻洪水损失的状况。谷树忠等[75]认为防洪安全是水安全的重要组成之一，指出防洪安全评价就是衡量区域洪涝灾害发生情况下的抵御能力。

2011年1月，中共中央、国务院发布了《关于加快水利改革发展的决定》，指出"到2020年，基本建成防洪抗旱减灾体系，重点城市和防洪保护区防洪能力明显提高，抗旱能力显著增强"，提出了新的历史条件下水利改革发展的总体思路、基本原则和具体手段，为从根本上解决我国水旱灾害问题指明了方向、坚定了决心。2012—2020年发布的8个中央一号文件均不同层面地提到"防洪抗旱"工作；党的十八大报告指出"增强城乡防洪抗旱排涝能力,加强防灾减灾体系建设";党的十九大报告强调"提升防灾减灾能力"。水利部印发的《加快推进新时代水利现代化的指导意见》提出"加快实施'十三五'水利改革发展规划,统筹推进防汛抗旱减灾体系"的决议。长期抵御水旱灾害的经验表明,由气象因素导致的水旱灾害无法完全避免,因此,应对水旱灾害,由以应急为主的危机管理策略不断向长期规划为主的风险管理策略进行转变是水利现代化工作的重要组成部分。

随着社会经济的快速发展,我国水生态问题愈来愈突出,水体污染、江河断流时有发生,湖泊萎缩、湿地退化屡见不鲜,地下水位持续下降、入海水量减少等问题频繁发生。恢复水生态系统健康、保护水生态环境已成为保障我国社会经济可持续发展、实现人水和谐的必由之路[75]。水生态修复是利用生态系统原理按照自然界的自身规律使水体恢复自我修复功能,采取各种工程、生物和生态措施修复受损伤的水体生态系统的生物群体及结构,强化水体的自净能力,重建健康的水生生态系统,使水体生态系统的主要功能得以修复和强化,并能使生态系统实现整体协调、自我维持、自我演替的良性循环[76]。其特点是:①综合治理,标本兼治,节能环保;②设施简单,建设周期短,见效快;③因地制宜,擅长解决现有水体的水质问题;④综合投资成本低,运行维护费用低,管理技术要求低;⑤生物群落本土化,无生态风险;⑥生物多样性强,生态系统稳定;⑦对污染负荷波动的适应能力强[77]。水生态保护是指针对现存水生态环境问题,提出的具有预防、治理及修复功能的管理对策及技术措施,以改善水环境质量,维持水生态系统平衡稳定。水生态保护主要通过江河湖库和地下岩层把多元和多余的水源进行地表拦蓄及地下储存,并对水生态环境状况进行治理与恢复,形成地下水资源和地上水资源的生态保护和利用。水环境保护主要是按照水功能区保护要求,分阶段合理控制污染物排放量,实现污水排放浓度和污染物入河总量控制双达标。对于湖库,还要提出面源、内源及富营养化等控制措施[79]。水生态修复与保护主要包含水质、生物多样性以及生物资源修复与保护三个层级。水质监测工作在我国的水环境保护和防治工作中发挥着重要作用,水质监测的结果能够真实地反映出当地水资源的质量现状和变化情况,同时也能够为我国水污染的防治工作提供理论依据和数据基础[80]。水生生物是生态系统中的重要组成部分,水生生物对环境的变化比陆生生物更为敏感。开展水生态保护与修复工作中要重视生物多样性理论,使生物的多样性得到保护[80]。生物资源是自然界和人类生活中的重要组成部分,不仅维持着自然生态系统的稳定,同时也为人类生存发展等提供必要的物质基础。随着人类活动的加剧、城市化进程的加快,部分生态系统功能不断退化,物种濒危程度加剧,遗传资源不断丧失,生物多样性受到威胁,且人类对生物资源的需求越来越大,导致生物资源与人类需求的关系日益紧迫,对生态环境的稳定性造成了诸多负面影响,因此在水生态系统修复与保护中加强对生物资源的评估尤为重要[81-82]。

河湖水系连通作为优化水资源配置战略格局、提高水利保障能力、促进水生态文明建设的有效举措,自古以来,在水安全保障中起到了举足轻重的作用。早在农业时代,人类就采用河湖水系连通方式来满足当时的水安全需求,如郑国渠、都江堰、京杭大运河、尼罗河引水灌溉工程等,通过河湖水系连通的方式改善河湖水系联系、调整水资源适配关系、改进河湖服务功能,已经成为河湖水系连通工程的典范。进入现代社会,河湖水系连通在水质调整、水生态改善、空间水资源均衡等江河治理中同样起着至关重要的作用。例如"引江济太"工程增加了水资源有效供给，促进了河网有序流动，改善了太湖及河网水环境，有效提高了流域水资源和水环境承载能力，取得显著的社会、环境和经济效益，得到了国务院、水利部和社会各界的广泛认可。举世瞩目的南水北调中东线工程有力地缓解了北方缺水问题，增加了我国水资源承载能力，提高了水资源的配置效率，为经济可持续发展提供动力。新时代，面向国家战略水网建设的重大需求，给河湖水系连通建设及规划提出了更高的要求。

党和国家高度重视河湖水系连通在水安全保障中的作用。早在2011年，中央一号文件《中共中央 国务院关于加快水利改革发展的决定》颁布，明确提出尽快建设一批骨干河湖水系连通工程，提高水资源调控水平和供水保障能力。在此之后，一系列河湖水系连通纲领性指导文件相继颁布。2013年，水利部发布《关于推进江河湖库水系连通工作的指导意见》；2016年，水利部办公厅发布关于开展江河湖库水系连通实施方案（2017—2020年）编制工作的通知；2018年，中共中央、国务院在《关于实施乡村振兴战略的意见》中明确指出要开展河湖水系连通工程，推进乡村绿色发展，打造人与自然和谐共生发展新格局。2020年《长江保护法》实施强调恢复长江河湖连通状况。到2021年两会期间专家代表钮新强院士建议科学谋划国家水网建设，提升国家水安全保障能力；2021年3月，李国英部长在《人民日报》署名发文，强化河湖保护治理，加快国家水网建设。党和国家大力推进江河湖库水系连通，不断优化供水结构，统筹地表水和地下水资源利用，优化水资源调度配置，增强水灾害抵御能力，修复与保护水生态。目前我国已经初步构建了四横三纵的水网战略布局，形成了多个跨流域/区域分片水网，布局了一批河湖水系连通骨干工程。但在区域/流域层面，河湖水系整治与修复工程、生态应急调水与补水工程以及城市水系修复与景观文化建设工程等水系连通工程需求巨大。已列入规划的河湖水系连通工程涉及七大流域和多个主要支流水系、20多个省份，连通工程引排规模近900亿 m^3，连通线路长度约1.4万 km，估算投资约1.3万亿元。

国内外学者通过实验或结合工程实例开展了一系列研究，探讨了河湖水系连通在水安全保障上的积极作用。河流连通性对于把握流域的生态水文动态至关重要，可以维持湿地生态系统的完整性，同时也影响流域水资源的开发利用和区域分配，还影响水功能区水质状况。水系连通性越好，水流的自净能力和纳污能力都会越强[83]。蔡娟[84]对太湖武澄锡虞片的河湖水系连通与区域内调蓄能力展开了研究，结果表明随着人类活动的不断加剧，区域内水系连通程度逐步下降，相应的区域内河道容蓄能力、可调蓄能力逐年递减。李丽[85]评估南渡河水系连通在不同时期的变化，探讨和分析不同河湖水系连通格局下的区域水安全状况，指出随着近些年河湖水系连通格局的下降，当地水资源配置能力和污水处理能力有所降低，通过加大河湖水系连通性将有望提高当地用水效率、防洪工程达标率和改善当地的水污染程度，并给出了河湖水系连通格局优化建议。徐志[33]评估了不同时期荆南三口河湖水系连通的自然功能级别，发现在1954—2016年间当地水系连通的自然功能级别由"优"变为"差"，相应的区域水资源优化配置能力在逐渐减弱。王欣[86]构建了海口市江东组团水动力水质模型，模拟分析了不同工况下的多种流量变化，指出不同的河湖连通方式能显著影响当地水生态环境。以上研究证明河湖水系连通工程能够有效地提高区域水资源优化配置能力、防洪抗旱能力和水生态保护能力。

1.3 研究目标与内容

1.3.1 研究目标

围绕河湖水系连通的科技需求,揭示典型区域河湖水系连通格局形成机理及其演变规律,创建河湖水系连通的"评价-治理-集成"一体化水安全保障技术,提出河湖水系连通评价技术导则,建立代表性突出和特色鲜明的河湖水系连通综合治理示范区并技术示范,构建国家现代水网布局战略框架,形成河湖水系连通治理理论与技术体系。

1.3.2 研究内容

研究内容1:河湖水系连通格局形成机理与演变规律研究

分析典型区域河湖水系连通格局空间特征,揭示河湖水系连通格局形成机理,阐明变化环境下典型区河湖水系连通的演变规律,形成河湖水系连通治理的理论基础。

研究内容2:河湖水系连通与水安全保障适配性评价研究

构建适应区域经济社会发展和生态文明建设的河湖水系连通综合评价指标体系,运用层次分析法和线性加权评价方法,评价现状和规划情景下典型区域河湖水系连通与防洪抗旱、水资源配置、水环境保护及水生态修复等水安全保障功能的适配性关系,提出河湖水系连通评价技术导则。

研究内容3:河湖水系连通共性治理技术研究

依据河湖水系特征和连通治理需求,研发河湖水系动力重构、有序流动调控、多目标动态协同、风险管控等核心技术,形成工程布局优化-功能空间调配-需求时间协同-伴生风险管控的全链式河湖水系连通治理关键技术。

研究内容4:基于河湖水系连通的水安全保障技术及示范

针对南水北调东线影响区特点及连通需求,分析其河湖水系连通与区域水安全保障适配性,研发水资源优化配置、水质安全保障技术,在临沂市建立水资源配置能力提升示范区,进行区域闸坝群"拦-蓄-调-补-用"水资源配置技术示范;针对高城镇化水网区特点及连通需求,分析其河湖水系连通与区域水安全保障适配性,优化区域河湖水系连通格局,研发城市水网水环境质量提升技术、防洪除涝安全保障技术,在常州市建立水环境质量提升示范区,进行城市"多源互补-引排有序-精准调控"水环境质量提升技术示范。

研究内容5:国家现代水网布局战略框架建议研究

解析我国不同发展阶段河湖水系连通与国家水安全保障的需求,遵循水灾害、水资源、水环境、水生态统筹治理的治水新思路,优化我国重点区域河湖水系连通格局,构建河湖水系连通下水安全保障风险管控策略和部门协作机制,提出与新型城镇化、农业现代化、生态文明建设协同发展并深度融合的国家现代水网布局战略框架建议,全方位支撑保障国家水安全。

2 河湖水系连通格局形成机理与演变规律

2.1 我国河湖水系连通格局特征及形成机理

2.1.1 河湖水系连通格局特征

2.1.1.1 河湖水系连通格局特征分析框架

基于现有的研究及工程实践,从数量特征、过程特征、质量特征和空间特征四个方面量化分析了区域河湖水系连通状态。河湖水系连通数量特征,如河网密度与水面率,一定程度上反映了区域过水通道的多少与水资源调蓄库容的大小,与水资源储存调配、洪水宣泄等水安全保障问题密切相关。过程特征反映河湖水系中物质、能量等在时间维度的迁移动态,与区域河道水动力特征密切相关,适宜的河道水动能够更好地调配水资源、宣泄洪水、提高水生态承载能力。质量特征反映河道的水环境、水生态服务功能,一些河道闸坝工程在增强水资源利用率的同时存在降低河道水质、水生态质量的问题;公路、河道硬化带等将一些河湖、生态湿地等将连通的水体分开,阻碍了河道中物质和能量与河岸带上的有机交换,对区域防洪、水生态安全有着显著影响。空间特征,如节点连接率,反映了河湖水系河段间在空间分布上的联系程度,与水资源分配、生境保护和修复、水环境质量改善等密切相关,更好的河段联系可为物质、能量在空间上自由迁移及转换提供条件。

综上,数量特征、过程特征、质量特征和空间特征从四个不同的维度全面涵盖了河湖水系连通工程带来的河湖水系特征变化。进一步,基于科学认知原则、数据易于获取原则、代表性原则、相对独立原则的指标筛选原则,选取河网密度、水面率衡量河湖水系连通数量特征;选取河道断流天数、水流动势衡量河湖水系连通的过程特征;选取纵向连通性、横向连通性衡量河湖水系连通的质量特征;选取连通环度、节点连接率衡量河湖水系连通的空间特征。具体分析指标见表2.1。

表2.1 河湖水系连通状态分析指标

河湖水系连通特征参数	指 标	指标定义/含义
数量特征	河网密度	单位面积上河流的总长度
	水面率	多年平均水位下的水域面积占区域总面积的比例

续表

河湖水系连通特征参数	指 标	指标定义/含义
过程特征	河道断流天数	区域内河段平均断流天数
	水流动势	反映了河道内水体具有流动的可能性
质量特征	纵向连通性	区域河湖水系水流迁移在纵向（例如上游到下游）的联系
	横向连通性	反映了河道与洪泛区和河岸区之间的联系
空间特征	连通环度	水网实际连通环路数与最大可能连通环路数之比
	节点连接率	区域内河段数与节点数之比

2.1.1.2 河湖水系连通格局特征指标

(1) 数量特征

1) 河网密度。河网密度（R_d）指单位面积上河流的总长度，与地区的气候、岩性、土壤、植被覆盖以及人类改造措施等有关。对于自然流域来说，河网密度越大，则流域切割程度越大，表现为过水通道越多，对降水的水文响应越快，而河网密度低则流域水文响应较慢，计算公式如下：

$$R_d = \frac{\sum_{i=1}^{N_r} L_i}{A} \tag{2.1}$$

式中：R_d 为河网密度；N_r 为区域内河段总数；L_i 为第 i 河段长度，km；A 为区域面积，km²。

2) 水面率。水面率（R_{WA}）是指河道、湖泊、生态湿地等水体多年平均水位下的水域面积占区域总面积的比例，表征了区域内河流湖泊面积发育情况，在一定程度上反映了区域蓄水容量的大小，水面率越高，区域能够储蓄调度的水量一般越大。因此对消减洪峰、滞蓄洪水、灌溉供水、水生态保护意义重大，计算公式如下：

$$R_{WA} = \frac{A_w}{A} \times 100\% \tag{2.2}$$

式中：R_{WA} 为水面率；A_w 为水域面积，km²；A 为区域面积，km²。

(2) 过程特征

1) 河道断流天数。河道断流天数（D_b）指区域内河段平均断流天数。我国水资源受季风影响严重，夏季降水集中，秋冬季少雨，导致我国大多河流为季节性河流，尤其是北方区域，河道断流现象严重，河道断流天数越少，表明该区域内河段中物质和能量在时间尺度上连通程度越高。河道断流天数计算公式如下：

$$D_b = \frac{\sum_{i=1}^{N_r} D_i}{N_r} \tag{2.3}$$

式中：D_b 为河道断流天数；D_i 为第 i 河段断流天数；N_r 为区域内河段总数。

2) 水流动势。由于河底存在坡降，河道内水体具有流动的可能性，河道中水体的流动能力是由河道坡降、河道断面及河道断面形态沿纵断面的变化情况决定的，河道坡降决定了水体的流动速度，河道横断面决定了水体可能具有的最大势能，河道断面形态沿纵断面的变化情况是对河道进行分段的主要依据。水体流动能力可通过水流动势（E_p）来反映，计算公式如下：

$$S_i = \frac{h_{i上} - h_{i下}}{L_i} \quad (2.4)$$

$$E_p = \frac{\rho_水 g \sum_{i=1}^{N_r} h_i S_i D_i}{2A} \quad (2.5)$$

式中：E_p 为水流动势；$\rho_水$ 为水的密度；g 为重力加速度；h_i 为第 i 河段平均水深，m；$h_{i上}$ 为第 i 河段上断面的水位，m；$h_{i下}$ 为第 i 河段下断面的水位，m；S_i 为第 i 河段坡降；D_i 为第 i 河段水面面积，m^2。

考虑实际运用水流动势反映区域内河道潜在的水体流动条件时可能难以收集到所有河道断面形态沿纵断面的变化情况，可以考虑用区域内平均河道坡降代替水流动势反映区域内河道水动力条件。

(3) 质量特征

1) 纵向连通性。河湖水系的纵向连通性（C_{ve}）反映了区域河湖水系水流迁移在纵向（例如上游到下游）上的联系。可由河道水坝等障碍物数量、水流通过障碍物前后流速等状态差异大小、鱼类的生物迁徙顺利程度、能量和营养物质的传递等方面反映。针对实际观测难度情况，采用《全国水资源保护规划技术大纲》河道闸坝等拦河水利工程数目与河道长度的比值评估纵向连通性，河湖水系连通纵向连通性应按下式计算：

$$C_{ve} = \frac{N_i}{\sum_{i=1}^{N_r} L_i} \quad (2.6)$$

式中：C_{ve} 为纵向连通性；N_i 为第 i 种拦河建筑物的数量；N_r 为区域内河段总数；L_i 为第 i 段河段长度，km。

纵向连通性的取值越趋近 0，表明区域河湖水系纵向连通性越好；其值越大，表明区域水流迁移受阻越大，纵向连通性越差。在《全国水资源保护规划技术大纲》中，依据纵向连通性的值域按其值大小分为"优、良、中、差、劣"五级，具体划分见表 2.2。

表 2.2　　　　　　　　　　　纵 向 连 通 性 分 级

指标名称	评价标准/(个/100km)				
	优	良	中	差	劣
纵向连通性	0~0.3	0.3~0.5	0.5~0.8	0.8~1.2	>1.2

对于区域内水利工程已建设过鱼设施，或需要考虑区域内每个拦河建筑物的阻隔影响，推荐引入阻隔系数 a，不同拦河建筑物阻隔系数取值见表 2.3。其中完全阻隔的水库阻隔系数为 1；有过鱼设施的水库可以为鱼类提供洄游通道，防止鱼类洄游受阻，但过鱼设施一般无法连续性运行，同时也无法保证河流中所有的鱼类顺利通行，因此将有过鱼设施的水库阻隔系数定为 0.5；有船闸的水库在船闸运行时鱼类可以通过船闸进行上溯洄游，但由于建设船闸的主要目的是满足通航的需求，相比过鱼设施其过鱼能力相对较弱，

因此将有船闸的水库阻隔系数定为 0.75。水电站主要包括引水式水电站、抽水蓄能电站、混合式水电站和闸坝式水电站四种类型，其中抽水蓄能电站、混合式水电站和闸坝式水电站均对河流有着完全阻隔的影响，因此将这三种类型的水电站统称为闸坝式水电站，阻隔系数定为 1；由于引水式水电站多为低坝或无坝，较低的坝顶使得一些大型鱼类可以跳跃过河，因此相比另外三种类型的水电站，引水式水电站对河流的阻隔影响相对较小，阻隔系数定为 0.5。水闸由于只会在部分时间段对鱼类洄游造成阻隔影响，因此将水闸的阻隔系数定为 0.25。橡胶坝由于其坝顶可以溢流，同时具有可调节的坝顶高度，因此将橡胶坝的阻隔系数定为 0.25。采用阻隔系数法考虑不同类型拦河建筑物的阻隔影响，可按下式计算：

$$C_{ve} = \frac{\sum_{i=1}^{N_s} N_i a_i}{\sum_{i=1}^{N_r} L_i} \tag{2.7}$$

式中：C_{ve} 为纵向连通性；N_s 为拦河建筑物的种类数量；N_i 为第 i 种拦河建筑物的数量；a_i 为第 i 种拦河建筑物对应的阻隔系数；N_r 为区域内河段总数；L_i 为第 i 段河段长度，km。

表 2.3　　　　　　　　　　　　拦河建筑物阻隔系数

拦河建筑物类型	对鱼类洄游通道阻隔特征	阻隔系数
水库	完全阻隔	1
水库	有过鱼设施	0.5
水库	有船闸	0.75
水电站	闸坝式水电站	1
水电站	引水式水电站	0.5
水闸	部分时间段对鱼类洄游造成阻隔	0.25
橡胶坝	对部分鱼类洄游造成阻隔	0.25

2）横向连通性。河湖水系横向连通性反映了河道与洪泛区和河岸区之间的联系。可采用具有连通性的水面面积（湖泊分布面积）或滨岸带长度占区域总的水面面积或滨岸带总长度的比值表征，河湖水系连通横向连通性计算公式如下：

$$C_{la} = \frac{A_1}{A_2} \times 100\% \tag{2.8}$$

式中：C_{la} 为横向连通性；A_1 为连通的水域面积（m²）或滨岸带长度（m）；A_2 为水域总面积（m²）或滨岸带总长度（m）。

河湖水系横向连通性可以采用长历时的地表水面分布图，采用 ArcGIS 等地理信息处理软件拓扑获得。横向连通性的取值为 0~100%。其值越趋近 0，表明区域河湖水系横向连通性差；其值越大，表明区域水流横向迁移通畅，横向连通性越好。按其值大小分为"优、良、中、差、劣"五级，具体划分见表 2.4。

表 2.4　　　　　　　　　　　　　横 向 连 通 性 分 级

指标名称	评价标准/%				
	优	良	中	差	劣
横向连通性	>70	50～70	30～50	15～30	0～15

（4）空间特征

河湖水系连通的空间特征由连通环度和节点连接率两个指标衡量，这两个指标均是从景观生态学中廊道的角度出发，廊道指的是不同于周围景观基质的线状或带状景观要素。河流本身就是廊道，河流廊道是一个结构与功能的统一体，发挥着栖息地、通道、屏障及提供水源保证、生物保护与景观等多种生态服务功能。河流廊道相互交叉形成节点，河流廊道与节点相连，共同构成水系网络。河流廊道度量分析指标主要包括廊道长度和宽度、廊道曲度、廊道连通性、廊道的宽长比、廊道的周长面积比、廊道密度指数、廊道非均匀度和间断等，水系网络的空间分析指标有连通性、环度、网络节点、网状格局、网眼大小以及廊道密度等。景观生态学上的连通性（也称连接度），主要指廊道、网络或基质在空间上的连续性，或景观中各元素在功能上和生态过程上的联系。进一步基于图论，将区域河湖水系概化为由河段线和节点组成的网络结构（图 2.1），由此可以计算出河道间的连通环度和节点连接率，反映流域内河段间在空间上的联系程度。

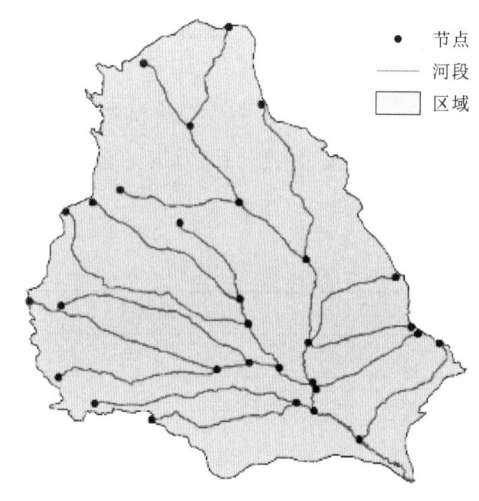

图 2.1　区域河湖水系概化示意

1）连通环度。连通环度（α）指区域内水网实际连通环路数与最大可能连通环路数之比。连通环度反映了节点之间的物质、能量交换能力，值域为 0～1。数值越大，表明水网中环形的水通道越多，断头河数量越少，有利于洪水宣泄和物质、能量在空间上的迁移。计算公式如下：

$$\alpha = \frac{N_r - N_p + 1}{2N_p - 5} \tag{2.9}$$

式中：α 为连通环度；N_r 为区域内河段总数；N_p 为区域内节点数。

2）节点连接率。节点连接率（β）指区域内河段数与节点数之比。节点连接率可反映水网中河段间连接的程度，值域为 0～3。多在 1/3～1 之间取值，网络呈树状，越接近 1 时，表明水网空间连通程度越高，每个节点的物质和能量交换能力越强。计算公式如下：

$$\beta = N_r / N_p \tag{2.10}$$

式中：β 为节点连接率；N_r 为区域内河段总数；N_p 为区域内节点数。

2.1.1.3　全国与区域河湖水系连通格局分析

基于以上河湖水系连通指标，收集相应的资料，计算了河网密度、水面率、河道坡度、纵向连通性、连通环度、节点连接率六个指标，分析了全国区域河湖水系连通状态。河道断流天数和横向连通性未考虑在内是因为分别需要区域实测水文站点长历时资料和区域性的水面间或河道与河岸间的调查资料，这在全国区域尺度难以收集到一致性的资料。

(1) 数量特征分析

河网密度的计算使用基于中国水利部发布的《河道等级划分办法》界定的一级至五级河流水系分布图。该方法划分河道等级综合考虑河道的自然规模及其对社会、经济发展与生态环境影响的重要程度等因素，划分为一级河道、二级河道、三级河道、四级河道、五级河道5个级别。其中一级河道、二级河道、三级河道由水利部组织认定；四级河道、五级河道由河道所在的省（自治区、直辖市）省级水行政主管部门组织决定，其中跨省级行政区域河道由相关流域管理机构认定。

通过 ArcGIS 统计得到区域内河道总长度及总面积，进而计算得到三级水资源分区河网密度。河网密度从西北内陆的 0.02km/km^2 到珠江三角洲入海口的 0.14km/km^2，整体上由东南沿海向西北内陆递减。尤其是大江大河的下游平原区或入海口，例如黄河和长江下游华东平原区、珠江入海口、首都周边海河入海口附近，以及东北东南部平原区河网密度相对较高，而在中国第一级阶梯与第二级阶梯之间以及中国西北干旱区域的河网密度相对较低。

水面率的计算主要采用 Pekel 等 2016 年在 *Science* 发布的全球 30m 分辨率高精度水面数据集，该数据基于美国国家航空航天局（NASA）发射的 Landsat-5、Landsat-7 和 Landsat-8 高清遥感影像卫星提供的 1984—2013 年共计 3066080 个高清影像，采用监督机器学习方法，对比验证了全球 40124 个验证点三种卫星影像处理结果，水面识别准确率均超过 99.5%。

对三级水资源分区内的水域像素面积加和再除以区域总面积，得到三级水资源区水面率分布。水面率在东南沿海，尤其是长江下游平原区域较高，洞庭湖和鄱阳湖区域水面率接近 30%（>28%），这一点与河网密度高值分布区相近。此外，青海湖、青藏高原腹地、吉林西北部等湖泊分布地区水面率较高。西北干旱区以及我国第一级阶梯处水面率相对较低，可能是由于该区域地形坡度较陡，不利于湖泊等地表水体大量聚集。整体上南方水面率高于西北干旱区域。

综合上述河网密度和水面率可知，南方区域，尤其是海河、黄河、长江、珠江等中下游平原区河湖水系连通数量特征比西北内陆突出，我国第一级阶梯及其他地形陡峭不利于水网和湖泊发育的区域河湖水系数量特征稍差。

(2) 过程特征分析

水系坡度的计算主要采用 30m 的高程数据，下载自全球水文模型基础数据集，运用 ArcGIS 中一级至五级河道对高程数据裁剪计算出每一像素格点河道坡度。全国范围内水系河道坡度从 0°到 15°不等。通过 ArcGIS 统计区域内所有河道像素点的平均坡度作为区域河道平均坡度用以表征区域河湖水系连通的水动力条件。在青藏高原边缘，即我国地形一、二阶梯交界处河网平均坡度最大，此外西北祁连山脉附近河网坡度也相对较大。与水网密度相反，华北、华中以及长江中下游平原区河网平均坡度明显偏小。表明西南诸河以及东南诸河山地区域，河湖水系网水动力较强，河湖水系连通过程特征相对优异。

（3）质量特征分析

纵向连通性的计算采用拦河建筑物的数目与河道总长度的比值。大坝位置信息采用GDW（Global Dam Watch）统计的全球大坝地理参考数据，该数据绘制了谷歌地球卫星图像上可见的所有大坝，记录了超过38000万座大坝的地理空间数据，在中国，该数据集包括6070座大坝。进一步采用ArcGIS近邻分析，选取位于一级至五级河道上的大坝，共选出1124座大坝，绝大多数大坝位于南方长江流域、珠江流域、东南诸河以及西南诸河下游，北方黄河流域内也有较多的大坝。

进一步统计三级水资源分区内一级至五级河道上大坝数量及河道总长度，计算纵向连通性。结果表明南方区域纵向连通性显著差于北方区域，尤其是长江流域南部，最高为1.78个大坝/100km，有着最差的纵向连通性。其次在淮河东部，即胶东半岛上，每100km河道大坝数目超过1.2个，纵向连通性同样很差。北方黄河流域内也有大量的大坝，但空间差异性较大，上游和中下游相对较多，平均每100km的河道上有0.55个大坝左右，中部河套平原则相对较少，可能与只统计了大坝水利设施而没有统计其他中小型水库有关，整体上黄河流域纵向连通性中等偏差。东北区域整体上河道受大坝干扰较少，纵向连通性相对较好，除了辽河南部（辽东半岛）大坝数量较多，约1.0个/100km。西北干旱区域，包括西北诸河区域、青藏高原腹地大坝数量很少，但较少的河道数量也使得西北部分区域纵向连通性值超过1.1个/100km，纵向连通性差。整体而言，绝大多数大坝位于中国东南部分，尤其是长江流域、珠江流域、东南诸河等人类活动强烈的区域，密布的大坝严重阻碍了水体的自然流动，河湖水系连通质量差。

（4）空间特征分析

河湖水系连通空间特征采用连通环度和节点连接率综合衡量。基于图论将一级至五级河道概化为网络线，利用ArcGIS拓扑功能提取河道的端点及河道间的交点，共计6642个节点。统计各三级水资源分区内河段数目和节点数目，由此计算得到三级水资源分区连通环度和节点连接率。

全国三级水资源分区连通环度的均值为0.3，方差为0.18，整体上连通环度在全国范围内分布相对均匀，无明显的区域性差异。在黄河流域、长江和珠江中下游及入海口区域相对较大，超过0.85，这些区域河网密度和水面率也相对较高，表明区域内河网水系在空间上连通程度密切，河网密布且相互连接。在内蒙古西北部干旱区相对较小，约为0.05，甚至还出现了负值，表明区域内河道相对较少且彼此间分布十分分散，空间连通程度很低。全国三级水资源分区节点连接率的均值为1.11，方差为0.47，表明全国区域水系大多为树状结构，河道之间连接程度相对一般，这可能与中国整体上山地地形居多、平原区域相对较少有关。考虑到节点连接率值阈为0～3，整体上节点连接率空间分布相对均匀，事实上，空间分布与连通环度相似程度高，相关分析表明连通环度与节点连接率的空间相关系数为0.79，表明两者对三级水资源分区河湖水系连通空间特征的衡量十分类似。总体而言，综合连通环度与节点连接率，表明河湖水系连通空间特征不同于以上河湖水系连通质量特征、过程特征和质量特征，区域性差异相对较小，黄河流域及长江和珠江入海口周边区域空间连通性相对较高。

2.1.2 河湖水系连通格局形成机理

水系格局的演变一方面是自然演变；另一方面是人为干扰。早期地质构造、地貌地形变迁、气候变化和水文泥沙等因素在河湖水系的形成和演变中发挥了决定性的作用，但随着经济、社会的发展，人类活动对河湖水系连通状况的干预和影响越来越显著。

自然因素包括地质构造、地形地貌、气候气象、水文泥沙等，对河湖水系的格局、形态、结构及功能的演变起控制性作用。地质构造对河湖水系的总体格局、走向起决定性作用，具有剧烈性、突发性等特点。我国主要江河大都发源于由地质构造运动产生的三大地形阶梯之间的隆起带，因此地质构造作用直接影响河湖水系的形成。地形地貌变迁是一个非常缓慢的过程，对河湖水系演变的影响是一个具有长时间的积累效应。气候气象是河湖水系演变中水动力变化及其作用的直接影响因素，但气候变化对河湖水系演变的影响存在多方面的不确定性。水文泥沙是河湖水系演变最直接的影响因素。河流的侵蚀、搬运和堆积作用改变河流的水沙条件，导致河流结构形态、淤塞程度以及湖库面积的改变，进而影响河湖水系的连通状态。

人为因素包括运河、沟渠的修筑形成了新的河网水力联系，人工河湖的开挖形成新的通道和景观廊道，水库、闸坝、蓄滞洪区的兴建改变了河道原有的径流过程，围垦开发、河道整治改变了河湖的横向联系，生产生活用水、污水排放等改变了河湖水环境状况。这些人为因素直接导致河湖水系及其连通状况的改变。此外，人类大规模土地开发、基础设施建设和城乡建设等活动显著改变了下垫面条件，使产汇流条件发生较大变化，也间接影响了河湖水系的水量、物质、能量、生物等循环过程，使河湖水系演变的动力条件发生变化。

在河湖水系格局的形成过程中，自然因素与人为因素往往相互作用、共同影响：①对于因自然因素导致的河湖水系格局改变，人类往往会采取各种工程和非工程措施主动加以应对，必然形成新的河湖水系格局；②人类对河湖水系格局的各种干预往往会反过来加速或者减缓自然演变的过程。同时，人类活动也可以通过改变地貌（下垫面）、局地气候等自然因素间接影响河湖水系格局的形成。

2.1.2.1 水系空间结构与河湖连通度变化机理

水系空间结构与河湖连通度密不可分，水系空间结构的变化势必会造成河湖连通度的改变；同样，为改善河湖连通而采取的一些工程和非工程措施也将对水系空间结构产生一定的影响。

水系空间结构与河湖连通有协同作用。首先，水系空间结构和河湖连通会影响水体交换能力和水功能区水质状况。其次，水系空间结构与河湖连通能扩大河流的汇源作用，能够有效地扩大河流水面面积，增强河流蓄滞洪水的能力。

随着水系空间结构衰退及河道主干化，河湖连通度显著减弱；径流变差系数与水文连通性基本呈负相关趋势，即水文连通性越高，径流变差系数就越低，越有利于水资源的利用。

（1）主要流域空间结构及连通度分析

长江流域：上游落差大、水流湍急，连通度较大；中游支流较多，河道比降变小，与众多湖泊相连，连通度减小，空间结构增大；下游支流少，河流平缓，连通度减小。

黄河流域：水沙关系不协调，下游河道大量淤积，形成举世闻名的"地上悬河"。整体连通度较差。

淮河流域：地势低平，蓄排水条件差，连通度较差。黄河夺淮，改变了原有水系空间结构，沂沭泗排水困难，导致连通度更差。经过60年治理，主干道连通性增强，空间结构有显著提升。

海河流域：经过多年的开发治理，海河流域修建水库、修筑主要河道堤防，并安排了28个蓄滞洪区，增大了海河流域及周边河湖的空间结构。开挖疏浚行洪河道50余条，提高了海河流域连通度。

珠江流域：珠江流域水资源丰富但时空分布不均，年平均径流仅次于长江。由于连通度大，汛期降水强度大，汇流速度快，容易形成峰高量大历时长的流域性洪水。珠江三角洲空间结构较强，航道纵横交错，水运交通十分发达。

松花江流域：人为增强连通度，基本形成了以堤防为基础，以大中型水库为控制的水源工程和引调水工程组成的水资源综合利用体系。

辽河流域：东部地区多为山区；中部地区人口众多，城市密集，耕地资源丰富；西部地区水资源相对匮乏。人工提高了空间结构，如修建水利设施。

太湖流域：太湖流域受平原地势低洼、坡降小和潮汐顶托等影响，空间结构较低。

（2）全国范围空间结构及连通度分析

由于全国范围较大，在进行大尺度的连通度分析计算时，所需数据涉及范围较广，数据量较大，受研究区域及研究领域的影响，很难统计全国范围所有省份的所有影响因子进行分析。在"结构-环境-生态-经济"架构体系的基础下，综合考量四个研究方面所涉影响因子的指标代表，为了尽量减少连通度分析的误差，提高连通度分析的准确性和全面性，采用了较为简练的连通度计算体系。该体系采用地表水的河网结构、地下水量（地下水与地表水不重复量）、水质（优良水质水体比）三方面的指标，其中地表水的河网结构选用了50km^{2}以上的河流及100km^{2}以上的河流分别计算出相对应的综合连通度。

结构分析：流域面积50km^{2}以上河网密度较大的有天津、上海、江苏；流域面积100km^{2}以上河网密度较大的有江苏、河南、湖南等；由此可见，江苏河流数量、长度排名都比较靠前，且流域面积较大，河南的河流普遍较长且流域面积较大，而浙江、宁夏地区河流数量众多且流域面积较小。

水量分析：地下水与地表水资源量较多的有西藏、四川、云南等地，西藏、新疆因地域辽阔，水资源量相对较多，四川、云南等地受降雨、地形影响，水资源量丰富，因此水量较多。

水质分析：西藏、广西、海南等地因受人为因素影响较小，优良水体占比均能达到100%，而河北、辽宁、山西、京津地区因工厂排放等人为因素影响较大，优良水体比例不足65%。从水质角度分析可见人为影响因素对连通度影响较明显。

综合连通度分析：无论是50km^{2}以上还是100km^{2}以上的河网密度，我国南方省份综合连通度都要大于北方省份，其中南方省份中云南和广东的综合连通度较低，这是因为近年来这两个省份河流开发利用程度较大,导致连通度下降。

2.1.2.2 水安全功能需求驱动的河湖水系连通格局形成机理

考虑到传统相关分析方法在分析水安全风险多因子作用时因子间共线性对结果的影响,以及不同因子在不同分区表现出的区域差异(可能由于因子的非线性作用),研究采用在处理非线性和共线性上有一定优势的机器学习方法。近些年,观测数据以及高质量数据产品促使越来越多的国内外学者采用机器学习方法预测水安全风险,因为机器学习方法能够挖掘一个自变量和多个因变量之间的关系,即使这些关系是复杂和未知的。一些机器学习方法,例如增强回归树,善于处理共线性和非线性问题。然而,机器学习方法通常被认为是一种"黑箱"模型,因为它们的复杂结构使得它们提供的底层关系通常难以直接量化,难以以线性回归那样给出确定的方程,使得模型结果非直观。为了更好地理解从机器学习方法中挖掘出的潜在关系,人们开发了一系列用于机器学习解释性的技术和方法,如特征相对贡献分析和区域累计影响分析,基于这些方法能够量化变量的相对贡献,剥离单一因子的作用,降低共线性带来的差异。综上,本节采用机器学习方法和机器学习解释方法量化河湖水系连通特征与水资源风险、洪涝风险、水环境风险和水安全风险的响应关系。

综合水资源风险、洪涝风险和水环境风险的水安全风险通过增强回归树模型预测的结果如图 2.2 所示。可以看出,模型在训练集和测试集均有很好的表现,在训练集,相关系数、平均绝对误差和均方根误差分别为 0.97、0.04 和 0.05,且三个评价指标在 50 次随机训练集的结果方差很小,均为 0.01。在测试集,三个评价指标稍有下降,但模型对水安全风险同样有着很好的预测效果,相关系数、平均绝对误差和均方根误差分别为 0.91、0.07 和 0.08,方差也在 0.02 以下。综上,增强回归树模型在训练集和测试集的结果受到训练集样本变化敏感

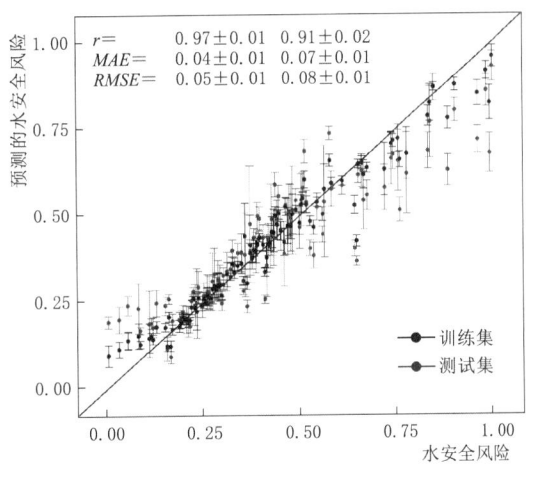

图 2.2 增强回归树的水安全风险预测

度低,加之 0.9 以上的相关系数和较低的预测偏差,说明模型对水安全风险预测有着很高的准确性和稳定性,基于河湖水系连通状态以及降水量和人类活动强度能够很好地预测区域水安全风险。

河湖水系连通状态以及降水和人类活动对水安全风险的贡献如图 2.3 所示。可以看出降水量、人类活动强度和河道坡度是三级水资源分区水安全风险最为重要的控制因子,三者的相对贡献分别为 31.7%±3.1%、27.4%±2.4%、16.2%±2.2%,即三者共同对水安全风险的贡献超过了 75%。其次为水面率、河网密度、连通环度、节点连接率和纵向连通性,分别贡献了 6%±1.2%、5.9%±1.2%、4.8%±1.0%、4.3%±0.8% 和 3.6%±0.6%。即除了降水量和人类活动的影响,河湖水系连通的过程特征、数量特征、空间

特征和质量特征对水安全风险的相对贡献依次降低。

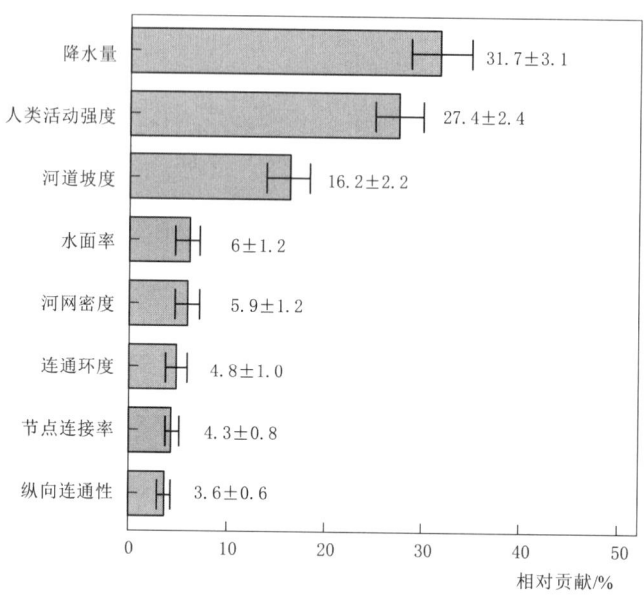

图 2.3 水安全风险特征相对重要性柱状图

河湖水系连通状态以及降水量和人类活动强度与水安全风险的响应关系如图 2.4 所示。河道坡度、降水量和水面率对水安全风险有着显著的负向作用。随着河道平均坡度的增加，水动力增加，对水资源调配、河道中水污染的迁移转化均有着正向的作用，尽管高水动力条件可能有潜在的洪涝风险，但整体上河道坡度与水安全风险有着较为明显的负相关作用，表现为在三级水资源分区，山区相对于平原区具有较低的水安全风险；降水量很低时候的增加对水安全风险影响不大，但超过 300mm 时，对水安全风险有着明显的降低作用，表现为在半干旱区、半湿润区和湿润区，随着降水量的增加其对水安全风险有着降低作用；水面率一定程度反映了区域蓄水能力，显著的负相关表明在三级水资源分区，保护区域江河湖库水面以及生态湿地面积有利于水安全的保障；人类活动强度与水安全风险有着显著的正向作用，随着人类活动强度的增加，区域水安全风险急剧增加，尤其是人类活动强度超过 30 时，即从稍弱和一般的活动强度上升至强烈人类活动时，人类活动强度对水安全风险有着更加强烈的负向作用。考虑到研究分析用的人类活动强度数据为 2002 年附近，当前城镇化等人类活动十分剧烈，人类活动强度与水安全风险响应关系强调更加与自然和谐相处的人类发展模式对经济社会发展非常必要；河网密度和连通环度对水安全的风险响应作用相对复杂，可能与其对水安全风险三个方面相冲突的保障作用有关，例如河网密度对水资源风险有着显著的负相关，而对洪涝风险有着显著的正相关，对水环境风险的响应关系则表现出明显的区域性差异，因此在对河网密度和连通环度保障水安全风险时不仅仅要区域性分析，还应针对不同的水安全保障目标分别分析。最后，纵向连通性对水安全响应关系整体性呈负相关，但表现出复杂的非线性和非稳定性，加之其较低的贡献度，在三级水资源分区，纵向连通性对水安全保障作用有限。

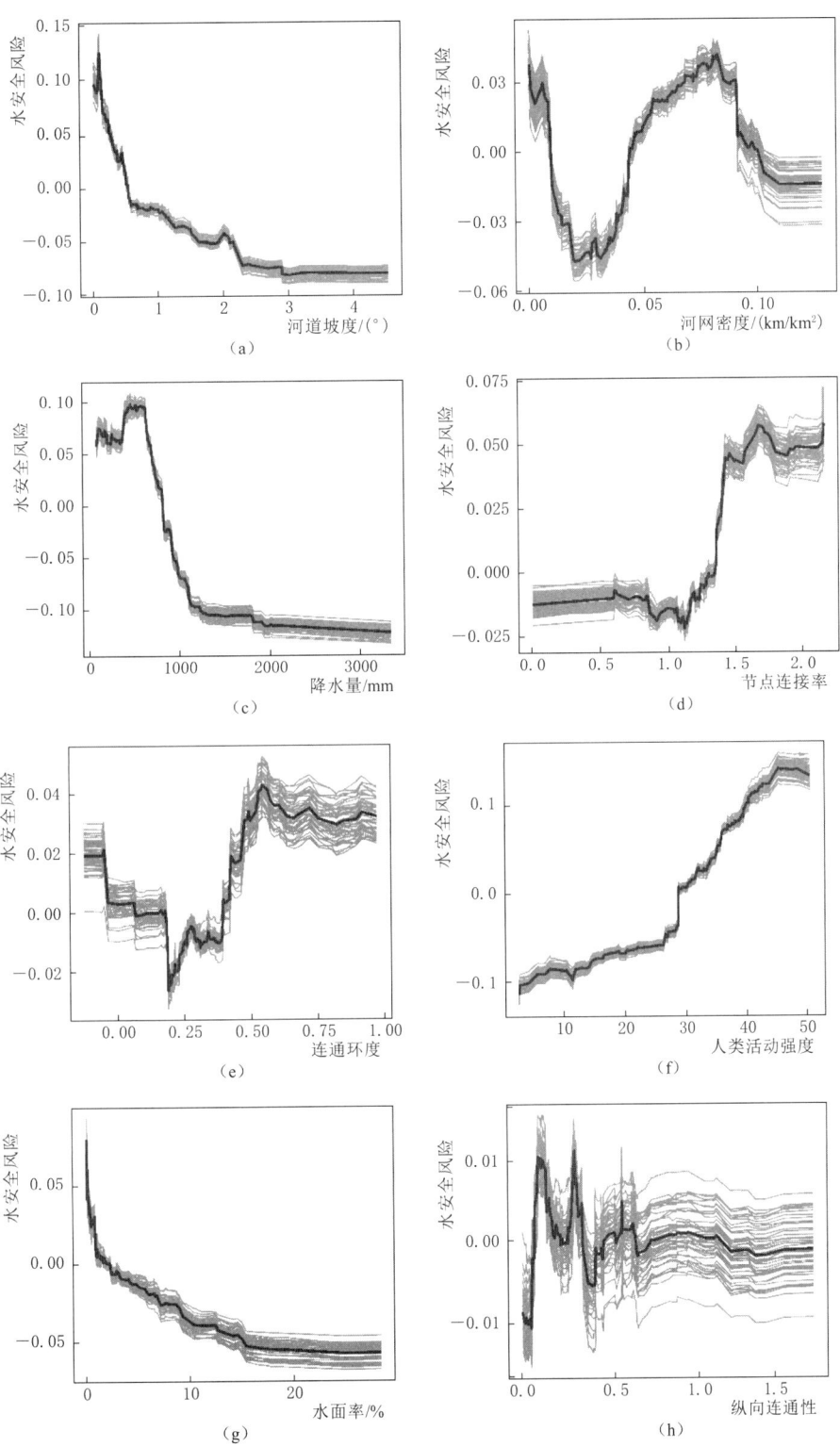

图 2.4 河湖水系连通状态以及降水量和人类活动强度与水安全风险的响应关系

2.2 变化环境下河湖水系连通演变规律研究

2.2.1 沂沭泗流域历史演变及现状水系连通度分析

2.2.1.1 沂沭泗水系格局历史演变

沂沭泗流域地处鲁南、苏北，是我国历史上较早开发的地区之一。历史上，由于黄河南侵，淤塞河道，水系格局发生了较大调整，由此引发的水旱灾害频繁。

1949年初期，山东省和苏北行署分别举办了两期"导沭整沂"和"导沂整沭"工程。此后，为了解决该地区的洪涝问题，淮河水利委员会在地方政府的配合下，分别于1957年、1971年、1991年、1998年进行了多次规划治理工作，并实施了沂沭泗流域洪水东调南下工程提高沂沭泗流域骨干河道中下游防洪标准，包括一期工程（20年一遇）和续建工程（50年一遇）。通过建设刘家道口闸、分沂入沭水道和新沭河工程，调控沂河、沭河洪水，形成了现状的水系格局。沂河、沭河、邳苍分洪道治理工程的主要任务是扩大沂河、沭河的行洪能力，主要包括干河整治与堤防除险加固、拦河建筑物改扩建、干河穿堤建筑新建、拆建及维修加固，支流回水段堤防加固和必要的管护设施建设等。目前沂河、沭河上的闸坝约80处，中运河区域闸坝约20处。

从沂沭泗流域水系变迁的历史回顾，可以归纳总结影响水系发展、演变的因素大体上可以分为两类：一类是自然因素的作用，另一类是人类活动的影响。淮河水系受到诸多自然因素的影响，其中影响作用较大的主要是黄河夺淮时期对沂沭泗流域水系所遗留下的影响。历史上黄河曾经多次夺淮，打乱了原有水系的自然状态，阻塞了沂河和沭河的天然下泄水道，导致后期水灾频繁爆发。人类活动影响方面：历史上，人类对沂沭泗流域水系的改造主要表现为黄河夺淮致灾而进行的一些河道水系整治，特别是新中国成立后一系列的工程措施，极大改善了沂沭泗流域的洪灾现状。

2.2.1.2 沂沭泗流域现状水系连通度

沂沭泗流域现状水系总集水面积为78109km^2，沂河从鲁山的南边开始发源，依次流经临沂市和江苏省，最终注入骆马湖。沭河从沂山山区发源，一路南下，在流至临沭县大官庄时被分成东、南两支，其中南支流直接流入新沭河；而东支流在流入新沭河汇合后，再流经石梁河水库后，在临洪口附近入海。泗河先是汇集沂蒙山西侧附近的白马河、城河和大沙河等河流来水，再与南四湖西侧附近的洙赵新河、东鱼河、复新河等河流来水一起流入南四湖，接着再经过中运河的邳苍分洪道最终注入骆马湖。骆马湖来水的下泄，经新沂河、会灌河于燕尾港入海。沂沭泗水系河网拓扑结构如图2.5所示。

水系连通需满足两个条件：①水流通道的连接与畅通；②有能满足一定需求的保持流动的连续水流。表现为水系的静态结构连通与动态输水能力。因此，流域尺度的水系连通性与水流连通渠道的分布情况、闸坝阻隔程度、过水断面形态、水流的流动性等因素有关。这里采用连续性指标（C）表示河网中河流受水工建筑物的阻隔程度。$C=L/N$，L为水系长度（表2.5），N为水利工程障碍物即闸坝的数量；采用网状性系数α表征河湖内节点与节点之间物质和能量互相交换的强弱，$\alpha=(m-n+1)/(2n-5)$；采用河网水系

2.2 变化环境下河湖水系连通演变规律研究

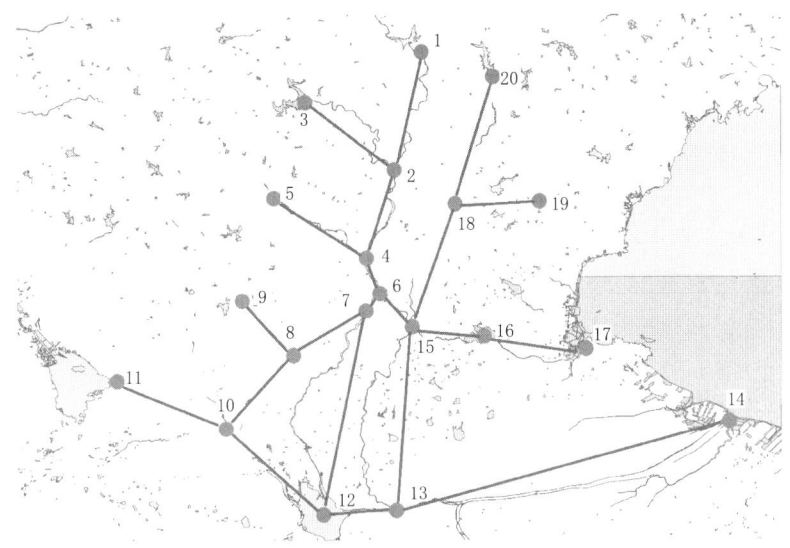

图 2.5 沂沭泗水系河网拓扑结构

连通度 γ 判定水网廊道与廊道间是否连接、连接好坏，$\gamma = m/3/(n-2)$，m 为研究区域中的河链数，n 为研究区域中的节点数。

表 2.5 沂沭泗水系河流长度统计

河流名称	长度/km	河流名称	长度/km
沂河	250.3	沭河（含老沭河）	227.9
分沂入沭水道	19.2	新沭河	78.1
邳苍分洪道	71.3	新沂河	149.5
运河	102.2	河道总长	898.5

考虑骨干闸门[刘家道口（沂河）、刘家道口（分沂入沭水道）、江风口闸、大官庄（老沭河）、大官庄（新沭河）、石梁河水库、嶂山闸，韩庄闸在模型中视为上边界控制入流，故不考虑]时，有

$$L = 898.5, N = 7$$

$$C = \frac{L}{N} = 128.36$$

考虑全部闸坝时：$N = 107$，$C = 8.39$。

通过水网拓扑图统计（闸门全开）得

$$m = 21, n = 20$$

$$\alpha = \frac{m-n+1}{2n-5} = 0.0571$$

$$\gamma = \frac{m}{3(n-2)} = 0.3889$$

将 MIKE11 模型模拟计算得到的河网各节点处的峰值流量作为水量传输能力指标。构造连通度因子 $w_{ij}\in(0,1)$，用该连通度因子来表征连通程度的好坏，计算公式为

$$w_{ij}=1-\frac{1}{\frac{q_i}{a}+1} \tag{2.11}$$

式中：q_i 为顶点 i 处河道峰值流量。

当 $q_i=0$ 时，$w_{ij}=0$，表示顶点 i 与顶点 j 完全不连通；当 $q_i\to+\infty$时，$w_{ij}=1$，表示顶点 i 与顶点 j 完全连通；q_i越大，则 w_{ij}越接近于 1。a 为敏感度指数，通过调节 a 可以控制连通因子对于不同流量所反映出的敏感程度，以使其适用于流量数量级跨度不同的各种情形，本书中流量数量级为 10^3，取 $a=10$。

将该连通度因子 w_{ij} 作为邻接矩阵中的元素，采用矩阵乘法

$$\boldsymbol{W}^k=(w_{ij}^{(k)})_{n\times n}=\sum_{p=1}^{n}w_{ip}^{(k-1)}w_{pj},k=1,2,\cdots,n-1 \tag{2.12}$$

式中：$w_{ij}^{(k)}$ 为由顶点 i 出发经 $k-1$ 个中间顶点到达顶点 j 的水流传输能力。

当顶点 i 可经过多条不同河链数的路径到达顶点 j 时，水流传输能力应为其处理后的累加值。将不同路径按照河链数由少到多依次进行排序，其序号数记为 p，$s_{ij}^{(p)}$ 表示由顶点 i 到达顶点 j 的第 p 条路径的河链数。则任意两节点间的连通度可表示为

$$u_{ij}=\sum\frac{w_{ij}^{(k)}}{(s_{ij}^{(p)})^p} \tag{2.13}$$

对流域整体来说，对所有节点间连通度求均值可得到流域平均连通度 U，其与标准连通度 U_S 的比值即为水系连通水平 L。其中

$$U=\frac{\sum_{i=1}^{n}\sum_{j=1}^{n}u_{ij}}{n^2} \tag{2.14}$$

根据 2012 年实测洪水过程，通过 MIKE11 模型计算得到各节点流量，采用有向图论方法，代入公式计算生成矩阵 W，如图 2.6 所示。

1	0.9968	0	0	0	0	0	0	0	0	0	0	0	0	0	0	0	0	0	0
0	1	0	0.9971	0	0	0	0	0	0	0	0	0	0	0	0	0	0	0	0
0	0.9931	1	0	0	0	0	0	0	0	0	0	0	0	0	0	0	0	0	0
0	0	0	1	0	0.9988	0	0	0	0	0	0	0	0	0	0	0	0	0	0
0	0	0	0.9975	1	0	0	0	0	0	0	0	0	0	0	0	0	0	0	0
0	0	0	0	0	1	0.9984	0	0	0	0	0	0	0	0.9899	0	0	0	0	0
0	0	0	0	0	0	1	0.9091	0	0	0	0.9979	0	0	0	0	0	0	0	0
0	0	0	0	0	0	0	1	0	0.9890	0	0	0	0	0	0	0	0	0	0
0	0	0	0	0	0	0	0.9889	1	0	0	0	0	0	0	0	0	0	0	0
0	0	0	0	0	0	0	0	0	1	0	0.9880	0	0	0	0	0	0	0	0
0	0	0	0	0	0	0	0	0	0.9091	1	0	0	0	0	0	0	0	0	0
0	0	0	0	0	0	0	0	0	0	0	1	0.9968	0	0	0	0	0	0	0
0	0	0	0	0	0	0	0	0	0	0	0	1	0.9972	0	0	0	0	0	0
0	0	0	0	0	0	0	0	0	0	0	0	0	1	0	0	0	0	0	0
0	0	0	0	0	0	0	0	0	0	0	0	0.9891	0	1	0.9949	0	0	0	0
0	0	0	0	0	0	0	0	0	0	0	0	0	0	0	1	0.9956	0	0	0
0	0	0	0	0	0	0	0	0	0	0	0	0	0	0	0	1	0	0	0
0	0	0	0	0	0	0	0	0	0	0	0	0	0	0.9950	0	0	1	0	0
0	0	0	0	0	0	0	0	0	0	0	0	0	0	0	0	0	0.9947	1	0
0	0	0	0	0	0	0	0	0	0	0	0	0	0	0	0	0	0.9091	0	1

图 2.6 计算矩阵

2.2 变化环境下河湖水系连通演变规律研究

通过运算，得到节点间的连通度矩阵，如图 2.7 所示。

```
1       0.9968  0       0.4969  0       0.3309  0.2478  0.1802  0       0.1485  0       0.6396  0.5457  0.4815  0.2457  0.1955  0.1622  0       0       0
0       1       0       0.4971  0       0.4979  0.3314  0.2260  0       0.1788  0       0.6860  0.6410  0.5459  0.3286  0.2452  0.1953  0       0       0
0       0.9931  1       0.4951  0       0.3296  0.2468  0.1795  0       0.1479  0       0.6372  0.5436  0.4797  0.2447  0.1948  0.1616  0       0       0
0       0       0       1       0       0.9988  0.4986  0.3022  0       0.2241  0       0.7652  0.7960  0.6411  0.3279  0.2448  0       0       0       0
0       0       0       0.9975  1       0.4981  0.3316  0.2261  0       0.1789  0       0.6863  0.6413  0.5462  0.3288  0.2453  0.1954  0       0       0
0       0       0       0       0       1       0.9984  0.4538  0       0.2992  0       0.9272  0.7631  0.7948  0.9899  0.4925  0.3269  0       0       0
0       0       0       0       0       0       1       0.9091  0       0.4496  0       1.4293  0.9257  0.7631  0       0.7628  0       0       0       0
0       0       0       0       0       0       0       1       0       0.9889  0       0.4886  0.3247  0.2428  0       0       0       0       0       0
0       0       0       0       0       0       0       0       1       0.4890  0       0.3221  0.2408  0.1921  0       0       0       0       0       0
0       0       0       0       0       0       0       0       0       1       0       0.9880  0.4924  0.3274  0       0       0       0       0       0
0       0       0       0       0       0       0       0       0       0.9091  1       0.4491  0.2984  0.2232  0       0       0       0       0       0
0       0       0       0       0       0       0       0       0       0       0       1       0.9968  0.4970  0       0       0       0       0       0
0       0       0       0       0       0       0       0       0       0       0       0       1       0.9972  0       0       0       0       0       0
0       0       0       0       0       0       0       0       0       0       0       0       0       1       0       0       0       0       0       0
0       0       0       0       0       0       0       0       0       0       0       0.9891  0.4932  1       0.9949  0.4953  0       0       0       0
0       0       0       0       0       0       0       0       0       0       0       0       0       0       0       1       0.9956  0       0       0
0       0       0       0       0       0       0       0       0       0       0       0.4921  0.3272  0.9950  0.4950  0.3285  1       0       0       0
0       0       0       0       0       0       0       0       0       0       0       0.3263  0.2441  0.4949  0.3283  0.2451  0.9947  1       0       0
0       0       0       0       0       0       0       0       0       0       0       0.2982  0.2231  0.4523  0.3000  0.2240  0.9091  0       1       0
```

图 2.7 节点连通度矩阵

研究区域内连通度水平：

$$U = \frac{\sum_{i=1}^{n} \sum_{j=1}^{n} u_{ij}}{n^2} = \frac{76.99}{400} = 0.1925$$

2.2.2 不同闸坝调度对沂沭河水系连通性及防洪的影响分析

(1) 连通性量化评价指标

为分析沂沭河流域洪水调度方式对水系连通性的影响，现针对沂沭河流域骨干河道，采用河道断流率 P（区域中断流的河道长度占区域水系中河道总长度的比重）、水系连通度 γ、基于水体动量与改进图论的河网纵向连通度 U 作为连通性量化评价指标，并基于指标标准化方法，采用层次分析法确定权重，建立了综合连通度 G 计算公式，即

$$G_i = 0.105 P'_{ii} + 0.258 \gamma'_{ii} + 0.637 U'_{ii} \tag{2.15}$$

(2) 2012 年实际调度方式与启用江风口闸的比较

以江风口闸调度为例，探讨闸门不同调度对沂沭河水系连通效益与防洪影响，现根据表 2.6 所列两种工况进行数值模拟，计算综合连通度 G。

表 2.6　工况

工况	说　明
1	2012 年 7 月洪水实际调度方式
2	在实际调度方式基础上启用江风口闸

1) 连通性比较。在 2012 年 7 月洪水实际调度过程中未开启江风口闸，经过统计，工况 1 在模型中的断流长度 48.3km，概化模型中所涉及的河流长度见表 2.5。

通过计算可以得到工况 1 的河道断流率 P_1 为 5.38%，工况 2 的河道断流率 P_2 为 0%。从数量上看，开启江风口闸后，河网的断流情况将得到较好改善，水系连通性有所增强。

将河道入汇点、交汇点、边界点以及水工建筑物概化为图的顶点，将河道概化为图的悬挂边、边或多重边，分别形成两种工况下的河网拓扑图，如图 2.8 所示。

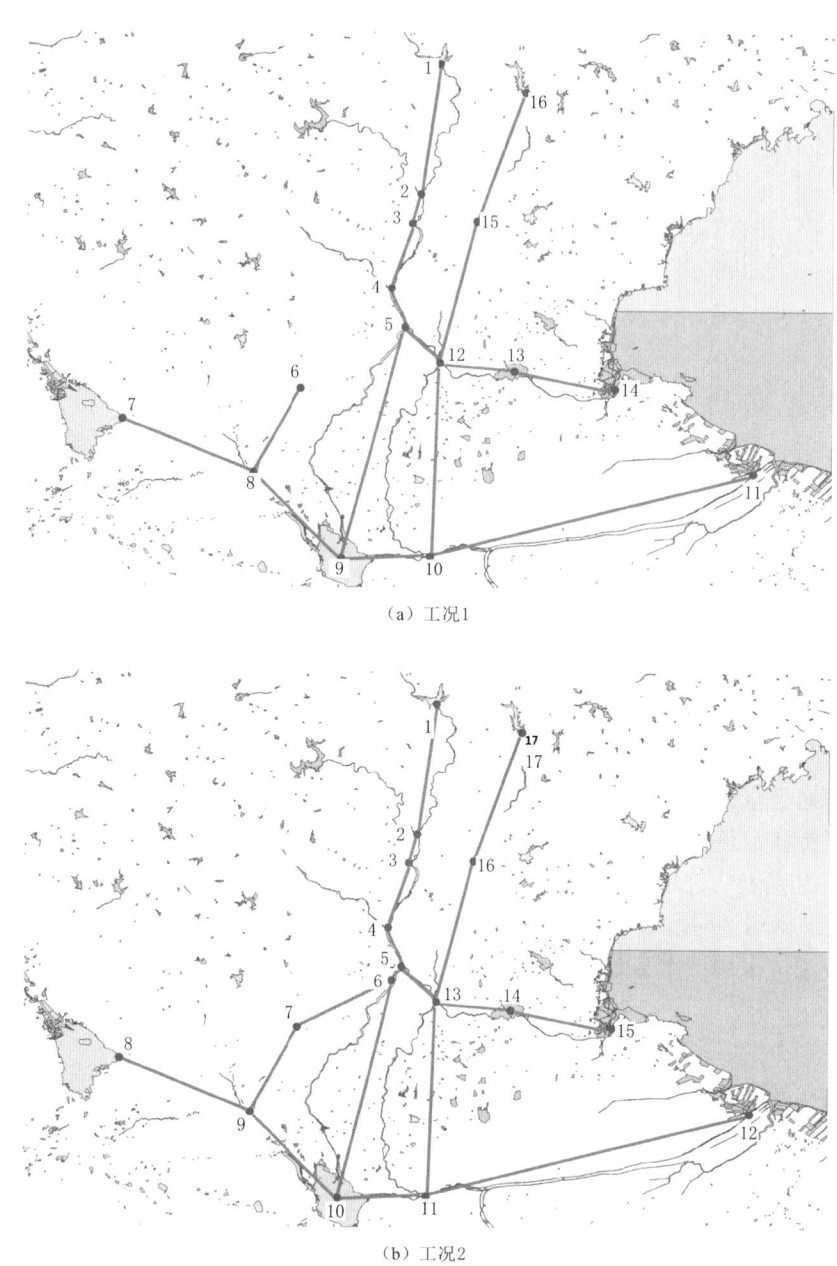

图 2.8 骨干河网概化图

其中，工况 1 的河链数 $m_1=16$，节点数 $n_1=16$；工况 2 的河链数 $m_2=18$，节点数 $n_2=17$。通过计算可以得到工况 1 的水系连通度 $\gamma_1=0.38$，工况 2 的水系连通度 $\gamma_2=0.40$。从结构上看，开启江风口闸后，河网廊道间的连接水平变高，水系连通性有所增强。

通过一维水动力学模型对两种工况进行数值模拟，利用得到的水位、流量、过水面

2.2 变化环境下河湖水系连通演变规律研究

积、断面形态等水文及地形资料分别构造邻接矩阵 $W_1=(w_{ij})_{16\times16}$、$W_2=(w_{ij})_{17\times17}$，按照上述方法进行矩阵运算，得到两种工况下各节点的纵向连通度（图 2.9）。

通过对各节点纵向连通度的加权平均可以得到两种工况下河网的纵向连通度分别为 $U_1=0.2055$，$U_2=0.2419$。从功能上看，开启江风口闸后，河网的纵向水流传输作用变强，水系连通性增强。

对上述计算指标值进行标准化处理，得到表 2.7 所示指标值，并按照上述权重对各标准化后指标值进行加权得到综合连通度。可以看出，开启江风口闸后，河网的水系连通性得到较大程度的增强，综合连通度约增长 27%。

2) 防洪影响比较。江风口闸的开启势必会对邳苍分洪道、运河、分沂入沭水道以及沂河江风口-骆马湖段的防洪风险产生一定程度的影响。基于数值模拟结果统计各河段在不同工况下的断面最高水位，如图 2.10 所示。

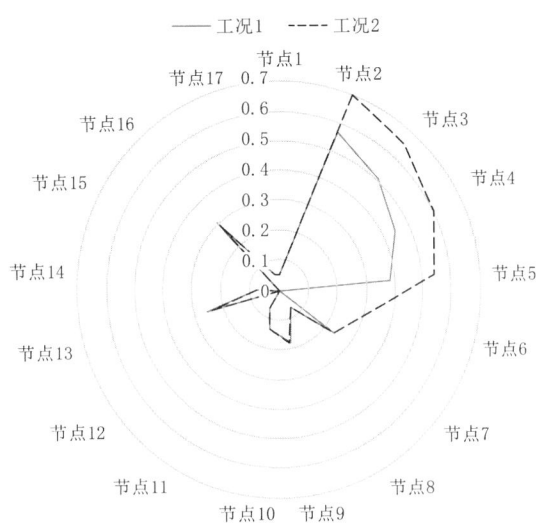

图 2.9 不同工况下节点纵向连通度变化

表 2.7 各工况连通性指标及综合连通度计算

工况	P	γ	U	综合连通度 G
1	0	0.95	0.85	0.787
2	1	1	1	1

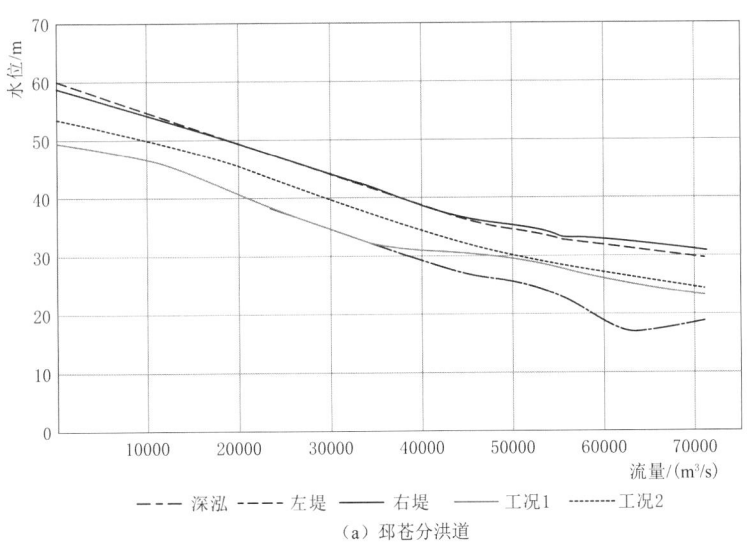

(a) 邳苍分洪道

图 2.10（一） 各河段沿程水位变化（工况 1、工况 2）

2 河湖水系连通格局形成机理与演变规律

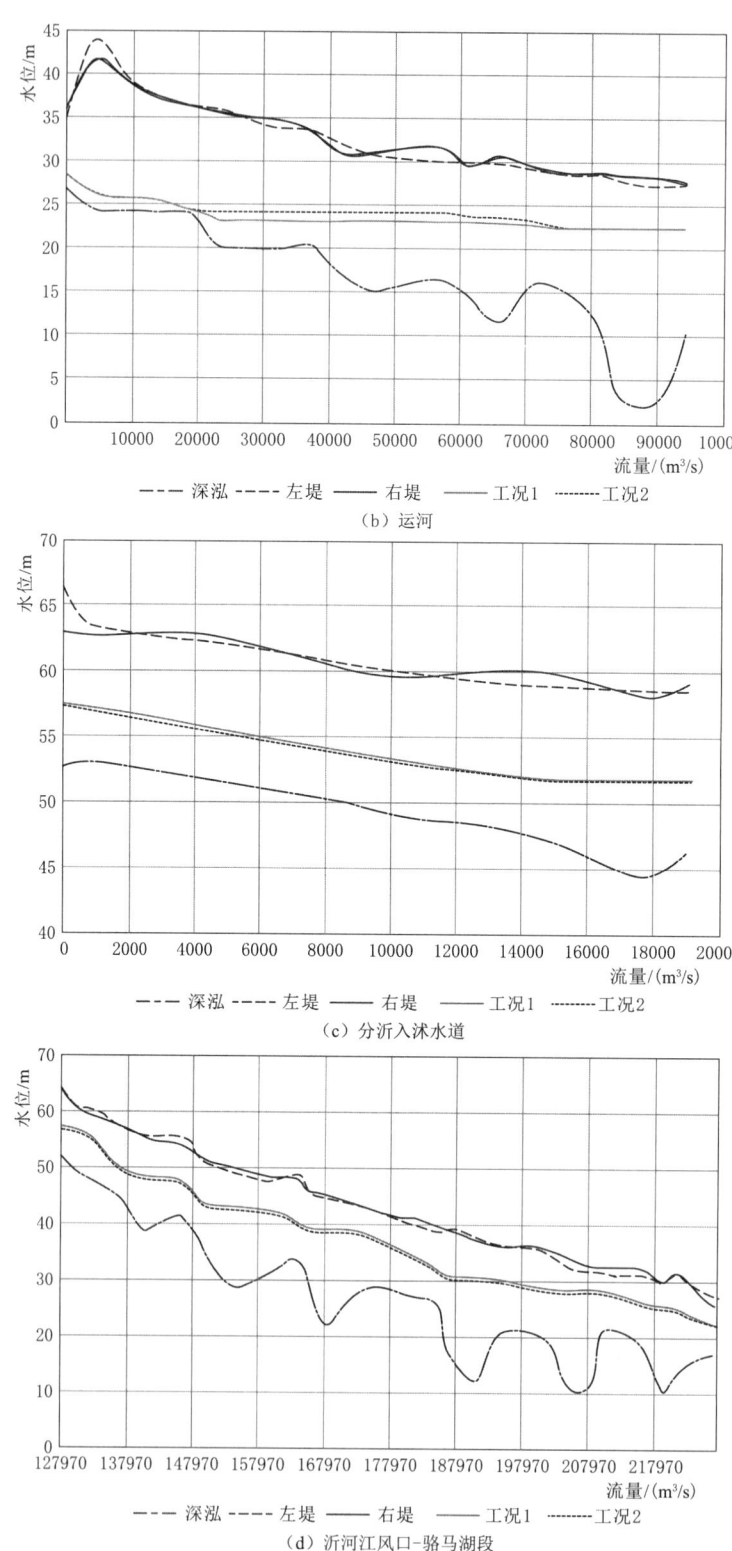

图 2.10（二） 各河段沿程水位变化（工况1、工况2）

可以看出，由于邳苍分洪道起到了分洪作用，沿程各断面最高水位均有所上升。在入汇点以下工况2的最高水位较工况1平均上升了0.89m，水位变化幅度较大。工况1入汇点以下各断面最大水深与允许最大水深比值的平均值为44.3%，工况2入汇点以下各断面最大水深与允许最大水深比值的平均值为51.7%，工况2下各断面最大水深仅为断面允许最大水深的50%左右。工况1下该河道最大流量达872m³/s，达到设计流量的22%；工况2下该河道最大流量1562m³/s，达到设计流量的39%，较4000m³/s的设计流量均差距较大，防洪风险较小。

受邳苍分洪道的分洪影响，运河在邳苍分洪道汇入断面的前后部分断面水位有所壅高，距离汇入断面越远，影响越小。工况2的最高水位较工况1平均上升了0.48m，壅高段各断面最大水深与允许最大水深比值平均增加6%。另外，工况1下该河道最大流量达810m³/s，工况2下该河道最大流量1315m³/s，较该河段6700m³/s的设计流量均差距较大，防洪风险较小。

工况2与工况1相比，分沂入沭水道与沂河江风口-骆马湖段各断面的最高水位均有所下降，其中，分沂入沭水道沿程平均下降0.13m，沂河江风口-骆马湖段平均下降0.43m。另外，工况2与工况1相比，上述两段河道中的最大流量均有所下降，其中，分沂入沭水道最大流量从1198m³/s下降至1100m³/s，沂河江风口-骆马湖段最大流量从6263m³/s下降至5464m³/s，从设计流量的78.3%下降至68.3%，可见开启江风口闸对沂河下游的防洪压力有较大程度的缓解。

（3）不同洪水流量下干流连通性与防洪形势变化

将各入流口的流量过程分别缩小至7/8，按照工况1与工况2的调度方式得到工况3、工况4，将各入流口的流量过程分别放大至9/8，按照工况1与工况2的调度方式分别得到工况5、工况6，具体见表2.8。

表2.8　　　　　　　　　　工　况　设　置

工况	工　况　情　况	工况	工　况　情　况
3	缩小洪水过程，2012年7月洪水实际调度方式	5	放大洪水过程，2012年7月洪水实际调度方式
4	缩小洪水过程，开启江风口闸	6	放大洪水过程，开启江风口闸

按照上述连通性计算方法对各工况下的综合连通度进行计算，其中，工况3、工况5的河道断流率P、水系连通度γ与工况1相同，分别为5.38%、0.38，工况4、工况6的河道断流率P、水系连通度γ与工况2相同，分别为0%、0.40。各工况下各节点的纵向连通度如图2.11所示。

通过对各节点纵向连通度的加权平均可以得到四种工况下河网的纵向连通度分别为$U_3 = 0.2030$，$U_4 = 0.2391$，$U_5 = 0.2076$，$U_6 = 0.2442$。

对上述计算指标值进行标准化处理，并按照上述权重对各标准化后指标值进行加权计算得到各工况下的综合连通度，见表2.9。

表2.9　不同流量级各调度方式下的综合连通度

临沂站流量级 /(m³/s)	综合连通度	
	实际调度方式	开启江风口闸
7000	0.7756	0.9868
8000	0.7820	0.9940
9000	0.7875	1

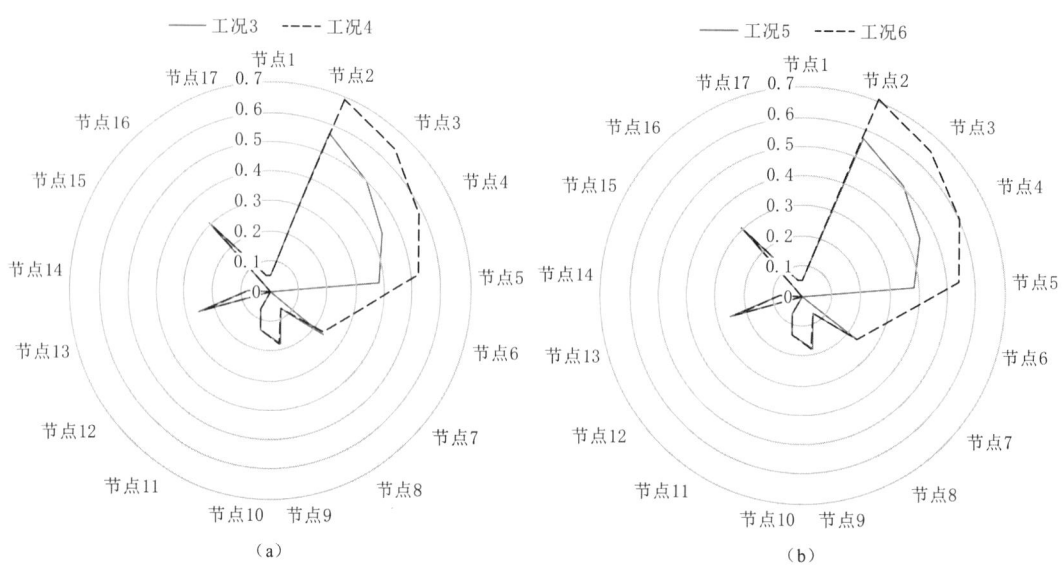

图 2.11 不同工况下各节点连通度变化

从表中可以得出，7000m³/s 流量级下，开启江风口闸后水系综合连通度数值增加了 0.2112，增长 27.23%；8000m³/s 流量级下，开启江风口闸后水系综合连通度数值增加了 0.2120，增长 27.11%；9000m³/s 流量级下，开启江风口闸后水系综合连通度数值增加了 0.2125，增长 26.98%。从总体上来看，流量级越大，增长的数值越大，增长的比例越小，但其变化幅度很小，增长比例均在 27% 左右。利用数值模拟结果统计得到工况 3~工况 6 下邳苍分洪道、运河、分沂入沭水道以及沂河江风口-骆马湖段在不同工况下的断面最高水位，分别如图 2.12 所示。

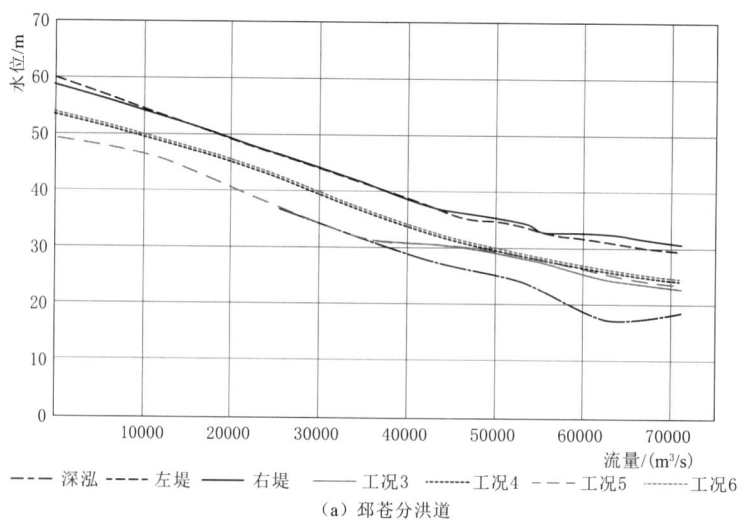

图 2.12（一） 不同工况下各河段沿程洪水位变化（工况 3~工况 6）

2.2 变化环境下河湖水系连通演变规律研究

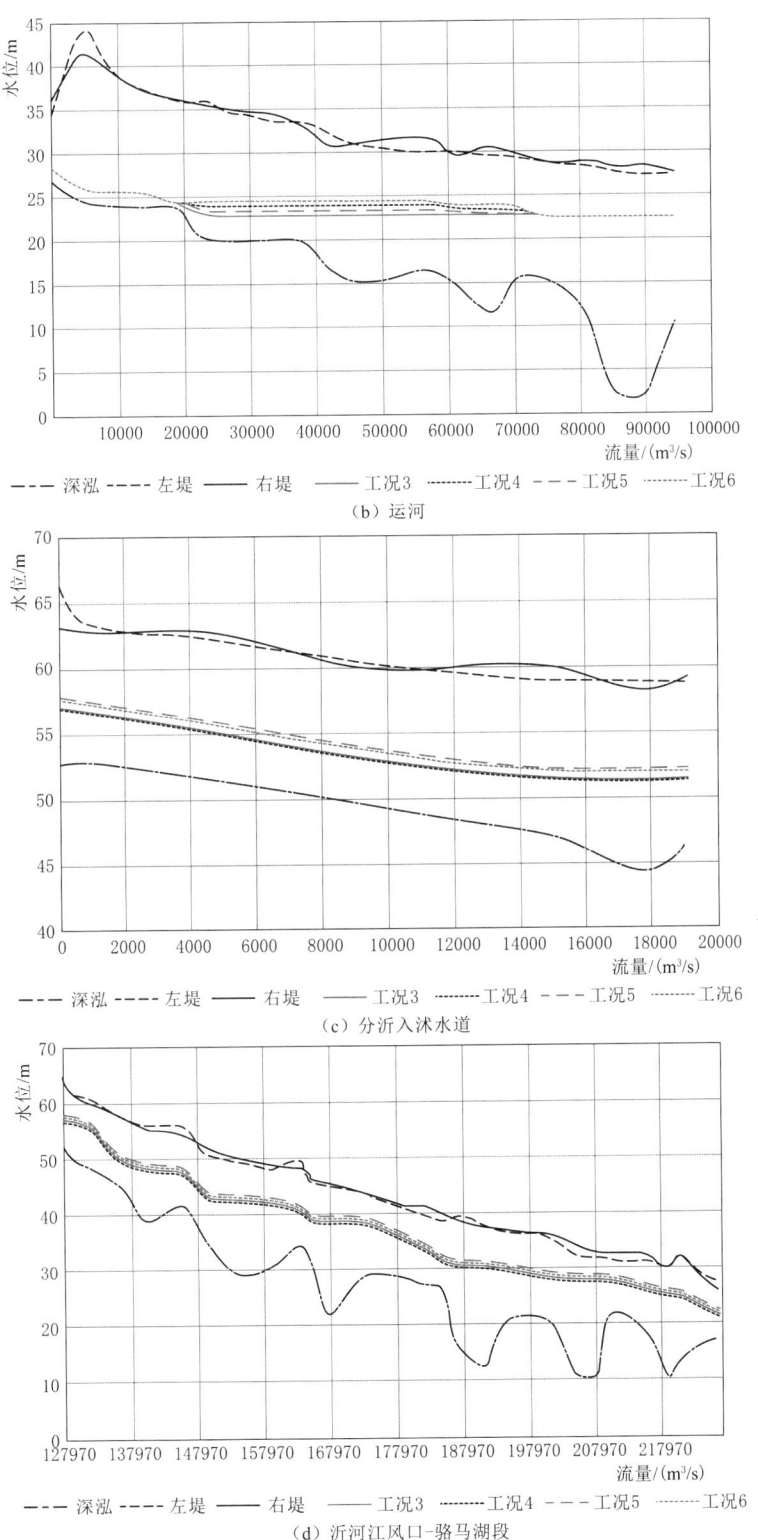

(b) 运河

(c) 分沂入沭水道

(d) 沂河江风口-骆马湖段

图 2.12（二） 不同工况下各河段沿程洪水位变化（工况 3～工况 6）

可以看出，各流量级下开启江风口闸后各河段的水位变化趋势基本一致，其中邳苍分洪道入汇断面以下河段在 7000m³/s 流量级下平均增加 0.84m，9000m³/s 流量级下平均增加 0.90m；运河在 7000m³/s 流量级下平均增加 0.43m，9000m³/s 流量级下平均增加 0.52m；分沂入沭水道在 7000m³/s 流量级下平均下降 0.11m，9000m³/s 流量级下平均下降 0.15m；沂河江风口-骆马湖段在 7000m³/s 流量级下平均下降 0.11m，9000m³/s 流量级下平均下降 0.15m。由以上水位变化数值可知，流量级越大，水位变化幅度也越大。通过进一步比较流量数值可以发现其变化趋势与水位变化趋势基本一致，流量级越大，各河段的流量变化幅度也越大，其中沂河江风口-骆马湖段在 7000m³/s 流量级下，最大流量从 5477m³/s 下降至 4750m³/s，从设计流量的 68.5% 下降至 59.4%；在 9000m³/s 流量级下，最大流量从 7050m³/s 下降至 6182m³/s，从设计流量的 88.1% 下降至 77.3%。

综上所述，开启江风口闸对沂沭河流域内的水系连通性有较大程度的提高，能较大限度地降低沂河下游的防洪风险，对其他河道的防洪风险影响不大。不同洪水条件下，江风口闸调度对防洪风险的影响随流量的增加而增大。

2.2.3 不同闸坝调度方式对南四湖湖区连通性的影响

（1）南四湖湖区横向连通性指标

该尺度下的水系连通性评价需应用于南四湖闸坝不同调度方式下湖区的水系连通性对比，因此在空间维度上侧重横向水流联系，在功能上强调对湖区行洪、换水能力的表征。选取横向连通性系数（G_2）反映湖区水体的横向交换情况、滩槽水流连通性（η）指标用以反映行洪过程中滩槽的水流交换与流量分配情况、水体换水效率作为量化对象的水系连通度指数（C）反映湖区水体的换水自净能力，以此实现对该尺度下湖区功能连通性的表征。依据层次分析法确定各分项指标权重，最终确定南四湖湖区横向连通性的综合连通度 COM'' 的计算公式为

$$COM''=0.25G_2'+0.25\eta'+0.5C' \tag{2.16}$$

式中：G_2'、η'、C' 为标准化后的指标值。

（2）南四湖水系平面二维水动力学模型构建及验证

基于沂沭泗水系中的南四湖湖区实测地形数据，运用 MIKE21 软件构建了南四湖二维水动力模型，模拟范围为南四湖湖区堤防以内区域。图 2.13 所示为二维计算区域网格划分图。采用渐变三角形网格自动剖分方法，将南四湖湖区划分为一个三角形网格系统，并使网格边界线尽量与堤线重合，以实现网格与计算区域的完全贴体。另外，为更好反映部分区域水体流动状态，对各入湖河段、出湖河段以及二级坝闸门过流区域的网格进行了加密。整个计算区域划分为 83182 个三角形单元，43101 个网格节点。

采用 2012 年 7 月实测洪水过程资料，对建立的南四湖湖区二维水动力学模型进行了验证。计算时段选择为 2012 年 7 月 4—20 日，该时段内南四湖流域发生了一次较大洪水，具有一定代表性。验证计算上边界根据各水文站实测资料给定流量过程，对于部分缺少实测资料的入汇河流，根据其与相邻河流流域面积的比值，按相邻河流的实测洪水资料同比

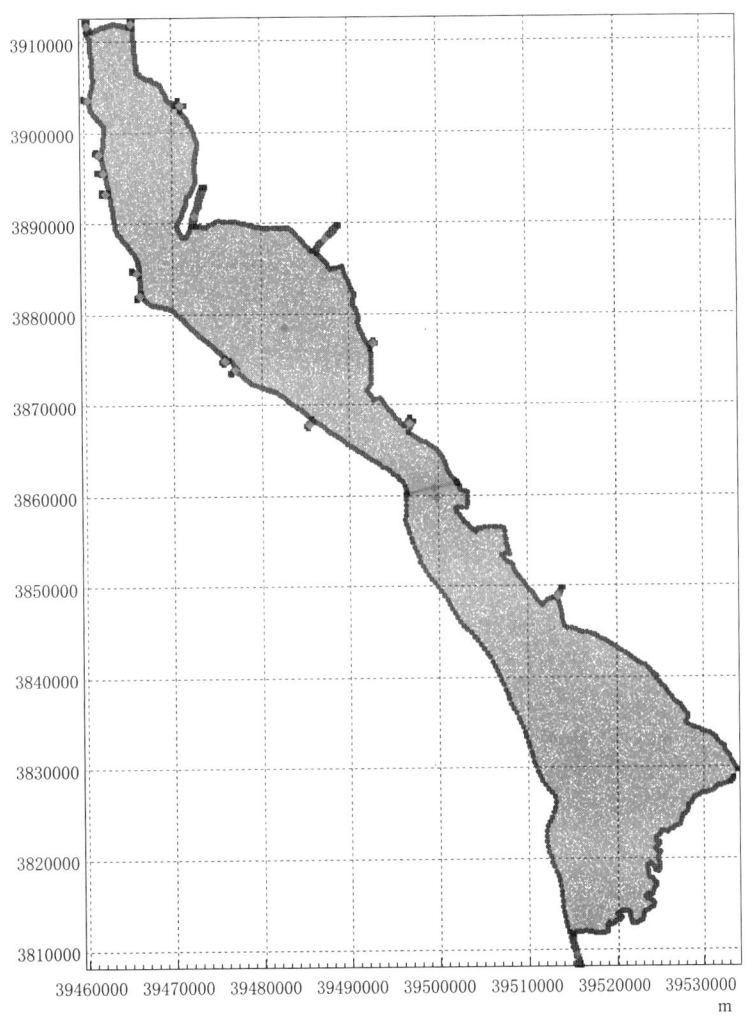

图 2.13 计算区域网格划分图

给定流量过程。湖面来水由湖区的降雨量扣除蒸发量决定，以二级坝为界将湖区分为上级湖、下级湖，分别采用南阳站和微山站的实测降雨过程和蒸发过程分区给定。下边界为韩庄运河等出口河流的实测闸前水位过程。二级坝调度通过调整闸门开度使其按实际流量过程控制。验证结果如图 2.14 所示。整体而言，该模型能满足洪水模拟要求，可用于进行该区域的水动力模拟计算。

（3）二级坝闸门调度对湖区连通性的影响

南四湖行洪过程中，上级湖洪水通过二级坝闸门进入下级湖，其闸门开度决定了上级湖洪水进入下级湖的流量过程。为研究二级坝调度对上、下级湖连通性的影响，设置三种不同闸门开度工况（表 2.10），采用南四湖湖区二维水动力学模型进行数值模拟（图 2.15），并分别计算上、下级湖水系综合连通度（表 2.11）。

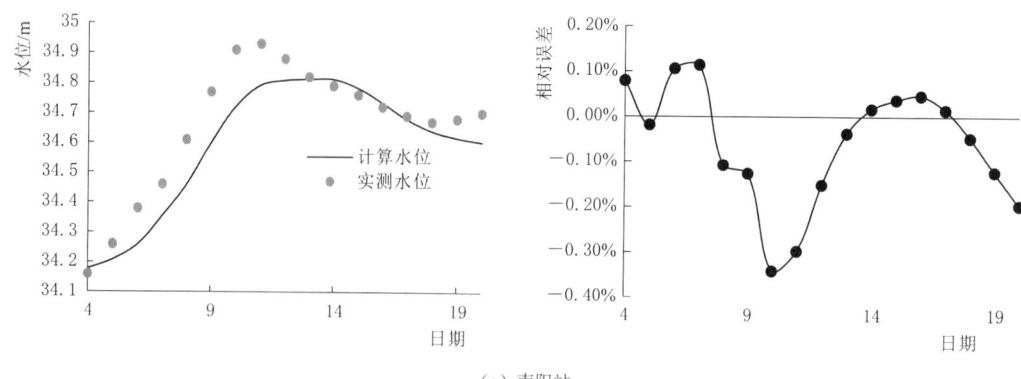

(a)南阳站

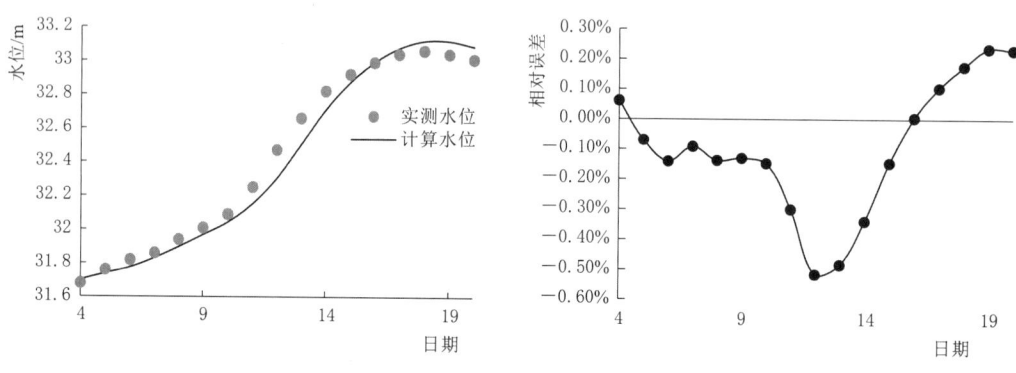

(b)微山站

(c)二级坝泄流过程

图 2.14 模型验证水位流量对比

表 2.10 工 况 说 明

工况编号	说 明
1	第二节制闸闸门开度 0.3，下边界韩庄闸水位 32.5m
2	第二节制闸闸门开度 0.6，下边界韩庄闸水位 32.5m
3	第二节制闸闸门开度 0.9，下边界韩庄闸水位 32.5m

2.2 变化环境下河湖水系连通演变规律研究

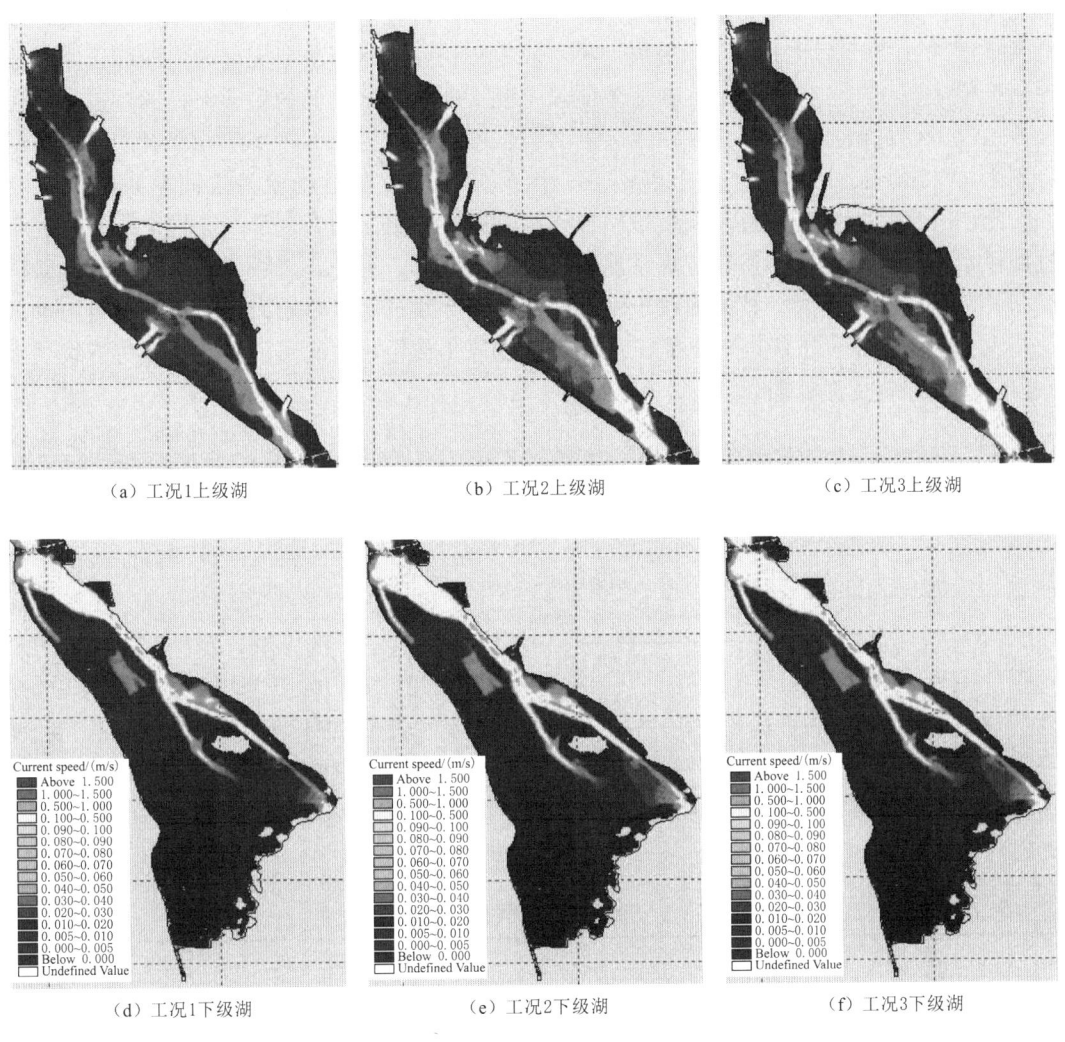

图 2.15 湖区水体瞬时流场

表 2.11 指标标准值统计

工况编号		η	G_2	C	COM''
上级湖	1	0.9452	0.9055	0.6571	0.7913
	2	0.9925	0.9914	0.9364	0.9642
	3	1.0000	1.0000	1.0000	1.0000
下级湖	1	0.7830	0.8045	0.3701	0.5819
	2	0.7996	0.8294	0.3880	0.6013
	3	0.8010	0.8309	0.3902	0.6031

从表中统计结果可以看出，同工况下上级湖各项指标及综合水系连通度均高于下级湖，说明一般情况下上级湖水系连通性较下级湖好。对比上、下级湖各工况间综合水系连通度可以发现，闸门开度越大的工况，其综合水系连通度也越大，水系连通性更好，其原

2 河湖水系连通格局形成机理与演变规律

因在于闸门开度的增大会使上级湖进入下级湖的行洪流量增大,流量的增大使湖区滩地过流比重增加,引起流动水体面积增加,换水效率加快,直接影响研究区域内的综合水系连通性。但工况1与工况2间的连通度差值较工况2与工况3之间的差值大,通过进一步比较各工况下的过闸流量可以发现,上级湖二级坝闸门开度为0.3、0.6、0.9时的过闸流量分别为1172m³/s、1545m³/s、1597m³/s,可见闸门开度与过闸流量之间呈现非线性相关,闸门开度增大过程中过闸流量增幅在逐渐衰减,导致闸门开度从0.6增至0.9过程中过闸流量增量较小,进而使其对水系连通性的影响变小。另外,二级坝闸门开度变化对上级湖的影响较下级湖大,其原因在于闸门开度增大导致过闸流量增大,使其对上级湖水体的拖曳作用增强,而下级湖对下泄流量具有削峰坦化作用,因此闸门开度增大对下级湖水系连通性的影响相对较弱。

(4) 韩庄闸调度对湖区连通性的影响

韩庄运河是南四湖下级湖洪水下泄的主要通道,行洪过程中根据微山站水位由韩庄闸控制下泄,为研究其调度对湖区连通性的影响,设置不同韩庄闸水位的工况,对应不同的二级坝闸门开度,设置三种对比计算工况,见表2.12。采用南四湖二维水动力学模型对三种工况进行模拟,计算平衡时刻各项连通指标值并分别与工况1~工况3对比(表2.13)。

表2.12　　　　工况说明

二级坝闸门开度	工况编号	下边界韩庄闸水位/m
0.3	1	32.5
	4	32.8
0.6	2	32.5
	5	32.8
0.9	3	32.5
	6	32.8

表2.13　　　　　　　　指标标准值统计

工况编号		η	G_2	C	COM''
上级湖	1	0.9453	0.9055	0.6571	0.7913
	4	0.9452	0.9053	0.6555	0.7904
	2	0.9925	0.9914	0.9364	0.9642
	5	0.9921	0.9895	0.9329	0.9618
	3	1.0000	1.0000	1.0000	1.0000
	6	0.9996	0.9977	0.9968	0.9977
下级湖	1	0.7832	0.8045	0.3701	0.5819
	4	0.7821	0.8190	0.3568	0.5786
	2	0.7998	0.8294	0.3880	0.6013
	5	0.7973	0.8581	0.3751	0.6014
	3	0.8012	0.8309	0.3902	0.6031
	6	0.7989	0.8650	0.3784	0.6052

将工况1与工况4、工况2与工况5、工况3与工况6分别进行对比可以发现,前者上级湖各项连通性指标以及综合连通度均高于后者,其原因在于韩庄闸出口水位的抬高使

下级湖水位有所升高，导致二级坝闸门泄流量有所减小，引起上级湖连通性变化，总体而言影响程度较小。而随着韩庄闸出口水位的抬高，下级湖各项指标变化趋势不一致，其中滩槽水流连通性（η）与水系连通度指数（C）有不同程度的减小，而横向连通性系数（G_2）呈增大趋势，导致闸门开度不同时的工况间变化趋势不一致。其原因在于韩庄闸出口水位的抬高使下级湖二级坝平均水位升高，淹没范围增大，导致下级湖湖区水体的横向交换作用增强；但同时出口流量有所减小，导致水流纵向传输作用有所降低，滩地行洪比重下降，湖区水体换水效率也随之降低，水体净化功能减弱。在实际调度过程中，可根据调度方案与水情预报，当来流较小时，适当提高下级湖汛限水位，增强湖区的横向连通性，而当预报来流较大时，韩庄闸提前开闸泄洪，通过降低出口水位提高换水效率，增强水流纵向传输作用。

2.3 小结

本章以中国三级水资源分区的 214 个子流域为研究对象，从水资源安全、水灾害安全、水环境安全三个层面选取了用水压力指数、干旱强度、洪涝灾害频率、水污染指数构建了水安全风险评估体系，评估了我国水安全风险现状。构建了河湖水系连通状态指标衡量体系，从河湖水系连通的数量、过程、质量和空间四个特征开展河湖水系连通状态分析，阐明了我国河湖水系连通格局的现状特征，不同地区的河网密度、连通度等要素与水力特征并不同步，华东与华北平原河网密集，但水力特征较差；长江中上游水系格局较好，北方干旱区相对较差。

分析了我国及主要流域水系空间结构及与连通度的关系，认为水系空间结构与河湖连通度密不可分，水系空间结构的变化势必会造成河湖连通度的改变；同样，为改善河湖连通而采取的一些工程和非工程措施也将对水系空间结构产生一定的影响。水系空间结构与河湖连通有协同作用，水系空间结构和河湖连通会影响水体交换能力和水功能区水质状况。其次，水系空间结构与河湖连通能扩大河流的汇源作用，能够有效地扩大河流水面面积，增强河流蓄滞洪水的能力。随着水系空间结构衰退及河道主干化，河湖连通度显著减弱；径流变差系数与水文连通性基本呈负相关趋势，即水文连通性越高，径流变差系数就越低，越有利于水资源的利用。

开展了河湖水系连通状态与水安全保障功能响应关系分析。引入机器学习增强回归树模型，采用特征相对贡献分析和区域累计影响分析两种机器学习解释方法提取挖掘的响应关系。结果表明整体上北方流域比南方区域有着更高的水安全风险，青藏高原等人烟稀少的区域水安全风险相对较低。识别水安全高风险区，包括首都北京及其周边黄淮海流域，沂沭泗河流域和太湖武澄锡虞片等两个典型区域也面临着较高的水安全风险。选取的河湖水系连通衡量指标河网密度、水面率、河道坡度、纵向连通性、连通环度和节点连接率六个指标与水资源风险、洪涝风险、水环境风险和综合水安全风险存在显著的响应关系，但在不同气候和人类活动分区响应关系有所差别。特征相对贡献分析表明在三级水资源分区河湖水系连通对水安全保障有着重要的贡献，但气候和人类活动仍是驱动河湖水系连通与水安全更为重要的因素。

以沂沭泗流域为例，分析了沂沭泗流域水系格局演变特征，评价了现状水系连通度，解析了沂沭泗流域河湖水系连通格局形成及驱动机制。认为历史上淮河水系受到了诸多自然因素的影响，其中影响作用较大的主要是黄河夺淮时期对本流域水系所遗留下的影响。历史上黄河曾经多次夺淮，打乱了原有水系的自然状态，阻塞了沂沭河的天然下泄水道，导致了后期的水灾频繁爆发。人类活动也是重要因素，历史上人类对本流域水系的改造主要表现为黄河夺淮致灾而进行的一些河道水系整治，特别是新中国成立后一系列的工程措施，极大改善了本流域的洪灾现状。此外，构建了不同尺度下沂沭泗水系河湖水系动力-环境-地貌关系模拟模型，利用该模型深入研究了沂沭泗流域现状水系连通度分析及水系动力变化，分析了不同闸坝调度对沂沭河水系连通性及防洪的影响以及不同闸坝调度方式对南四湖湖区连通性的影响，并对沂沭泗河湖区域植被变化及其对洪水演进开展了敏感性分析。

3 河湖水系连通与水安全保障适配性评价

3.1 河湖水系连通与水安全保障适配性评价体系

3.1.1 指标体系构建方法

河湖水系连通与水安全保障能力评价指标体系包括目标层、准则层、准则特征层以及指标层。目标层为河湖水系连通水安全保障能力，河湖水系连通目标层下的准则层包括水资源安全保障能力准则层、防洪安全保障能力准则层、水生态安全保障能力准则层。准则特征层进一步反映准则层的属性特征，指标层设置包括必选指标和备选指标。具体到某一区域上的河湖水系连通水安全保障能力评价采用广泛应用的层次分析框架，即将需要决策的问题置于一个大系统中，将问题分解并层次化，形成一个多层次的评价分析模型；之后综合运用数学方法与定性分析方法，计算出每个评价指标对上级指标产生的影响权重。最终通过逐层计算，得到问题总目标的权重，以此评价解决方案的优劣，实现辅助决策。总体上形成"指标筛选—指标计算赋分—指标权重赋分—综合评价"四步。

3.1.1.1 指标赋分方法

不同的指标评价存在单位的不一致问题，为了更好地综合评估目标需要对单个指标计算结果赋分。采用极值标准化的指标赋分方法，即对某一指标按极值标准化，计算公式如下

$$x_{vle} = \frac{x - x_{\min}}{x_{\max} - x_{\min}} \tag{3.1}$$

式中：x_{vle} 为指标赋分值，为 0.1～1 之间；x 为指标实际计算值；$x_{\max}$ 为极大值；$x_{\min}$ 为全国指标计算的极小值，极大值和极小值的选取根据现有的研究成果确定或根据全国不同区域指标计算值取极值。

考虑到一些指标在数据观测或收集中不确定性可能带来的异常值问题，对存在明显异常值的计算结果采用 95% 极值标准化。

3.1.1.2 权重设置方法

准则层及准则特征层的指标权重主要采用层次分析方法。在资料丰富的区域，可结合熵权法获得更加客观的指标权重，进一步利用集对分析验证指标赋分的合理性。层次分析法是于 20 世纪 70 年代初提出的一种多目标决策系统分析方法，是河湖水系连通系统评价体系最常用的方法。首先将需要决策的问题置于一个大系统中，将问题分解并层次化，形

成一个多层次的评价分析模型；之后综合运用数学方法与定性分析方法，计算出每个评价指标对上级指标产生的影响权重；最终通过逐层计算，得到问题总目标的权重，以此评价解决方案的优劣，实现辅助决策。本章拟采用层次分析法设置权重。

3.1.2 水资源安全保障能力评价指标体系

3.1.2.1 供水安全保障能力

该方面主要反映区域河湖水系连通格局与供水安全保障能力的适配能力。

（1）供水安全系数（推荐指标）

供水安全系数指区域内所有供水工程供水能力之和与近五年平均需水量之比。此处供水包括水库、泵站、引调水、农村供水、窖池及灌区和地下水取水井等供水工程可提供的供水量。

供水安全系数按下式计算

$$P_S = W_A / W_N \tag{3.2}$$

式中：P_S 为供水安全系数；W_N 为区域近五年平均需水总量，m^3；W_A 为区域所有供水工程供水能力之和，m^3。

供水安全系数赋分标准（建议值）见表3.1。

表3.1　　　　　　　　　供水安全系数赋分标准

供水安全系数	$P_S \geq 1.3$	$1.1 \leq P_S < 1.3$	$1.0 \leq P_S < 1.1$	$0.9 \leq P_S < 1.0$	$P_S < 0.9$
赋分	80~100	60~80	40~60	20~40	0~20

（2）战略水源应急保障率（备选指标）

战略水源应急保障率定义为战略水源储备量满足缺水量的年份与缺水总年数的比率，用于评价区域干旱缺水年份应急水源工程对该地区缺水量的保障程度。可通过长系列计算得到该地区每年的缺水量，然后对所有缺水年份的缺水量进行排频计算，若应急水源工程的战略水源储备量大于该年的缺水量，则称战略水源储备量能够满足该年缺水量。该指标按下式计算

$$K_W = \frac{T_{WR>WE}}{T_{缺}} \tag{3.3}$$

式中：K_W 为战略水源应急保障率；$T_{WR>WE}$ 为战略水源储备量能满足缺水量的年数；$T_{缺}$ 为该地区缺水的总年数。

战略水源应急保障率赋分标准（建议值）见表3.2。

表3.2　　　　　　　　　战略水源应急保障率赋分标准

战略水源应急保障率	$K_W \geq 90\%$	$80\% \leq K_W < 90\%$	$70\% \leq K_W < 80\%$	$60\% \leq K_W < 70\%$	$K_W < 60\%$
赋分	80~100	60~80	40~60	20~40	0~20

3.1.2.2 水资源承载能力

该方面主要反映区域河湖水系连通格局与水资源承载的适配能力。

（1）水资源开发利用程度（推荐指标）

水资源开发利用程度指水资源开发利用量与水资源可开发利用量之比。水资源开发利用率参考《全国水资源保护规划技术大纲》，是指区域内各类生产与生活用水及河道外生态用水的总量占区域内水资源总量的比例。该指标按下式计算

$$C_w = \frac{W_u/W_r}{C_0} \times 100\% \tag{3.4}$$

式中：C_w 为水资源开发利用程度；W_u 为水资源开发利用量，m^3；W_r 为水资源总量，m^3；C_0 为水资源可开发利用率。

水资源总量可用地表水资源量与地下水资源量之和减重复计量。各流域水资源总量在全国水资源评价中都有明确的数值以备查用。国际上公认的水资源可开发利用率为30%～50%，应依据评价区域实际情况及水资源综合规划有关成果，初步确定区域水资源可开发利用率。

水资源开发利用程度赋分标准（建议值）见表3.3。

表3.3　　　　　　　　　　水资源开发利用程度赋分标准

水资源开发利用程度	0≤C_w<50%	50%≤C_w<80%	80%≤C_w<120%	120%≤C_w<150%	C_w≥150%
赋分	80～100	60～80	40～60	20～40	0～20

（2）雨洪资源利用能力（备选指标）

雨洪资源利用能力为通过河湖水系连通工程将洪水转化为可利用的水资源量与洪水总量的比值。若水资源开发利用程度相关资料难以获取或区域雨洪资源利用问题突出，可选用雨洪资源利用能力作为备选指标。该指标按下式计算

$$F_{yh} = \frac{W_{yh}}{W_{hs}} \times 100\% \tag{3.5}$$

式中：F_{yh} 为雨洪资源利用能力；W_{yh} 为通过河湖水系连通工程将洪水转化为可利用的水资源量，m^3；W_{hs} 为洪水总量，m^3。

雨洪资源利用能力赋分标准（建议值）见表3.4。

表3.4　　　　　　　　　　雨洪资源利用能力赋分标准

雨洪资源利用能力	F_{yh}≤10%	10%<F_{yh}≤20%	20%<F_{yh}≤30%	30%<F_{yh}≤40%	F_{yh}>40%
赋分	0～20	20～40	40～60	60～80	80～100

（3）地下水开发利用率（备选指标）

地下水开发利用率指区域内地下水的开采量与可开发利用的地下水总量的比值，反映了区域的地下水开发利用程度。该指标应按下式计算

$$\eta = \frac{W_d}{W_{dt}} \times 100\% \tag{3.6}$$

式中：η 为地下水开发利用率；W_d 为区域开采的地下水量，m^3；W_{dt} 为区域可开发利用的地下水总量，m^3。

地下水开发利用率赋分标准（建议值）见表3.5。

表 3.5 地下水开发利用率赋分标准

地下水开发利用率	南方地区	$0\leqslant\eta<20\%$	$20\%\leqslant\eta<30\%$	$30\%\leqslant\eta<40\%$	$40\%\leqslant\eta<50\%$	$\eta\geqslant 50\%$
	北方地区	$0\leqslant\eta<60\%$	$60\%\leqslant\eta<70\%$	$70\%\leqslant\eta<80\%$	$80\%\leqslant\eta<90\%$	$\eta\geqslant 90\%$
赋分		80~100	60~80	40~60	20~40	0~20

3.1.2.3 水资源调配能力

水资源调配能力反映区域河湖水系连通与水资源调整配置的适配能力。

(1) 水资源调配率（推荐指标）

水资源调配率为蓄水工程调配率、河湖水系连通工程引水调配率、泵站提水调配率的加权平均，是一项综合性指标，反映通过区域内调配水资源的能力。该指标按下式计算

$$A_\mu = w_1\gamma_{蓄} + w_2\gamma_{引} + w_3\gamma_{提} \tag{3.7}$$

式中：A_μ 为水资源调配率；$\gamma_{蓄}$、$\gamma_{引}$、$\gamma_{提}$ 分别为蓄水工程调配率、河湖水系连通工程引水调配率、泵站提水调配率；w_1、w_2、w_3 分别为蓄水工程调配率、河湖水系连通工程引水调配率、泵站提水调配率对应的权重，取 0~1 的正数，且满足 $w_1+w_2+w_3=1$。

各项权重值应根据区域内蓄水工程蓄水总量、河湖水系连通工程引水总量、泵站提水总量三者所占的比例进行分配。

其中，蓄水工程调配率、河湖水系连通工程引水调配率、泵站提水调配率内涵及计算公式如下：

蓄水工程调配率反映需水工程调配水资源的利用程度，按下式计算

$$\gamma_{蓄} = \frac{W_{蓄}^*}{W_{蓄}} \times 100\% \tag{3.8}$$

式中：$W_{蓄}^*$ 为蓄水工程实际蓄水量，m^3；$W_{蓄}$ 为蓄水工程最大蓄水能力，m^3。

河湖水系连通工程引水调配率反映需水工程调配水资源的利用程度，按下式计算

$$\gamma_{引} = \frac{W_{引}^*}{W_{引}} \times 100\% \tag{3.9}$$

式中：$W_{引}^*$ 为河湖水系连通工程实际引水量，m^3；$W_{引}$ 为河湖水系连通工程最大引水量，m^3。

泵站提水调配率反映需水工程调配水资源的利用程度，按下式计算

$$\gamma_{提} = \frac{W_{提}^*}{W_{提}} \times 100\% \tag{3.10}$$

式中：$W_{提}^*$ 为泵站提水量，m^3；$W_{提}$ 为泵站最大提水能力，m^3。

对水资源调配率进行赋分计算时，应首先对各项子指标进行计算然后对各子指标进行加权求和得出水资源调配率的值。各项所对应的权重值，需要根据区域内各部分子指标的重要性程度进行权重的分配，从而得到每一项的权重值。水资源调配率赋分标准（建议值）见表 3.6。

3.1 河湖水系连通与水安全保障适配性评价体系

表 3.6　　　　　　　　　　　水资源调配率赋分标准

水资源调配率	$A_\mu \geqslant 80\%$	$70\% \leqslant A_\mu < 80\%$	$60\% \leqslant A_\mu < 70\%$	$50\% \leqslant A_\mu < 60\%$	$A_\mu < 50\%$
赋分	80~100	60~80	40~60	20~40	0~20

（2）枯季水位保证率（备选指标）

枯季水位保证率指区域内主要河湖水位能达到枯季最低要求水位的保证程度。该指标按下式计算

$$P_{sw} = \frac{T_S}{T_N} \tag{3.11}$$

式中：P_{sw}为枯季水位保证率；T_S为水位达到枯季最低要求水位的时段数，一般选择天（旬或月）作为计算时段长；T_N为统计时段总数，一般选择天（旬或月）作为计算时段长。

数据来源主要为资料搜集，包括相关文献资料（如水资源规划报告）以及示范区水文水资源统计资料（如水资源公报）。

枯季水位保证率赋分标准（建议值）见表 3.7。

表 3.7　　　　　　　　　　　枯季水位保证率赋分标准

枯季水位保证率	$P_{sw} \geqslant 95\%$	$85\% \leqslant P_{sw} < 95\%$	$70\% \leqslant P_{sw} < 85\%$	$50\% \leqslant P_{sw} < 70\%$	$P_{sw} < 50\%$
赋分	80~100	60~80	40~60	20~40	0~20

（3）代表站水位满足程度（备选指标）

代表站水位满足程度为区域内代表站水位一年中达到供水保证水位占年内总天数的百分比。该指标按下式计算

$$P_Z = \frac{T_M}{T_N} \times 100\% \tag{3.12}$$

式中：P_Z为代表站水位满足程度；T_M为代表站一年内水位达到供水保证水位的天数；T_N为年内总天数。

数据来源主要为资料搜集，包括相关文献资料（如水资源规划报告）以及示范区水文水资源统计资料（如水资源公报）。

代表站水位满足程度赋分标准（建议值）见表 3.8。

表 3.8　　　　　　　　　　　代表站水位满足程度赋分标准

代表站水位满足率	$P_Z \geqslant 98\%$	$95\% \leqslant P_Z < 98\%$	$90\% \leqslant P_Z < 95\%$	$80\% \leqslant P_Z < 90\%$	$P_Z < 80\%$
赋分	80~100	60~80	40~60	20~40	0~20

3.1.3　防洪安全保障能力评价指标体系

3.1.3.1　防洪达标度

（1）防洪体系达标率（推荐指标）

防洪体系达标率用于衡量河湖水系连通前后对区域防洪达标状况的影响效果，指区域

内满足预期防洪标准的工程个数占评价河湖流域防洪工程总个数的比率。由河道、堤防、水库、行滞洪区、水闸等构成的防洪工程体系是防洪减灾的基础措施，是防洪减灾能力的重要标志，也是实现河湖水系连通战略的保障。防洪旨在通过建设防洪设施，综合考虑防洪措施，建立和完善区域防洪减灾体系，统筹规划和开展区域防洪减灾工作，减少区域洪灾风险，保障防洪安全，促进社会经济稳定与可持续发展。洪涝灾害等极端气候事件频繁发生，防洪安全已成为当前经济社会发展必须面对和着力解决的问题，是加快构建完善的防洪减灾体系的重要组成部分。防洪安全的主要因素是洪灾发生频次与洪灾损失程度。在城市防洪系统综合评价中，常通过与防洪工程个数等相关联的防洪达标率指标来反映对防洪安全的影响程度，以用于衡量城市防洪体系的整体防洪效果。因此，设置防洪达标率对于摸清防洪实际现状，发现重点防洪建设地区中的问题并采取有效措施十分有必要。

防洪体系是目前传统防洪评价中的综合指标之一，能够从整体格局评价防洪效果。在以往地区防洪能力的评估中，由于考虑到统计数据的易获取性和不同地区防洪减灾体系的复杂性，研究范围一般仅限于以城市或流域为整体的局部地区。另外，在河湖水系连通影响评价过程中，由于河湖连通的复杂多样性、动态性、时空性，通过洪灾结果反馈评价和控制河湖水系连通功能十分有必要。因此，防洪体系达标率在河湖连通的防洪评价中具有更高的通用性和整体性，是综合性防洪减灾评价体系的重要组成部分。该指标表达式如下

$$F_A = \frac{N_{fs}}{N} \times 100\% \tag{3.13}$$

式中：F_A 为区域防洪体系达标率；N_{fs} 为区域达标的防洪工程个数；N 为区域防洪工程总个数。

防洪体系达标率赋分标准（推荐值）见表3.9。

表3.9　　　　　　　　防洪体系达标率推荐赋分标准

防洪体系达标率	$F_A \geqslant 95\%$	$80\% \leqslant F_A < 95\%$	$60\% \leqslant F_A < 80\%$	$40\% \leqslant F_A < 60\%$	$F_A < 40\%$
赋分	80~100	60~80	40~60	20~40	0~20

（2）防洪堤防达标率（备选指标）

防洪堤防达标率反映区域/流域的堤防工程的防洪能力，指计算区域防洪堤防达到防洪标准的堤防长度与堤防总长的比值。堤防工程是指沿河、渠、湖、海岸或行洪区、分洪区、围垦区的边缘修筑的挡水建筑物。它是世界上最早广为采用的一种重要防洪工程。筑堤是防御洪水泛滥，保护居民和工农业生产的主要措施。堤防能够在河堤约束洪水后，将洪水限制在行洪道内，使同等流量的水深增加，行洪流速增大，有利于泄洪排沙。堤防还可以抵挡风浪及抗御海潮。按其修筑的位置不同，可分为河堤、江堤、湖堤、海堤以及水库、蓄滞洪区、低洼地区的围堤等；按其功能可分为干堤、支堤、子堤、遥堤、隔堤、行洪堤、防洪堤、围堤（圩垸）、防浪堤等；按建筑材料可分为土堤、石堤、土石混合堤和混凝土防洪墙等。

水系连通工程的实施使得调水区和受水区的洪水行径发生改变，当遭遇大洪水时，原来安全的地区可能会出现洪水淹没的情况，易产生农田淹没损失，因此水系连通工程常伴随有堤防工程的建设，堤防工程是抵御洪水灾害的主要工程措施之一，每年我国都会投入

大量资金修建或加固堤防,以保护城镇、农田免遭洪水侵害。因此堤防工程的修建情况(长度)及所建堤防是否达标对一个区域的防洪安全有着显著影响。此外水系连通工程的进行通常需要开挖新河道,为了保护新河道周围环境免遭洪水灾害的破坏,通常会修筑堤防工程,它是水系连通工程不可缺少的一项防洪措施,且堤防工程是常用的防洪手段。因此设置防洪堤防达标率对于评价区域防洪能力,评价河湖水系连通工程的有效性十分有必要。其指标表达式如下

$$R_d = \frac{L_d}{L_{tol}} \times 100\% \quad (3.14)$$

式中:R_d 为区域防洪堤防达标率;L_d 为区域防洪堤防达标长度;L_{tol} 为区域防洪堤防总长。

防洪堤防达标率赋分标准(推荐值)见表 3.10。

表 3.10　　　　防洪堤防达标率推荐赋分标准

防洪堤防达标率	$R_d \geqslant 95\%$	$80\% \leqslant R_d < 95\%$	$60\% \leqslant R_d < 80\%$	$40\% \leqslant R_d < 60\%$	$R_d < 40\%$
赋分	80~100	60~80	40~60	80~40	0~20

3.1.3.2 湖库调控能力

(1) 区域滞洪能力(推荐指标)

区域滞洪能力指标是指区域防洪工程(包括区域中的湖泊、水库等控制性工程在内的所有防洪工程)能够有效蓄滞水量与百年一遇或特大洪水来水总量的比值,用来衡量河湖水系连通前后对防洪工程蓄水能力的提升,反映评价区域内防洪工程抵御特大洪水能力。该指标越大,说明对抵御洪水的能力越强。在河湖水系连通工程中,湖泊是主要的连通对象之一,湖泊具有调节河川径流、提供水源、补充周围地下水等多种功能,连通后对原有水系格局的影响巨大,因为水系中洪水路径增加,部分洪水能够实现分区蓄洪的目的,从而使湖泊的进水量减少,提高湖泊同降雨条件下的蓄水能力;水库等是河湖连通工程中重要的工程设施,湖库的连通对洪水滞蓄、排涝等有重要影响。因此,该指标通过以防洪工程蓄水总量为衡量标准,以其对百年一遇或特大洪水来水的抵御效果,来反映该区域防洪能力的提升程度。该指标表达式如下

$$R_f = \frac{W_p}{W_f} \times 100\% \quad (3.15)$$

式中:R_f 为区域滞洪能力;W_p 为蓄洪总量;W_f 为历史典型洪水或相应频率洪水来水总量。

区域滞洪能力赋分标准(推荐值)见表 3.11。

表 3.11　　　　区域滞洪能力推荐赋分标准

区域滞洪能力	$R_f \geqslant 95\%$	$85\% \leqslant R_f < 95\%$	$75\% \leqslant R_f < 85\%$	$50\% \leqslant R_f < 75\%$	$R_f < 50\%$
赋分	80~100	60~80	40~60	20~40	0~20

(2) 关键水库库容淤积损失率(备选指标)

关键水库库容淤积损失率反映区域/流域水库的淤积损失程度,指截至评估基准年总

3 河湖水系连通与水安全保障适配性评价

计淤积损失库容占建库总库容的百分比。区域内具有代表作用的水库通常是指对抵御洪水作用显著、调蓄能力较强、规模较大的水库。水库库容受到淤积损失其调蓄能力就会大大受到影响，进而该代表水库控制区域内的防洪安全就不能得到保障，当遭到特大洪水时，容易发生洪水溢流，水库附近遭受淹没损失，严重时出现人员伤亡，后果严重。因此，将研究区域内的关键水库库容淤积损失率纳入指标体系范围内是十分有必要的。其计算公式如下：

$$K_y = \frac{V_{\text{los}}}{V} \times 100\% \tag{3.16}$$

式中：K_y 为关键水库库容淤积损失率；V_{los} 为总计淤积损失库容；V 为建库总库容。

关键水库库容淤积损失率赋分标准（推荐值）见表 3.12。

表 3.12 关键水库库容淤积损失率推荐赋分标准

关键水库库容淤积损失率	$0\% \leqslant K_y < 10\%$	$10\% \leqslant K_y < 20\%$	$20\% \leqslant K_y < 30\%$	$30\% \leqslant K_y < 50\%$	$K_y \geqslant 50\%$
赋分	80～100	60～80	40～60	20～40	0～20

备选指标使用建议：计算区域防洪工程数量资料不足或难以界定，历史特大来水量数据不易获取但湖库淤积损失量易得或计算区域河流泥沙较多（如黄河流域）淤积情况对区域防洪安全影响较大时建议使用。

3.1.3.3 除涝达标度

（1）排涝体系达标率

区域排涝体系达标率反映区域/流域的排涝能力，指相关规划明确排涝任务与目标的区域中排涝达标面积与区域总面积的比值。排涝体系达标率是用于衡量河湖水系连通前后区域排涝工程排除涝水能力的变化效果。排涝旨在通过建设排涝设施，综合考虑排涝措施，建立和完善区域排涝减灾体系，统筹规划和开展区域排涝工作，减少区域洪灾、涝灾风险，保障区域水安全，促进社会经济稳定与可持续发展。洪涝灾害等极端气候事件频繁发生，防洪安全已成为当前经济社会发展必须面对和着力解决的问题，是加快构建完善的防洪减灾体系的重要组成部分。排涝尤其指排除危害生产、生活的积水。在城市的文明建设中排涝是一个重要的问题，亟待提出有效的解决办法。实践表明河湖水系连通工程能够有效地提高区域的排涝能力，通过河网水系的连通使得危害生产、生活的积水能够及时有效的排出，减少涝水危害，因此设置排涝体系达标率对于评价区域防洪排涝能力，评价河湖水系连通工程的有效性十分有必要。其指标表达式如下：

$$R_l = \frac{M_c}{M_y} \times 100\% \tag{3.17}$$

式中：R_l 为区域排涝达标率；M_c 为区域排涝达标面积；M_y 为明确排涝任务与目标的区域总面积。

排涝体系达标率赋分标准（推荐值）见表 3.13。

3.1 河湖水系连通与水安全保障适配性评价体系

表 3.13 排涝体系达标率推荐赋分标准

排涝体系达标率	$R_l \geqslant 95\%$	$80\% \leqslant R_l < 95\%$	$60\% \leqslant R_l < 80\%$	$40\% \leqslant R_l < 60\%$	$R_l < 40\%$
赋分	80~100	60~80	40~60	20~40	0~20

（2）水库排涝能力（备选指标）

水库排涝能力是指水库除涝面积与明确排涝任务与目标的区域总面积的比值。水库在建成后，不仅可起防洪、蓄水灌溉、供水、发电、养鱼等作用，也可通过对洪水调蓄进而起到排涝作用。在防洪区上游河道适当位置兴建能调蓄洪水的综合利用水库，利用水库库容拦蓄洪水，削减进入下游河道的洪峰流量，达到减免洪水灾害的目的。水库对洪水的调节作用有两种不同方式：一种起滞洪作用，另一种起蓄洪作用。当区域遭遇大洪水时，水库通过蓄洪减少区域内的涝水积聚，降低了内涝风险及由涝水积聚而引起的灾害，是区域尤其是城市区域重要的排涝工程。

水系连通工程需要修建水闸、水库等水利工程作为河道的工程节点，这样可以很好地调控一段河道的水量，降低因开挖新河道或拓宽改建旧河道引起的洪涝灾害，因此考虑将水库排涝能力纳入指标体系，其计算公式如下

$$K_c = \frac{M_{cl}}{M_{yl}} \times 100\% \tag{3.18}$$

式中：K_c 为区域水库排涝达标率；M_{cl} 为水库排涝面积；M_{yl} 为明确排涝任务与目标的区域总面积。

水库排涝能力赋分标准（推荐值）见表 3.14。

表 3.14 水库除涝能力推荐赋分标准

水库排涝能力	$K_c \geqslant 95\%$	$80\% \leqslant K_c < 95\%$	$60\% \leqslant K_c < 80\%$	$40\% \leqslant K_c < 60\%$	$K_c < 40\%$
建议赋分	80~100	60~80	40~60	20~40	0~20

备选指标使用建议：计算区域排涝达标面积难以统计，应在水库在除涝数据易得或区域水库数量较多、控制面积较大时使用该指标。

3.1.4 水生态安全保障能力评价指标体系

3.1.4.1 生境维持能力

（1）生态流量（水位）保障率（推荐指标）

生态流量（水位）保障率为评估水体流量（水位）满足最低生态流量（生态水位）的程度。最低生态流量（水位）即维持河流、湖库中动植物等生物群落稳定，生态环境与功能不受破坏所需要的基本水量（水位）。一般对河流评估其满足生态流量的程度，对湖库评估其满足生态水位的程度。生态流量（水位）可直接采用水利部或地方政府部门的核算值，也可依据水利部行业标准《河湖生态环境需水计算规范》（SL/T 712—2021）进行核算；对于无法核算的河流断面，可参考该区域大小相近（年均径流量或容积在同一个数量级）河流（湖库）的生态基流（生态水位）值；对于小型河流，可以是否存在断流为判断依据，如不存在断流则认为满足，否则为不满足。评估范围应包括评估区域的主要河流和

3 河湖水系连通与水安全保障适配性评价

湖库,选取河流的主要控制断面及湖库的代表性水位站点进行评估。在评估期内,评估断面如出现不满足最低生态流量(水位)的情况,则认为该断面不达标。生态流量(水位)保障率按下式计算

$$H_F = \frac{D_F}{D_E} \times 100\% \tag{3.19}$$

式中:H_F 为生态流量(水位)保障率;D_F 为满足最低生态流量(水位)的断面(水体)个数;D_E 为评估断面(水体)总个数。

生态流量(水位)保障率赋分标准(建议值)见表3.15,参考《河流健康评估指标、标准与方法(试点工作用)》(1.0版)。

表 3.15 生态流量(水位)保障率赋分标准

生态流量(水位)保障率	$H_F \geq 95\%$	$80\% \leq H_F < 95\%$	$70\% \leq H_F < 80\%$	$50\% \leq H_F < 70\%$	$H_F < 50\%$
赋分	80~100	60~80	40~60	20~40	0~20

(2) 水陆交错带面积指数(备选指标)

水陆交错带指水体与陆地之间的过渡带。评估范围应包括评估区域的主要河流和湖库。可通过现场监测(自然状态下,水陆交错带陆向界线为周期性高水位时湖泊影响地形、水文、基质和生物的上限,水向界线在深水湖泊为大型植物分布的下限,或为由深水波浪转为浅水波浪的界限;通过计算得出上下限之间的面积,及其与常水位水体面积的比值)以及资料搜集(文献资料以及示范区环保部门监测资料等)获取数据。参考水利部2019年印发的《河湖岸线保护与利用规划编制指南(试行)》,适宜的左、右岸河岸宽度一般均应大于河槽的0.4倍;对于浅水湖泊,水陆交错带面积一般应为湖泊面积的10%~50%,或平均宽度大于50m。水陆交错带面积指数是指满足上述要求水体的个数占评估水体总数量的比例。该指标按下式计算

$$H_A = \frac{L_O}{L_E} \times 100\% \tag{3.20}$$

式中:H_A 为水陆交错带面积指数;L_O 为满足水陆交错带面积或宽度要求的水体个数;L_E 为评估水体总个数。

水陆交错带面积指数赋分标准(建议值)见表3.16,参考水利部《河湖健康评价指南(试行)》。

表 3.16 水陆交错带面积指数赋分标准

水陆交错带面积指数	$H_A \geq 95\%$	$80\% \leq H_A < 95\%$	$70\% \leq H_A < 80\%$	$50\% \leq H_A < 70\%$	$H_A < 50\%$
赋分	80~100	60~80	40~60	20~40	0~20

(3) 关键生活史时期流速(水位)适宜度(备选指标)

生活史指个体从出生、生长发育、生殖直到死亡的全部生命过程和格局。关键生活史时期是指水生生物繁殖、幼体生长的主要时期,一般而言,3—6月是大部分种类的关键生活史时期。当评估水体流速(水位)达到主要水生生物类群或重要物种繁殖和幼体生长

的需求时，该水体的流速（水位）被认为是适宜的。关键生活史时期流速（水位）适宜度表示评估区域流速（水位）达标河（湖）段占总河（湖）段的比例。评估范围应包括评估区域的主要河流和湖库。该指标按下式计算

$$H_V = \frac{N_O}{N_E} \times 100\% \quad (3.21)$$

式中：H_V 为关键生活史时期流速（水位）适宜度；N_O 为评估区域河湖流速（水位）达标断面个数；N_E 为参与评估的河湖总断面个数。

关键生活史时期流速（水位）适宜度赋分标准（建议值）见表 3.17。

表 3.17　　　　　关键生活史时期流速（水位）适宜度赋分标准

关键生活史时期流速（水位）适宜度	$H_V \geqslant 95\%$	$80\% \leqslant H_V < 95\%$	$75\% \leqslant H_V < 80\%$	$60\% \leqslant H_V < 75\%$	$H_V < 60\%$
赋分	80～100	60～80	40～60	20～40	0～20

3.1.4.2　水质达标程度

（1）代表断面水质达标率（推荐指标）

代表断面是指评估区域内的重点控制断面、关键控制断面或受工程影响较大的断面，可依据区域、国家及省市地表水考核断面进行选取。代表断面水质达标率是代表断面水质达到本地区水质标准的程度。评估范围应包括评估区域的主要河流和湖库。断面水质达标数据可参考生态环境部及地方政府发布的水质公报等，也可依据现场监测［评价标准与方法遵循《地表水资源质量评价技术规程》（SL 395—2007）、《地表水环境质量评价办法（试行）》（环办〔2011〕22号）、《地表水环境质量标准》（GB 3838—2002）等相关规定］以及资料搜集（文献资料、示范区环保部门监测资料以及当地水质公报、水资源公报等）进行评估。该指标按下式计算

$$W_S = \frac{A_O}{A_E} \times 100\% \quad (3.22)$$

式中：W_S 为评价区域代表断面水质达标率；A_O 为评价区域代表断面水质达标个数；A_E 为评价区域代表断面总数。

代表断面水质达标率赋分标准（建议值）见表 3.18。

表 3.18　　　　　　　代表断面水质达标率赋分标准

代表断面水质达标率	$W_S \geqslant 95\%$	$80\% \leqslant W_S < 95\%$	$70\% \leqslant W_S < 80\%$	$50\% \leqslant W_S < 70\%$	$W_S < 50\%$
赋分	80～100	60～80	40～60	20～40	0～20

（2）水功能区水质达标率（备选指标）

水功能区水质达标率表示评估达标水功能区个数占评估水功能区个数的比例，水质达标率按全因子评估。评估范围应包括评估区域的主要河流和湖库。数据来源主要有现场监测［评价标准与方法遵循《地表水资源质量评价技术规程》（SL 395—2007）、《全国重要江河湖泊水功能区水质达标评价技术方案》、《地表水环境质量评价办法（试行）》（环办〔2011〕22号）、《地表水环境质量标准》（GB 3838—2002）等相关规定］以及资料搜集

（文献资料、示范区环保部门监测资料以及当地水质公报、水资源公报等）。该指标按下式计算

$$W_Q = \frac{F_O}{F_E} \times 100\% \tag{3.23}$$

式中：W_Q 为评价区域水功能区水质达标率；F_O 为评价区域水功能区达标个数；F_E 为评价区域水功能区总数。

水功能区水质达标率赋分标准（建议值）见表 3.19。

表 3.19　　　　　　　　　　水功能区水质达标率赋分标准

水功能区水质达标率	$W_Q \geqslant 95\%$	$80\% \leqslant W_Q < 95\%$	$60\% \leqslant W_Q < 80\%$	$40\% \leqslant W_Q < 60\%$	$W_Q < 40\%$
赋分	80~100	60~80	40~60	20~40	0~20

（3）区域代表河湖水体交换率（备选指标）

河湖水体交换率反映了河湖水体交换的快慢程度即速率，指年度河湖入库水量与河湖容积之比。评估范围应包括评估区域的主要河流和湖库。该指标按下式计算

$$W_E = \frac{R_Z}{V} \times 100\% \tag{3.24}$$

式中：W_E 为区域河湖水体交换率；R_Z 为年度河湖入库水量，m^3；V 为河湖容积，m^3。

区域河湖水体交换率赋分标准（建议值）见表 3.20，以评价区域内水质达标河流或湖库的换水周期为参考，确定水体交换率的适宜范围。

表 3.20　　　　　　　　　　区域河湖水体交换率赋分标准

区域河湖水体交换率	$200\% \leqslant W_E < 1200\%$	$100\% \leqslant W_E < 200\%$	$50\% \leqslant W_E < 100\%$	$30\% \leqslant W_E < 50\%$	$W_E < 30\%$
赋分	80~100	60~80	40~60	20~40	0~20

3.1.4.3　生物多样性维持能力

（1）指示性物种多样性（推荐指标）

指示性物种是指可以反映环境质量信息的生物体，具有分类明确、生态学特征明显、分布广泛、数量丰富、易于量化、对环境压力高度敏感等特征。在评价水系连通工程中，主要选取对水系连通响应敏感的生物类群。评估范围原则上应包括评估区域的主要河流、湖库及水生生物保护区，评估水体面积一般不得小于总水体面积的 50%。指示性物种多样性是指群落中指示性物种的种类数，在数据充足的条件下，可以计算指示性物种的香农-维纳多样性指数。指数可通过现场监测[利用《内陆水域渔业自然资源调查手册》进行调查，并利用《中国动物志》进行鉴定]或资料搜集（文献资料以及示范区环保部门监测资料等）获取数据，可以历史状态（20 世纪 80 年代及以前）、其他优良系统或管理预期目标作为参照系。该指标按下式计算

$$B_I = \frac{M_O}{M_E} \times 100\% \tag{3.25}$$

式中：B_I 为指示性物种多样性；M_O 为评估区域指示性物种的种类数；M_E 为参照系中指示性物种的种类数。

指示性物种多样性赋分标准（建议值）见表3.21。

表3.21　　　　　　　　　指示性物种多样性赋分标准

指示性物种多样性	$B_I \geqslant 90\%$	$70\% \leqslant B_I < 90\%$	$50\% \leqslant B_I < 70\%$	$20\% \leqslant B_I < 50\%$	$B_I < 20\%$
赋分	80~100	60~80	40~60	20~40	0~20

香农-维纳多样性指数适用的生物类群有底栖动物、浮游植物和浮游动物、大型水生植物。该指标按下式计算

$$H = -\sum_{i=1}^{S}\left(\frac{n_i}{N}\right)\log_2\left(\frac{n_i}{N}\right) \tag{3.26}$$

式中：H为香农-维纳多样性指数；n_i为物种i的个体数；N为生物总体个数；S为物种数。

香农-维纳多样性指数赋分标准（建议值）见表3.22，参考生态环境部《湖库水生态环境质量监测与评价技术指南（征求意见稿）》。

表3.22　　　　　　　　　香农-维纳多样性指数赋分标准

香农-维纳多样性指数	$H=0$	$0<H \leqslant 1$	$1<H \leqslant 2$	$2<H \leqslant 3$	$H>3$
等级	很差	较差	中等	良好	优秀
赋分	0~40	40~60	60~70	70~90	90~100

（2）主要生物类群物种多样性（备选指标）

主要生物类群包括鱼类、底栖动物、浮游动物、大型水生植物、浮游植物。主要类群物种多样性是指各类群水生生物种类数量与参照系统中种类数量比值的算术平均值。依据水体类型，河流生态系统可选择鱼类、底栖动物和硅藻进行评价，湖泊可选择鱼类、底栖动物和大型水生植物进行评价，水库可选择鱼类、底栖动物和浮游植物进行评价。评估范围原则上应包括评估区域的主要河流、湖库及水生生物保护区，评估水体面积一般不得小于总水体面积的50%。可通过现场监测或资料搜集获取数据，可以历史状态（20世纪80年代及以前）、其他优良系统或管理预期目标中的指示性生物多样性为参照系统。该指标按下式计算

$$B_M = \frac{\sum_{i=1}^{n}\left(\frac{Y_i}{JY_i}\right)}{n} \times 100\% \tag{3.27}$$

式中：B_M为主要类群物种多样性；Y_i为评估区域第i个类群的物种数；JY_i为评估区域参照系统第i个类群的物种数；n为类群总数。

主要类群物种多样性赋分标准（建议值）见表3.23。

表3.23　　　　　　　　　主要类群物种多样性赋分标准

主要类群物种多样性	$B_M \geqslant 90\%$	$70\% \leqslant B_M < 90\%$	$50\% \leqslant B_M < 70\%$	$20\% \leqslant B_M < 50\%$	$B_M < 20\%$
赋分	80~100	60~80	40~60	20~40	0~20

3.2 典型区河湖水系连通水安全保障现状评价及未来预测

3.2.1 沂沭泗流域

3.2.1.1 区域河湖水系连通与水安全保障能力适配性现状分析

（1）河湖水系连通与水资源安全保障能力适配性评价

沂沭泗流域整体的数据观测较为缺乏，考虑到临沂市不仅是流域内经济中心，有着更加丰富和全面的河湖水系分布资料与水安全保障资料，也是流域内水资源配置问题最为典型的重点区域，因此选取临沂市作为沂沭泗区域的典型对区域内河湖水系连通与水资源优化配置适配性加以评判。

根据《临沂市水资源调查评价》，临沂市多年平均降水量 818.8mm，水资源总量 55.36 亿 m^3，全市人均水资源占有量仅为 $497m^3$，不足全国人均水平的 1/4，属于资源型缺水地区。根据临沂市提供的 2013—2018 年《临沂市水资源公报》，临沂市多年平均供水量为 17.02 亿 m^3，其中地表水供水量为 12.30 亿 m^3，多年平均耗水量 11.48 亿 m^3；临沂市多年平均蓄水工程供水量 6.24 亿 m^3，多年平均引水工程供水量 4.50 亿 m^3，多年平均提水工程供水量 1.57 亿 m^3。2018 年城市管网漏损率为 14.60%，2013 年渠系水利用系数为 68%，2014—2018 年渠系水利用系数均为 80%。临沂市多年平均万元地区生产总值用水量为 $43.31m^3$。各年水资源类统计数据见表 3.24。

表 3.24 临沂市水资源统计数据　　　　　　　　单位：亿 m^3

年　份	2013	2014	2015	2016	2017	2018	多年平均
总供水量	17.41	16.62	17.18	17.89	16.49	16.54	17.02
总耗水量	11.98	11.57	11.72	12.02	10.55	11.04	11.48
耗水率	68.81	69.61	68.22	67.19	63.98	66.75	67.43
地表水供水量	12.48	11.84	12.62	13.26	11.79	11.83	12.3
渠系水利用系数	68%	80%	80%	80%	80%	80%	78%
蓄水工程供水	6.91	6.18	6.50	6.54	5.61	5.69	6.24
引水工程供水	4.18	4.30	4.49	4.98	4.45	4.58	4.50
提水工程供水	1.39	1.35	1.63	1.74	1.73	1.55	1.57
万元地区生产总值用水量	52.18	44.79	45.67	44.43	37.95	34.84	43.31

临沂市目前已收集有区域整体的需水、供水统计数据，考虑直接采用区域整体数据计算该地区的供水安全系数。根据《临沂市雨洪资源利用规划》对现状水平年的需水预测结果，得到临沂市现状水平年总需水量 18.40 亿 m^3。根据临沂市 2013—2018 年度水资源公报，统计得到临沂市现状水平年总供水量 17.02 亿 m^3，故可认为现状水平下的临沂市多年平均供水能力为 17.02 亿 m^3。因此可得现状水平年下，临沂市综合供水保证率为

92.5%（表3.25）。

表3.25　　　　　　　　　　　临沂市综合供水保证率评估结果

现状水平年总需水量/亿 m³	现状水平年总供水量/亿 m³	综合供水保证率/%
18.40	17.02	92.5

水资源开发利用率也是一项综合性指标，用于反映区域内地表水、地下水、河湖水系连通工程引水等不同类型的水资源开发利用的综合程度。同样在该流域内用于计算各项子指标的基础数据较为缺乏，仅能从一些规划报告中获得区域整体的水资源利用率计算值。按2007年临沂市水资源年报中的流域内实际供水量分析，地表水资源利用率为29.4%，地下水资源利用率为38.3%，水资源综合利用率为35.1%（来源于《沂沭河干流拦蓄工程规划报告》），由于该数据年份较久，因此仅可作为参考。根据《临沂市水资源调查评价》，临沂市水资源总量55.36亿 m³，其中，地表水资源量46.83亿 m³，地下水资源量19.25亿 m³，重复计算量10.72亿 m³（来源于《临沂市水安全保障总体规划》）。根据《临沂市雨洪资源利用规划》，临沂市多年平均年利用地表水资源利用量11.42亿 m³，年地下水开采能力达到5.22亿 m³，据此计算得到临沂市地表水资源利用率为27.50%，地下水资源利用率为37.60%，水资源综合利用率为30.10%，与2007年计算数据较为接近，而《水安全总体规划报告》上该值为31.3%。综合以上分析得到现状水平年下，临沂市水资源开发利用率为30.1%（表3.26）。

表3.26　　　　　　　　　　　临沂市水资源利用率评估结果

地表水资源量/亿 m³	地表水资源利用量/亿 m³	地表水资源利用率/%
41.47	11.42	27.50
地下水资源量/亿 m³	年地下水开采能力/亿 m³	地下水资源利用率/%
13.89	5.22	37.60
水资源总量/亿 m³	水资源利用总量/亿 m³	水资源综合利用率/%
55.36	16.64	30.10

注　表中的地表水资源量、地下水资源量均为扣除重复量后的值。

水资源调配率为蓄水工程调配率、泵站提水调配率、河湖水系连通工程引水调配率的加权平均，是一项综合性指标，反映通过区域内调配水资源的能力。根据《临沂市水安全保障总体规划》，临沂市蓄、提、引水工程情况如下：全市共建设大中小型水库901座，其中大型水库7座，中型水库31座，小型水库863座，水库总库容达到34.45亿 m³，设计兴利库容达到19.79亿 m³。全市共建有地下水取水井177.9万眼，其中日取水量20m³以上机电井2.29万眼。现状生产井开采地下水能力达到5.22亿 m³。沭河至小沂河连通工程设计最大调水流量5.0m³/s，年调水量为2000万 m³；沂河河湾水库至沭河连通工程设计调水流量10m³/s，调水规模86万 m³/d，临沂主城区环城供水网工程设计供水规模为30万 m³/d，唐村-昌里-许家崖水库至临沂城联合供水工程总供水规模为35万 m³/d，跋山、沙沟水库至临沂城联合供水工程总供水规模为34万 m³/d，年总调水能力为6.95

3 河湖水系连通与水安全保障适配性评价

亿 m^3（表3.27）。

表3.27　　　　　　　　临沂市蓄、提、引水工程设计规模情况

蓄水工程兴利库容/亿 m^3	提水工程年取水能力/亿 m^3	引水工程/亿 m^3
19.79	5.22	6.95

根据2013—2018年临沂市水资源公报（水资源），蓄、提、引水工程供水量如下：全市多年平均蓄水工程供水量6.24亿 m^3，多年平均提水工程供水量1.57亿 m^3，多年平均引水工程供水量4.5亿 m^3（表3.28）。

表3.28　　　　　　　　临沂市蓄、提、引水工程供水情况

蓄水工程供水量/亿 m^3	提水工程供水量/亿 m^3	引水工程供水量/亿 m^3
6.24	1.57	4.5

综上，通过计算，临沂市蓄水工程调配率、泵站提水调配率、河湖水系连通工程引水调配率计算结果如下：蓄水工程调配率为31.5%，泵站提水调配率为30.1%，水系连通工程引水调配率为64.7%，因此临沂市水资源调配率为42.1%（表3.29）。

表3.29　　　　　　　　临沂市蓄、提、引水工程调配率计算结果

蓄水工程调配率/%	泵站提水调配率/%	水系连通工程引水调配率/%
31.5	30.1	64.7

综上分析计算，得到沂沭泗流域水资源配置准则层指标评估结果，见表3.30。

表3.30　　　　　　沂沭泗流域河湖水系连通与水安全保障能力评价

评价指标	计算结果/%	推荐赋分	权重	总分
供水安全系数	92.50	92	0.333	
水资源开发利用率	30.10	72	0.333	67.9
水资源调配率	33.10	40	0.333	

沂沭泗流域水资源安全保障综合评价得分为67.9，属于中等偏良好水平（图3.1），其中供水安全系数得分较高（92分），水资源开发利用率中等偏好（72分），但水资源调配率得分偏低（40分）。

(2) 河湖水系连通与防洪安全保障能力适配性评价

通过搜集沂沭泗流域近年来防洪排涝数据，对沂沭泗流域现状进行分析，并利用现有评价体系对示范区进行评价。20世纪80年代按设计流量2500 m^3/s 兴建人民胜利堰闸；按分洪2500 m^3/s 扩建分沂入沭水道，并将尾部改由人民胜利堰闸上入沭河（也称调尾工程）；新沭河按行洪5000 m^3/s 规模扩大和除险；加固和扩建石梁河水库泄洪闸；沂河祊河-刘家道口-江风口-骆马湖段按12000 m^3/s、10000 m^3/s、7000 m^3/s 标准培修加固堤防；沭河汤河口-大官庄段按行洪5750 m^3/s、大官庄以下按行洪2500 m^3/s 除险加固；邳苍分洪道按东泇河以上行洪3000 m^3/s、以下按4500 m^3/s 加固堤防；加固江风口分洪闸，开挖

南四湖西股引河上段；湖西大堤大沙河至蔺家坝，大沙河以上济宁城防段约 3km 按防御 1957 年洪水标准加固，其余段按 20 年一遇洪水标准加固；扩大韩庄运河和中运河；加固新沂河堤防。

从 2005 年年底开始，续建工程 9 个单项陆续开工建设。截至 2021 年年底，9 个单项主体工程已全面完成，其中东调关键工程——刘家道口工程已通过竣工验收，其他单项工程陆续进入验收阶段。刘家道口工程竣工验收，标志着沂河洪水可控可调的"东调"成为现实，韩中骆省界段 310 桥段土石方开挖全部完成，实现了洪水顺畅"南下"的目标。至此，沂沭泗河总体防洪标准将达到 50 年一遇，20 世纪 70 年代确立的"东调南下"战略性蓝图终成现实。

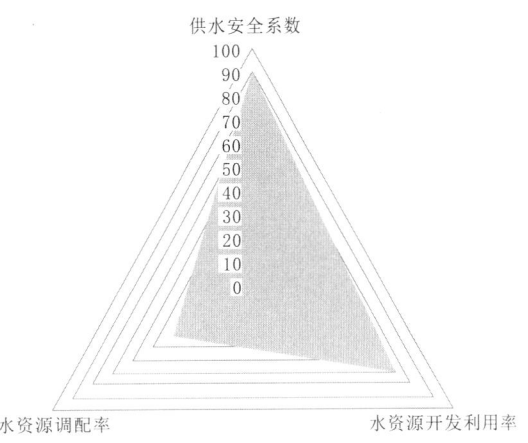

图 3.1 沂沭泗流域水安全保障能力雷达图

随着沂沭泗流域历年规划的实施及东调南下续建工程的陆续建成，流域总体防洪标准将达到 50 年一遇，为区域经济社会的发展提供了保障。但是，流域防洪标准仍然偏低，防洪体系尚需完善，滞洪区的运用越来越困难，防洪管理体系不完备，水资源管理矛盾突出，非防洪项目建设繁杂等，在今后的规划及其实施中应逐步加以完善。根据上述资料收集统计并进行计算得到沂沭泗流域河湖水系连通与防洪安全评估结果。

通过搜集沂沭泗流域近年来防洪排涝相关资料和数据，对沂沭泗流域现状、未来的河湖水系连通与防洪排涝适配的评价进行分析（表 3.31）。

表 3.31 沂沭泗流域评价指标及数据来源

准 则 层	指 标 层	数 据 来 源
防洪达标率	防洪堤防达标率	《防洪除涝统计汇总表》《淮河流域防洪规划概要》
湖库调控能力	区域滞洪能力	《临沂市水利工程统计》《临沂市水安全保障总体规划》
排涝达标度	排涝体系达标率	《淮河流域防洪规划》《江苏省治涝规划》

防洪达标率指标选择：选择指标为备选指标中的防洪堤防达标率，依据淮河防汛总指挥部会同山东省人民政府防汛抗旱总指挥部、江苏省防汛防旱指挥部修订的《沂沭泗河洪水调度方案》中确定的各骨干河道主要防洪工程建设情况，选择堤防达标率作为计算指标，以临沂市为计算区域，根据临沂市水利局公布统计信息《2016 年度防洪除涝统计汇总表》数据为计算依据进行计算，具体计算如下

$$K_{堤} = \frac{1281.33}{1625.81} \times 100\% = 78.812\%$$

式中：分子为达标堤防长度，分母为堤防总长度，依据推荐赋分表可知防洪达标率现状得分为 59 分。

湖库调控能力指标选择：选择指标为区域滞洪能力，水系连通工程的开展使得沂沭泗流域内部水利工程数量增多，蓄水能力随之增强，影响了区域内的洪水调蓄能力，因此选择区域防洪能力作为计算指标。

临沂市共建设大中小型水库 901 座，其中大型水库 7 座，中型水库 31 座，小型水库 863 座，水库总库容达到 34.45 亿 m^3。此外依据沂沭泗河主要控制站设计洪水调算成果可知临沂站 50 年一遇大洪水洪量为 42.54 亿 m^3，则区域防洪能力具体计算如下

$$R_{洪} = \frac{34.45}{42.54} \times 100\% = 80.98\%$$

式中：分子为区域总库容，分母为特大洪水来水量，依据推荐赋分表可知湖库调控能力现状得分为 43 分。

排涝达标度指标选择：选择指标为排涝体系达标率，沂沭泗流域包括江苏、安徽、山东、河南四省，人口较多，耕地面积较大，因此对区域除涝能力要求较高。水系连通工程改变流域内水库数量，进而影响了水库的除涝能力，因此选用排涝体系达标率作为计算指标。以临沂市为计算区域，根据临沂市水利局公布统计信息《2016 年度防洪除涝统计汇总表》数据为计算依据：区域除涝总面积为 21.642 万 hm^2，其中达到 5 年一遇标准以上的除涝面积为 17.111 万 hm^2，则区域除涝体系达标率具体计算如下

$$R_{涝} = \frac{17.111}{21.642} \times 100\% = 79.06\%$$

式中：分子为达到 5~10 年一遇标准的除涝面积，分母为除涝总面积，依据推荐赋分表可知排涝达标度现状得分为 59 分。

依据指标得分及综合权重计算出沂沭泗流域的综合得分（表 3.32）。

表 3.32　　　　沂沭泗流域河湖水系连通防洪安全保障能力评价

指标名称	指标值	推荐赋分	权重	综合得分
堤防达标率	78.81	59	0.350	
区域滞洪能力	80.98	43	0.341	53.60
排涝体系达标率	79.06	59	0.310	

（3）河湖水系连通水生态安全保障能力适配性评价

沂沭泗流域水生态资料主要来源于文献资料以及当地水资源公报。文献资料的搜集集中于沂沭泗流域以及水质问题突出的南四湖区域，共搜集文献 56 篇。主要包括水质数据、鱼类和底栖动物等生物类群生物多样性数据以及生态流量和植被覆盖度等生物资源数据，用于沂沭泗流域水生态修复/保护的评价。

通过搜集沂沭泗近年来水生态数据以及结合学科组研究成果，对沂沭泗流域现状进行分析，并利用现有评价体系对示范区进行评价。其中生态水位参考汪跃军[86]所建议的沂沭泗流域生态水位，研究的方法是应用对河流物理环境分类的等级方法，将鱼类等生物栖

息地的利用和生活史的需求信息同各尺度的物理信息进行综合,确定流量或水位变化与可利用栖息地之间的关系,定量描述生态环境在不同流量或水位下的活动情况。适配曲线和加权可利用面积是这类研究中最重要的概念。适配是用来确定某种物种对某一自然栖息地条件的偏好,按照河段中所有类型栖息地发生的频率来加权。通常认为可用栖息地曲线上的拐点是维持目标生物种群完整性或寿命期的最小可接受流量或水位。因此本书采用这类方法确定河流或湖泊生态用水,基于对生物栖息环境、指示种与河道、湖泊自然地理特征和流量或水位之间的关系计算生态水位。根据南四湖上、下级湖的水位-库容曲线,求得上级湖、下级湖最小生态水位分别为 32.60m 和 30.75m。

依据所搜集的数据得到,沂沭泗河水功能区水质评价个数 101 个,其中水质达标的水功能区个数为 49 个,因此达标率为 48.51%,得分为 48.51 分;根据周化民等调查的骆马湖 60 种鱼类中,洄游性鱼类有 9 种,分别是河豚、鳗鲡、赤眼鳟、鳡、似鳊、青鱼、草鱼、鲢、鳙。而朱滨清调查到骆马湖鱼类 64 种,洄游性鱼类有 6 种,分别是刀鲚、似鳊、青鱼、草鱼、鲢、鳙。由此得出,洄游性鱼类物种多样性 66.67%,得分为 66.67 分;根据沂沭泗流域水位统计,上级湖泊平均水位均大于 33.0m,夏季湖泊水位均大于 31m,因此生态流量(水位)保障率为 100%,得分 100 分。最终评价得分为 68.3 分(表 3.33)。

表 3.33　　　　沂沭泗流域河湖水系连通水生态安全保障能力评价

准则层	准则特征层	指标值	推荐赋分	权重	总分
水生态安全保障能力	生境维持能力	100%	100	0.31	68.3
	水质达标程度	48.51%	48.51	0.48	
	生物多样性维持能力	66.67%	66.67	0.21	

(4) 河湖水系连通与水安全保障能力适配性评价

基于沂沭泗流域河湖水系连通水安全保障能力评价的三个准则层评价结果,结合前期的专家咨询及前期水安全风险评估结果,设置河湖水系连通水资源安全保障能力、防洪安全保障能力和水生态安全保障能力三个准则层权重分别为 0.382、0.357 和 0.261,综合评估沂沭泗流域河湖水系连通水安全保障能力得分为 62.9 分,见表 3.34。表明沂沭泗流域当前区域河湖水系连通水安全保障能力与需求基本适配,需通过河湖水系连通进一步提高当地水安全保障程度。

表 3.34　　　　沂沭泗流域河湖水系连通水安全保障能力评价

目标层	准则层	准则层赋分	准则层权重	保障能力得分
水安全保障能力	水资源安全保障	67.9	0.382	62.9
	防洪安全保障	53.6	0.357	
	水生态安全保障	68.3	0.261	

3.2.1.2　区域河湖水系连通与水安全保障能力适配性未来预测

(1) 河湖水系连通与水资源安全保障能力适配性未来情景预测

根据《临沂市水安全保障总体规划》,临沂市 2035 年各项发展目标规划值见表 3.35。

3 河湖水系连通与水安全保障适配性评价

表 3.35 临沂市水安全保障规划发展水平年各项发展目标值

发 展 目 标	2035 年	发 展 目 标	2035 年
年度用水总量/亿 m³	27.50	工业水重复利用率/%	95
万元 GDP 用水量/m³	32.15	城镇公共供水管网漏损率/%	8
万元工业增加值用水量/m³	11.59	污水处理再生水利用率/%	45
农田灌溉水利用系数	0.68		

临沂市规划年份通过水系连通工程可提高水资源供给情况如下：

省级骨干水网工程情况见表 3.36。

表 3.36 临沂市水安全保障规划省级骨干水网工程情况

规 划 年 份	连 通 工 程	输水规模/(m³/s)
近期（2020 年前）	引江入临工程	30
中期（2035 年前）	日照临沂双向调水工程	35
远期（2050 年前）	南滨海调水工程	—

市级骨干水网工程情况见表 3.37。

表 3.37 临沂市水安全保障规划市级骨干水网工程情况

规划年份	连 通 工 程	输水规模/(m³/s)
近期（2020 年前）	唐村、昌里、许家崖、马庄 4 座水库连通供水工程	3.5
中期（2035 年前）	1. 沂河、沭河连通工程	15
	2. 沭河、小沂河水系连通工程	5
	3. 跋山、沙沟水库连通供水工程	4
	4. 陡山、石泉湖、凌山头三库连通工程	10
	5. 沂河河湾水源供水工程	5
远期（2050 年前）	岸堤水库、蒙河连通工程	—

临沂市雨洪资源利用工程规划建设情况见表 3.38。

综上分析计算，为缓解供需矛盾，临沂市 2035 年规划对跋山、沙沟、唐村等 6 座水库实施扩容工程；新建河湾、袁家口子、黄山等 5 座大中型水库；改建土山、丹山、茶山等 7 座病险水闸；新建姜庄湖、三南尹、华夏等 9 座拦河闸坝；新、改建列入全国小型水库建设规划的下庄街道办城北水库、沂山水库、大汪南崖水库、颜家庄水库等 268 座小型水库；实施沂河河湾水库至沭河连通工程、沭河至小沂河连通工程、黄山水库至中运河双向调水工程；实施临沂主城区环城供水网建设、唐村-昌里-许家崖水库至临沂城供水工程、跋山-沙沟至临沂城供水工程，共新增蓄水能力 8.66 亿 m³。而根据计算，临沂市在 50%、75%、95% 三种保证率下，2035 年缺水总量分别为 2.98 亿 m³、5.90 亿 m³、7.27 亿 m³。因此 2035 年规划水平年下，通过水系连通工程增加的供水量完全可以满足临沂市 95% 保证率下的缺水量，因此预测 2035 年临沂市供水安全系数约为 125%。

3.2 典型区河湖水系连通水安全保障现状评价及未来预测

表 3.38　　临沂市水安全保障总体规划雨洪资源利用工程规划建设情况

规 划 年 份	连 通 工 程	增加蓄水库容/万 m^3
近期（2020年前）	黄山水库群	14800
	高湖水库增容工程	665
	费县桥庄水库工程	960
	兰陵县惠民庄水库工程	971
	费县新时代水源工程	290
	临沭县沭河新村水源工程	1380
	祊河华夏橡胶坝	1100
	温凉河巩庄橡胶坝	150
中期（2035年前）	跋山水库增容工程	7815
	唐村水库增容工程	2584
	昌里水库增容工程	1194
	沙沟水库增容工程	1363
	蒙河高里橡胶坝	550
	沭河潘庄橡胶坝	950
	富山坡橡胶坝	680
	下村橡胶坝	520
	峨山北水库、沂山水库等50座小型水库	4500

水资源利用方面，据临沂市水安全总体规划，临沂市规划的水安全开发利用程度为 69.5%，而本次评价得到的临沂市现状水平年水资源利用率仅为 30.10%（《水安全总体规划报告》上该值为 31.3%）。根据《临沂市水资源调查评价》，沂沭河多年平均出境水量达 32.75 亿 m^3，而随着规划的水系连通及雨洪资源利用工程相继得到运用，2035 年临沂市将新增蓄水能力 8.66 亿 m^3，因此临沂市 2035 年水资源利用率可提高约 26.4%，故可预测 2035 年临沂市水资源利用率将可达到 59.5%，据规划值（69.5%）目标实现率达到 85.6%。

水资源调配率方面，沂沭河多年平均出境水量达 32.75 亿 m^3，而通过雨洪资源利用工程的规划建设，可提高蓄水量约 4.05 亿 m^3，因此水资源调配率方面将提高约 12.4%，因此可以预测 2035 年临沂市水资源调配率约为 45.5%。

综上，得到 2035 年临沂市水安全保障评价结果见表 3.39。

表 3.39　　未来情景沂沭泗流域河湖水系连通水资源安全保障能力评价

评价指标	指标赋分值	权重	总　分
供水安全系数	98	0.333	
水资源开发利用率	82	0.333	85.2
水资源调配率	76	0.333	

临沂市通过省、市、县级水系连通工程以及雨洪资源利用工程的规划建设,至2035年水资源利用率和水资源调配率有了很大提升;同时供水连通工程充分保证了2035年缺水量得到较为全面的满足,供水保证率也有较大的提升。总体来看2035年临沂市水系连通与水资源配置适配性得分为85.2分,相比于现状水平年的67.9分有很大的提升,说明临沂市水系连通工程的规划建设对于区域水资源配置功能的提高发挥着重要的作用。

(2) 河湖水系连通防洪安全保障能力适配性未来情景预测

沂沭泗流域总体防洪状况与淮河保持一致,《淮河流域防洪规划概要》要求,在2009年后的20年内即到2029年建立符合流域实际情况且与社会经济发展相适应的比较完善的防洪减灾体系。具体要求为淮河干流上游防洪标准达20年一遇,其中游淮北大堤防洪保护区和沿淮重要工矿城市的防洪能力进一步提高,洪泽湖的防洪标准达300年一遇;巩固沂沭泗河水系重要防洪保护区的防洪标准,使防洪体系整体上更加协调;跨省骨干支流防洪标准达到20~50年一遇;重要易涝洼地除涝标准达5~10年一遇;里下河地区除涝标准达到10年一遇;山东半岛主要河道的防洪标准达20~50年一遇。且规划中明确淮河流域的防洪减灾体系由水库、河道堤防、行蓄洪区、调蓄湖泊、海堤等防洪工程体系和防汛指挥系统、防洪管理、政策法规等防洪管理体系构成,对于沂沭泗河水系完成东调南下续建工程,扩大南四湖和沂沭河洪水出路,提高沂沭泗河中下游地区主要防洪保护区的防洪标准;完成跨省骨干支流和重要易涝洼地初步治理,提高平原洼地的防洪除涝能力。

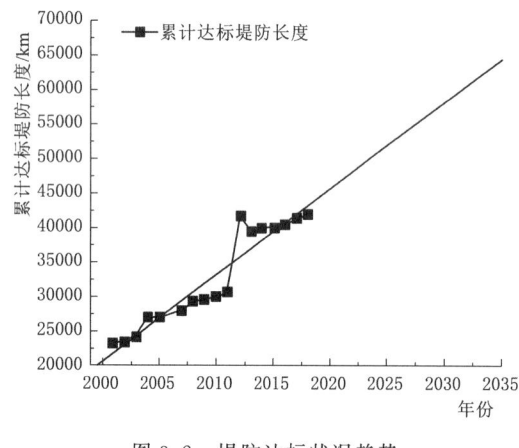

图 3.2 堤防达标状况趋势

依据《淮河流域防洪规划概要》要求,结合淮河堤防达标状况趋势(图 3.2)可知2035年堤防建设长度将会达到85000km,预计累计达标堤防长度为68000~70000km,则2035年堤防达标率计算为

$$K_{堤} = \frac{68000}{85000} \times 100\% = 80.0\%$$

依据赋分表推荐赋分可知,2035年堤防达标率得分为60分。

2020年9月批复的《临沂市中心城区水系连通总体规划》确定了12条水系骨干连通工程,工程涉及高铁片区水系工程、临沂西城水系工程、南部片区水系工程和国际生态城工程等,预计在2035年临沂市水系连通工程会相继开展或完成,这会增强临沂市在遭遇大洪水时的洪水外排能力,提高区域防洪能力。

同时《临沂市水安全保障总体规划》中要求,到2035年进一步提升和完善水安全保障工程体系和管理体系,提高标准、扩大受益范围;基本建立安全达标的防洪减灾体系,超标准洪水可以科学处置;大型河道、穿越城镇和重点经济区、旅游区河流保有生态水量,重点河流全面恢复水环境功能,水环境风险得到控制,水环境生态系统基本得到修

3.2 典型区河湖水系连通水安全保障现状评价及未来预测

复;建立现代化水管理体系,水管理机制富有效率、充满活力。消除水库和大中型水闸防洪隐患,流域面积200km²以上的河道和主要农村河道标准内洪水得到有效防御。结合沂沭泗2020年雨水情信息,流域湖库蓄水总量达到51.7亿m³,因此可以预测2035年沂沭泗区域防洪能力可以达到100%,因此2035年沂沭泗流域湖库调控能力得分为100分。

《淮河流域防洪规划》要求对沿湖周边洼地实行退垦还湖,增加湖泊调蓄能力;对易涝地区,进行产业结构调整,发展湿地经济和保护湿地;实施高水高排,疏整沟渠,新建、加固圩区堤防,扩建涵闸;适当建站,增强外排能力等措施治理易涝洼地,达到重要易涝洼地除涝标准3~5年一遇,里下河地区除涝标准5~10年一遇。同时《江苏省治涝规划》明确治涝工程建设内容主要包括截水沟整治、排涝河道疏浚开挖、滞蓄水面恢复与整治、排涝泵站建设等,合理利用太湖及沂沭泗流域的水系连通河道,同时也会对现有河道进行清淤疏浚等工程措施。《关于进一步治理淮河和太湖的决定》中明确"进行湖泊洼地易涝地区配套工程建设,提高防洪除涝标准"并作为治淮19项骨干工程之一。在《淮河流域防洪规划》中分别规划了上游、中游及下游沿淮洼地、溧河洼、里下河易涝区、分红河道沿线洼地及平原涝洼区的治理措施,明确远期排涝标准由近期5年一遇提高至10年一遇,加强排水工程建设增减泵站等。此外结合江苏省的水库排涝面积趋势(图3.3)可

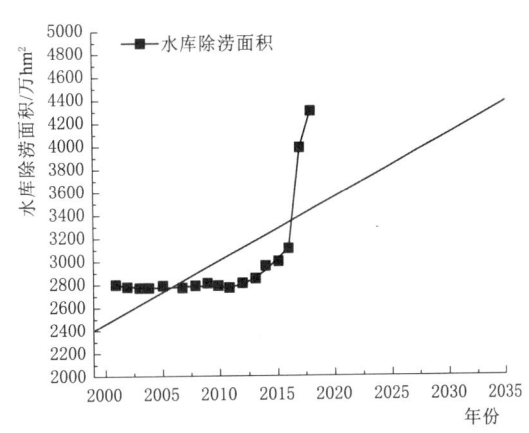

图3.3 江苏省历年水库排涝面积趋势

以看出达标排涝面积呈上升趋势,因此可以预测2035年沂沭泗排涝体系达标率可以达到85%,2035年沂沭泗流域排涝体系达标率得分为66.7分。

由以上预测结果可以得出2035年沂沭泗在未来水系连通工程状态下的防洪安全得分情况,见表3.40。

表3.40 未来情景沂沭泗流域河湖水系连通防洪安全保障能力评价

指标名称	指标值	推荐赋分	权重	综合得分
堤防达标率	80	60	0.350	
区域防洪能力	100	100	0.341	75.7
水库排涝能力	90	66.7	0.309	

指标计算区域说明:指标计算区域见表3.41。

表3.41 指标计算区域

指 标	计算区域
堤防达标率	淮河流域
区域防洪能力	临沂市
水库排涝能力	江苏省

(3)河湖水系连通水生态安全保障能力适配性未来情景预测

沂沭泗流域是淮河流域重要分支,其未来规划是要加强水资源与水生态环境保护,与淮河流域保持一致。以淮河干流、

南水北调东线输水干线及城镇集中式供水水源地为重点,加强水资源保护,禁采深层承压水,限采浅层地下水。严格控制水功能区纳污总量,强化入河排污口监督管理。开展生态用水调度,实施重点水域生态保护与修复,建设生态经济。到 2035 年,生态环境根本好转,美丽中国目标基本实现,全面提升生态文明。因此在未来,沂沭泗流域的水生态修复/保护的管理将会加强,有利于改善水质,提高物种多样性。

依据沂沭泗流域现状以及未来发展趋势对沂沭泗流域进行 2035 年未来情景预测,结果显示,到 2035 年,沂沭泗流域水生态系统健康情况将得到较大提升,沂沭泗流域的连通工程在改善水生态环境中发挥了重要作用。水生态系统各指标值及其得分具体见表 3.42。

表 3.42 未来情景沂沭泗流域河湖水系连通水生态安全保障能力评价

准则层	准则特征层	指标	2035 年	
			指标值	得分
水生态安全保障能力	生境维持能力	生态流量(水位)保障率	100%	100
	水质达标程度	水功能区水质达标率	70%	70
	生物多样性维持能力	洄游性鱼类物种多样性	77.78%	77.78
		总分	80.3	

(4) 河湖水系连通水安全保障能力适配性未来情景预测

基于沂沭泗流域 2035 年的预测情景,河湖水系连通水安全保障能力评价的三个准则层评价结果,结合前期的专家咨询及前期水安全风险评估结果,设置河湖水系连通水资源安全保障能力、防洪安全保障能力和水生态安全保障能力三个准则层权重分别为 0.382、0.357 和 0.261,综合评估沂沭泗流域河湖水系连通水安全保障能力得分为 80.5,如下表所示。表明在一系列河湖水系连通工程实施后,沂沭泗流域 2035 年河湖水系连通特征下的水安全保障能力有了较大的提高。

表 3.43 未来情景沂沭泗流域河湖水系连通水安全保障能力评价表

目标层	准则层	准则层赋分	准则层权重	保障能力得分
水安全保障能力	水资源安全保障	85.2	0.382	80.5
	防洪安全保障	75.7	0.357	
	水生态安全保障	80.3	0.261	

3.2.1.3 区域河湖水系连通治理建议

使用沂沭泗流域矢量面文件裁剪全国河湖水系数据和全国 30m 水面得到沂沭泗流域水系高程分布(图 3.4)以及水面分布数据(图 3.5)。进一步基于 ArcGIS 统计得沂沭泗流域面积为 78530.8km²,河流总长度为 4953.8km,其中沂河长度为 584.8km,沭河为 411.0km,泗河为 168.6km,考虑统计的是主干河流,这与以上沂沭泗给出的资料基本一致,由此计算得流域河网密度为 0.064km/km²。水面数据表明沂沭泗水面率为 5.5%。对河湖水系网进一步计算得,沂沭泗流域干流面积长度比为 0.016km/km²,平均分枝比为 0.32。基于提取的河湖水系网获取了沂沭泗流域河链及节点的分布(图 3.6),统计得

3.2 典型区河湖水系连通水安全保障现状评价及未来预测

河连接数,从图论及景观生态学的角度,河链数为214,节点数为93,由此计算河湖水系连通环度为0.44,节点连接率为1.3,水系连通环度为0.15,河湖水系连通度为0.78。河湖水系连通特征调查见表3.44,表明沂沭泗流域水系连通程度偏低,通过提高河网连接程度可增加泄洪能力及水生态保障程度。

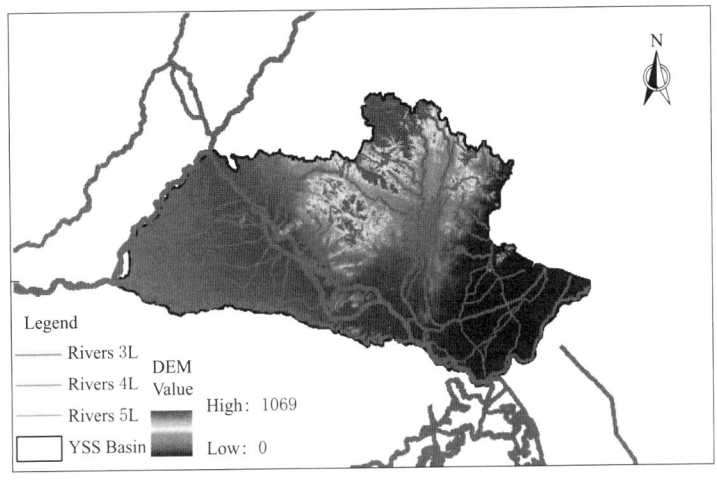

图 3.4　沂沭泗流域水系高程分布

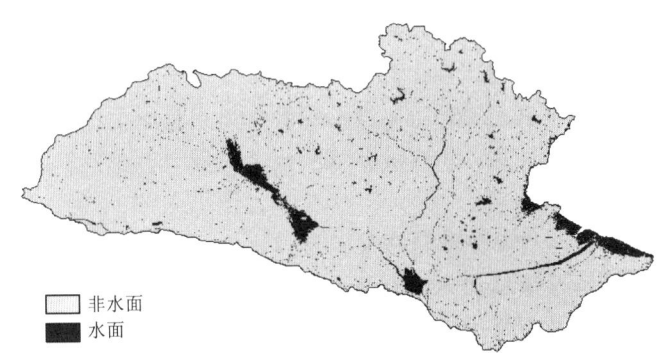

图 3.5　沂沭泗流域水面分布

表 3.44　　　　　　　　　沂沭泗流域河湖水系连通特征

面积 /km²	河网密度 /(km/km²)	河网坡度 /(°)	水面率	水系连通环度	节点连接率	水系连通度	综合连通度
78791	0.081	0.17	5.5	0.15	1.3	0.44	0.62

沂沭泗流域水资源安全保障能力较为突出的问题在于水资源调配率不高,反映出目前沂沭泗流域水利工程的运用程度不高,因此建议加强区域内水利工程(尤其是水库、塘坝、拦河闸工程等)的治理与修缮,同时通过建设相关水系连通工程和雨洪资源利用工程进一步加强对水资源的调配能力。

随着水系连通工程的实施,防洪排涝的安全性逐渐提升,可以明确水系连通工程是一个区域防洪安全的重要影响因素。沂沭泗流域内南水北调东线工程是大型的水系连通工

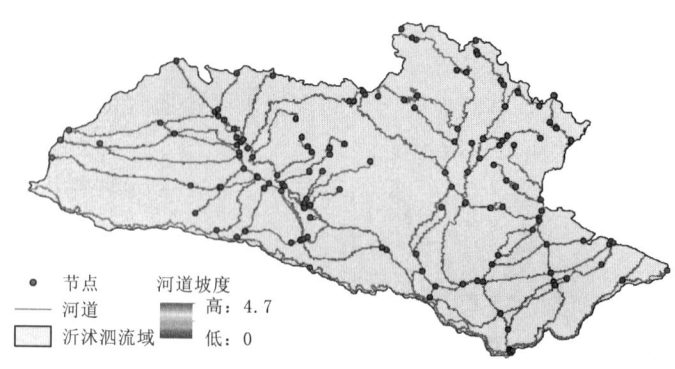

图 3.6　沂沭泗流域河网节点分布

程，在做好南水北调东线后续工程的同时可以考虑加强流域内部江河湖库之间的联系，如南四湖、骆马湖、沂河、沭河以及毗邻的黄河、淮河之间的连接，以增大流域内部的调蓄能力。以表现良好的临沂市为例，临沂市未来规划了 16 条水系连通工程，分别是北部片区的河湾水源向小李官水库和石屯水库补水工程、茶山拦河闸向孝河补水工程、华夏橡胶坝连通工程。南部片区的小涑河和龙头沟连通工程，祊河-吴屯沟-玉兰沟-小涑河连通工程、罗庄区"五湖"水系连通工程、高新区南涑河治理工程、刘道口盛口放水洞线路连通工程、罗庄区老涑河连通工程。东部片区的河湾水源-西沂沟-汤河连通工程。因此建议未来沂沭泗流域防洪安全为导向的水系连通工程整体布局应是合理安排大型水系连通工程，着重开展局部小型水系连通工程。且在沂沭泗既有东调南下工程格局基础上，通过沂沭泗河洪水南下提标工程进一步巩固完善防洪湖泊和骨干河道防洪工程体系，将中下游防洪保护区防洪标准提高至 100 年一遇，使流域整体的水系形成"引排通畅、防洪御洪、除涝有效、水清水活"的格局。

依据对沂沭泗流域水生态系统评价结果，目前该区域主要的水生态环境问题是水质达标率较低。需要注意的是，区域水质的改善主要取决于流域污染控制和水环境治理成效。在河湖水系连通方面，应考虑增加环境容量、提高区域水动力环境，同时修复区域湿地系统以增加水体自净能力，提高生物多样性的维持能力。

3.2.2　太湖武澄锡虞片

3.2.2.1　区域河湖水系连通与水安全保障能力适配性现状分析

（1）河湖水系连通与水资源安全保障能力适配性评价

由于武澄锡虞片区整体性的观测数据较为缺乏，考虑到常州市是流域内水资源配置问题最为典型的重点区域，且有着较为丰富的河湖水系分布资料与水安全保障资料，因此选取常州市作为武澄锡虞片区的典型对区域内河湖水系连通与水资源优化配置适配性加以评判。

根据《常州市"十三五"水利发展规划》，常州市现状水平年下综合供水保证率达到 90.4%（表 3.45），该项数据能较为权威和客观地反映该地区的综合供水保证水平，因此可以选取该数据作为该地区供水安全系数。

3.2 典型区河湖水系连通水安全保障现状评价及未来预测

表 3.45　　　　　常州市水利发展"十三五"规划主要指标

序号	指　　标	指标属性	目　标　值	现状目标实现值/%
一	防洪减灾			
1	流域防洪达标率*	预期性	95%	88.4
2	区域防洪除涝达标率	预期性	85%	81.0
3	城市防洪达标率	预期性	90%	85.1
4	圩区防洪除涝达标率（千亩以上）	预期性	80%	76.5
二	水资源保障			
5	供水保证率	预期性	农业80%~95%，重点工业95%，生活97%	90.4
6	万元GDP用水量*	预期性	60m³	100
7	万元工业增加值用水量	约束性	15m³	100
三	水生态保护			
8	水功能区水质达标率	预期性	70%	60.0
9	集中式饮用水水源地水质达标率*	约束性	100%	100
10	水域面积率	指导性	不低于现状	90.0
11	水土流失治理率	预期性	90%	79.2
四	农村水利			
12	旱涝保收田面积率*	预期性	80%	89.4
13	灌溉水利用系数	预期性	0.65	91.8
14	农村河道有效治理率	预期性	90%	83.6
五	水管理能力			
15	水资源管理达标率	预期性	100%	78.0
16	骨干河湖管理达标率	预期性	95%	91.9
17	水利工程设施完好率*	预期性	骨干工程90%，农水工程85%	91.5
18	防汛防旱管理与应急能力	预期性	90%	80.1
19	基层水利管理服务水平	预期性	85%	76.9
六	发展保障能力			
20	重要水管理事项有效实施率	预期性	95%	94.5
21	水利投入政策到位率*	预期性	100%	88.9
22	人才结构达标率	预期性	85%	87.7
23	水利科技信息化水平	预期性	80%	84.2

＊　关键性指标，共6项；现状目标实现值为2014年数据。

3 河湖水系连通与水安全保障适配性评价

水资源利用方面,根据常州市水资源公报(2009—2017 年),常州市多年平均水资源总量为 27.15 亿 m³,多年平均用水量为 22.94 亿 m³(表 3.46)。因此该地区水资源利用率为 84.5%(表 3.47)。

表 3.46　　　　　　　　　常州市水资源利用情况　　　　　　　　　单位：亿 m³

年　份	水资源总量	总用水量	年　份	水资源总量	总用水量
2017	24.29	25.93	2012	17.72	22.75
2016	65.11	23.76	2011	29.37	22.7
2015	35.54	23.16	2010	14.22	19.97
2014	22.81	23.81	2009	27.03	20.79
2013	8.24	23.62	多年平均	27.15	22.94

表 3.47　　　　太湖武澄锡虞片河湖水系连通水资源安全保障能力评价

评价指标	计算结果/%	指标赋分值	权　重	总　分
供水安全系数	90.4	90	0.333	
水资源开发利用率	84.5	50	0.333	69.9
水资源调配率	53.1	70	0.333	

综上,太湖武澄锡虞片水资源安全保障评价综合得分为 69.9 分,整体上属于中等水平。其中由于水资源利用率过高,达到了 84.5%,而相关研究表明我国大部分地区水资源开发利用的理想值在 40%~70%,因此水资源利用提高率得分较低(50 分),表明太湖武澄锡虞片在水资源高效利用方面还有较大的改进空间;水资源调配率得分中等,表明太湖武澄锡虞片水资源调配水平处于较为良好的水平;综合供水保证率得分较高(90 分),表明该地区的用水需求可以很好地得到满足。

(2) 河湖水系连通防洪安全保障能力适配性评价

通过搜集太湖武澄锡虞片近年来防洪数据以及结合学科组研究成果,对流域现状进行分析,并利用现有评价体系对示范区进行评价(表 3.48~表 3.50)。本区属平原水网地区,地形一般较平坦,其中平原地区地面高程一般在 5~6m(吴淞镇江基面,下同);低洼圩区主要分布在锡澄运河、直湖港及北塘河、三山港和采菱港等地区,地面高程一般在 3.5~4.5m,南端无锡市区及附近一带,地面高程最低,仅 2.8~3.5m。大部分地区地面高程均在江、湖高水位和低水位之间,汛期外河水位高于田面。为解决汛期外洪内涝的威胁,低洼地区均建成圩区。

表 3.48　　　　　　　　武澄锡虞地区土地利用情况　　　　　　　　单位：km²

名称	总面积	耕地面积		建设用地	水域	其他
		水田	旱地			
武澄锡低片	1767.62	535.52	171.32	473.49	129.01	458.28
澄锡虞高片	1431.40	611.06	120.70	364.34	109.16	226.14
沙洲自排区	415.71	184.77	29.18	55.62	9.77	136.37
合计	3614.73	1331.35	321.20	893.45	247.94	820.79

3.2 典型区河湖水系连通水安全保障现状评价及未来预测

表 3.49 武澄锡虞地区圩区现状 单位：km²

名 称	圩区总面积	耕地面积		其他
		水田	旱地	
武澄锡低片	664.59	380.22	49.72	234.65
澄锡虞高片	37.69	20.45	7.02	10.22
合计	702.28	400.67	56.74	244.87

表 3.50 区域主要站点洪涝、特枯旱灾年份最高、最低水位 单位：m

站名	较大洪涝灾害年份最高水位									特枯旱灾最低水位	
	1954年	1957年	1962年	1983年	1991年	1993年	1995年	1996年	1999年	1971年	1978年
常州	5.24	5.04	5.15	4.80	5.53	4.79	5.02	5.01	5.47	2.60	2.57
无锡	4.73	4.44	4.64	4.44	4.88	4.44	4.31	4.28	4.74	2.42	2.41
青阳	4.91	4.86	4.91	4.57	5.12	4.67	4.62	4.30	4.80	2.56	2.49
长江					6.46	6.25	6.10		7.18		
太湖	4.65	4.24	4.30	4.43	4.79	4.51	4.32	4.38	5.08	2.39	2.25

注　长江为江阴肖山站实测潮位；太湖为平均水位。

太湖流域与区域不同历时 1 天、3 天、7 天、15 天、30 天、60 天和 90 天雨量频率成果见表 3.51。

表 3.51 太湖流域、区域不同历时雨量频率成果

降雨时段/天	20年一遇平均雨量/mm		50年一遇平均雨量/mm		100年一遇平均雨量/mm		200年一遇平均雨量/mm	
	流域	武澄锡虞片	流域	武澄锡虞片	流域	武澄锡虞片	流域	武澄锡虞片
1	115.3	144.0	140.1	174.9	158.8	197.5	177.6	220.2
3	174.9	210.3	207.4	251.3	232.3	282.5	256.8	313.2
7	240.4	272.9	283.1	323.3	313.4	360.8	345.3	397.4
15	332.4	362.7	386.9	424.6	424.8	467.0	464.6	511.1
30	453.5	472.9	515.5	548.4	560.6	600.2	605.6	657.5
60	648.8	656.6	728.4	746.3	786.3	811.6	845.6	876.8
90	815.6	836.2	909.3	942.7	975.1	1020.1	1041.6	1097.2

武澄锡虞片各洪水标准计算水位见表 3.52。

表 3.52 武澄锡虞片各洪水标准计算水位成果

项　目		设 计 标 准		
		50年一遇	100年一遇	200年一遇
日均最高水位/m	常州	5.06	5.36	5.52
	无锡	4.47	4.66	4.79
	青阳	4.78	5.06	5.25
	北国	4.77	5.10	5.27

3 河湖水系连通与水安全保障适配性评价

续表

项 目		设 计 标 准		
		50年一遇	100年一遇	200年一遇
瞬时最高水位/m	常州	5.17	5.75	5.89
	无锡	4.53	4.94	5.05
	青阳	4.85	5.41	5.59
	北国	4.84	5.32	5.47
水量统计/亿 m³	湖西入武澄锡	4.56	4.87	4.94
	武澄锡入江	10.22	11.06	11.63
	武澄锡入湖	3.07	3.42	3.64
	澄锡虞入望	4.93	4.99	5.17
	大运河入阳澄	4.02	4.03	4.06

基于研究区实际资料收集情况结合指标库进行指标计算，具体计算步骤如下。

防洪达标率指标选择：选择指标为备选指标中的堤防达标率。武澄锡虞作为太湖流域的水利分区。其防洪工程建设情况与太湖流域防洪建设保持一致，结合指标数据收集情况选择太湖流域整体达标堤防长度及堤防总长度进行指标计算，计算数据来源于太湖防汛抗旱年报、太湖流域防洪规划简本及中国水利统计年鉴。

$$K_{堤} = \frac{16867}{19213} \times 100\% = 87.79\%$$

式中，分子为达标堤防长度，分母为堤防总长度，单位为km，依据推荐赋分表可知堤防达标度现状得分为70.4分。

湖库调控能力指标选择：选择指标为区域滞洪能力，太湖流域水系连通工程实施，重点建设了两条排洪主干工程即望虞河工程和太浦河工程，其中望虞河全部在江苏境内，遇1954年型洪水时，可承泄太湖洪水23.1亿m³，兼排澄锡虞地区部分涝水；太浦河西起东太湖边上的吴江市横扇镇，东至上海市南大港接西泖河入黄浦江，跨江苏、浙江、上海三省（直辖市），工程按1954年型洪水（相当于50年一遇）设计，汛期5—7月需承泄太湖洪水22.5亿m³，承泄杭嘉湖北排涝水11.6亿m³。防洪骨干工程的建立实施改变了流域内防洪工程数量、库容，同时流域内外排洪水能力的提升减轻了湖库对洪水的调蓄压力，有效增强了太湖流域整体对洪水的滞蓄能力，因此选择区域滞洪能力作为计算指标。

武澄锡虞片为太湖流域的水利分区，其防洪能力与太湖流域整体保持一致，依据数据收集情况选择太湖流域整体作为计算区域，此外太湖流域洪水外排作用显著，因此在计算时应考虑流域外排洪水量。计算数据来源于太湖流域综合规划（2012—2030年）简要文本、太湖流域防洪规划及太湖防汛抗旱年报（2019年）。按照对100年一遇1991年型洪水安排，北排长江48.5亿m³，东出黄浦江47亿m³，南排杭州湾16.1亿m³，浦西、浦东自排10.6亿m³，其余洪水主要依靠太湖流域内的湖库调蓄。此外依据《2019年太湖流域及东南诸河水资源公报》太湖蓄水总量47.7亿m³，依据《2019年中国水利统计年鉴》太湖流域水库总库容为15亿m³，则区域滞洪能力具体计算如下

$$R_{\text{蓄}} = \frac{15+47.7}{179.8-48.5-47-16.1-10.6} \times 100\% = 108.85\%$$

式中，分子为湖库总库容与太湖蓄水容量之和，分子为 100 年一遇大洪水来水量与外排水量的差值。依据推荐赋分表可知区域滞洪能力现状得分为 100 分。

排涝达标度指标选择：选择指标为水库除涝能力，"引江济太"工程通过连通太湖、望虞河、太浦河、长江等大小河流加快了洪水发生后涝水外排的能力，此外结合流域内数据收集情况，选择水库排涝能力作为计算指标。

"引江济太"工程中的防洪骨干工程之一望虞河工程位于江苏境内，主要水利工程有常熟水利枢纽工程、望亭水利枢纽工程。以江苏省作为指标计算区域，依据《江苏省"十四五"水利发展规划》，排涝达标的重点区域为太湖地区湖西区、秦淮河、石固湖与滁河地区、苏北沿江与里下河腹部大部分地区。计算数据来源于《江苏省治涝规划》《江苏省水利统计年鉴》。

$$K_{\text{涝}} = \frac{43154.5}{78300} \times 100\% = 55.1\%$$

式中，分子为达标水库排涝面积，分母为要求排涝总面积，单位为 10^3hm^2。依据推荐赋分表可知排涝达标度现状得分为 35.1 分。

根据上述资料收集统计并进行计算得到太湖武澄锡虞片河湖水系连通防洪安全评估结果见表 3.53。

表 3.53 太湖武澄锡虞片河湖水系连通防洪安全保障能力评价

指标名称	指标值	推荐赋分	权重	综合得分
防洪堤防达标率	87.8%	70.4	0.347	69.7
区域滞洪能力	100%	100	0.344	
水库除涝能力	55.1%	35.1	0.309	

（3）河湖水系连通水生态安全保障能力适配性评价

太湖武澄锡虞片区水网复杂，水质问题突出，并且引江济太工程也是备受关注的连通工程，对太湖整体的水生态管理起着重要作用。因此选取太湖武澄锡虞片区作为指标体系应用区域，但武澄锡虞片区主要为小的河网，资料获取较难，与连通工程响应也不显著，因此在应用示范的时候将太湖也包含在内，可以充分体现河湖连通工程对湖泊的影响。

搜集了近 30 年包含武澄锡虞片区在内的太湖数据，包括水质及水生生物相关的数据，共 1907 个数据。其中水质数据包括：电导率，溶解氧，高锰酸钾指数，总氮，氨氮，总磷，叶绿素 a，水功能区达标率，水质优劣程度，水体富营养化程度，水体营养指数，蓝藻密度等；生物数据包括：浮游植物，浮游动物，水生植物，底栖动物以及鱼类的密度、物种多样性等。这些数据将用于典型区的应用与评价。除了水质与生物数据，还从地理空间数据云数据库中下载了近 20 年包含武澄锡虞片区在内的太湖流域的遥感数据，并利用 ENVI 软件对数据进行了校正，以便于数据可以用于水遥感反演。

研究结果显示，常熟引水量多年（2002—2018 年）平均值为 17.42 亿 m^3，望亭入湖量多年平均值为 7.96 亿 m^3，望亭入湖量约占常熟引水量的 45%，占太湖水体总量的

20%。引水量逐年波动较大，2011年引水量与入湖量均为最高，分别达到31.9亿 m^3 与16.08亿 m^3，2016年最低，分别为3.34亿 m^3 与1.44亿 m^3（图3.7）。通过对2013—2018年常熟水利枢纽逐月引水量统计发现，2016年引水主要集中于春季，除2016年外，其余年份冬季引水量最大，其次为秋季（图3.8）。引水对太湖水体交换率及生态水位的影响较大。水体交换率在引水之后明显上升。最低生态水位保障率在调水后得到提高。调水前，仅有1998年最低水位满足生态水位需求（2.8m）（太湖流域管理局，2018），其余年份（1994—2001年）均不能满足需求。调水后除2011年之外，最低水位均满足生态水位需求（图3.9）。

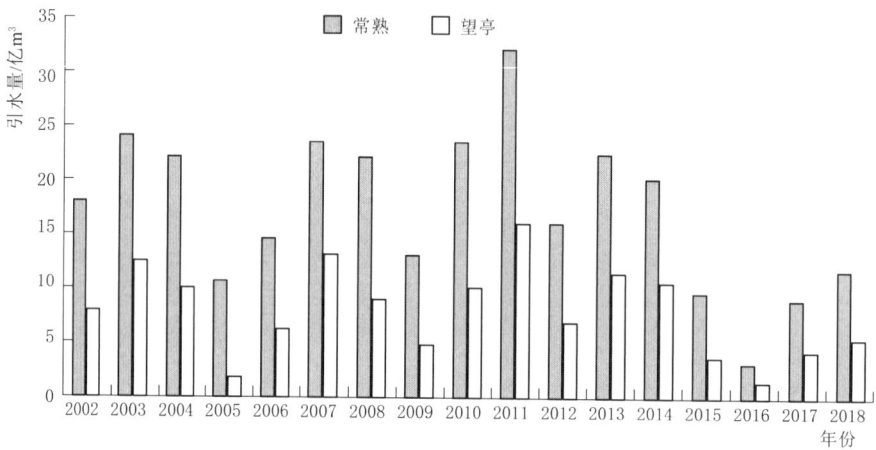

图3.7　引江济太工程引水量的年际变化

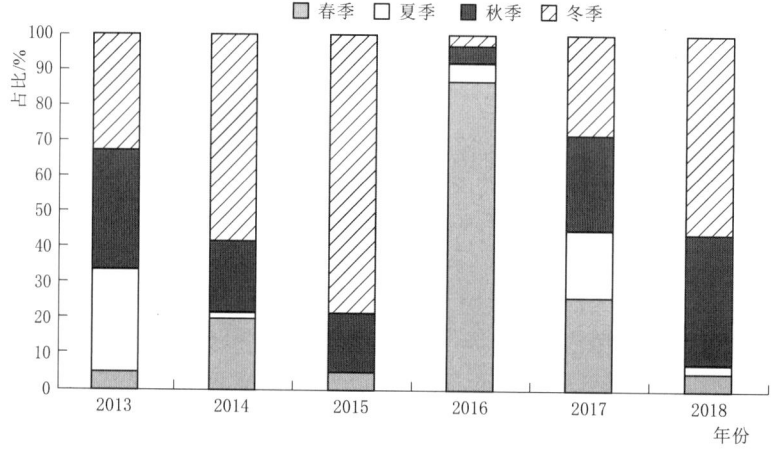

图3.8　引江济太工程各季节引水量占比

通过对引水前后水质分析发现，引水后，总氮浓度呈下降趋势，总磷浓度呈波动状态，连通后总磷多年平均浓度低于连通前（0.07mg/L＜0.09mg/L）（图3.10）。对比太湖与贡湖湖区各指标浓度，贡湖湖区浓度均低于太湖，以高锰酸钾浓度最为明显（贡湖2.78mg/L＜太湖全湖4.55mg/L）。多数时期，贡湖湖区叶绿素a浓度低于太湖全湖。经检验，在连通前贡湖湖区与太湖叶绿素a浓度并无显著性差异（$P=0.173$），连通后贡湖湖区与太湖叶绿素a浓度具有显著性差异（$P=0.003$）。遥感分析显示，贡湖湖区叶绿素a浓度在各季节均低于太湖，尤其在7月和10月，分别降低42%和47%（图3.11）。

3.2 典型区河湖水系连通水安全保障现状评价及未来预测

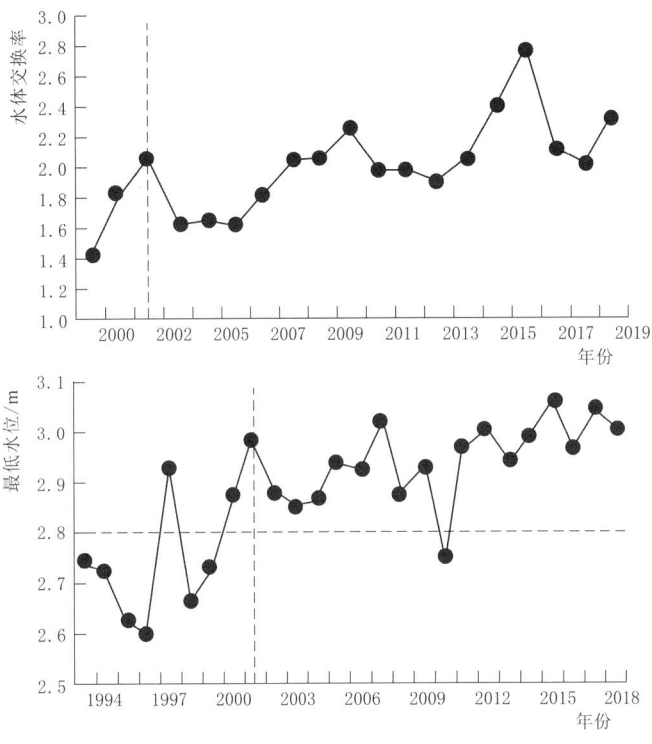

图 3.9 引水前后太湖物理因子的变化

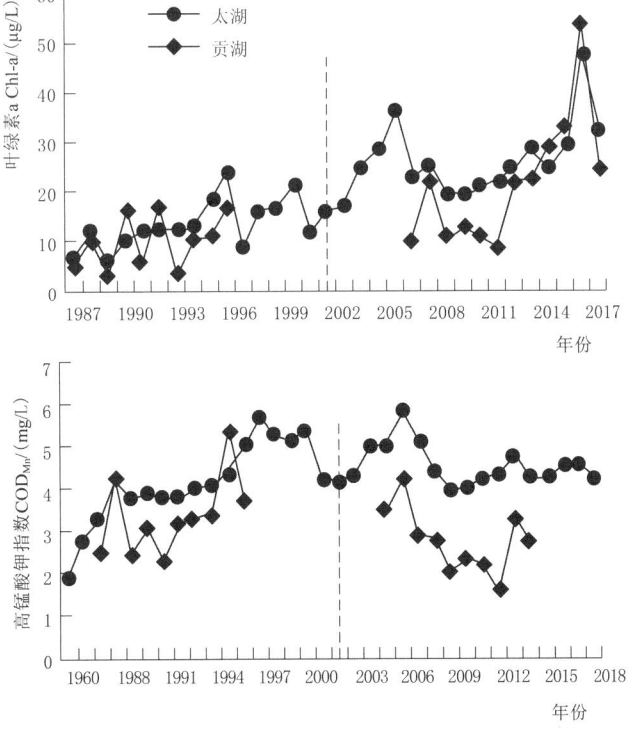

图 3.10（一） 引水前后太湖水质参数的变化

3　河湖水系连通与水安全保障适配性评价

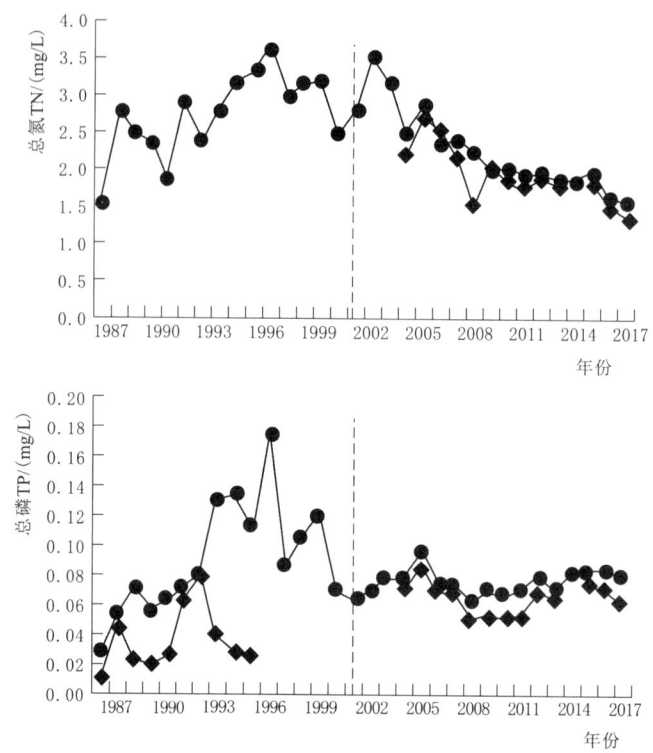

图 3.10（二）　引水前后太湖水质参数的变化

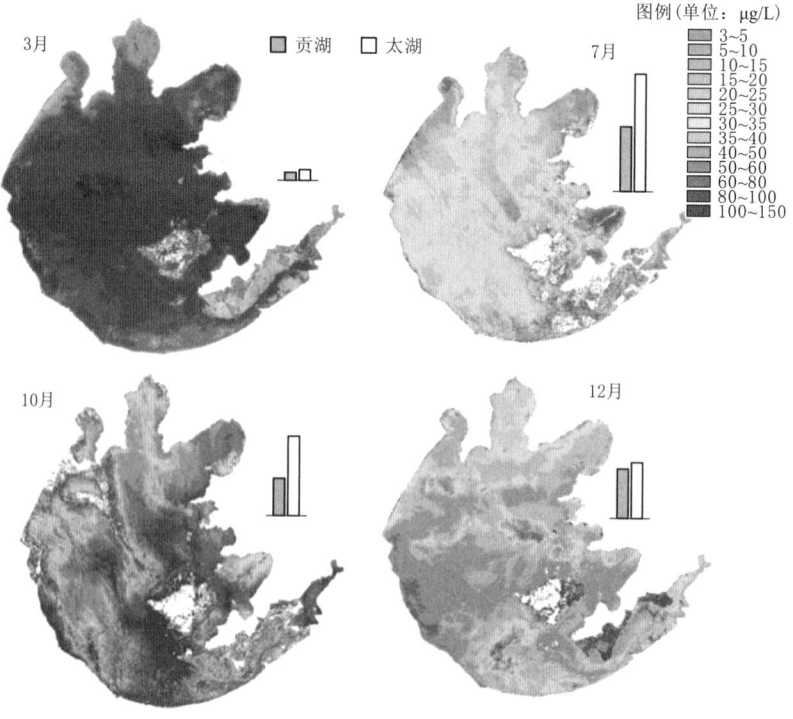

图 3.11　2014 年太湖叶绿素 a 浓度的分布

3.2 典型区河湖水系连通水安全保障现状评价及未来预测

在生物多样性方面，引水后浮游生物多样性整体高于引水前，连通前后浮游动物多样性多年平均值分别为61种和109种，浮游植物多样性多年平均值分别为89种和126种。连通前后浮游动植物多样性于2011年达到最高，分别为172种和173种，两者多样性于2011年之后开始下降，后趋于平稳。底栖动物多样性引水后有波动，但总体变化趋势不明显，2007年物种数最低，2010年达到最大值。腹足纲、双壳纲和昆虫纲与底栖动物总物种多样性变化趋势一致。引水后，太湖鱼类物种多样性低于引水前，且引水后没有明显变化，但洄游性鱼类物种数有上升趋势（图3.12）。在生物丰度方面，引水后浮游动物丰度波动较大，引水后多年平均值与引水前并无明显变化。底栖动物丰度在2007年大幅上升达到最大值3772ind/L，随后下降，略高于引水前（图3.13）。

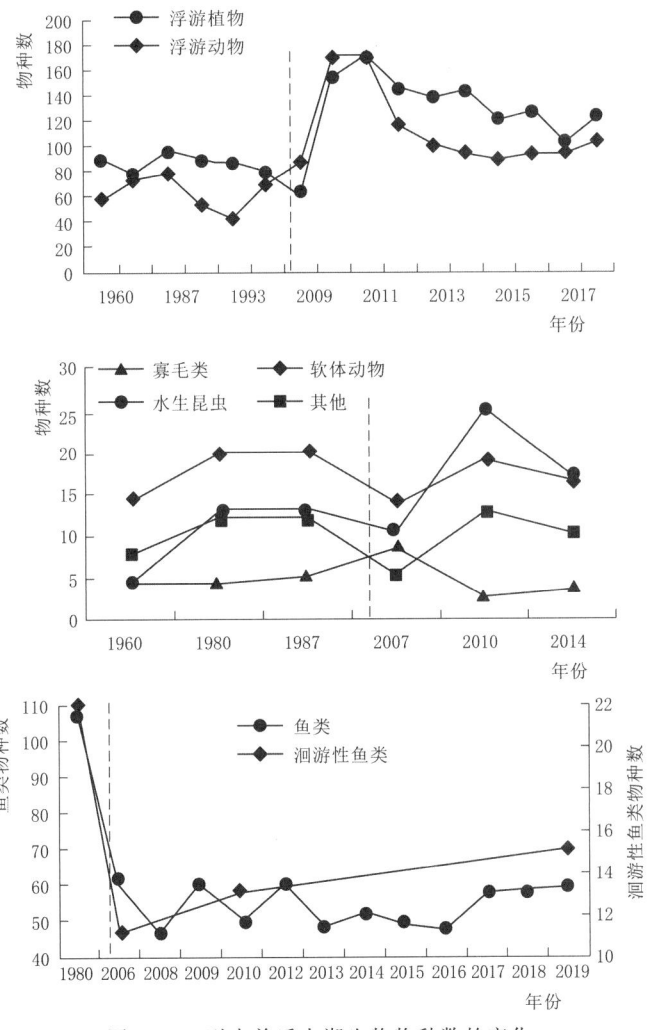

图3.12 引水前后太湖生物物种数的变化

此外，本研究对太湖流域开展了稳定同位素样品的采集，主要采样区域为望虞河两端（太湖贡湖湖湾、望虞河与长江交接河口），采集样品102个，包括水样21个、底泥样品10个、植物样品20个以及鱼类样品51个，研究连通工程对江湖营养物质交流的影响。初步

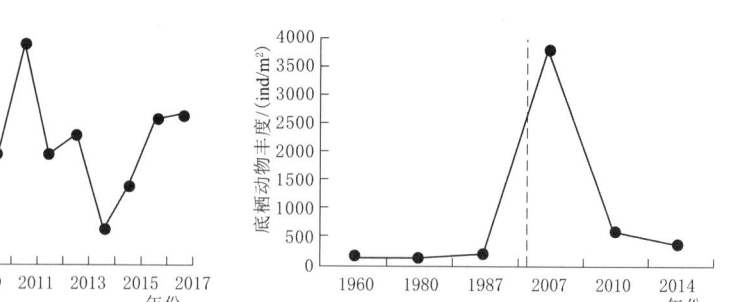

图 3.13 引水前后太湖生物丰度的变化

探究了太湖鱼类及其食物源同位素值分布，并分析了几种鱼类的食物来源及其占比。结果显示，江湖食物源差异明显（图 3.14），江湖食物源对鱼类均有不同程度的贡献（图 3.15）。

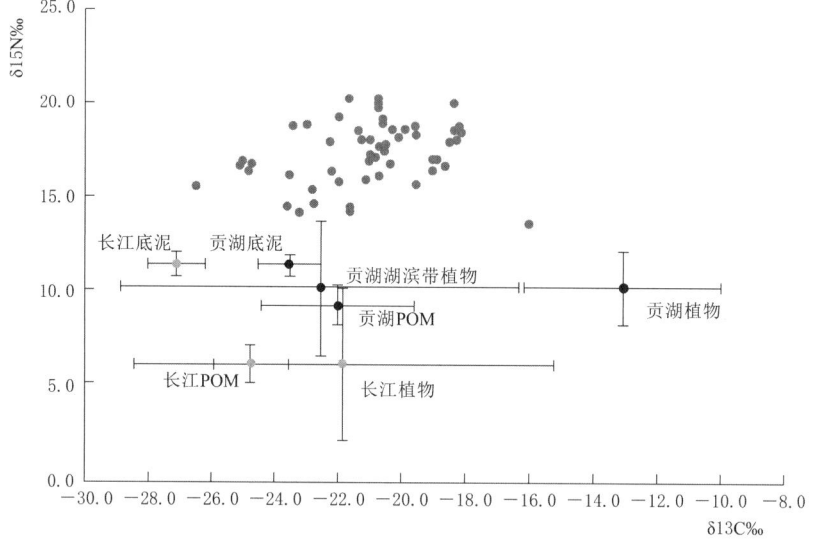

图 3.14 太湖鱼类、食物源以及长江食物源同位素值分布

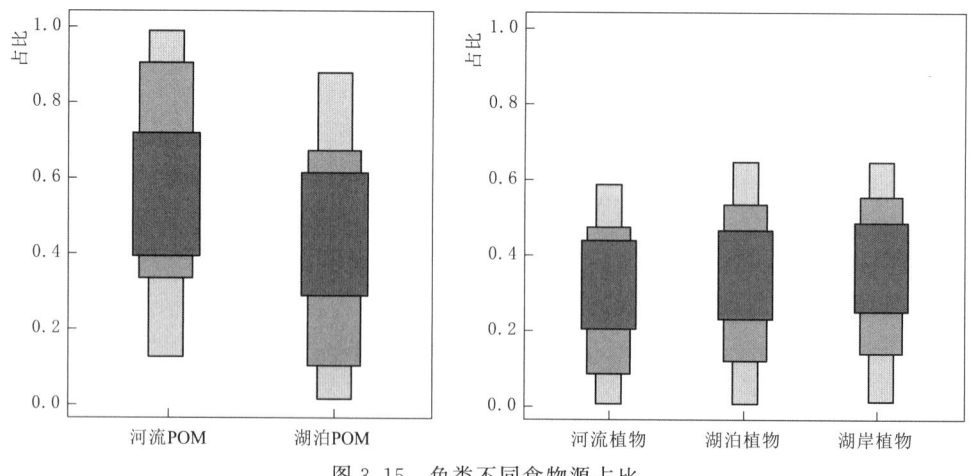

图 3.15 鱼类不同食物源占比

3.2 典型区河湖水系连通水安全保障现状评价及未来预测

通过对太湖历史数据分析发现，20世纪80年代水生态系统健康状况较优，因此选择20世纪80年代的历史状态为参照状态进行赋分。在进行评价时，分为连通前和连通后两个状态，四个时间段进行评价。太湖1985年之后为阻隔状态，2002年引江济太工程实施之后重新连通，因此选择20世纪90年代作为连通工程实施前的状态，连通后依据数据量分为三个时间段进行评价（2006—2009年、2010—2013年和2014—2017年），每个时间段内指标值平均后依据赋分标准进行赋分。评价结果显示，调水前太湖水生态系统得分为47.28分，调水后得分逐步上升，2014—2017年得分最高，为69.3分。各指标值及得分见表3.54。

表3.54　太湖武澄锡虞片河湖水系连通水生态安全保障能力评价

准则层	准则特征层	指标值	推荐赋分	权重	综合得分
水生态安全保障能力	生境维持能力	100%	100	0.31	69.3
	水质达标程度	49.88%	49.9	0.48	
	生物多样性维持能力	68.18%	68.2	0.21	

（4）河湖水系连通水安全保障能力适配性评价

基于太湖武澄锡虞片河湖水系连通水安全保障能力评价的三个准则层评价结果，结合前期的专家咨询及水安全风险评估结果，设置河湖水系连通水资源安全保障能力、防洪安全保障能力和水生态安全保障能力三个准则层权重分别为0.281、0.312和0.407，综合评估太湖武澄锡虞片河湖水系连通水安全保障能力为69.5分，见表3.55。表明太湖武澄锡虞片当前区域河湖水系连通水安全保障能力与需求基本适配，有待通过河湖水系连通进一步提高当地水安全保障程度。

表3.55　太湖武澄锡虞片河湖水系连通水安全保障能力评价表

目标层	准则层	准则层赋分	准则层权重	保障能力得分
水安全保障能力	水资源安全保障	69.7	0.281	69.5
	防洪安全保障	69.7	0.312	
	水生态安全保障	69.3	0.407	

3.2.2.2　区域河湖水系连通与水安全保障能力适配性未来预测

（1）河湖水系连通水资源安全保障能力适配性未来情景预测

根据相关文献资料，太湖流域规划水平年为2030年，水资源优化配置综合规划情况如下：

在强化节水条件下，2030年流域万元GDP用水量由基准年的161m^3降至35m^3（$P=75\%$），万元工业增加值用水量由160m^3降至43m^3，农田灌溉水利用系数由0.66提高至0.75，城镇供水管网漏损率由15%降至10%以内，基本达到发达国家目前水平。据预测，规划水平年由于流域节水措施推广以及产业结构调整，太湖流域农业需水量逐年下降，非农业需水量增长，河道外总需水量呈缓慢增长趋势。2030年流域多年平均年总需水量349.0亿m^3。

2020年工况下，流域遇平水年和中等干旱年，河道内外用水基本能得到满足；遇枯水年和特枯水年，2030年流域水资源供需矛盾虽较基准年有所缓解，但缺水状况依然严重，缺水量分别为24.6亿m^3、38.8亿m^3，缺水率达6.4%、9.8%。为保障流域整体供水安全，提出流域供水格局安排：流域生活和部分工业用水，沿长江和钱塘江地区逐步向长江、钱塘江迁移，流域内部地区向太湖、太浦河—黄浦江上游一线和山区水库集中；流域农业和部分工业用水，仍以当地河网供水为主；流域深层地下水作为饮用水水源战略备用资源。统筹流域防洪减灾、水资源配置和水环境改善需求。与国务院已批复的《太湖流域防洪规划》和《太湖流域水环境综合治理总体方案》相协调，以扩大流域引江能力、提高水资源调控能力、保障流域整体供水安全为重点，完善流域水资源调控工程体系。2030年规划工况下，遇平水年、中等干旱年、枯水年和特枯水年，流域可供水量分别达349亿～393亿 m^3。

规划水平年，流域节水防污型社会建设加速推进、水源地布局调整和规划工程实施，使流域引江能力和供水能力得到明显提高，水资源条件得到根本改善。遇枯水年和特枯水年，仅山丘区存在少量缺水，平原区在满足河道外用水需求的同时，河湖水位、流量等有较大程度改善，用水高峰期供水不足的问题可基本得到解决，基本实现规划目标。2030年流域多年平均河道内年留用水量占总水资源量的比例将从现状的50.6%提高至54.3%。在满足河道外用水合理需求的同时，流域水资源条件和水生态环境将得到明显改善。规划流域在长江、钱塘江的取水量逐步增加；在本地河网取水量将有所减少，但在太湖、太浦河—黄浦江上游一线的取水量将有所增加。2030年流域多年平均河道外供水量349.0亿 m^3，其中长江、钱塘江直接供水127.4亿 m^3，本地河网供水221.6亿 m^3，其中太湖和太浦河—黄浦江上游一线水源地供水41.9亿 m^3。随着流域水源地调整及新一轮治太工程实施，流域引江能力进一步增强，从长江、钱塘江的取引水量有较大幅度增加，是满足流域供水安全和生态安全的重要保障。2030年流域沿江口门多年平均引江水量将由基准年的75.0亿 m^3 提高至105.6亿 m^3，流域用水户直接取用长江、钱塘江水量将由93.7亿 m^3 提高至127.4亿 m^3。

根据以上规划成果，对太湖武澄锡虞片区2035年发展水平年情景进行预测，各指标值及其得分具体见表3.56。

表3.56　　未来情景太湖武澄锡虞片河湖水系连通水资源安全保障能力评价

评价指标	指标赋分值	权　重	总　分
供水安全系数	95	0.333	89.9
水资源开发利用率	85	0.333	
水资源调配率	90	0.333	

太湖武澄锡虞片区2035年水安全保障能力综合得分有了很大的提升，达到了89.9分，其中综合供水保证率和水资源调配率均有较大的提升，得分都达到了90分以上，而水资源利用率得分为85分，还存在进一步改善的空间。因此总体来讲，太湖武澄锡虞片区在2035年水安全保障能力将达到较高的水平。

(2) 河湖水系连通防洪安全保障能力适配性未来情景预测

参照太湖流域管理局发布的《太湖流域综合规划（2012—2030年）简要文本》《太湖流域防洪规划（简本）》中明确未来20年要达到的总体目标，今后20年，流域达到防御不同降雨典型100年一遇的洪水标准；遇1999年实况洪水，能确保流域重点保护对象防洪安全。区域基本达到防御50年一遇洪水标准，城市防洪达到国家规定的防洪标准。近期十年，在现有防洪减灾体系的基础上，补充和完善必要的工程和非工程措施，基本形成完整的防洪减灾体系，初步实现流域水利现代化。近期流域能防御不同降雨典型的50年一遇洪水,重点工程建设与防御流域 100 年一遇洪水的标准相衔接。建成流域洪水预报、预警、调度、决策及灾情评估系统,建设防洪与水资源调度系统,推行洪水风险管理,完善防洪安全管理措施,落实防御超标准洪水对策。城市防洪基本达到国家规定的防洪标准。区域防洪标准由 10~20 年一遇提高到 20~50 年一遇,除涝标准达到 10~20 年一遇。因此可以预测从现在至 2035 年防洪能力会稳步上升。

根据历年来太湖流域的堤防达标情况做出太湖流域堤防达标趋势图,如图 3.16 所示。由图可知堤防达标率在近年来呈上升趋势,结合太湖流域管理局出台的流域防洪规划,可以预测 2035 年太湖堤防达标率能够达到 95% 及以上。因此 2035 年太湖流域防洪体系达标率得分为 80 分。

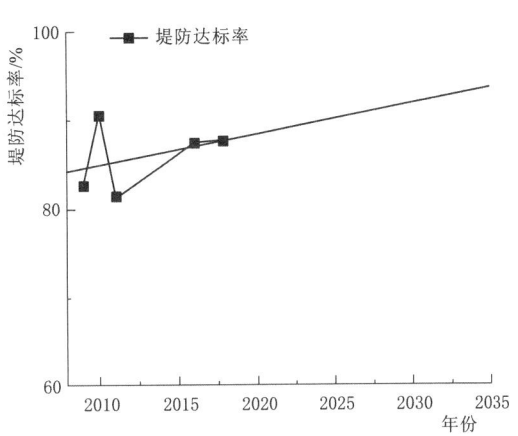

图 3.16 太湖堤防达标情况趋势

《太湖流域防洪规划(简本)》对遭遇 100 年一遇大洪水时的洪水安排为:遇 100 年一遇 1991 年型洪水,造峰时段(39 日)流域总洪量为 179.8 亿~184.9 亿 m³,北排长江 58.1 亿~63.1 亿 m³,东出黄浦江 47.2 亿~47.7 亿 m³,南排杭州湾 16.7 亿~17.7 亿 m³,太湖调蓄 28.2 亿~28.5 亿 m³。遇 100 年一遇 1999 年型洪水,造峰时段(30 日)流域总洪量为 159.1 亿 m³,北排长江 33.2 亿 m³,东出黄浦江 33.8m³,南排杭州湾 15.1 亿 m³,太湖调蓄 39.8m³。

通过对太湖流域内建设水系连通工程,拓宽行洪河道,增大洪水外排能力,规划未来流域内各河道的具体排水情况如下:

望虞河工程:遇 100 年一遇 1991 年型洪水,造峰时段承泄太湖洪水 12.9 亿~13.7 亿 m³;遇 100 年一遇 1999 年型洪水,造峰时段承泄太湖洪水 64 亿 m³。

太浦河工程:遇 100 年一遇 1991 年型洪水,造峰时段承泄太湖洪水 14.8 亿~14.9 亿 m³,杭嘉湖北排涝水 3.5 亿~4.1 亿 m³;遇 100 年一遇 1999 年型洪水,造峰时段承泄太湖洪水 5.7 亿 m³,杭嘉湖北排涝水 4.4 亿 m³。

吴淞江工程:遇 100 年一遇 1991 年型洪水,造峰时段承泄太湖洪水 5.8 亿~6.6 亿 m³,至苏沪边界,排水量为 8.9 亿~9.1 亿 m³;遇 100 年一遇 1999 年型洪水,造峰时段承泄太湖洪水 3.1 亿 m³,至苏沪边界,排水量为 5.6 亿 m³。

新孟河工程:遇 100 年一遇 1991 年型洪水,造峰时段入长江水量为 7.5 亿~7.9 亿 m³;遇 100 年一遇 1999 年型洪水,造峰时段入长江水量为 3.3 亿 m³。

杭嘉湖南排工程:遇 100 年一遇 1991 年型洪水,造峰时段杭嘉湖入杭州湾水量为 16.7 亿~17.7 亿 m³;遇 100 年一遇 1999 年型洪水,造峰时段杭嘉湖入杭州湾水量为 15.1 亿 m³。

新沟河工程:遇 100 年一遇 1991 年型洪水,造峰时段入长江水量为 2.9 亿~3.3 亿 m³;遇 100 年一遇 1999 年型洪水,造峰时段入长江水量为 1.6 亿 m³。

3 河湖水系连通与水安全保障适配性评价

通过水利工程的合理调控，促进河湖水体有序流动，防止污染转移，增加河湖水体自净能力和水环境承载能力，适度承担洪水风险，进一步发挥水利工程防洪、供水与改善水环境的综合作用。

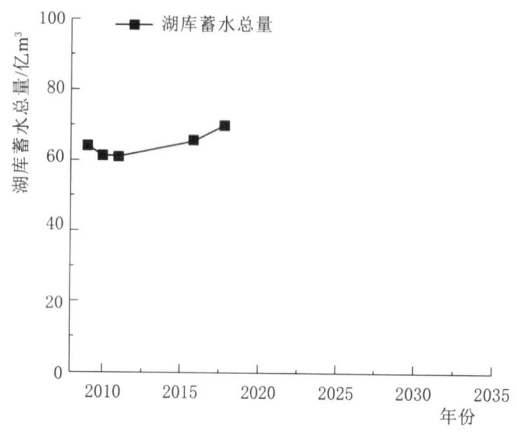

图 3.17 历年太湖流域湖库蓄水量趋势

流域洪水和区域涝水通过望虞河、新孟河等工程，以及区域通长江河道，向北排入长江；通过太浦河、吴淞江等工程，经黄浦江东排和北排入长江；通过平湖塘等杭嘉湖南排工程，向南排入杭州湾。服从流域防洪安排，区域防洪利用水利分区间的控制线进行合理控制。湖西区、武澄锡虞片和阳澄淀泖区沿长江地区以北排长江为主；湖西区和武澄锡虞片之间通过新闸等武澄锡西控制线口门建筑物调度，控制湖西区高片洪水进入武澄锡低片；武澄锡虞片利用白屈港控制线实现区内高低分片控制；杭嘉湖区通过沿杭州湾口门、太浦河南岸和环湖口门等控制工程。

通过各级水系连通工程建设，可预测太湖武澄锡虞片至 2035 年防洪功能和排涝功能有很大的提升。根据太湖流域历年来水库蓄水量及太湖蓄水量做出太湖湖库蓄水量变化趋势图，如图 3.17 所示。综合分析来看 2035 年太湖流域在水系连通工程建设情况下的湖库总蓄水量可以达到 80 亿～85 亿 m^3，因此太湖流域 2035 年滞蓄能力能够维持在 100% 以上，故 2035 年太湖流域湖库调控能力得分为 100 分。

此外，《太湖流域综合规划（2012—2030 年）简要文本》《太湖流域防洪规划（简本）》中明确各区域要按照流域、城市、区域三个层次相协调的要求，合理确定区域防洪工程建设方案，加大洪涝水排江出海能力，减轻太湖、流域骨干排水河道和相邻区域的防洪压力。望虞河、太浦河等流域骨干排水河道两岸地区防洪要统筹兼顾流域骨干河道排水能力，适当控制流域骨干河道两岸支河规模及圩区排涝动力。武澄锡虞片近期区域防洪标准为 20 年一遇，并向 50 年一遇过渡。除涝标准为 20 年一遇，远期区域防洪标准达到 50 年一遇。继续贯彻"高低分开、洪涝分治"的原则，完善外围防洪屏障和高低分片控制线；扩大洪涝水入江出路，并发挥防洪工程在水资源利用与保护等方面的综合功能；进一步整治内部河网，合理安排圩区抽排。

由江苏排涝面积变化趋势图（图 3.18），可以分析预测未来 2035 年江苏省的湖库除涝面积能够达到 4500 万 hm^2 左右，结合除涝面积要求，可以求得 2035

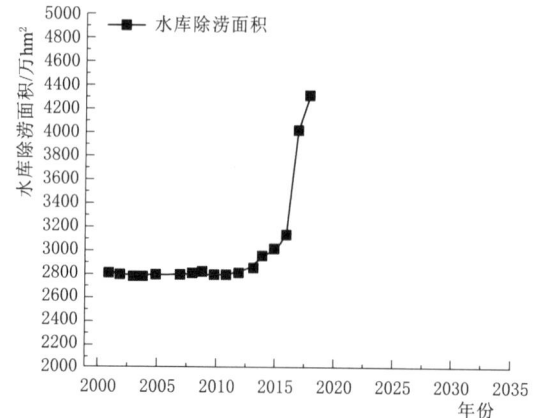

图 3.18 历年江苏排涝面积趋势

年除涝体系达标率能够达到 60% 以上，因此 2035 年流域除涝达标率得分为 50 分。

由以上预测结果可以得出 2035 年武澄锡虞片在未来水系连通工程状态下的防洪安全得分情况，见表 3.57。

表 3.57　未来情景太湖武澄锡虞片河湖水系连通防洪安全保障能力评价表

指标名称	指标值	推荐赋分	权重	综合得分
堤防达标率	95%	80	0.347	77.6
湖库蓄水能力	100%	100	0.344	
水库排涝能力	60%	50	0.309	

(3) 河湖水系连通水生态安全保障能力适配性未来情景预测

党的十八大以来，党中央及政府谋划开展了一系列根本性、长远性、开创性工作，推动我国生态环境保护从认识到实践发生了历史性、转折性和全局性变化，生态文明建设取得显著成效，进入认识最深、力度最大、举措最实、推进最快，也是成效最好的时期，可以说是五个"前所未有"。一是思想认识程度之深前所未有。全国贯彻绿色发展理念的自觉性和主动性显著增强，忽视生态环境保护的状况明显改变。二是污染治理力度之大前所未有。发布实施了三个"十条"，也就是大气、水、土壤污染防治三大行动计划，坚决向污染宣战。污水和垃圾处理等环境基础设施建设加速推进。在这个过程中，还实施燃煤火电机组超低排放改造，重大生态保护和修复工程进展顺利。三是制度出台频度之密前所未有。中央全面深化改革委员会审议通过 40 多项生态文明和生态环境保护具体改革方案，对推动绿色发展、改善环境质量发挥了强有力的推动作用。四是监管执法尺度之严前所未有。环境保护法、大气污染防治法、水污染防治法、环境影响评价法、环境保护税法、核安全法等多部法律完成修订。五是环境质量改善速度之快前所未有。地表水国控断面Ⅰ~Ⅲ类水体比例增加到 67.8%。森林覆盖率由 21 世纪初的 16.6% 提高到 22% 左右。党中央提出新目标，到 2035 年，生态环境根本好转，美丽中国目标基本实现，全面提升生态文明。

随着国家对生态管理的重视，加大对生态的管理力度，到 2035 年，我国生态环境将会全面提升。就太湖流域而言，随着新孟河与新沟河的完善，有助于更加合理地调控水文节律，控制太湖水位，引排水量将会显著提升，水体交换率增加，加快水体交换速度可以增强水体富氧能力，强化对污染物的稀释、扩散和降解作用，有效降低叶绿素 a、总磷等营养物质浓度，抑制蓝藻暴发的时间与强度，进而可以改善湖泊水质，水功能区达标率显著提升。同时调水会携带泥沙和无机营养等物质在湖泊沉积，可以滋养湖滨带植被，提高湖滨带湿地面积占比与植被覆盖率，鱼类、无脊椎动物等动物沿调水通道迁徙至湖泊摄食、繁殖，使湖泊具有更高的生物多样性。

依据已搜集数据，对 2008—2018 年的太湖流域水功能区达标率与鱼类物种多样性进行分析与预测。结果显示，十年之间，随着引江济太工程的运行，通过长江口常熟水利枢纽和望亭立交水利枢纽工程调度，经望虞河将长江水引入太湖，由此带动流域内其他诸多水利工程的优化调度，加快水体流动，缩短太湖换水周期。随着换水周期的缩短，水体交换率提高，太湖整体水质有较大改善，水功能区达标率逐年提升（图 3.19）。但是当水质提升至一定程度时，后期提升速度将会减缓。因此，根据此图以及实际情况进行预测，至

2035年，太湖流域地区水功能区达标率可以达到85%。

根据统计数据显示，鱼类物种多样性也有逐年增长的趋势，但是增长缓慢，选取20世纪90年代连通前鱼类物种多样性作为参考状态，结合图3.20预测趋势，预估2035年鱼类物种多样性可以增长至75种。

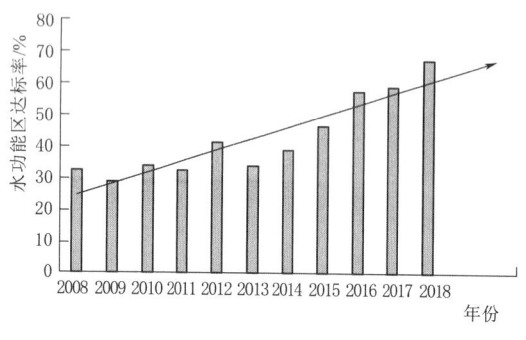

图3.19 2008—2018年太湖流域
水功能区达标率

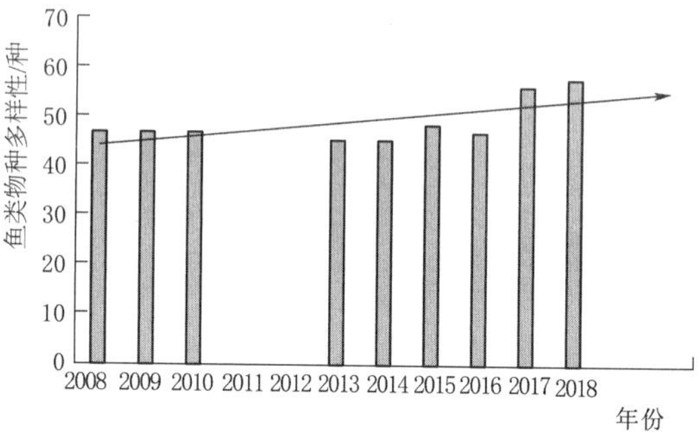

图3.20 2008—2018年太湖流域
鱼类物种多样性

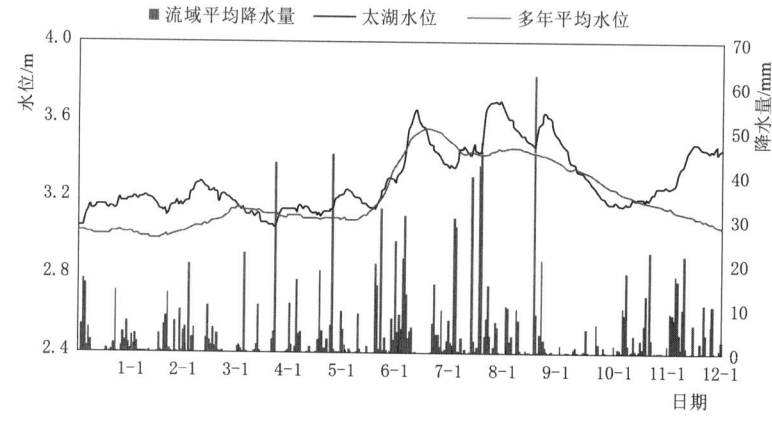

图3.21 2018年太湖水位、多年平均水位以及流域平均降水量

根据水利部太湖流域管理局发布的《2018年太湖健康状况报告》，太湖2018年水位均在3.0m以上，多年平均水位也在2.8m以上（图3.21），所以太湖水位完全可以满足生态水位的需求。因此推测，在未来，随着连通工程的进一步完善以及对水生态管理的进一步加强，太湖生态水位将会更加符合生态需水要求，因此2035年生态水位得分将维持在100分。

依据太湖发展趋势以及相关规划对太湖进行2035年未来情景预测，结果显示，到2035年，太湖水生态系统健康状况将有较大提升，引江济太连通工程在改善水生态环境中发挥了重要作用。水生态系统各指标值及其得分具体见表3.58。

（4）河湖水系连通水安全保障能力适配性未来情景预测

基于太湖武澄锡虞片2035年的预测情景，河湖水系连通水安全保障能力评价的三个准则层评价结果，结合前期的专家咨询及前期水安全风险评估结果，设置河湖水系连通水资源安全保障能力、防洪安全保障能力和水生态安全保障能力三个准则层，权重分别为

0.281、0.328 和 0.391，综合评估太湖武澄锡虞片河湖水系连通水安全保障能力得分为 82.5 分，见表 3.59。表明在一系列河湖水系连通工程实施后，太湖武澄锡虞片 2035 年河湖水系连通特征下的水安全保障能力有了较大提高。

表 3.58　未来情景太湖武澄锡虞片河湖水系连通水生态安全保障能力评价

准则层	准则特征层	指　标	2035 指标值	得分
水生态安全保障能力	生境维持能力	生态流量（水位）保障率	100%	100
	水质达标程度	水功能区水质达标率	85%	85
	生物多样性维持能力	洄游性鱼类物种多样性	68.18%	68.18
		总　分		81.22

表 3.59　未来情景太湖武澄锡虞片河湖水系连通水安全保障能力评价表

目标层	准则层	准则层赋分	准则层权重	保障能力得分
水安全保障能力	水资源安全保障	89.9	0.281	82.5
	防洪安全保障	77.6	0.328	
	水生态安全保障	81.2	0.391	

3.2.2.3　区域河湖水系连通治理建议

调查太湖武澄锡虞片河湖水系连通特征表明，太湖武澄锡虞片流域面积为 4225km²，5 级及以上河网密度为 0.23km/km²。基于 30m 地理高程系统提取流域平均河网坡度为 0.05°，流域整体十分平坦。流域内水面率为 6.2%，水面程度高。根据提取的河网水系节点，基于图论计算出流域水系连通环度、节点连接率、水系连通度分别为 0.58、2 和 0.73，由此得到综合连通度为 1.10，见图 3.22 和表 3.60。综上，太湖武澄锡虞片河网坡度较低，河网密度和水面率相对较高，存在水动力不足的问题。考虑到太湖武澄锡虞片目前面临一定程度的水生态及防洪问题，建议通过泵站修建等方式提高水动力条件。也有望通过这种河湖水系连通治理提高太湖武澄锡虞片整体的水安全保障程度。

表 3.60　太湖武澄锡虞片河湖水系连通特征

面积/km²	河网密度/(km/km²)	河网坡度/(°)	水面率	水系连通环度	节点连接率	水系连通度	综合连通度
4225	0.23	0.05	6.2	0.58	2	0.73	1.10

武澄锡虞片水资源安全保障能力较为突出的问题在于水资源利用率过高，反映出目前武澄锡虞片水资源承载能力较为紧张，因此建议增强区域内用水效率，提高节水水平，同时通过建设相关水系连通工程进一步加强增加外调水源的供给能力。

太湖流域"引江济太"工程对流域的防洪安全产生了积极影响。随着引江济太工程实施调水以及望虞河、太浦闸承担蓄泄任务以来，太湖对大洪水的抵御能力及涝水外排能力逐渐加强。以武澄锡为例，武澄锡引排工程是太湖以北低洼地区连通长江的骨干引排水河道。通过拓浚新夏港、新孟河等骨干河道，形成太湖以北低洼地区洪涝水直接外排长江的泄洪通道，减轻地区洪涝灾害损失。通过武澄锡引排工程，直接引长江净水补充当地水资源不足，且工程防洪排涝效益显著：洪涝分治、高低分开，扩大排水出路，提高外排能

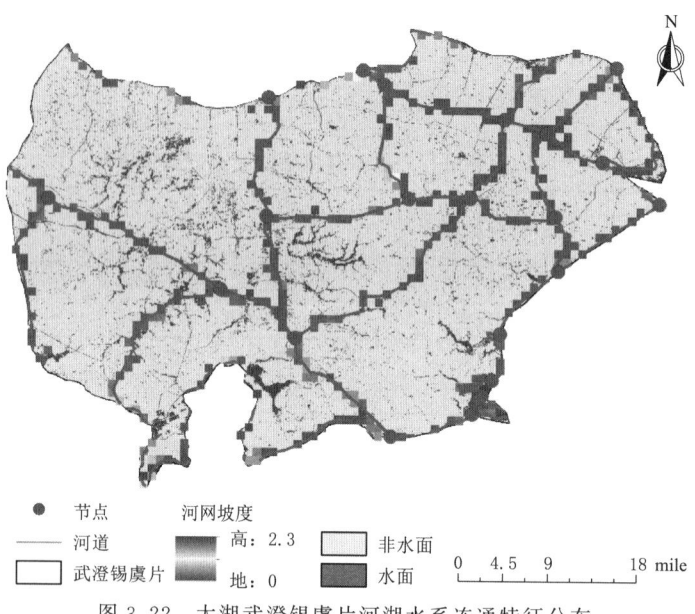

图 3.22 太湖武澄锡虞片河湖水系连通特征分布

力;增强圩区防洪能力,保障无锡、常州城市及全区防洪安全,防洪标准从 5~10 年一遇提高到 20~50 年一遇。遇 1954 年型洪水,无锡、常州最高日平均水位可比实况降低 0.9m 左右;遇 1962 年型地区暴雨,两市最高日平均水位比实况降低 0.2m 左右;遇 1991 年型暴雨,两市最高日平均水位比实况降低 0.6m 左右。因此,建议未来太湖流域武澄锡虞片不仅应该重视已建工程对洪涝水的合理调度,也应适当拓宽水系连通的范围,使武澄锡虞低片在遭遇大洪水时能够安全度汛,减少涝水积蓄。拓宽太湖水域与长江之间的连通通道,降低望虞河排水压力,增加排水通道,改善区域排水条件,减轻流域骨干排水通道的防洪压力。此外,应综合考虑防洪效益与水环境效益,将以泄为主的单一防洪调度转向防洪供水、水环境的综合调度,充分发挥水系连通优势。

通过对引江济太工程的生态效应评价,发现引水后太湖生态系统评分呈上升趋势,表明引水对太湖水生态系统有一定的改善作用。然而,太湖水生态系统的变化是多种因素(包括气候变化、水污染和土地利用等环境干扰和引水、水污染综合治理等生态修复工程)共同作用的结果。气候变化带来的温度及降雨量变化影响湖泊的水温及水位节律,进而对水生生物的繁殖、生长及建群产生影响。土地利用的变化影响入湖的物质组成及通量,进而影响湖泊食物网结构与功能。水生态修复工程则对湖泊的水质、水文水动力及湖滨带生物群落进行修复与改善。同时,引水对水生态要素的时空分布产生不同程度的影响,如水体交换率的提高可能会影响太湖"西浊东清"的水质结构,导致太湖东部水质下降。

总体上,引江济太工程对太湖水生态系统的修复有一定积极作用,主要体现在水动力条件及生境质量的改善,以及对生物迁移通道的修复。同时,引水的影响还与生物类群对水文条件的需求有关。基于评价结果,提出以下建议:

(1) 引水方式及水量的季节分配影响了引水的生态修复效果,建议依据水生生物的水文条件需求以及迁移规律,对引水模式进行优化。

(2) 引水作为生态修复的一种有效手段，需辅以其他生态修复工程（如水生植被恢复）并实施综合协同治理，才能达到最佳效果。

3.3 小结

本章以"指标筛选—指标计算赋分—指标权重赋分—综合评价"为主线，采用极值赋分法和层次分析法，从水资源安全保障、防洪安全保障、水生态安全保障等3方面，构建了河湖水系连通水安全保障能力评价指标体系，共计包含22项指标，其中必选指标和备选指标分别9项和13项。

依据所提出的河湖水系连通与水安全保障适配性综合评价体系，对沂沭泗流域和太湖流域武澄锡虞片2个典型区进行了现状评价及未来情景预测，并提出了相应的治理建议。评估结果显示沂沭泗河面临较为严峻的防洪压力，结合区域内河湖水系连通特征调查，建议通过增加河湖水系连通程度改善区域内水安全保障程度。太湖武澄锡虞片则面临着较大的水生态安全保障压力，导致整体上区域内水安全保障能力中等，考虑到流域十分平坦带来的水动力不足特征，通过泵站修建等方式提高水动力条件有望提高区域内河湖水系连通水安全保障程度。依据现有规划，通过未来河湖水系连通工程建设，2个典型区的水安全保障能力均有显著提升，说明未来河湖水系连通工程建设将取得显著成效。

4 河湖水系连通治理关键技术

4.1 河湖水系动力重构技术

4.1.1 动力需求定量分析方法

河湖水系动力需求定量分析方法框架如图 4.1 所示。

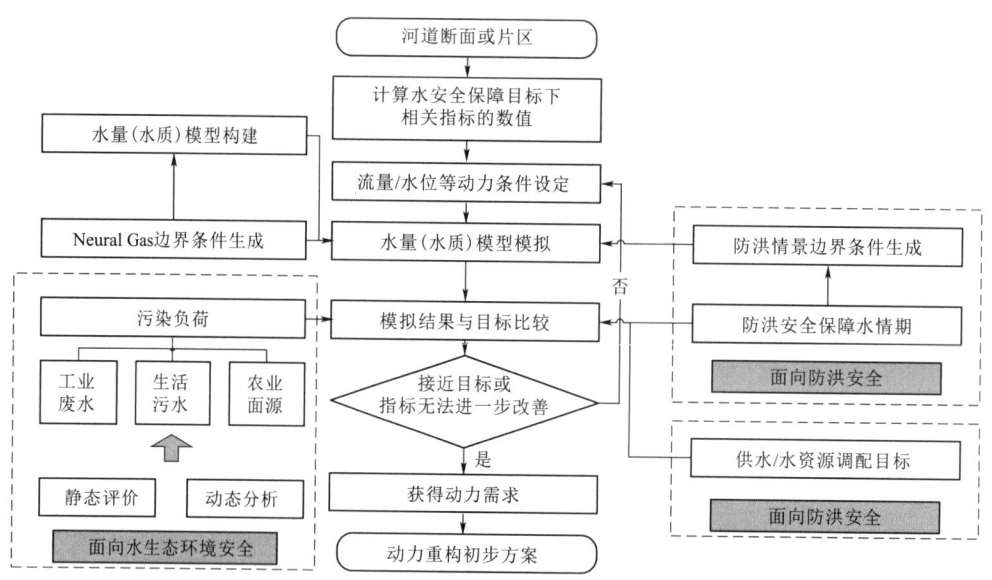

图 4.1 河湖水系动力需求定量分析方法框架

分析方法主要包括以下步骤：

（1）计算保障水生态环境、防洪、供水等水安全保障目标下相关指标的数值，设定片区/河段动力重构目标（即以指标达到水安全为目标）。

（2）构建研究区水动力模型，通过不断调整河湖水系动力条件（流量、水位），直至达到水安全适配，此时的动力条件与原始现状动力条件的差值即为动力需求。

面向不同水安全保障目标的有序流动动力需求分析方法在上述动力需求定量分析方法一般框架上做进一步细化和拓展。面向水生态环境安全进行动力需求分析时，同样是研究区从河道断面或片区入手，可设定河道或片区水系水质达Ⅲ类水标准下限为有序流动动力需求目标，通过设定河湖水系动力条件（流量、水位）采用水量-水质模型模拟计算，直至达到目标，此时的动力条件与原始现状动力条件的差值即为动力需求。

面向防洪安全保障进行动力需求分析时，设定片区不同防洪情景下（来水条件）动力重构需求防洪目标，如防洪安全保障水情期不超过河道保证水位等；通过设定河湖水系动力条件（流量、水位）用水量模型模拟计算，直至达到目标，此时的动力条件与现有动力条件的缺口即为动力需求。

面向供水安全（资源调配）保障进行动力需求分析时，同样也在动力需求定量分析方法一般框架上做了进一步细化和拓展，设定不同片区动力重构需求供水（资源调配）目标后，通过设定河湖水系动力条件（流量、水位）用水量-水质模型模拟计算，直至达到目标，此时的动力条件与原始现状动力条件的差值即为动力需求。

4.1.2 水动力模拟模型

4.1.2.1 模型原理与方法

（1）控制方程

圣维南方程组包括连续方程和动量方程

$$\left.\begin{array}{l}\dfrac{\delta Q}{\delta x}+\dfrac{\delta A}{\delta t}=q \\ \\ \dfrac{\delta Q}{\delta t}+\dfrac{\delta\left(\alpha\dfrac{Q^2}{A}\right)}{\delta x}+gA\dfrac{\delta h}{\delta x}+\dfrac{gQ|Q|}{C^2AR}=0\end{array}\right\} \quad (4.1)$$

式中：Q 为流量，m^3/s；q 为侧向入流，m^3/s；A 为过水面积，m^2；h 为水位，m；R 为水力半径，m；C 为谢才系数；α 为动量修正系数。

另外，在天然河道（河网）中普遍存在诸如支流交汇、集中分（入）流、洼地蓄水、断面突扩（缩）、堰、闸等，在这些局部地区，由于水流受固体边壁的影响，水流流态急变，圣维南方程组不再适用，则根据守恒定律，补充必要的计算条件，这类计算条件是位于域内的物理条件，称为内边界条件。

（2）求解方法

对圣维南方程组进行离散后，采用追赶法对各河道进行演算，由水量平衡原理对各节点进行计算，即可求得河道各断面的水流情况。

（3）初始条件

初始流场各点的水位和流速值，一般流速场取为静止场，水位则取控制断面的水位值。对于非恒定流计算，先按恒定流计算，得到一个恒定场，作为初始场。

（4）边界条件

通常上游边界取为流量条件，下游边界取为水位条件或水位流量关系条件。

4.1.2.2 模型构建步骤

（1）水系创建

采用依照水系底图勾勒或者.shp文件导入的方式，画出河道中心线创建河段，形成需要模拟的水系。

（2）断面导入

断面是一维模型计算的基本单元，模型中断面的创建为实测断面或概化断面。对于实测数据的断面，首先将断面数据整理成需要的格式，然后将整理完成的河道 ID 及河道断面数据批量导入模型中。断面导入后，需对断面数据进行检查和修正，确保数据的准确性。

（3）水工构筑物的添加

模型构建完成后，需对其添加水工构筑物。水动力模拟模型构建中所需概化的水工建筑物主要包括闸门、泵站和堰等。对于水工建筑物，在创建对象之后，均需要输入建筑物对应的几何尺寸信息。例如闸门需要选择闸门类型，然后输入闸底高程以及闸门宽度；堰需要选择堰的类型，然后输入堰顶高程和堰宽；泵站需要选择泵的类型，然后输入泵的启闭水位以及最大泵排流量。

（4）水工构筑物的调度添加

水工构筑物创建完成后，需要对闸门、泵站以及堰添加调度规则。本研究中构建的水动力模型采用两种方式描述水工构筑物调度：一是采用"if…then…"的逻辑设置不同条件下（范围）水工构筑物的运行工况；二是给定流量或者水位过程。

4.1.2.3 模型率定与验证

根据《水力学手册》《河道整治规划设计规范》（GB 50707—2011）等给出了人工渠道以及天然河道的糙率经验值。总体原则为高级别河道糙率小于低级别河道、断面较宽河道小于断面较窄的河道。确定一级河道 n 选取 0.025，二级河道选取 0.030，三级河道介于 0.035。率定模型参数之后，采用确定性系数（R^2）和纳什效率系数（E_{NS}）两项指标评价率定后的模型的模拟效果。确定性系数是 Pearson 相关系数的平方，可以按照如下表达式计算

$$R^2 = \frac{\sum_{t=1}^{n}(H_{obs,t} - \overline{Q_{obs}})(H_{sim,t} - \overline{H_{sim}})}{\sqrt{\sum_{t=1}^{n}(H_{obs,t} - \overline{Q_{obs}})^2 \cdot \sum_{t=1}^{n}(H_{sim,t} - \overline{H_{sim}})^2}} \tag{4.2}$$

式中：$H_{obs,t}$ 为 t 时刻实测水位；$H_{sim,t}$ 为 t 时刻模拟水位；n 为时间序列的长度；$\overline{H_{sim}}$ 为模拟水位的平均值。计算出来的 R^2 能够评价模拟水位和实测水位的相关性，R^2 的值一般在 0～1，值越接近 1 代表模型模拟效果越好。尽管 R^2 已经被广泛地应用于模型评价，但是它对模拟值和观测值之间的加性和比例差异不敏感。因此同时采用纳什效率系数（E_{NS}），以评估模拟结果的拟合程度和模型的模拟能力，计算公式如下

$$E_{NS} = 1 - \frac{\sum_{t=1}^{n}(H_{obs,t} - H_{sim,t})^2}{\sum_{t=1}^{n}(H_{obs,t} - \overline{H_{obs}})^2} \tag{4.3}$$

式中：E_{NS} 为实测水位关于均值的总偏差，与模拟、实测水位选取差值平方和之比，值一般在 0～1，值越接近 1 代表模型模拟效果越好。

4.1.3 考虑多目标协调的动力措施匹配模型

为了促进流域区域水生态环境改善、降低流域与区域的防洪压力、提高水资源供给保障，动力重构措施匹配须统筹社会、经济以及生态等多方面要求，从地区实际要求出发，研究各目标效益之间的非劣转换关系，兼顾工程措施的效益与能力建设的成本，确定河湖水系动力重构措施匹配的最佳方案。

4.1.3.1 动力措施匹配的数学描述

令 $I=\{1,2,\cdots,m\}$，$J=\{1,2,\cdots,n\}$（$m\geqslant 2$，$n\geqslant 2$），设有河湖水系动力重构需求集合，记作 $A=\{A_1,A_2,\cdots,A_m\}$，其中 A_i 为 A 中第 i 项河湖水系动力需求，$i\in I$；设有河湖水系动力重构措施集，记作 $B=\{B_1,B_2,\cdots,B_n\}$，其中 B_j 为 B 中第 j 项动力重构措施，$j\in J$。

记对河湖水系动力需求 A_i 而言，动力重构措施 B_j 的满足程度为 $r_{ij}\in S$，$S=[s_{\min},s_{\max}]$，其中 $s_{\min}$、$s_{\max}$ 分别为对河湖水系动力需求而言，动力重构措施适宜程度的上、下限。动力匹配适宜程度可以用动力特性指标值或动力指标的改善程度来表征，在本章中动力匹配适宜程度采用对动力满足程度为指示，满足程度越高适宜度越高。记河湖水系动力需求 A 关于动力重构措施 B 的满足度矩阵为 $\boldsymbol{R}=[r_{i,j}]_{m\times n}$。同理，就动力重构措施集而言，每一项动力重构措施对应动力需求也有一个适宜程度，即这项动力措施在这个片区或河道实施的适宜程度，记河湖水系动力重构措施 B 对动力需求 A 的适宜度矩阵为 $\boldsymbol{T}=[t_{i,j}]_{m\times n}$，其中 $t_{i,j}$ 表示动力重构措施对动力需求 A_i 的适宜程度。

需要指出的是，一方面，动力匹配问题是动力需求与重构措施之间的多对多匹配（$m-n$）（图4.2），可以将集合中的需求或措施视作多个具有相同属性的个体，这样就可以将多对多的动力匹配问题（$m-n$）转化成一对一（$1-1$）匹配，转化后的动力匹配问题的描述与计算将更加简便；另一方面，当动力匹配仅考虑从动力需求到重构措施单向匹配时，河湖水系动力重构措施 B 对动力需求 A 的适宜度矩阵 $\boldsymbol{T}=[t_{i,j}]_{m\times n}$ 中 $t_{i,j}$ 为一常数。

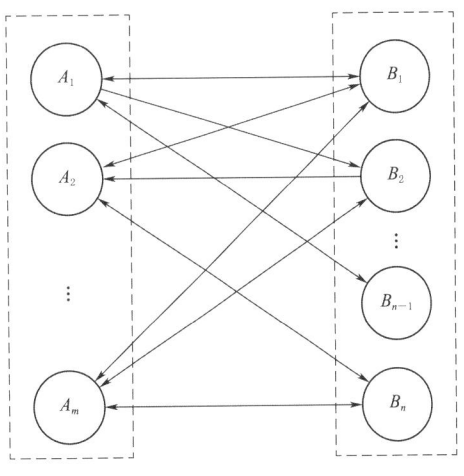

图 4.2 动力措施匹配（$m-n$）问题示意

4.1.3.2 动力需求满足度计算

本研究采用将动力需求满足程度进行排序和归一化处理的方式将满足程度转化为排序进行简化处理，这样处理的目的：第一，消除量纲不一致的情况；第二，相同指标在不同河流上的敏感程度可能存在较大差别，导致工程措施匹配模型失效；第三，动力匹配问题是动力需求与重构措施之间的多对多匹配（$m-n$），为了描述和计算的简便，可以将集合中的需求或措施视作多个具有相同属性的个体，这样就可以将多对多的动力匹配问题（$m-n$）转化成一对一（$1-1$）匹配。假设片区2、片区3的动力需求 A_2、A_3 对工程措施 B_2 适宜程度分别为6和8，并且是动力需求 A_2、A_3 对诸多工程措施中的最高分，那么动力

需求 A_2、A_3 对重构措施 B_2 应该具有同等的匹配效力，进行动力需求满足排序计算可以实现动力匹配。

在动力匹配决策问题中，不失一般性，若动力需求 A_i 将工程措施 B_j 排在第 1 位，那么记排序 $a_{i,j}=1$，动力需求 A_i 对工程措施 B_j 满意程度最高；动力需求 A_i 将重构措施 B_k 排在最末位，那么记排序 $a_{ik}=n$，动力需求 A_i 对重构措施 B_k 满意程度最低。此处的满意程度与适宜程度含义相似，采用如下公式计算动力需求对重构措施的满足度 α_{ij}、重构措施对动力重构的满足度（对河段/片区的适宜度）β_{ij}

$$\alpha_{ij} = \frac{n+1-a_{ij}}{n} \tag{4.4}$$

$$\beta_{ij} = \frac{m+1-a_{i,j}}{m} \tag{4.5}$$

在实际工程应用中，决策者除了需要考虑动力重构措施的效用，即对于动力需求的满足程度，还需考虑动力重构措施的成本，在综合考虑重构措施能够取得的效益与需要投入的成本的基础上，做出最优决策。设对动力需求 A_i 实施重构措施 B_j 的成本为 $c_{i,j}$，那么动力重构措施成本矩阵 C 可以表示为

$$C = [c_{ij}]_{m \times n} \tag{4.6}$$

考虑到需将工程措施匹配多目标优化模型转化为单目标优化模型进行求解，对重构措施成本进行线性归一化，计算公式如下

$$\gamma_{ij} = \frac{c_{ij}}{(c_{ij})_{\max}} \tag{4.7}$$

4.1.3.3 目标函数与约束条件

（1）目标函数

基于上文提出的河湖水系动力需求与动力重构措施的匹配程度、动力重构措施成本等的定义与描述，可将动力匹配问题转化成如下多目标优化模型

$$\max O_1 = \sum_{i=1}^{m} \sum_{j=1}^{n} \alpha_{ij} \tag{4.8}$$

$$\max O_2 = \sum_{i=1}^{m} \sum_{j=1}^{n} \beta_{ij} \tag{4.9}$$

$$\min O_3 = \sum_{i=1}^{m} \sum_{j=1}^{n} \gamma_{ij} \tag{4.10}$$

（2）约束条件

有序流动工程措施匹配优化模型的约束条件包括水量平衡约束、水位约束、流量约束、流速约束、水质约束、水质平衡约束、工程运行约束等。

1）水量平衡约束。河湖水系系统中，水库、泵站、水闸等单元需要遵循水量平衡约束，表达为

$$S_{n,t+1} = S_{n,t} + (W_{n,t} - Q_{n,t})\Delta t - I_{n,t} \tag{4.11}$$

式中：$W_{n,t}$ 为第 n 个单元 t 时段内的入流量；$Q_{n,t}$ 为第 n 个单元 t 时段内的出流量；$S_{n,t+1}$ 为第 n 个单元 t 时段末的蓄水量；$S_{n,t}$ 为第 n 个单元 t 时段初的蓄水量；$I_{n,t}$ 为第 n 个单元 t 时段内的损失水量；Δt 为计算时段区间。

2）水位约束。河湖水系系统中，水库、河道等单元的水位在不同时期均需满足特定最低限和最高限要求，以满足防洪、供水、航运、生态等需要，表达为

$$Z_{n,t,\min} \leqslant Z_{n,t} \leqslant Z_{n,t,\max} \tag{4.12}$$

式中：$Z_{n,t}$ 为第 n 个单元 t 时段的水位；$Z_{n,t,\min}$ 为第 n 个单元 t 时段允许最低水位；$Z_{n,t,\max}$ 为第 n 个单元 t 时段允许最高水位。

3）流量约束。除水位约束外，水库、水闸以及重要河道断面等单元在不同时段也有相应流量、流速要求，一般与调度规则、工程特性等因素相关，表达为

$$Q_{n,t,\min} \leqslant Q_{n,t} \leqslant Q_{n,t,\max} \tag{4.13}$$

式中：$Q_{n,t}$ 为第 n 个单元 t 时段的流量；$Q_{n,t,\min}$ 为第 n 个单元 t 时段允许的最小流量；$Q_{n,t,\max}$ 为第 n 个单元 t 时段允许的最大流量。

4）流速约束

$$V_{n,t,\min} \leqslant V_{n,t} \leqslant V_{n,t,\max} \tag{4.14}$$

式中：$V_{n,t}$ 为第 n 个单元 t 时段的流速；$V_{n,t,\min}$ 为第 n 个单元 t 时段允许的最小流速；$V_{n,t,\max}$ 为第 n 个单元 t 时段允许的最大流速。

5）水质约束

$$q_{n,t} \leqslant q_{n,t,\max} \tag{4.15}$$

式中：$q_{n,t}$ 为第 n 个单元 t 时段水质指标；$q_{n,t,\max}$ 为第 n 个单元 t 时段最高水质目标。

6）工程运行约束，主要包括河湖水系系统中诸多水利工程的过水能力、调度运行方式约束等。

4.1.3.4 模型求解

考虑到 α_{ij}、β_{ij}、γ_{ij} 均为归一化值，因此可采用线性加权法动力匹配多目标优化模型转化为如下单目标优化模型求解

$$\max O = \omega_1 \sum_{i=1}^{m}\sum_{j=1}^{n}\alpha_{ij} + \omega_2 \sum_{i=1}^{m}\sum_{j=1}^{n}\beta_{ij} - \omega_3 \sum_{i=1}^{m}\sum_{j=1}^{n}\gamma_{ij} \tag{4.16}$$

在上述综合目标函数中，ω_1、ω_2、ω_3 为各分目标的权重系数，反映实际情况下各目标的重要程度。

本节采用自适应混合粒子群（adaptive hybrid particle swarm optimization，AHPSO）算法求解上述模型。

如图 4.3 所示，基于 AHPSO 的工程能力匹配多目标优化模型求解流程包括如下步骤：

步骤 1：初始化算法参数。设定参数值包括：种群规模 m，最大迭代次数 $K_{\max}$，加速系数 c_1、c_2，惯性权重 ω，混沌序列个数 d，控制系数 a，粒子能量上界 $eIni$、下界 $eFin$，控制系数 b，粒子相似度上界 $slIni$、下界 $slFin$。

步骤 2：生成初始种群。采用 Logistic 映射产生粒子群初始的位置和速度。

步骤 3：计算粒子适应度、个体最优解、全局最优解。采用目标函数计算粒子的适应度。将结算结果与个体最优解进行比较，若当前适应度优于个体最优解，则采用当前粒子更新个体最优解；将结算结果与全局最优解进行比较，若当前适应度优于全局最优解，则采用当前粒子更新全局最优解。

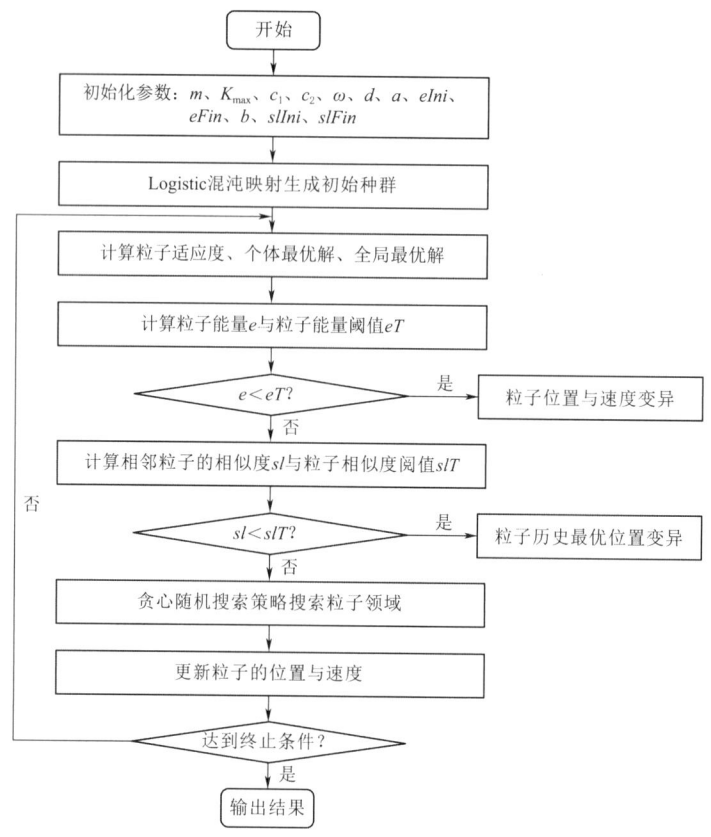

图 4.3 基于 AHPSO 的工程能力匹配多目标优化模型求解流程

步骤 4：计算粒子能量 e 及其阈值 eT。分别计算 e、eT，若 $e<eT$，则对粒子位置、速度执行变异操作。

步骤 5：计算相邻粒子之间的相似度 sl 及其阈值 slT。分别计算 sl、slT，若 $sl<slT$，则对较差粒子变异其历史最优解。

步骤 6：贪心随机搜索更新个体最优解。按照贪心随机策略搜索当前粒子邻域粒子，并计算其适应度，若有新粒子适应度大于原粒子，则采用该新粒子更新原粒子。再将该新粒子与个体最优解、全局最优解比较，更新个体最优解、全局最优解。

步骤 7：更新粒子种群。粒子速度、位置进行更新。

步骤 8：判断是否终止。若迭代次数达到 K_{max}，则终止，输出结果；否则返回步骤 3，继续迭代。

4.1.4 实例研究

4.1.4.1 水动力模拟模型构建

研究区为北至长江，西到德胜河，南至滆湖-直湖港，东到新沟河。如前文所述建模主要包括水系创建、断面导入、水工构筑物的添加、水工构筑物的调度添加。

为了便于研究的开展，将研究区河湖水系系统进行适当概化。兼顾对研究区实际情况的描述以及资料掌握情况,全研究区共概化 78 条主要河道,导入 654 个断面。河网模型构建完成后,对其添加了水工构筑物。本次模型构建中所需概化的水工建筑物主要包括闸门、泵站和堰等,其调度采用"if…then…"的方式分为实际调度与方案设计时的调度两类。

边界条件包括水位边界及流量边界条件。

1)水位边界条件。模型的水位控制点主要是长江、大运河、太湖水位。长江常水位 3.8~4.0m,京杭大运河水位为 3.4~3.6m。长江水位常年高于京杭大运河水位。

2)流量边界条件。流量边界主要为澡港河、德胜河、滆湖等流量过程,根据不同的计算工况设置不同的流量边界。

一级河道(澡港河、京杭大运河、德胜河)n 选取 0.025,二级河道(南运河、横塘河、白荡河等)选取 0.030,三级河道(章家浜等)选取 0.035。率定模型参数之后,采用确定性系数(R^2)和纳什效率系数(E_{NS})两项指标评价率定后的模型的模拟效果。选取常州(三)站和黄埝桥站对构建的模型进行验证,结果如图 4.4 所示。

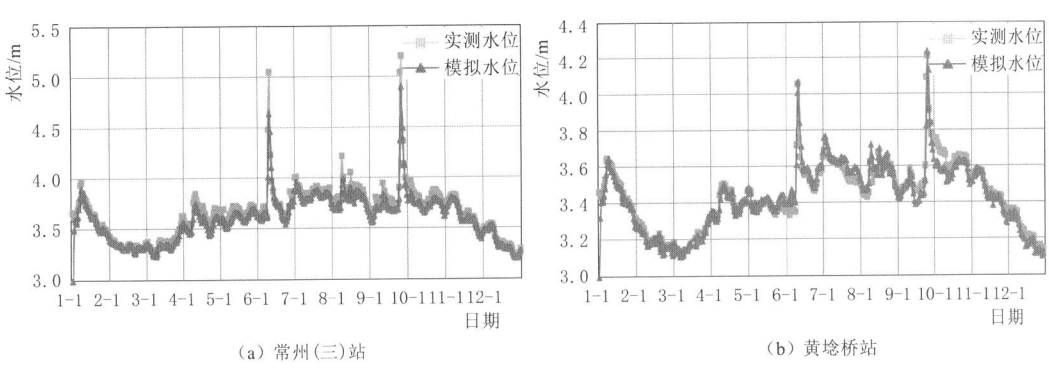

(a)常州(三)站　　　　　　　　(b)黄埝桥站

图 4.4　模型的验证

常州(三)站水位模拟值较实测值 R^2、E_{NS}、相对误差分别为 0.96、0.88、-1.41%;黄埝桥站水位模拟值较实测值 R^2、E_{NS}、相对误差分别为 0.96、0.91、-0.24%。Moriasi 等(2007)研究提出当 $E_{NS}>0.75$ 时,可认为模型模拟效果优,大于 0.65 时则可认为模型模拟效果较优,大于 0.5 认为建模符合要求,而 $R^2>0.5$ 时可以认为建模符合要求。因此,可以判断认为建立起的模型在当前尺度模拟效果符合要求。

4.1.4.2　水动力需求分析

为了便于统计水动力需求,将研究区按照水力特性划分为如图 4.5 所示片区,以片区为单位统计实现有序流动所需动力。

以引清水按Ⅱ类水下界、Ⅲ类水上界浓度计算,

图 4.5　研究区片区划分示意

4 河湖水系连通治理关键技术

按照本章提出的动力需求定量分析方法，试算各个片区水质到达Ⅲ类水下界、Ⅳ类水上界目标（或者持续引清水质不再改善）时，各个片区所需要的动力条件。方便起见，本实例研究采用引清流量指示动力需求。通过不断增加各片区的动力条件（流量），模拟不同动力条件下有序流动指标（本算例中即为水质指标达标）数值，直至达到水安全适配或者一定阈值下指标无法进一步改善，此时的动力条件与原始现状动力条件的差值（增加的动力条件，在此算例中即增加的流量）即为动力需求。研究区片区水质达标随动力条件（引水流量）增加的变化过程如图4.6所示。

由图可见，当各片区动力条件（本算例中为引水流量）增加到一定程度时，稳定后的水质几乎不再改善，按照前文提出的方法，以达到不再改善的临界点时的动力条件（本算例中为引水流量）作为该片区的动力需求。研究区内各个片区的水动力（本算例中为引水流量）需求汇总于表4.1。

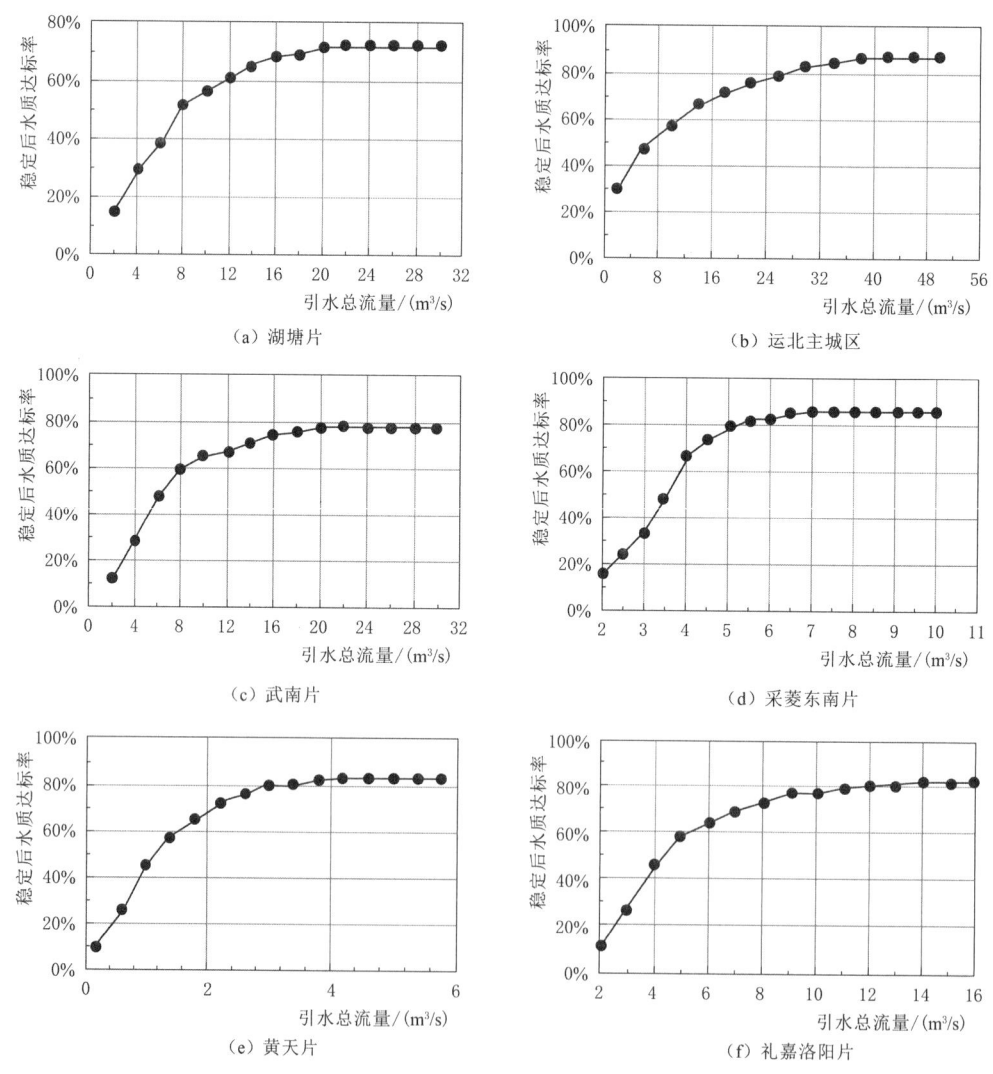

图4.6（一） 研究区片区水质达标随动力条件（引水流量）增加的变化过程

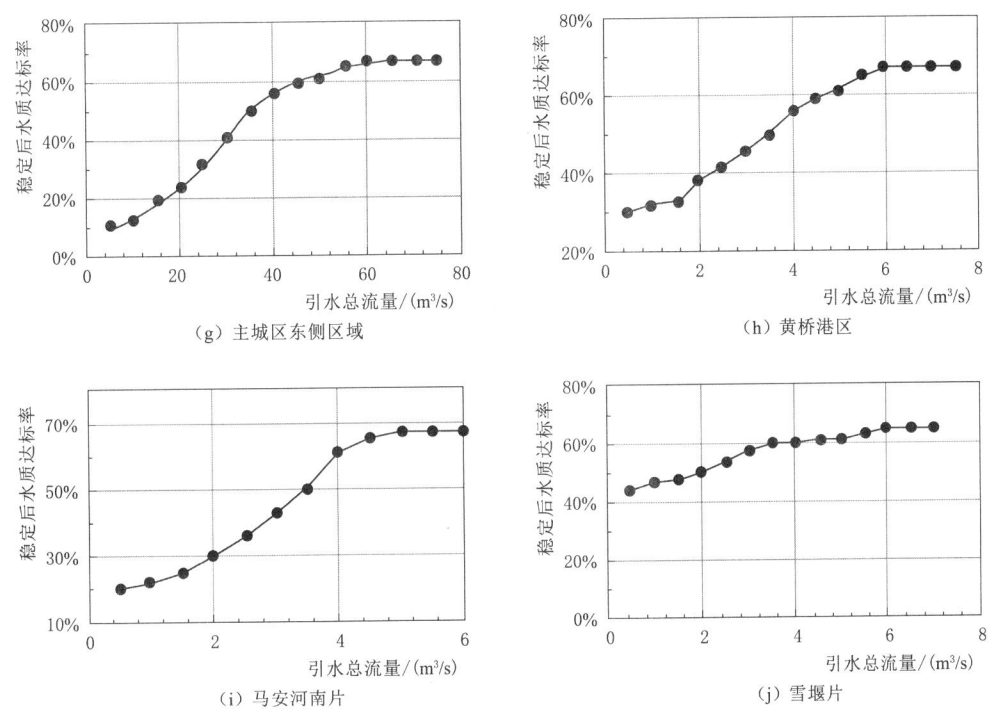

图 4.6（二） 研究区片区水质达标随动力条件（引水流量）增加的变化过程

表 4.1 研究区内各片区的水动力需求计算结果

片 区	动力需求/(m³/s)	片 区	动力需求/(m³/s)
湖塘片	20.0	礼嘉洛阳片	13.6
运北主城区	41.9	主城区东侧区域	68.0
武南片	25.2	黄桥港区	6.0
采菱东南片	8.8	马安河南片	5.0
黄天片	4.2	雪堰片	6.0

4.1.4.3 重构措施匹配

根据前文分析的水动力需求以及引水水源、水势和通道分析，拟定德胜河、澡港河单源或多源引长江水，将遥观南枢纽抽排工程北排措施进行排列组合获得初始的工程措施方案，基于动力匹配多目标优化模型，寻找优化方案。需要说明的是在本方案中，本章算例基于已有或规划工程进行能力匹配，未采取新工程建设，以验证所提出的有序流动工程匹配方法的有效性。初步提出魏村水利枢纽（德胜河）、澡港水利枢纽、遥观南枢纽抽排工程的工程能力需达到 30m³/s、40m³/s、60m³/s，对上述能力进行排列组合，获得候选的工程措施方案，见表 4.2。

采用构建的水动力模型对上述 6 个方案进行模拟计算，不同方案不同区域流量分配结果如图 4.7 所示。

4 河湖水系连通治理关键技术

表 4.2　　　　　　　　　　　　有序流动工程措施方案

工程措施方案编号	补水水源	工 程 能 力
A1	澡港河	澡港水利枢纽 40m³/s
A2	澡港河	澡港水利枢纽 40m³/s、遥观南枢纽 60m³/s
A3	澡港河	澡港水利枢纽 40m³/s、遥观南枢纽 60m³/s、采菱东南片和黄桥港区沿运河侧泵站开启
A4	德胜河、澡港河	魏村水利枢纽 30m³/s、澡港水利枢纽 40m³/s、遥观南枢纽 60m³/s、采菱东南片和黄桥港区沿运河侧泵站开启
A5	德胜河	魏村水利枢纽 30m³/s、遥观南枢纽 60m³/s、采菱东南片和黄桥港区沿运河侧泵站开启
A6	德胜河	魏村水利枢纽 30m³/s、遥观南枢纽 60m³/s

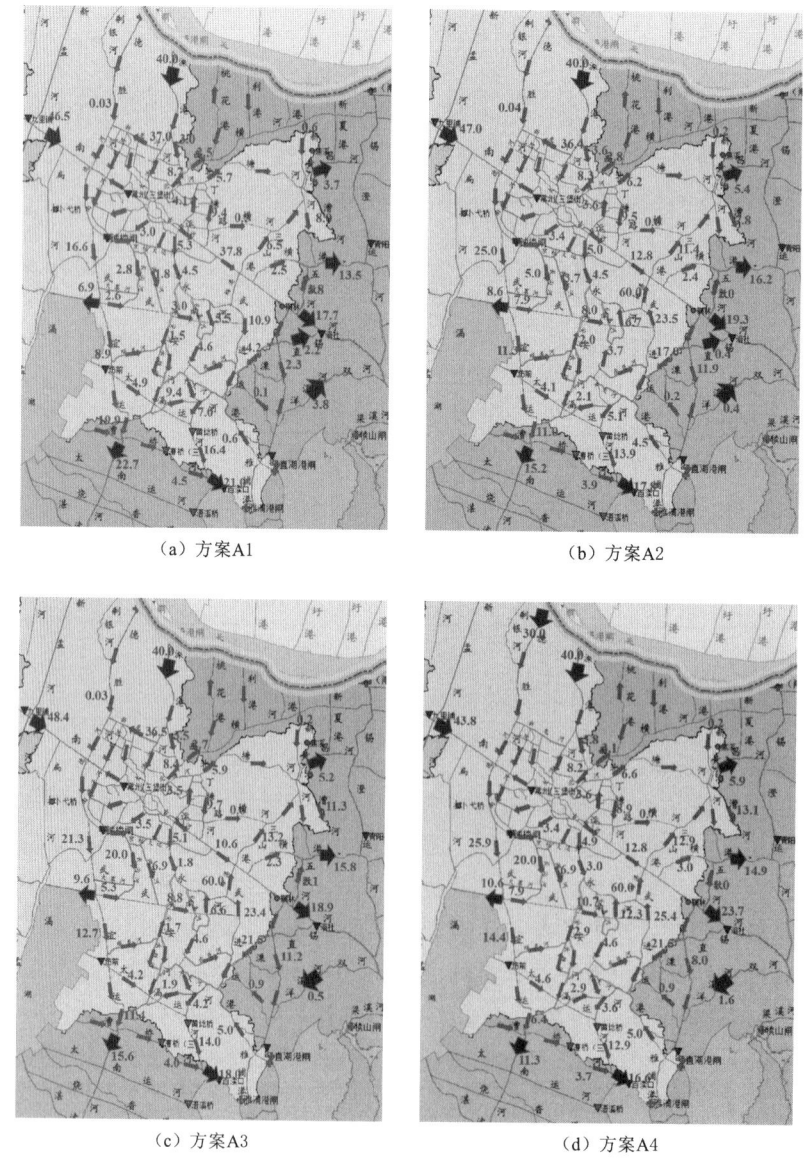

(a) 方案A1　　　　　　　　　(b) 方案A2

(c) 方案A3　　　　　　　　　(d) 方案A4

图 4.7（一）　各方案流量分配结果（单位：m³/s）

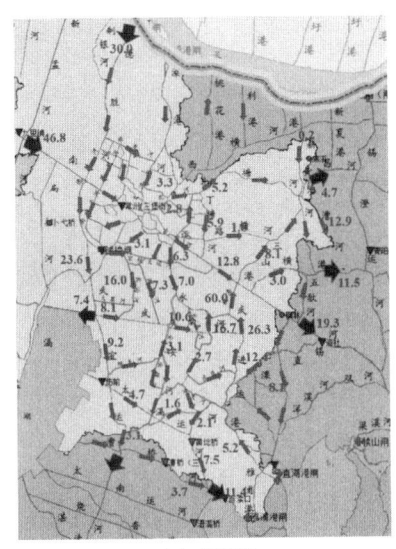 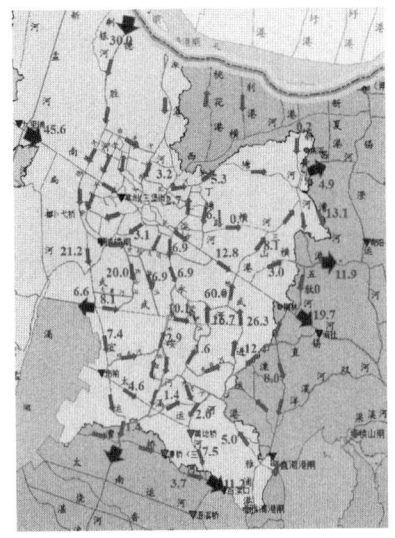

(e) 方案A5　　　　　　　　　　　　　(f) 方案A6

图 4.7（二）　各方案流量分配结果（单位：m^3/s）

本研究采用将动力需求满足程度进行排序和归一化处理的方式将满足程度、工程措施在此处实施的适宜程度、工程措施实施的成本进行排序处理。按照动力匹配方法，构造动力需求对重构措施的满足程度排序矩阵 R、工程措施在实施的适宜程度排序矩阵 T、工程措施实施成本矩阵 C。

本算例中流量分配与流量需求的差距越小，动力需求的满足度越高，因此可以得到需求满足排序矩阵 R

$$R=\begin{bmatrix} 1 & 2 & 2 & 2 & 5 & 6 \\ 6 & 5 & 3 & 1 & 4 & 2 \\ 3 & 3 & 5 & 6 & 2 & 1 \\ 2 & 1 & 6 & 4 & 3 & 6 \\ 2 & 4 & 6 & 5 & 2 & 1 \\ 1 & 1 & 3 & 4 & 4 & 6 \\ 3 & 5 & 4 & 6 & 2 & 1 \\ 3 & 3 & 5 & 2 & 5 & 1 \\ 1 & 1 & 1 & 6 & 1 & 1 \\ 1 & 1 & 1 & 6 & 1 & 1 \end{bmatrix}$$

因为此处采用的措施均为泵引水，而且前文已述本算例基于已有工程进行能力提升建设，未采取新工程建设，适宜度不作区分，因此排序均取1，工程措施在实施的适宜程度排序矩阵 T 为

$$T=\begin{bmatrix} 1 & 1 & 1 & 1 & 1 & 1 & 1 & 1 & 1 \\ 1 & 1 & 1 & 1 & 1 & 1 & 1 & 1 & 1 \\ 1 & 1 & 1 & 1 & 1 & 1 & 1 & 1 & 1 \\ 1 & 1 & 1 & 1 & 1 & 1 & 1 & 1 & 1 \\ 1 & 1 & 1 & 1 & 1 & 1 & 1 & 1 & 1 \\ 1 & 1 & 1 & 1 & 1 & 1 & 1 & 1 & 1 \end{bmatrix}$$

同样地，因措施不涉及新建工程，措施成本按引水流量大小确定，工程措施实施成本矩阵 C 为

$$C = [2\ 4\ 5\ 6\ 1\ 3]^{\mathrm{T}}$$

基于上述矩阵分别计算动力需求对重构措施的满足度 $\alpha_{i,j}$、重构措施对动力重构的满足度（对河段/片区的适宜度）$\beta_{i,j}$、重构措施成本 $\gamma_{i,j}$。

然后按照本章所介绍方法构建、求解措施匹配优化模型，可知方案 A5 为最优工程措施布置方案。结合图 4.7 分析可知：①在仅有澡港河泵引的条件下，运北主城区流动性提升效果较好，但武进区流量除骨干河道外，中小河道的流量基本小于 $1\mathrm{m}^3/\mathrm{s}$，增加了遥观南枢纽泵排后，武进区的河道流量有所提升，但湖塘片、武南片、礼嘉洛阳片、马安河南片河网流动性仍不高，实施过程中发现增加沿运河侧的泵站抽排后，武南片、礼嘉洛阳片、马安河南片等片区的流量增大。②选择澡港河与德胜河双源补水，与澡港河单源引水相比，武南河以北大部分片区流量增大，以南大部分片区流量稍有降低。③将德胜河作为水源，充分利用遥观南枢纽、马杭枢纽、运河沿线泵站等运南区现有的水利工程调控，以及湖塘片大通河西枢纽、漕溪浜闸站、龚巷河北闸等泵站工程，可以看出，综合考虑措施成本与实施适宜程度，方案 A5 的工程动力需求满足程度最大，更为合理。方案 A5 实施后，初步实现了武进区从魏村水利枢纽引长江水经德胜河流入区域内河网，经遥观南枢纽由新沟河北排的有序流动总体引排布局。

因此，基于本章研究结果下文在方案 A5 的工程能力条件下，即魏村水利枢纽 $30\mathrm{m}^3/\mathrm{s}$、遥观南枢纽 $40\mathrm{m}^3/\mathrm{s}$、大通河西枢纽北排、漕溪浜闸北排、马杭枢纽北排、采菱东南片和黄桥港区沿运河侧泵站开启，开展有序流动调度研究。

4.2 河湖水系有序流动调控技术

4.2.1 河湖水系有序流动内涵解析

所谓的"有序"一般指物质的系统结构或运动是确定的、有规则的，"序"是事物的结构形式，指事物或系统组成诸要素之间的相互联系。事物组成要素的相互联系处于永恒的运动变化之中，所以"有序"是动态的、变化的有序。当事物组成要素具有某种约束性、呈现某种规律时，称该事物或系统是"有序"的。

对"有序"的含义进一步延伸到河湖水系这个系统中，有序流动则可以定义为在河湖水系的组成要素相互联系处于永恒运动变化之中，水体实现动态的、变化的规律。当水体通过工程和非工程措施调控具有某种约束性、呈现某种规律时，称实现了"有序流动"。河湖水系有序流动概念较抽象，不同学者对其内涵的理解不同，现有的研究中，主要用来表征水流或以水为介质的有机物等转移的效率，表现为水体流动的规律性，这一效率可通过水流时间、流量、水流持续性、水流方向、水位变化等加以分析。

水体流动有其自然属性和社会属性。自然属性上，以太湖流域河网地区为典型代表的平原河网区，具有河网密布、水系纵横交错、地势平坦、水体流动慢、流动性差的特点；以沂沭泗流域为代表的山丘河网区，河道比降大，水体流动快、流动性过强。社会属性

上,多数河流流经多个地市行政区,涉及上下游、省份间、地市间利益,水体流动受地方利益的影响较大,存在区域内部因各自为政造成水体流动无序、区域之间水体流动无序、流域与区域水体流动无序等问题。

受自然-社会的双重影响,形成了河湖水系现有的流动状态,往往河湖水系流动现状难以完全保障流域(区域)防洪、供水、水环境等方面水安全保障需求,而实现有序流动的核心目标就是保障水安全。因此,面向防洪、供水、水环境的水安全保障,基于自然属性和社会属性两个方面,将河湖水系有序流动的内涵界定为水体流动总体上既符合自然属性,即由自然地理条件决定的水流运动规律,也符合其社会属性,即通过人类科学调控,改变其自然属性中对人类不利以及因人为造成的不利于总体的一面,形成一种自然流畅、人水和谐、利益最大化的流动格局。

简而言之,河湖水系有序流动是指江河湖自然水系通过自然营造力和人为科学调控作用维持、重塑或构建的,能满足防洪、供水、水生态环境等一定功能目标的水体流动方式。

4.2.2 有序流动调控决策指标体系

4.2.2.1 关键指标定义、内涵及计算

(1) 防洪安全

1) 防洪代表站 i 的水位安全度 ZF_i。以防洪代表站 i 的水位与防洪保证水位的差和防洪保证水位的比值表征该站水位安全程度,计算公式如下

$$ZF_i = \frac{Z_i^{FG} - Z_i}{Z_i^{FG}} \tag{4.17}$$

式中:Z_i 为当前时刻防洪代表站 i 的水位;Z_i^{FG} 为防洪代表站的保证水位。

指标在 100 分到 0 分之间均等赋分,防洪代表站 ZF_i 值越大,表明该站当前防洪安全程度越高,赋分越高。当 $ZF_i = 0$ 时即此刻该站水位刚好等于保证水位,认为处于"适配"与"不适配"的临界点。为了方便理解,本指标体系采用 60 分作为"适配"与"不适配"的临界赋分。同时,该指标取值上界为 1,因此,以区间 (0,1] 可以确定赋分区间 (60,100],以此斜率确定赋分区间 (0,60] 对应的指标值,可知指标值 -1.5 对应 0 分,当指标值低于 -1.5 时,认为水位安全度极差,均赋以 0 分,不再作区别,下文其他指标也以此规则赋分(表 4.3)。

2) 外排工程 i 的排洪能力适配度 DF_i。采用流域与区域主要外排工程的泄流状态、运行效率来表征当前该工程的排洪能力,由外排工程控制断面实际泄流水量与工程设计最大过流水量的比值来表达,同时考虑流域与区域洪水规模对该指标的

表 4.3 防洪水位安全度赋分

分级	指标值	赋分
适配	(0, 1]	60~100
不适配	(-1.5, 0]	0~60
不适配	(-∞, -1.5]	0

影响。该指标是从工程运行角度衡量洪水外排适配程度的指标,计算公式如下

$$DF_i = (Q_i / Q_i^D) \cdot (Z_i / Z_i^{FG})^{-1} \tag{4.18}$$

式中:Q_i 为外排站点 i 控制断面实际泄流流量;Q_i^D 为外排站点 i 最大设计过流流量;Z_i

为流域与区域代表站实际水位。指标在 100 分到 0 分之间均等赋分，排洪工程 DF_i 值越大，表明该工程当前排洪能力适配度越高，赋分越高。当 $DF_i=0.6$ 时，认为排洪能力处于"适配"与"不适配"的临界点（表 4.4）。本指标体系采用 60 分作为"适配"与"不适配"的临界赋分，不足 60 分时，表明当前该工程的运行能力不足、需要加大排水，或者本身设计能力不足、需要施加能力提升等工程措施调控。

表 4.4　排洪工程排洪能力适配度赋分

分　级	指标值	赋　分
适配	$(1,\infty)$	100
适配	$(0.6,1]$	60~100
不适配	$[0,0.6)$	0~60

3) 区域 i 的排洪有序度 DS_i。从宏观层面看，排洪有序的目标简单来讲就是每个区域将洪水排出，因此采用累计到当前时刻该区域总体上的排洪方向是否往区域外排水来评价区域的排洪有序度，计算公式如下

$$DS_i = \frac{W_i^O - (W_i^I + W_i^G)}{W_i^O} \tag{4.19}$$

式中：W_i^O 为累计到当前时刻区域 i 的外排水量；W_i^G 为累计到当前时刻区域 i 的本地产水量；W_i^I 为累计到当前时刻区域 i 的其他区域来水量。

指标在 100 分到 0 分之间均等赋分，指标值越大表明排洪有序度越高，赋分越高。当 $DS_i=0$ 时，即 $W_i^O = W_i^I + W_i^G$，外排水量等于来水量与产水量之和，认为处于"适配"与"不适配"的临界点，赋以 60 分（表 4.5）。同时，该指标取值上界为 1，因此，以区间 $(0,1]$ 可以确定赋分区间 $(60,100]$，以此斜率确定赋分区间 $(0,60]$ 对应的指标值，可知指标值 -1.5 对应 0 分，当指标值低于 -1.5 时，认为排洪有序度极差，均赋以 0 分，不再作区别。

表 4.5　区域排洪有序度赋分

分　级	指标值	赋　分
适配	$(0,1]$	60~100
不适配	$(-1.5,0]$	0~60
不适配	$(-\infty,-1.5]$	0

（2）供水安全

1) 供水代表站 i 的供水水位满足度 ZS_i。以供水代表站 i 的水位与供水允许最低水位的差和供水代表站 i 的水位的比值表征该站供水水位满足程度，计算公式如下

$$ZS_i = \frac{Z_i - Z_i^{SG}}{Z_i} \tag{4.20}$$

式中：Z_i 为当前供水代表站 i 的水位；Z_i^{SG} 为供水代表站 i 的允许最低水位。指标在 100 分到 0 分之间均等赋分，指标值越大表明供水水位满足度越高，赋分越高。当 $ZS_i=0$ 时，即此刻该站水位刚好等于允许最低水位，处于"适配"与"不适配"的临界点，赋以 60 分（表 4.6）。同时，该指标取值上界为 1，因此，以区间 $(0,1]$ 可以确定赋分区间 $(60,100]$，以此斜率确定赋分区间 $(0,60]$ 对应的指标值，可知指标值 -1.5 对应 0 分，当指标值低于 -1.5 时，认为供水水位满足度极差，均赋以 0 分，不再

表 4.6　供水水位满足度赋分

分　级	指标值	赋　分
适配	$(0,1]$	60~100
不适配	$(-1.5,0]$	0~60
不适配	$(-\infty,-1.5]$	0

作区别。

2）引水工程 i 的引供水满足度 WS_i。当供水代表站水位低于供水允许最低水位时，说明此时研究区内河道水量已无法满足供水需求，此时需要引水，以引水工程实际泵引流量与其设计引水流量的比值表征引供水满足度，计算公式如下

$$WS_i = \frac{Q_i}{Q_i^D} \tag{4.21}$$

式中：Q_i 为引水工程 i 实际泵引流量；Q_i^D 为用水工程 i 最大设计泵引流量。

当需要引水时，引水流量越大越好，指标值越大表明引供水满足度越高，赋分越高，指标在100分到0分之间均等赋分。当不需外引供水时，即河道水位大于供水允许最低水位时，外引供水会增加不必要的引供水成本，以相同斜率从60分开始扣分，具体赋分见表4.7。

表4.7　　　　　　　　　　　工程引供水满足度赋分

情 景	分 级	指标值	赋 分
需要引水	适配	(0.6, 1]	60~100
需要引水	不适配	[0, 0.6]	0~60
不需引水	适配	0	100
不需引水	不适配	(0, 0.6)	60~100
不需引水	不适配	(0.6, 1]	0

3）水源地 i 的水质指标 x（NH_3-N、COD 等指标）的达标度 PQ_i^x 为

$$PQ_i^x = \frac{CS_i^x - CS_{\text{III,LB}}^x}{CS_{\text{III,UB}}^x - CS_{\text{III,LB}}^x} \tag{4.22}$$

式中：CS_i^x 为水源地 i 的水质指标 x 的浓度值；$CS_{\text{III,UB}}^x$、$CS_{\text{III,LB}}^x$ 分别为水质指标 x 满足 III 类的上、下界值。当水源地 i 的水质指标 x 的浓度值处于 III 类下界时，指标等于0，此时赋以60分；当水质指标 x 的浓度值处于 III 类上界时，指标等于1，此时赋以100分；当水质指标 x 的浓度值低于 III 类下界时，指标为负，按同样斜率从60分开始扣分，直到0分；当水质指标 x 的浓度值高于 III 类上界时，指标大于1，仍然赋以100分（表4.8）。

表4.8　　　　　　　　　　　水源地水质指标达标度赋分

分 级	指标值	赋 分	分 级	指标值	赋 分
适配	(1, +∞)	100	不适配	[-1.5, 0)	0~60
适配	[0, 1]	60~100	不适配	(-∞, -1.5)	0

（3）生态环境安全

1）河段 i 的流速适宜度 VS_i。河道水体保持适宜的流速能够保证水体置换时间、改善水动力条件、提升河流溶解氧水平、提高水体自净能力。一方面，依据最小水环境容量理论，考虑河道沿程点源污染、面源污染、大气干湿沉降、底泥污染物释放、河道水体自净、水生植物吸收等多种影响河道水质的因素，利用总体达标方法可以推导得到适宜流速的下界；另一方面，流速过大会导致河道底泥快速释放而造成污染，因此，以抑制平原城

市河道底泥快速释放为准则,确定适宜流速的上界。基于此,提出流速适宜度指标,计算公式如下

$$VS_i = \frac{V_i - V_{\min}}{V_{\max} - V_{\min}} \quad (4.23)$$

式中:V_i 为河段 i 的流速;$V_{\max}$、$V_{\min}$ 分别为适宜流速范围的上、下界。

当流速等于适宜流速上界时,指标等于 1,赋以 100 分;当流速等于适宜流速下界时,指标等于 0,赋以 60 分;当流速超过适宜流速上界时,从 100 分开始以相同斜率扣分直到 0 分,比此时 0 分流速临界点还大的流速,认为适宜度极差,均赋以 0 分,不再作区分;当流速低于适宜流速下界时,从 60 分开始以相同斜率扣分直到 0 分,比此时 0 分流速临界点还小的流速,认为适宜度极差,均赋以 0 分,不再作区分(表 4.9)。

表 4.9　　　　　　　　　　流速适宜度指标赋分

分级	指标值	赋分	分级	指标值	赋分
不适配	$(3.5, +\infty)$	0	适配	$[0, 1]$	60~100
不适配	$(2, 3.5]$	60~0	不适配	$[-1.5, 0)$	0~60
适配	$(1, 2]$	100~60	不适配	$(-\infty, -1.5)$	0

2)代表断面 i 的水质指标 x(NH$_3$-N、COD 等指标)的达标度 WQ_i^x 为

$$WQ_i^x = \frac{CS_i^x - CS_{\text{Ⅲ,LB}}^x}{CS_{\text{Ⅲ,UB}}^x - CS_{\text{Ⅲ,LB}}^x} \quad (4.24)$$

式中:CS_i^x 为代表断面 i 的水质指标 x 的浓度值;$CS_{\text{Ⅲ,UB}}^x$、$CS_{\text{Ⅲ,LB}}^x$ 分别为水质指标 x 满足Ⅲ类的上、下界值。当代表断面 i 的水质指标 x 浓度值处于Ⅲ类下界时,指标等于 0,此时赋以 60 分;当水质指标 x 的浓度值处于Ⅲ类上界时,指标等于 1,此时赋以 100 分;当水质指标 x 的浓度值低于Ⅲ类下界时,指标为负,按同样斜率从 60 分开始扣分,直到 0 分;当水质指标 x 的浓度值高于Ⅲ类上界时,指标大于 1,仍然赋以 100 分(表 4.10)。

表 4.10　　　　　　　　　代表断面水质指标达标度赋分

分级	指标值	赋分	分级	指标值	赋分
适配	$(1, +\infty)$	100	不适配	$[-1.5, 0)$	0~60
适配	$[0, 1]$	60~100	不适配	$(-\infty, -1.5)$	0

3)湖泊 i 生态水位保证度 ZE_i。以湖泊 i 的水位与生态水位的差和湖泊水位的比值表征生态水位保证程度,计算公式如下

$$ZE_i = \frac{ZL_i - ZL_i^{EG}}{ZL_i} \quad (4.25)$$

式中:ZL_i 为湖泊 i 的计算水位;ZL_i^{EG} 为湖泊 i 的生态水位。指标在 100 分到 0 分之间均等赋分,指标值越大表明生态水位保证程度越高,赋分越高。

当 $ZE_i = 0$ 时,即此刻湖泊水位刚好等于生态水位,处于"适配"与"不适配"的临界点,赋以 60 分(表 4.11)。同时,该指标取值上界为 1,因此,以区间 $(0, 1]$ 可以确

定赋分区间（60，100］，以此斜率确定赋分区间（0，60］对应的指标值，可知指标值 −1.5 对应 0 分，当指标值低于 −1.5 时，认为生态水位保证度极差，均赋以 0 分，不再作区别。

表 4.11 湖泊生态水位保证度赋分

分 级	指标值	赋 分
适配	(0,1]	60~100
不适配	(−1.5,0]	0~60
不适配	(−∞,−1.5]	0

4）代表断面 i 的生态流量满足程度 QE_i。以代表断面 i 的流量与生态流量的差和代表断面 i 的流量的比值表征生态流量满足程度，计算公式如下

$$QE_i = \frac{Q_i - Q_i^{EG}}{Q_i} \quad (4.26)$$

式中：Q_i 为代表断面 i 的流量；Q_i^{EG} 为要求的代表断面 i 的生态流量。指标在 100 分到 0 分之间均等赋分，指标值越大表明生态流量满足程度越高，赋分越高。当 $QE_i=0$ 时，即此刻湖泊水位刚好等于生态水位，处于"适配"与"不适配"的临界点，赋以 60 分（表 4.12）。同时，该指标取值上界为 1，因此，以区间 (0，1] 可以确定赋分区间（60，100］，以此斜率确定赋分区间（0，60］对应的指标值，可知指标值 −1.5 对应 0 分，当指标值低于 −1.5 时，认为生态流量满足度极差，均赋以 0 分，不再作区别。

4.2.2.2 有序流动调控决策指标体系

表 4.12 生态流量满足程度赋分

分 级	指标值	赋 分
适配	(0,1]	60~100
不适配	(−1.5,0]	0~60
不适配	(−∞,−1.5]	0

河湖系统可以概化为由河湖断面、片区、水利工程、防洪点、水源地等主体构成的系统，有序流动评价指标对应了不同的主体，例如，指标 DS 对应每个片区，指标 DF、WS 对应每个工程，指标 ZF 对应每个防洪点等。因此，对于整个河湖系统，每个主体都有多个指标，共同构成了有序流动调度多属性决策指标体系。记整个河湖系统共有 K 类主体，记作 B_k，$k=1,2,\cdots,K$，记每类主体对应的指标数为 C_k，$k=1,2,\cdots,K$，那么有序流动调度多属性决策指标体系共包含 n 个参评指标，$n=\sum_{k=1}^{K} B_k \cdot C_k$，若共有 m 个备选调度方案，则可构造 $m \times n$ 的决策矩阵 $\boldsymbol{X}=(x_{ij})_{m \times n}$，即

$$\boldsymbol{X} = \begin{bmatrix} x_{11} & x_{12} & \cdots & x_{1n} \\ x_{21} & x_{22} & \cdots & x_{2n} \\ \vdots & \vdots & \ddots & \vdots \\ x_{m1} & x_{m2} & \cdots & x_{mn} \end{bmatrix} \quad (4.27)$$

式中：$x_{ij}(i=1,2,\cdots,m;j=1,2,\cdots,n)$ 为第 i 个调度方案的第 j 个指标的计算值。由此可见，对于现实中的一个河湖系统而言，有序流动调度决策矩阵是极其复杂的。

4.2.3 调度目标函数与约束条件

4.2.3.1 目标函数

河湖水系有序流动调控的目标涉及水生态环境效益、防洪效益、水资源供给调配效益

等各个方面。基于上文有序流动评价指标体系、动力需求等研究，可将有序流动多目标优化调度问题转化成如下多目标优化模型

$$\max O_1 = f_1(x_i) \tag{4.28}$$

$$\max O_2 = f_2(x_j) \tag{4.29}$$

$$\max O_3 = f_3(x_k) \tag{4.30}$$

式中：三个目标 O_1、O_2、O_3（f_1、f_2、f_3）分别对应河湖水系防洪安全、供水安全、水生态环境安全保障方面的目标；x_i、x_j、x_k 分别对应三个目标领域自变量。

4.2.3.2 约束条件

有序流动多目标优化调度的约束条件包括水量平衡约束、水位约束、流量约束、流速约束、水质约束、水质平衡约束、工程运行约束等，与上述动力重构技术章节的内容相同。

4.2.3.3 模型转化

目标间的不可公度性和矛盾性是有序流动调控问题的主要特点。为平衡和协调不同目标之间的关系，权重法和约束法是较常用的两种方法。其中，权重法是对不同的目标给予相应的权重，把各目标函数加权和作为总目标函数，通过改变权重值，生成多目标问题的非劣解集；约束法是从全体目标函数中选择一个作为主目标，并将其他目标函数转化为约束条件，通过变换约束水平，生成多目标的非劣解集。

考虑到前文研究已将各目标下指标（自变量）进行标准化，因此可以采用线性加权法将上述构建的有序流动工程能力匹配多目标优化模型转化为如下形式进行求解

$$\left. \begin{array}{l} \max f(x_i, x_j, x_k) = [\alpha_i f_1(x_i) + \beta_j f_2(x_j) + \gamma_k f_3(x_k)] \\ \text{s.t} \begin{cases} X \in S \\ X \geqslant 0 \end{cases} \end{array} \right\} \tag{4.31}$$

式中：α_i、β_j、γ_k 分别为防洪、水资源供给、水生态环境目标领域决策变量的权重；X 为所有自变量组成的向量；S 为所有约束条件集合。

根据4.2.2构建的有序流动评价指标体系，各分项目标函数可以细化为如下各式

$$\max f_1(\alpha_{1,i} ZF_i + \alpha_{2,i} DF_i + \alpha_{3,i} DS_i)$$

$$\max f_2(\beta_{1,j} ZS_j + \beta_{2,j} WS_j + \beta_{3,j} PQ_j^x)$$

$$\max f_3(\gamma_{1,k} VS_k + \gamma_{2,k} WQ_k^x + \gamma_{3,k} ZE_k + \gamma_{4,k} QE_k)$$

4.2.4 有序流动决策指标体系降维方法

由于有序流动调度多属性决策指标体系的复杂性和主体之间的水力联系等诸多因素的影响，所选取的原始评价指标之间难以避免地存在不同程度的相关性，容易导致多属性决策结果失真。本节依据指标体系整体转化的思路提出基于主成分分析的指标体系降维方法，即在分析指标相关性的基础上，采用主成分分析将原始指标体系中的大量指标转化为少数综合指标，从而达到去除指标相关性和指标体系降维的双重目的。

采用Pearson相关系数来度量指标之间的线性相关程度，本节基于主成分分析的指标体系降维方法包括以下计算步骤：

1）标准化原始决策矩阵 $\boldsymbol{X} = (x_{ij})_{m \times n}$。为了消除指标之间量纲差异的影响，采用以

下公式对原始指标数据矩阵 X 进行标准化处理

$$x_{ij}^{*}=\frac{x_{ij}-\overline{x_j}}{\sigma_j} \qquad (4.32)$$

式中：x_{ij} 和 x_{ij}^* 分别为原始指标计算值和标准化值；$\overline{x_j}$ 和 σ_j 分别为第 j 个指标的均值和标准差。

2）计算相关矩阵 $R=(r_{ij})_{n\times n}$，其中 r_{ij} 由式（4.7）计算得到。

3）计算相关矩阵 R 的特征值和特征向量。根据特征方程 $|\lambda I-R|=0$，可以求得特征值 $\lambda_1,\lambda_2,\cdots,\lambda_n$，按照由大到小的顺序排列，求得相应的特征向量 $e_1,e_2,\cdots,e_n$。

4）计算累计方差贡献率 $E_m=\sum_{j=1}^{P}\lambda_j \Big/ \sum_{i=1}^{n}\lambda_i$。根据累计方差贡献率 E_m 的阈值（一般取 85%）提取前 p（$1\leqslant p\leqslant n$）个主成分。

5）计算主成分荷载 $Z_m=\sum_{j=1}^{m}\sum_{i=1}^{n}e_{ij}x_{ij}^*$。主成分荷载是表征所提取的主成分和原始指标之间相关性的变量，用于解释主成分的物理含义。

6）假设 $Y_1,Y_2,\cdots,Y_p$ 分别为提取出的第 1、第 2、…、第 p 主成分，各主成分可以表示为原始指标体系的线性组合。将标准化后的原始指标数据代入下式中即可求出各主成分的得分值

$$\begin{cases} Y_1=\varepsilon_{11}X_1+\varepsilon_{12}X_2+\cdots+\varepsilon_{1n}X_n \\ Y_2=\varepsilon_{21}X_1+\varepsilon_{22}X_2+\cdots+\varepsilon_{2n}X_n \\ \vdots \\ Y_p=\varepsilon_{p1}X_1+\varepsilon_{p2}X_2+\cdots+\varepsilon_{pn}X_n \end{cases} \qquad (4.33)$$

式中：$X_i(i=1,2,\cdots,n)$ 为第 i 个原始指标；$\varepsilon_{ij}(i=1,2,\cdots,p,j=1,2,\cdots,n)$ 为各指标的得分系数。

上述主成分变换步骤可以将原始决策矩阵 $X=(x_{ij})_{m\times n}$ 转化为综合指标数据矩阵 $Y=(y_{ij})_{m\times p}$，新的综合指标体系维度将大幅降低，且综合指标之间相互独立，可以有效避免指标信息的冗余和相关性干扰，提高多属性决策的科学性。

4.2.5 有序流动多属性决策方法

为了验证上述两种指标体系降维方法在有序流动调控应用中的合理性和有效性，本章同时采用经典的理想点法（technique for order preference by similarity to an ideal solution，TOPSIS）、模糊优选法（fuzzy optimum method）、模糊物元法（fuzzy matter-element method）三种确定性多属性决策方法分别对指标体系降维前后的结果进行对比验证分析。

4.2.5.1 理想点法

理想点法又称优劣解距离法，是一种经典多属性决策方法，该方法根据指标的性质和决策矩阵，分别确定一组最优的正理想方案和一组最劣的负理想方案，然后通过比较各方案距正、负理想方案的欧氏距离来评判方案的优劣程度，据此实现多方案优选。理想点法具有计算简便、易于理解、实用性和可操作性强等优势，在经济、管理、工程技术等领域

的应用十分广泛。理想点法的特点在于其同时考虑了各候选方案与正、负理想点之间的距离，使得方案之间具有更高的辨识度。理想点法的主要计算步骤如下：

1）采用向量标准化公式对决策矩阵 $\boldsymbol{X}=(x_{ij})_{m\times n}$ 进行标准化，求得标准化决策矩阵 $\boldsymbol{Z}=(z_{ij})_{m\times n}$，其中

$$z_{ij}=\frac{x_{ij}}{\sqrt{\sum_{i=1}^{m}x_{ij}^{2}}} \tag{4.34}$$

2）构建加权决策矩阵。将标准化决策矩阵 $\boldsymbol{Z}=(z_{ij})_{m\times n}$ 和权重向量 w 相乘，$w=[w_1,w_2,\cdots,w_n]$，得到加权决策矩阵 $\boldsymbol{B}=(b_{ij})_{m\times n}$，其中 $b_{ij}=z_{ij}\cdot w_j$，w_j 为第 j 个指标的权重。

3）确定正理想点 $\boldsymbol{S}^+=[s_1^+,s_2^+,\cdots,s_n^+]$ 和负理想点 $\boldsymbol{S}^-=[s_1^-,s_2^-,\cdots,s_n^-]$，其中 s_j^+ 和 s_j^- 的计算公式为

$$s_j^+=\begin{cases}\max\limits_{1\leqslant i\leqslant m}\{b_{ij}\} & 效益型指标 \\ \min\limits_{1\leqslant i\leqslant m}\{b_{ij}\} & 成本型指标\end{cases} \tag{4.35}$$

$$s_j^-=\begin{cases}\min\limits_{1\leqslant i\leqslant m}\{b_{ij}\} & 效益型指标 \\ \max\limits_{1\leqslant i\leqslant m}\{b_{ij}\} & 成本型指标\end{cases} \tag{4.36}$$

4）计算各方案到正、负理想点的欧氏距离

$$\begin{cases}d_i^+=\sqrt{\sum_{j=1}^{n}(s_i^+-b_{ij})^2},i=1,2,\cdots,m \\ d_i^-=\sqrt{\sum_{j=1}^{n}(s_i^--b_{ij})^2},i=1,2,\cdots,m\end{cases} \tag{4.37}$$

5）计算各方案与正、负理想点的贴近度系数 c_i。c_i 反映了方案的相对优劣程度，c_i 越大方案越优，反之则越劣。c_i 的计算式为

$$c_i=\frac{d_i^-}{d_i^++d_i^-} \tag{4.38}$$

4.2.5.2 模糊优选法

模糊优选法是基于模糊集理论提出的一种多属性决策方法。该方法认为"优"与"劣"这一对立概念的划分在方案决策过程中并不存在绝对清晰的界限，具有中间过渡性，即客观存在的模糊性，其基本思想是通过相对隶属度和目标函数的极小化来确定各方案对优的隶属度，据此实现方案排序。模糊优选法的主要计算步骤如下：

1）采用极值标准化公式对决策矩阵 $\boldsymbol{X}=(x_{ij})_{m\times n}$ 进行标准化，求得标准化决策矩阵 $\boldsymbol{Z}=(z_{ij})_{m\times n}$，其中

$$z_{ij}=\begin{cases}\dfrac{x_{ij}-x_{j\min}}{x_{j\max}-x_{j\min}} & 效益型指标 \\ \dfrac{x_{j\max}-x_{ij}}{x_{j\max}-x_{j\min}} & 成本型指标\end{cases} \tag{4.39}$$

式中：$x_{j\max}$ 和 $x_{j\min}$ 分别为第 j 个指标的最大值和最小值；标准化后的矩阵 $\boldsymbol{Z}$ 称为 $\boldsymbol{X}$ 对优

的相对隶属度矩阵；z_{ij} 为方案 i 指标 j 的特征值对优的相对隶属度。

2）根据优选的相对性原理，相对最优方案隶属度向量和相对最劣方案隶属度向量分别为：$\boldsymbol{G} = [g_1, g_2, \cdots, g_n]$，$\boldsymbol{B} = [b_1, b_2, \cdots, b_n]$，其中 $g_j = \bigvee\limits_{i=1}^{m} z_{ij}$，$b_j = \bigwedge\limits_{i=1}^{m} z_{ij}$。

3）计算各方案的指标值向量与相对最优、最劣方案隶属度向量之间的加权欧氏距离

$$\begin{cases} dg_i = \sqrt{\sum\limits_{j=1}^{n} [w_j \cdot (g_j - z_{ij})]^2}, i = 1, 2, \cdots, m \\ db_i = \sqrt{\sum\limits_{j=1}^{n} [w_j \cdot (b_j - z_{ij})]^2}, i = 1, 2, \cdots, m \end{cases} \tag{4.40}$$

4）定义 u_i 为方案 i 的相对优属度，其本质上度量了该方案关于全部指标的综合性能。从模糊集理论的角度分析，决策将以相对优属度 u_i 隶属于相对最优方案，即对优的相对隶属度为 u_i；$1 - u_i$ 则表示决策对劣的相对隶属度。模糊优选法以 u_i 作为方案评价的准则，u_i 越大方案越优，反之则越劣。为了计算 u_i 的大小，建立以下目标函数

$$\min F(u_i) = u_i^2 dg_i^2 + (1 - u_i)^2 db_i^2 \tag{4.41}$$

其微分函数满足以下条件

$$\frac{\mathrm{d}F(u_i)}{\mathrm{d}u_i} = 0 \tag{4.42}$$

根据最小二乘准则可以导出方案 i 的相对优属度计算公式为

$$u_i = \left\{ 1 + \frac{\sum\limits_{j=1}^{n} [w_j \cdot (g_j - z_{ij})]^2}{\sum\limits_{j=1}^{n} [w_j \cdot (z_{ij} - b_j)]^2} \right\}^{-1} \tag{4.43}$$

4.2.5.3 模糊物元法

物元分析是研究物元和求解不相容问题的一种方法，其理论框架由研究物元及其变化的物元理论和建立在可拓集合基础上的数学工具两个部分组成，主要思想是将解决问题的过程形式化，从而建立起相应的物元模型。模糊物元法是基于物元分析理论的一种多属性决策方法，该方法将模糊集理论与物元分析理论相结合，在物元分析的基础上还考虑了研究对象的模糊特性。

在模糊物元分析中，所描述的对象 $\boldsymbol{M}$ 及其特征 $\boldsymbol{C}$ 和具有模糊特性的量值 $\boldsymbol{x}$ 组成模糊物元 $\boldsymbol{R} = (\boldsymbol{M}, \boldsymbol{C}, \boldsymbol{x})$，一般将对象名称、特征和量值称为模糊物元的三要素。若对象 $\boldsymbol{M}$ 有 n 个特征 $C_1, C_2, \cdots, C_n$ 及其相应的量值 $x_1, x_2, \cdots, x_n$，则称 $\boldsymbol{R}$ 为 n 维模糊物元。m 个对象的 n 维模糊物元组合构成了从优隶属度模糊物元 $\boldsymbol{R}_{mn}$

$$\boldsymbol{R}_{mn} = \begin{bmatrix} & C_1 & C_2 & \cdots & C_n \\ M_1 & \mu(x_{11}) & \mu(x_{12}) & \cdots & \mu(x_{1n}) \\ M_2 & \mu(x_{21}) & \mu(x_{22}) & \cdots & \mu(x_{2n}) \\ \vdots & \vdots & \vdots & \ddots & \vdots \\ M_m & \mu(x_{m1}) & \mu(x_{m1}) & \cdots & \mu(x_{mn}) \end{bmatrix} \tag{4.44}$$

式中：M_i 为第 i 个对象；C_j 为第 j 个特征；x_{ij} 为第 i 个对象的第 j 个特征值；$\mu(\cdot)$ 为

从优隶属度函数，即

$$\mu(x_{ij}) = \begin{cases} \dfrac{x_{ij}}{\max x_{ij}} & \text{效益型指标} \\ \dfrac{\min x_{ij}}{x_{ij}} & \text{成本型指标} \end{cases} \quad (4.45)$$

定义标准模糊物元 $\boldsymbol{R}_{0n}$ 为 $\boldsymbol{R}_{mn}$ 中从优隶属度的最大值或者最小值，本节以最大值为最优，即 $\boldsymbol{R}_{0n}$ 中的各元素均等于 1。定义 $\boldsymbol{\Delta}_{ij}$ 为标准模糊物元 $\boldsymbol{R}_{0n}$ 与从优隶属度模糊物元 $\boldsymbol{R}_{mn}$ 中各元素的差平方，即 $\Delta_{ij} = [1-\mu(x_{ij})]^2$。模糊物元法采用欧氏贴近度 ρH_i 来度量方案的优劣，ρH_i 越大方案越优，反之则越劣，其计算公式如下

$$\rho H_i = 1 - \sqrt{\sum_{j=1}^{n} w_j \cdot \Delta_{ij}} \quad (4.46)$$

4.2.6 实例研究

4.2.6.1 水利工程联合调度方案

河湖水系系统水体是否能够有序流动，与水动力条件、水利工程调度、雨水情空间分布等因素有关，需要综合考虑系统内不同水利工程的调度模式。上一节已经进行了有序流动的工程能力建设，本节实例研究在 4.1 节最终选定的方案 A5 基础上开展水利工程调度研究。除了方案 A5 已明确的魏村水利枢纽、遥观南枢纽，本节算例关注研究区内①漕溪浜闸、②龚巷河北闸、③马杭枢纽、④采菱港枢纽、⑤大运河东枢纽、⑥南运河枢纽、⑦大通河东枢纽、⑧新闸、⑨大通河西枢纽的调度模式，上述水利工程仅考虑开启和关闭两种状态，直湖港、武进港、雅浦港闸关闭，其他闸门开启，其他泵站均关闭。

采用河湖水系系统整体组合模拟的方法寻求水利工程群最优的有序流动调度模式组合，定义水利工程群有序流动调度模式向量 $\boldsymbol{L}$ 为

$$\boldsymbol{L} = (x_{s1}^1, x_{s2}^2, x_{s3}^3, x_{s4}^4, x_{s5}^5, x_{s6}^6, x_{s7}^7, x_{s8}^8, x_{s9}^9) \quad (4.47)$$

式中：$\boldsymbol{L}$ 为模式向量；模式向量元素的数字上标表示水利工程序号，分别表示①漕溪浜闸、②龚巷河北闸、③马杭枢纽、④采菱港枢纽、⑤大运河东枢纽、⑥南运河枢纽、⑦大通河东枢纽、⑧新闸、⑨大通河西枢纽；向量元素的字母下标 $s1 \sim s9$ 分别表示 9 个水利工程所采用的调度模式序号，此算例中为开启或关闭。因此，对上述 9 个工程的启闭状态进行排列组合，共形成 512（2^9）组调度方案。

前文已将武进区河湖水系系统概化为 10 个片区、78 条河段（建模河段），因此基于 4.2.2 提出的指标体系，形成了水位安全度 ZF_i（对应各河段计 78 个）、排洪能力适配度 DF_i（对应各片区计 10 个）、排洪有序度 DS_i（对应各片区计 10 个）、供水水位满足度 ZS_i（对应各河段计 78 个）、引供水满足度 WS_i（对应各片区计 10 个）、流速适宜度 VS_i（对应各河段计 78 个）、水质指标达标度 WQ_i（对应各河段计 78 个）、湖泊生态水位保证度 ZE_i（滆湖，1 个）。选取上述共计 343 个参评指标，构建了由三个层次组成的多属性决策指标体系。根据系统的输入条件和控制条件，采用河湖水系系统整体组合模拟的方法对水利工程调度模型进行求解，计算得到 512 个有序流动调度方案的指标值矩阵。

4.2.6.2 主成分分析降维结果与验证

(1) 降维结果

本节对基于主成分分析的指标体系降维方法开展实例验证。图4.8给出了各指标之间的Pearson相关系数矩阵热力图（部分），从图中可以看出指标之间普遍存在不同程度的相关性，由于河湖水系系统内各对象之间的复杂水力联系，部分指标之间甚至呈现出高度相关的特征。指标之间的这种强相关性表明原始指标所包含的信息存在大量重叠，使得同一指标数据的趋势得到线性增强，从而影响了多属性决策的合理性和准确性，容易造成决策结果失真。

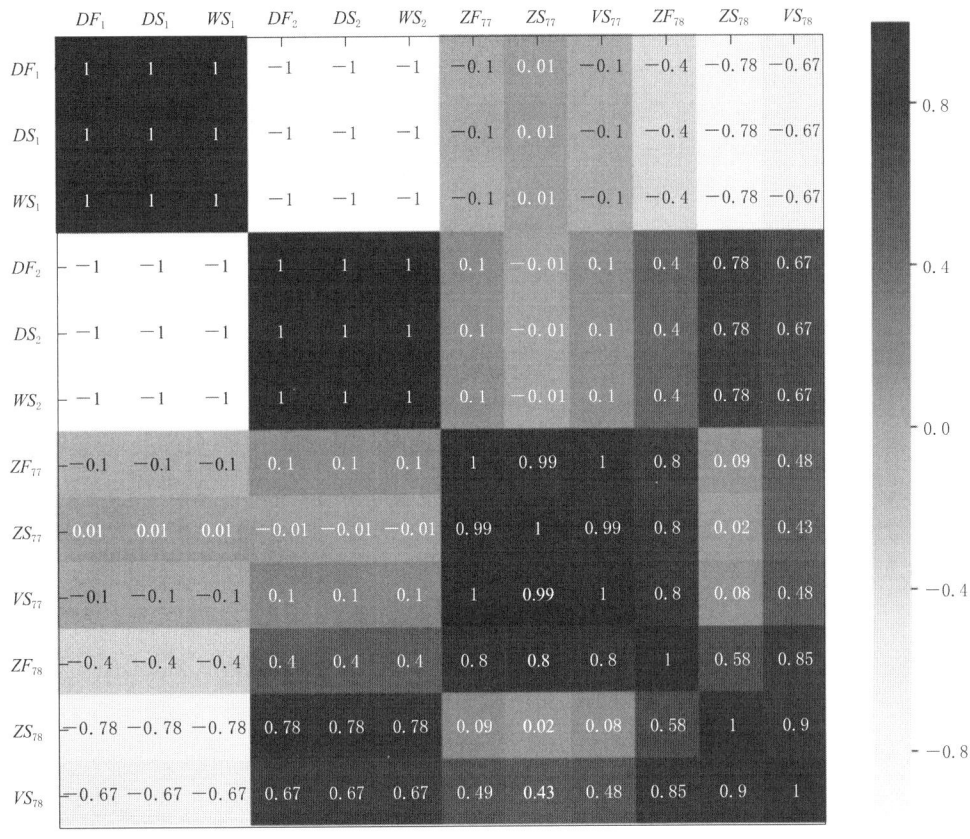

图4.8 相关系数矩阵热力图（部分）

采用主成分分析法对原始指标体系进行数据降维和去相关处理。根据累计方差贡献率大于85%的原则提取了两个主成分，分别记为第一主成分（Y_1）、第二主成分（Y_2）。两个主成分的累计方差贡献率达到了95%，表明所提取的主成分Y_1、Y_2基本保留了原始指标体系所包含的信息。为了进一步解释两个主成分的含义，本节采用方差极大旋转的方法对荷载矩阵进行去噪，即每个主成分只包含几个较大的荷载值，而其余的荷载值相对较小。表4.13中的主成分荷载矩阵表明：主成分Y_1反映了运北主城区参评指标（DF_1、DS_1、WS_1）、湖塘片参评指标（DF_2、DS_2、WS_2）和政平大河参评指标（ZS_{78}、VS_{78}）所包含的主要信息；主成分Y_2反映了礼嘉大河参评指标（ZF_{77}、ZS_{77}、VS_{77}）和政平大河参评指标（ZF_{78}）所包含的信息，荷载矩阵能够在一定程度上解释各个主成分的具体含义。

表 4.13　　　　　　　　　　　主成分荷载值（部分）

主成分	DF_1	DS_1	WS_1	DF_2	DS_2	WS_2	...	ZF_{77}	ZS_{77}	VS_{77}	ZF_{78}	ZS_{78}	VS_{78}
Y_1	-0.99	-0.99	-0.99	0.99	0.99	0.99	...	0.02	-0.08	0.02	0.39	0.85	0.71
Y_2	-0.05	-0.05	-0.05	0.05	0.05	0.05	...	0.98	0.99	0.98	0.87	0.16	0.55

表 4.14 给出了各防洪调度方案在主成分 Y_1、Y_2 上的得分值，计算可得 Y_1 和 Y_2 的 Pearson 相关系数等于 0，表明 Y_1 和 Y_2 两者相互独立。由此可知，基于主成分分析的指标体系降维方法在最大限度保留原始指标信息的基础上去除了指标之间的相关性，能够将复杂的原始指标体系简化为相互独立的综合指标体系，并利用荷载矩阵解释综合指标的具体含义。

表 4.14　　　　　　　　　　方案的主成分得分值（部分）

方案编号	Y_1	Y_2	方案编号	Y_1	Y_2
1	1.095	-0.599	5	-0.990	1.203
2	0.855	1.374	6	-0.998	-0.662
3	0.759	-0.633	...	...	...
4	-0.720	-0.683			

（2）结果验证

为了验证指标体系降维结果的合理性，同时采用三种经典的确定性多属性决策方法对指标体系降维前后的结果进行对比分析，计算结果见表 4.15。当采用原始指标体系进行计算时，三种多属性决策方法所确定的最优、次优和最差方案相互一致，但其他中间方案优劣排序略有差异。

最优方案为 7 号方案，如图 4-9（a）所示：①漕溪浜闸开启（$2m^3/s$ 北排）、②龚巷河北闸开启（$3m^3/s$）、③马杭枢纽开启（$10m^3/s$ 北排）、④采菱港枢纽开启、⑤大运河东枢纽开启、⑥南运河枢纽开启、⑦大通河东枢纽关闭、⑧新闸开启、⑨大通河西枢纽开启（$20m^3/s$ 北排）。采用最优方案调控后武进区河湖水系流动情况如图 4.10 所示。同时，采用 4.2.2 提出的方法对当前方案下河湖水安全保障情况进行了评价，可知采用 7 号方案调度后武进区水安全保障由原来的 62.33 分提高至 81.02 分，有序流动调控后河湖水安全保障有了大幅提升。

次优方案为 1 号方案，如图 4.9（b）所示：①漕溪浜闸开启（$2m^3/s$ 北排）、②龚巷河北闸开启（$3m^3/s$）、③马杭枢纽开启（$10m^3/s$ 北排）、④采菱港枢纽开启、⑤大运河东枢纽开启、⑥南运河枢纽开启、⑦大通河东枢纽开启、⑧新闸开启、⑨大通河西枢纽开启（$20m^3/s$ 北排）。

最差方案为 512 号方案：①漕溪浜闸关闭、②龚巷河北闸关闭、③马杭枢纽关闭、④采菱港枢纽关闭、⑤大运河东枢纽关闭、⑥南运河枢纽关闭、⑦大通河东枢纽关闭、⑧新闸关闭、⑨大通河西枢纽关闭。

当采用降维后的综合指标体系进行计算时，三种多属性决策方法所确定的方案排序完全一致。上述结果表明指标相关性导致的信息重复和干扰以及不同多属性决策方法之间的

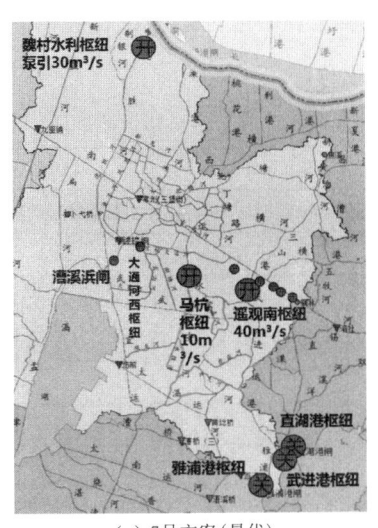 

(a) 7号方案(最优)　　　　　　(b) 1号方案(次优)

图4.9　有序流动最优、次优调度方案

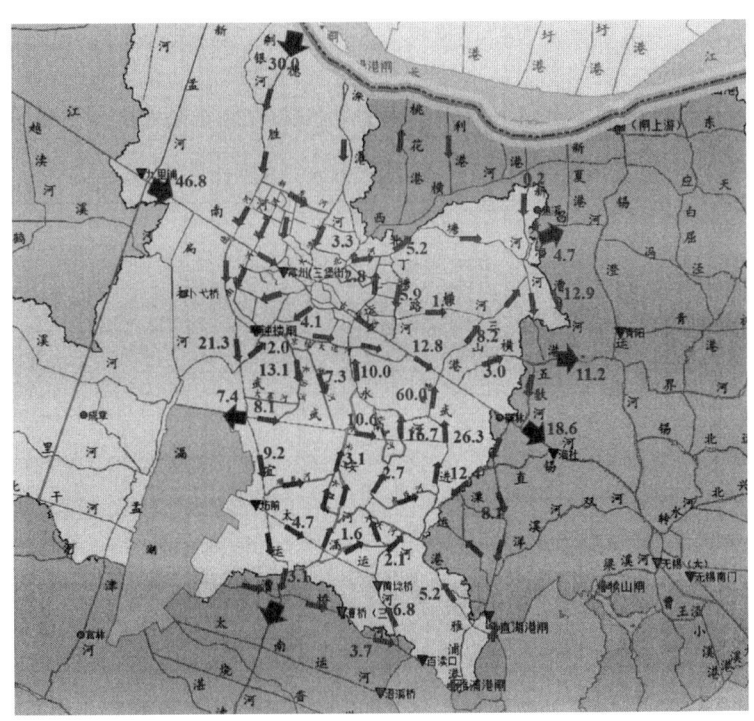

图4.10　有序流动最优调度方案下流动情况示意（单位：m³/s）

原理差异，容易导致决策结果失真，造成不同方法结果之间的差异；而基于主成分分析的指标体系降维方法能够有效地消除指标相关性的影响，确保不同方法决策结果的一致性。由于多属性决策问题中并不存在一个能够提前获知且绝对正确的方案排序作为基准，因而无法直接对决策结果的正确与否做出判断。一般而言，多属性决策方案排序结果的合理性分析需要综合衡量各方案在各个指标上的表现，看结果是否能够符合决策者的心理预期。由表 4.15 可知，7 号方案最终成为最优方案。

表 4.15　　指标体系转换前后的三种多属性决策方法计算结果对比（部分）

方案编号	理想点法				模糊优选法				模糊物元法			
	转换前		转换后		转换前		转换后		转换前		转换后	
	c_i	排序	c_i	排序	u_i	排序	u_i	排序	ρH_i	排序	ρH_i	排序
1	0.740	2	0.903	2	0.673	2	0.989	2	0.465	2	0.903	2
2	0.299	5	0.457	5	0.545	4	0.423	5	0.361	4	0.273	5
3	0.406	4	0.509	4	0.628	3	0.527	4	0.453	3	0.370	4
4	0.576	3	0.554	3	0.384	5	0.598	3	0.262	5	0.390	3
…	…	…	…	…	…	…	…	…	…	…	…	…
7	0.884	1	0.993	1	0.709	1	1.000	1	0.486	1	0.995	1
…	…	…	…	…	…	…	…	…	…	…	…	…
512	0.097	512	0.084	512	0.270	512	0.008	512	0.154	512	0.059	512

为了验证 7 号方案是否真正符合决策者的心理预期，进行进一步的分析。在前述实例研究中已将有序流动的最主要的动力需求转化为片区的流量需求，本实例研究是希望在该动力条件下实现有序流动，因此本节统计了不同方案下各片区总入流及补水天数，见表 4.16。

表 4.16　　不同方案下各片区总入流及补水天数统计（部分）

分区名称	槽蓄量/万 m^3	补水天数						
		1号	2号	3号	4号	…	7号	…
采菱东南片	504.5	3.13	3.91	3.89	3.21	…	3.78	…
湖塘片	1293.9	4.04	5.23	4.51	4.28	…	4.39	…
黄天片	210.9	1.00	1.59	1.70	0.97	…	0.71	…
黄桥港区	260.5	2.44	2.87	2.70	2.55	…	2.56	…
马安河南片	286.2	3.42	6.22	6.42	3.35	…	3.08	…
礼嘉洛阳片	601.5	9.92	24.01	22.17	9.51	…	7.10	…
武南片	520.2	5.92	4.02	4.56	4.97	…	2.45	…
雪堰片	539.4	12.74	11.76	10.44	14.39	…	13.81	…
平均补水天数	—	5.33	7.45	7.05	5.40	…	4.74	…

由表可知，7 号方案调度下进入武进区不同片区的平均流量最高、平均补水天数最低为 4.74 天，时间更短。总体而言，本实例的多属性决策结果较好地反映了河湖水系系统中水利工程群的协调关系，符合决策者的心理预期，取得了合理的应用效果。

4.3　河湖水系连通多目标协同调控技术

根据河湖水系连通网络的功能特性，基于自然环境变量和人类对水资源需求进行可变权重体系的研究，建立河湖连通的多目标体系，构建不同功能所对应的目标函数；引入可变权重的多目标系统，建立基于环境变量的可变权重函数；通过目标函数和权重体系，构建河湖水系连通多目标协同调控优化技术。

河湖水系连通的目标包括洪水防治、干旱补偿、供水发电、交通航运等多方面，因此合理的调度准则是保障河湖水系连通发挥功能的重要环节。本节将提供河湖水系连通治理的协同调度优化准则，为河湖水系连通治理关键技术研究提供有力支撑，为建成"布局优化-联合调度-目标协同-风险管控"的河湖水系连通治理技术体系提供技术保障。

4.3.1 河湖水系连通工程调度目标函数与约束条件

4.3.1.1 河湖水系连通的多目标规划问题

在很多实际问题中，所追求的目标有多个，此类问题称为多目标问题，不能用单目标方法直接求解，而需要用"多目标优化"方法进行求解。各类研究均涉及多目标规划问题，尤其是一些水电工程的建设与调度问题和水资源配置问题。多目标规划问题特点为：①追求的目标有两个以上；②各个目标之间有矛盾性；③各个目标未经处理之前常具有不可公度性；④通常不能求得"绝对最优解"，只能求得"满意解"；⑤问题的解是一个集合——解集，决策人可以根据"偏好"选择定解。

在河湖水系连通问题中追求的目标不是单一的，河湖水系连通工程具有防洪抗旱、灌溉供水、生态修复等多重功能，所产生的效益包括防洪效益、灌溉效益和生态效益等。故河湖水系连通问题应视为多目标规划问题进行分析。

4.3.1.2 河湖水系连通的分目标函数体系

多目标问题的目标函数是由多个分目标函数组成的向量值函数。根据河湖水系连通工程的功能特性，可将河湖水系连通的目标函数分为防洪效益、生态效益、灌溉效益（农业）、航运效益以及其他效益。

（1）防洪效益目标

洪灾损失可以分为有形损失和无形损失。有形损失指代可以用货币指标或实物指标计算的损失，有形损失又可分为直接损失和间接损失。直接损失由洪水直接造成，如农作物的减产、失收，房屋、设备、物资、工程设施等的损坏，工商企业因洪水而停工、停产而减少的创造的社会财富等。间接损失由直接损失造成，如运输线的中断给工矿企业带来的原材料的短缺而造成的停业损失或成本增加，农作物减产而引起的其他行业的各种损失等。无形损失指无法用货币或实物指标计量的损失，如因洪水造成的疾病、精神上的痛苦，洪水淹没区居民的恐慌、社会不安定因素的影响，党政机关无法正常工作，学校停课，文物古迹的破坏以及生态环境的恶化等。

防洪效益可按在有、无防洪工程条件下的洪灾财产损失之差来计算。由于洪水是随机的，所以防洪效益在年季间差别很大，因此防洪效益不能只计算某一年的，本节选择计算多年平均防洪效益作为代表。多年平均洪水损失和防洪效益的计算方法主要有两种：频率法和实际年系列法。近年来，亦有学者提出采用随机模拟的方法来计算防洪效益，利用蒙特卡洛法模拟产生上游洪水来流量系列，发生致灾洪水就产生防洪效益的方法来计算防洪效益。下面简单介绍以下三种计算防洪效益的方法。

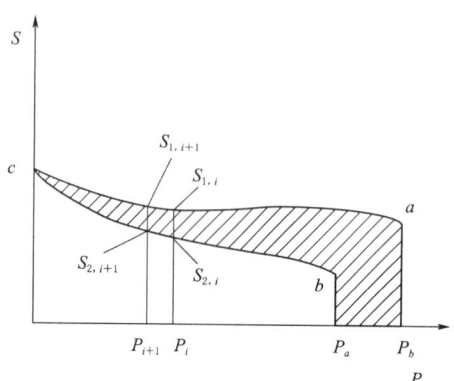

图 4.11 洪灾损失-频率曲线

1) 频率法。对不同频率的洪水进行调查计算，绘制出洪灾损失-频率曲线，从而计算出多年平均洪灾损失值。计算步骤如下：

a. 对兴建防洪工程和不兴建防洪工程两种情况分别计算不同频率洪水时的洪灾损失，绘制洪灾损失-频率曲线，如图 4.11 所示。

由于一般河道在未兴建防洪工程时也具有一定的防洪能力，因此在发生 $P \geqslant P_a$ 的洪水时，不产生洪灾。修建防洪工程后，防洪标准提高到 P_b，当 $P \leqslant P_b$ 时，仍会发生一定的洪灾损失，不过比起工程修建前已经大大减少。

b. 有无防洪工程的洪灾损失-频率曲线包围的面积 $acbP_aP_b$ 就是该防洪工程的多年平均防洪效益。

无防洪工程时多年平均洪灾损失为

$$\overline{S}_1 = \int_0^{P_a} S_1 \mathrm{d}p = \sum_{i=1}^n (P_i - P_{i+1}) \frac{S_{1,i} + S_{1,i+1}}{2}$$
$$= \sum_{i=1}^n \Delta P_i \overline{S_{1,i}} \tag{4.48}$$

修建防洪工程后多年平均洪灾损失为

$$\overline{S}_2 = \int_0^{P_b} S_2 \mathrm{d}p = \sum_{i=1}^n (P_i - P_{i+1}) \frac{S_{2,i} + S_{2,i+1}}{2}$$
$$= \sum_{i=1}^n \Delta P_i \overline{S_{2,i}} \tag{4.49}$$

因此，工程的多年平均防洪效益为

$$\overline{b} = \overline{S}_1 - \overline{S}_2 \tag{4.50}$$

2) 实际年系列法。在长系列水文资料中，选一段洪水资料较全、有代表性的实际年系列，逐年计算每次实际发生洪水的洪灾损失，以此系列的洪灾损失的算术平均值作为多年平均洪灾损失。

应用此方法所选用的水文系列的代表性对计算成果有较大的影响。若实际系列中大洪水年份集中，计算出的多年平均损失就偏大；若枯水年集中，多年平均损失就偏小。

3) 随机模拟法。防洪经济分析是一个随机问题，具有不确定性，所以可以用随机模拟的方法来进行求解。蒙特卡洛法是通过随机变量的统计试验，随机模拟，来解决工程技术问题的近似数值解法。

应用蒙特卡洛法模拟年极值流量的基本步骤如下。

a. 产生 (0，1) 均匀分布随机数，并对产生的随机数进行参数检验、均匀性检验、独立性检验。

b. 已知流量序列的均值、标准差及偏态系数，应用反变换法即可求出不同洪峰频率的流量值。

蒙特卡洛法克服了实际资料序列短的不足，通过对实际观测序列及历史资料的统计，用计算机再现水文极值序列，使得防洪效益计算值更加符合客观实际。

选用频率法进行防洪效益的计算，并用随机模拟法对其进行验证。

(2) 生态效益目标

生态效益指建设项目在维护和改善生态环境方面获得的效能和利益。

1) 经分析，河湖水系连通工程的生态效益需分析的基本内容如下：

a. 局部和区域气候调节效益。根据观测资料，分析工程建设区域内的小气候特征，评价工程的气候调节效益。

b. 地下水补给。通过测量对比河湖水系连通工程前后周边区域的地下水位，分析该工程补给地下水方面的效益。

c. 水质改善。检测工程建设前后河湖的水质，进行对比与分析，得出水质改善效益。

d. 对水生生物的影响，检测分析工程对河湖水系水生生物的影响，包括水生植物与水生生物的多样性等。

2) 生态效益的评价方法主要有以下几种：

a. 市场价值法。市场价值法将生态环境看成是生产要素，环境质量的变化导致生产率和生产成本的变化，从而引起产值和利润的变化，而产值和利润是可以用市场价格来计量的。市场价值法就是利用因环境质量变化引起的产值和利润的变化来计量环境质量变化的经济效益或经济损失。

b. 机会成本法。任何一种自然资源的使用，都存在许多相互排斥的备选方案。为了做出最有效的选择，必须找出社会经济效益最大的方案。资源是有限的，且具有多种用途，选择了一种使用机会就放弃了其他使用机会，也就失去了相应的获得效益的机会，把其他使用方案中获得的最大经济效益，称为该资源选择方案的机会成本。

在环境污染或破坏带来经济损失计算中，由于环境资源是有限的，环境污染了就失去了其他的使用机会。在资源短缺的情况下，可用它的机会成本作为由此引起的经济损失。这里必须强调，资源必须是稀缺的，资源污染的损失才是机会成本，否则机会成本为零。

c. 恢复和防护费用法。全面评价环境质量改善的效益，在很多情况下是很困难的。实际上，许多有关环境质量的决策是在缺少对效益进行货币评价的基础上进行的。对环境质量的最低估计可以从减少有害环境影响所需要的经济费用中获得，可把恢复或防止一种资源不受污染所需的费用，作为环境资源破坏带来的最低经济损失。

d. 影子工程法，是恢复费用法的一种特殊形式，是在环境破坏后人工建造一个工程来代替原来的环境功能，用建造新工程的费用来估计环境污染或破坏所造成的经济损失的一种方法。

e. 调查评价法。在缺乏价格数据时，不能应用市场价值法。可以通过向专家或环境资源的使用者进行调查，以获得环境资源的价值或环保措施的效益。常用的方法有专家评估法、投标博弈法。专家评估法就是通过专家对环境资源价值或环境保护效益进行评价的一种方法。投标博弈法是被询问者参加某项投标过程确定支付要求或补偿愿望的方法。

3) 河湖水系连通工程的生态效益可细分为水土保持生态效益、改善水质的环境效益和饮水安全效益进行计算，以下为具体计算公式方法：

a. 水土保持生态效益。水土保持效益是通过增加植被覆盖率修筑各类工程设施等方法,防治水土流失,减少风沙等灾害和河流泥沙淤积,改善生态环境的效益。水土保持效益的计算,采用市场价值法,即

$$V_1 = P\lambda S(Q_1 - Q_0) \tag{4.51}$$

式中:V_1 为水土保持生态效益,亿元;Q_0、Q_1 为实施水土保持措施前、后单位面积产量,采用单位面积粮食产量,t/hm²;S 为计算期水土保持措施的保存利用面积,采用水土流失治理面积,取自《中国水利统计年鉴》,hm²;P 为产品的单价,采用粮食综合单价,均取自《中国统计年鉴》,元/t;λ 为水土保持单项增产值分摊系数,根据不同的计算区域,分别取值,%。

b. 改善水质的环境效益。水环境改善效益是通过提高水质,节约水处理费用,降低供水成本,促进工农业生产和渔业、旅游业发展所产生的效益。水质改善效益很难用简单的公式计算,根据水污染与经济损失函数图,可采用以下双曲线函数作为水污染经济损失函数,表达式为

$$Y = K\frac{e^{\alpha(X-N)} - 1}{e^{\alpha(X-N)} + 1} + M$$
$$V_2 = Y_1 - Y_0 \tag{4.52}$$

式中:Y、M、K 为不同水质状况下水环境污染经济损失;α 为水污染敏感系数;X、N 为水质类别,与水污染与经济损失函数图对应;V_2 为改善水质效益;Y_0、Y_1 分别为基年和计算年份的水环境污染经济损失。

c. 饮水安全效益。饮水安全效益是指居民能够及时、方便地获得足量、洁净、负担得起的生活饮用水而带来的效益,采用人力成本法计量。人力成本法认为人即劳动力,是一种生产要素,需要不断从环境中汲取维持生命的物质和能量。生态环境质量对人类健康造成很大影响,故可以通过生态环境的改善对人的劳动能力提高而带来的经济收益来衡量生态效益,即计算由于提供安全饮水节约的劳动力来量化饮水安全效益。具体计算公式如下

$$V_3 = LW\lambda \tag{4.53}$$

式中:V_3 为饮水安全效益,亿元;L 为年节约劳动力,工日;W 为日均收入,元;λ 为修正系数,%。

根据水利部抽样调查结果,每年因安全饮水户均节约劳动力 30 工日,结合第六次人口普查结果,户均 3.22 人,故

$$\begin{aligned}L &= 该年累计解决饮水安全人数 \times (户均节约劳动力 \div 户均人数)\\ &= 该年累计解决饮水安全人数 \times 9.32\end{aligned} \tag{4.54}$$

饮水安全人数、人均纯收入分别取自《中国水利统计年鉴》和《中国统计年鉴》,结合实际情况,修正系数取 0.75。

则生态效益为

$$V = \sum_{i=1}^{3}\omega_i V_i \tag{4.55}$$

其中

$$\sum_{i=1}^{3}\omega_i = 1$$

4.3 河湖水系连通多目标协同调控技术

(3) 灌溉效益目标

灌溉效益为由于兴建灌溉工程而带来的农业增产、经济效益、社会效益和环境效益的总和，可按有灌溉工程与无灌溉工程相对比所增加的农产品的产值计算。

灌溉效益的计算方法有分摊系数法、扣除农业生产费用法和灌溉保证率法三种。

此处选取以灌溉保证率为参数推算多年平均增产效益。经过调查灌溉工程建成后当地保证年份及破坏年份的产量后，灌溉效益可按下式计算

$$\begin{aligned} B &= A[Y(P_1-P_2)+(1-P_1)\alpha_1 Y-(1-P_2)\alpha_2 Y]V \\ &= A[YP_1+(1-P_1)\alpha_1 Y-(1-P_2)\alpha_2 Y-YP_2]V \\ &= A[YP_1+(1-P_1)\alpha_1 Y-Y_0]V \end{aligned} \quad (4.56)$$

式中：A 为灌溉面积，亩；P_1、P_2 分别为有、无灌溉工程时的灌溉保证率；Y 为工程保证年份的多年平均亩产量，kg/亩；Y_0 为无工程时的多年平均亩产量，kg/亩；α_1、α_2 为减产系数；V 为农产品价格。

(4) 航运效益目标

通航效益是指有、无航运项目对比所能增加的效益，包括扩大航道通过能力、通过改善航道条件降低航运成本和航道维护费。

目前航运效益的计算方法主要有节省成本法和替代法两种。此处利用计算期的总折现效益或年折现效益替代表示，计算表达式如下

$$\begin{aligned} B_N &= \sum_{i=1}^{n}[(Q_i-Q_0)R(1+i_s)^{-t}] \\ &+ \sum_{i=1}^{n}[Q_0\Delta C(1+i_s)^{-t}] \\ &+ \sum_{i=1}^{n}[(\Delta P_1-\Delta P_2)_1(1+i_s)^{-t}] \end{aligned} \quad (4.57)$$

式中：B_N 为航运效益；Q_i 为第 i 年的客货运量；R 为影子运价；Q_0 为航道原有通过能力的客货运量；ΔC 为有无水库情况下的航运成本之差；ΔP_1 为有水库时节省的航道维护费；ΔP_2 为有水库时增加的航道维护费；i_s 为社会折现率；n 为计算期。

(5) 其他效益目标

其他效益包括泥沙效益等不易计算的效益，采用市场价值法进行计算。

4.3.1.3 河湖水系连通的多目标体系

河湖水系连通体系的建立首先需要设定目标函数，根据以上各分目标函数，河湖水系连通的目标函数可表示为

$$Z = opt\{f[f_1(x),f_2(x),f_3(x),f_4(x),f_5(x)]\} \quad (4.58)$$

式中：$f_1(x)$、$f_2(x)$、$f_3(x)$、$f_4(x)$、$f_5(x)$ 分别为河湖水系连通工程的防洪、生态、灌溉、航运以及其他五个方面的效益函数。

目前多目标规划的分析方法有约束法、分层序列法、评价函数法、功效系数法和目的规划法。其中评价函数法的基本思想是用某种评价函数将多目标转化为单目标进行分析，常见的评价函数法有：理想点法、线性加权法、平方和加权法、min-max 法和乘除法。在本研究中，初步选用平方和加权法，并引入基于环境变量的可变权重函数。评价函数

如下

$$Z = \sum_{i=1}^{5} \omega_i [f_i(x) - f_i^0]^2 \tag{4.59}$$

其中

$$\sum_{i=1}^{5} \omega_i = 1$$

式中：f_i^0 为各目标尽可能好的下界，要求 $f_i^0 \leqslant f_i^*$，$i=1,2,\cdots,5$，其中 f_i^* 为各目标函数的理想值（可以是单目标时的极小值，也可以是决策者希望值）。采用不同的权系数组合和不同的下界值可求得不同偏好的解。

4.3.2 水系连通多目标优化准则与方法

由于河网水系的功能需要是随水文条件、自然环境、时间空间和人类需求的变化而改变的。因此各个分项目标的权重也随之改变，固定的权重体系无法再满足河湖水系连通的优化调度。所以需要根据河湖水系连通网络的功能特性，建立基于自然环境变量和人类对水资源需求的可变权重体系，即对河湖水系连通体系目标函数中各分目标函数的权重值的计算进行分析。

4.3.2.1 min-max 标准化处理方法

由于不同评价指标的量纲及量纲单位不同，会影响数据分析的结果，所以为了消除指标量纲的影响，需要进行数据标准化处理，本节大部分标准化处理选用 min-max 标准化处理方法，计算公式如下

$$x^* = \frac{x - \min}{\max - \min} \tag{4.60}$$

式中：max 为样本数据的最大值；min 为样本数据的最小值。

4.3.2.2 常权重系数确定

权重系数体现了某一指标在决策中的重要程度。权重系数的确定主要有主观定权法、客观定权法和主客观结合的定权法三种。

主观定权法是一种由决策者根据主观上对各指标的重视程度来决定权重系数的方法，常见的主观定权法有 Delphi 法、层次分析法（AHP）、二项系数法等。通过主观定权法，专家可以根据实际的决策问题和自身专业知识、丰富经验合理地确定各指标的权重，但缺点是这样的决策和评价结果有较强的主观臆断性，缺乏客观性。

鉴于主观定权法的缺点，人们又提出了客观定权法，常见的方法有主成分分析法、熵值法等。客观定权法主要根据原始数据之间的关系来确定权重系数，因此客观性较强。但客观定权法没有考虑决策者的主观意向，故有的时候得到的权重可能与人的主观意向或实际情况不一致。

主客观结合的定权法又称为组合定权法，它结合了主观定权法和客观定权法的优缺点，同时基于指标数据之间的内在关系和专家经验对指标的判断进行权重系数的赋值。这种方法在很多研究中得到了应用，最后结果也更加全面科学。本研究首先采用主客观定权法得到常权重系数，其中主观定权选用层次分析法（AHP），客观定权选用熵值法，具体计算方式介绍如下。

4.3 河湖水系连通多目标协同调控技术

20世纪70年代，Saaty提出将分解和综合的思维过程用数学方法描述的层次分析法（AHP）（主观定权法），这简化了系统的分析和计算，使思维过程层次化，逐层比较多种关联因素，并将一些定性或半定性的因素加以量化，为分析、评价、决策或控制事物的发展提供定量依据。

层次分析法首先要根据问题的性质和总目的，将问题分解成不同的组成因素，并按照它们间的相互联系和隶属关系划分成不同层次的组合，构成一个多层次的系统分析结构模型；接着对每一层次各元素（或因素）的相对重要性做出判断；然后通过各层次因素的单排序和逐层的总排序，最终计算出最底层的诸元素相对于最高层重要性权值，从而确定诸方案的优劣排序。

将问题所包含的因素分层，用层次框图描述层次的递阶结构和因素的从属关系。通常可划分为最高层、中间层和最低层。最高层表示要解决问题的目标。中间层为实现总目标而采取的策略、准则等，一般可分为策略层、约束层、准则层等。最低层表示用于解决问题的措施、方案、政策等。当上一层次的元素与下一层次的所有元素都有联系时称完全的层次关系；也可只与下一层次的部分元素有联系，此时称不完全的层次关系。各层次间也可以建立子层次，子层次从属于主层次中某个元素，又与下一层次的元素有联系。图4.12给出了河湖水系连通多目标协同调控的层次结构模型。

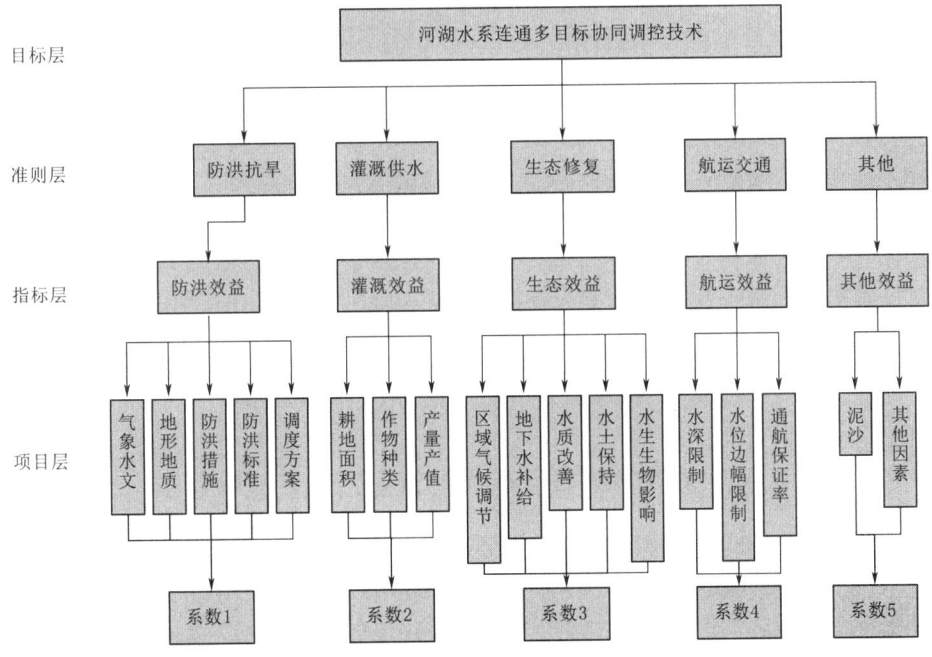

图4.12 河湖水系连通多目标协同调控层次结构模型

4.3.2.3 变权重系数确定

变权重系数的确定是有难度的，经过对比分析，先采用主客观赋权得到常权重系数，然后引入变权公式计算变权重系数。

常权重系数不会因状态量的变化而发生变化，但河网水系的功能需要是随水文条件、自然环境、时间空间和人类需求的变化而改变的,各个分项目标的权重也随之改变,这就需要引入基于环境变量的变权重系数。在河湖水系连通多目标协同调控中引入变权公式

$$\omega_j^v = \frac{\omega_j}{x_j} \Big/ \sum_{k=1}^{n} \frac{\omega_k}{x_k} \tag{4.61}$$

式中:ω_j^v 为第 j 项指标的变权重系数;x_j 为第 j 个综合状态量的评分值;n 为综合状态量的个数;ω_j 为第 j 个综合状态量的常权重系数。

4.3.2.4 基于环境变量的可变权重系数模型

图 4.13 所示为流域基于环境变量的变权重系数模型流程。首先,在已有资料的基础上分析不同环境和人类社会对河湖水系连通的需求,按照需求对评价指标进行选取。随后,基于建立的河湖水系连通目标体系函数和可变权函数,采用主客观定权法确定常权重系数,结合评价指标确定变权重系数,构建河湖水系连通水网的协同调控准则和协同调控优化技术。

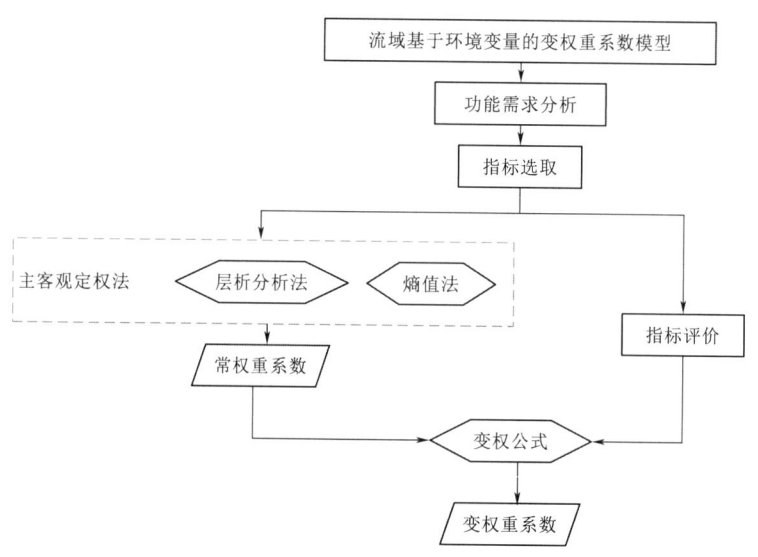

图 4.13 流域基于环境变量的变权重系数模型流程

4.3.3 典型区域河湖水系连通多目标优化调度方法

本节以淮河流域 2002—2018 年数据为例进行各项指标评价以及基于环境变量的多目标可变权重系数分析,数据来源于 CSMAR(China Stock Market & Accounting Research Database)数据库。

4.3.3.1 目标体系分析

在已有资料的基础上,分析河湖水系连通的不同功能,建立河湖连通的多目标体系,构建不同功能所对应的目标函数。

选取淮河流域 2002—2018 年的包含地表水资源以及地下水资源的水资源总量平均监测值作为分析数据,对其防洪功能进行评价。淮河流域 2002—2018 年历年水资源总量如图 4.14 所示。

4.3 河湖水系连通多目标协同调控技术

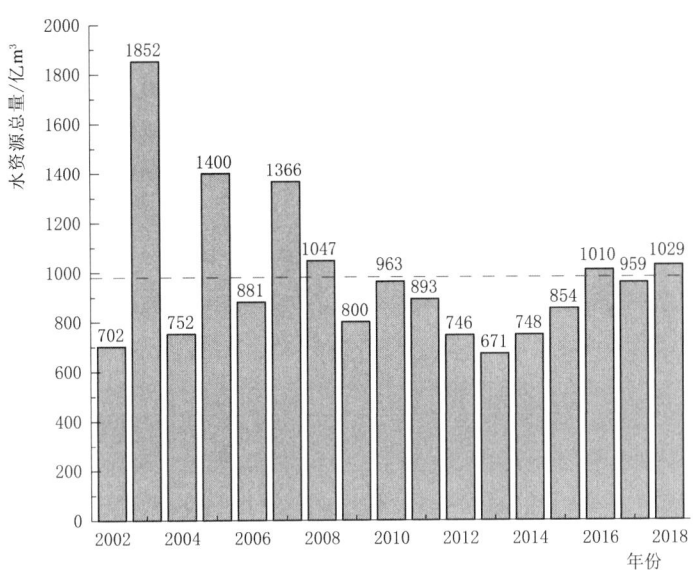

图 4.14 淮河流域 2002—2018 年水资源总量

将淮河流域多年平均水资源总量作为水量评价的划分标准。当年水资源总量低于多年平均水资源总量时，水量越少，蓄水量越小，可用水资源量越少，造成淮河流域干旱灾害可能性越大，评分越低；当年水资源总量高于多年平均水资源总量时，水量越多，可用水资源量虽然越多，但造成淮河流域洪涝灾害可能性越大，评分越低。计算公式如下

$$f_i = \begin{cases} 1 - \dfrac{Q_{总i} - \overline{Q_{总}}}{\overline{Q_{总}}}, & Q_{总i} \geqslant \overline{Q_{总}} \\ 1 + \dfrac{Q_{总i} - \overline{Q_{总}}}{\overline{Q_{总}}}, & Q_{总i} < \overline{Q_{总}} \end{cases} \quad (4.62)$$

式中：f_i 为淮河流域 i 年的水资源总量赋分值；$Q_{总i}$ 为 i 年的水资源总量，亿 m^3；$\overline{Q_{总}}$ 为多年平均水资源总量，亿 m^3。

根据以上所述赋分标准，对淮河流域 2002—2018 年的水资源总量进行赋分，得到淮河水资源总量历年评价，见表 4.17。

表 4.17 淮河流域水资源总量历年评价

年份	2002	2003	2004	2005	2006	2007	2008	2009	2010
水量评价	0.72	0.11	0.77	0.57	0.90	0.61	0.93	0.82	0.98
年份	2011	2012	2013	2014	2015	2016	2017	2018	
水量评价	0.91	0.76	0.68	0.76	0.87	0.97	0.98	0.95	

选取淮河流域 2000—2008 年的全年水资源质量评价数据（图 4.15）作为分析数据，对其进行水质评价分析。

对淮河水资源质量等级标准定义见表 4.18。通过表 4.18 及图 4.15 中各类河长占比计算淮河各年水资源质量评价，结果见表 4.19。

4 河湖水系连通治理关键技术

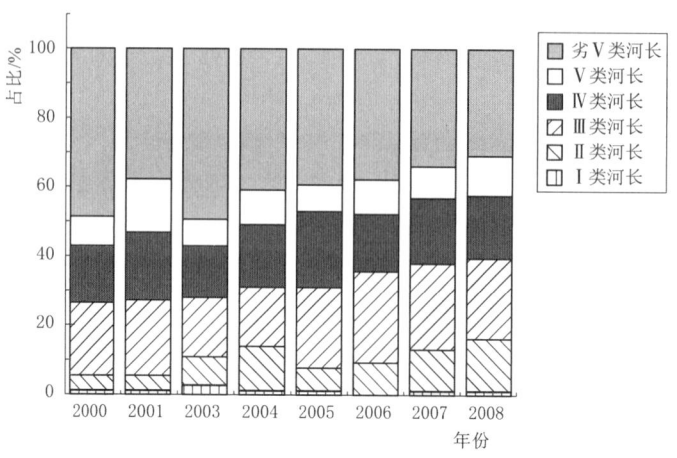

图 4.15 淮河流域 2000—2008 年水资源质量评价

表 4.18　　　　　　　　　淮河流域水资源质量等级标准

分值	0.8~1	0.6~0.8	0.4~0.6	0.2~0.4	0~0.2	0
水质等级	Ⅰ类河长	Ⅱ类河长	Ⅲ类河长	Ⅳ类河长	Ⅴ类河长	劣Ⅴ类河长

表 4.19　　　　　　　　　淮河流域水资源质量各年评价

年份	2000	2001	2003	2004	2005	2006	2007	2008
水质评价	0.10	0.11	0.11	0.13	0.13	0.13	0.14	0.15

选取淮河流域 2002—2018 年的年度农业供水数据（图 4.16）作为分析数据，对其进行农业供水评价分析。

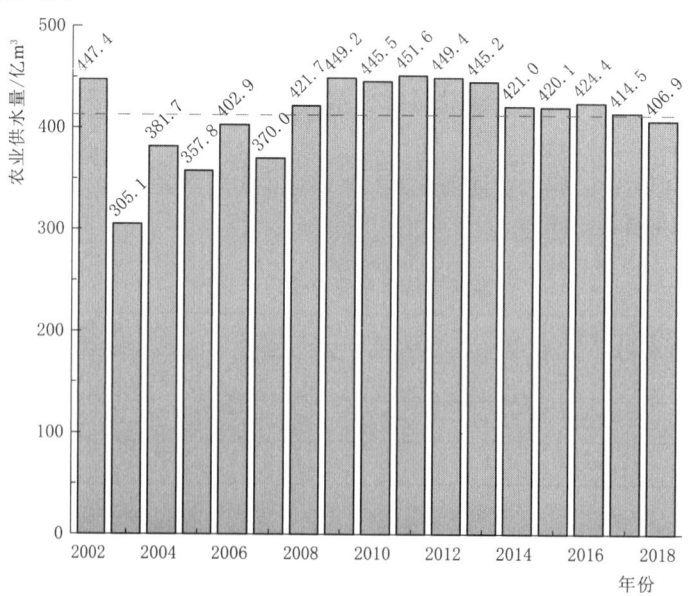

图 4.16 淮河流域 2002—2018 年年度农业供水量

4.3 河湖水系连通多目标协同调控技术

使用 min-max 法对淮河流域年农业供水量数据进行归一化处理,年农业供水量越小评价越低,评价结果见表 4.20。

表 4.20 淮河流域农业供水量历年评价

年 份	2002	2003	2004	2005	2006	2007	2008	2009	2010
农业供水量评价	0.97	0.00	0.52	0.36	0.67	0.44	0.80	0.98	0.96
年 份	2011	2012	2013	2014	2015	2016	2017	2018	
农业供水量评价	1.00	0.98	0.96	0.79	0.78	0.81	0.75	0.69	

淮河流域的生态评价以淮河流域 2003—2018 年生态供水数据(图 4.17)作为分析数据,对其进行分析。

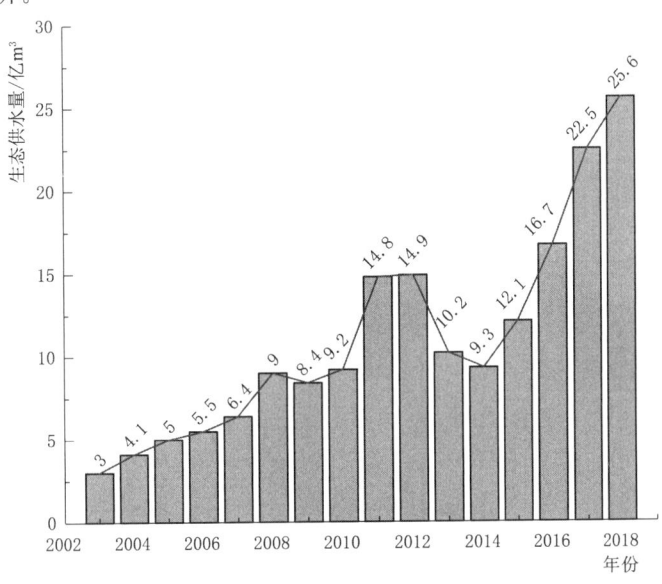

图 4.17 淮河流域 2003—2018 年年度生态供水量

使用 min-max 法对淮河流域年生态供水量数据进行归一化处理,年生态供水量越小评价越低,评价结果见表 4.21。

表 4.21 淮河流域生态供水量历年评价

年 份	2003	2004	2005	2006	2007	2008	2009	2010
生态供水量评价	0.00	0.05	0.09	0.11	0.15	0.27	0.24	0.27
年 份	2011	2012	2013	2014	2015	2016	2017	2018
生态供水量评价	0.52	0.53	0.32	0.28	0.40	0.61	0.86	1.00

泥沙评价以淮河流域蚌埠水文控制站测得的 2002—2013 年、2016—2018 年输沙模数数据(图 4.18)作为分析数据,对其进行分析。

输沙模数是指某一时段内流域输沙量与相应集水面积的比值。输沙模数是表示流域侵蚀产沙强度的指标之一,是流域内地貌、地面组成物质、气候、植被覆盖以及人类活动对泥沙综合影响的结果和反映,也是研究流域侵蚀产沙规律,进行水土保持规划、水利工程

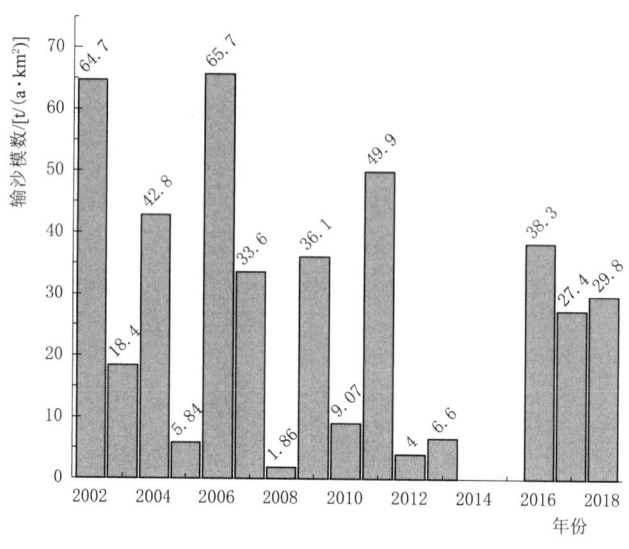

图 4.18 淮河流域 2002—2018 年输沙模数

设计等的最基本依据。输沙模数越高,该流域水土流失越严重;输沙模数越小,该流域水土流失越弱。故泥沙评价标准为输沙模数越小评价越高。评价结果见表 4.22。

表 4.22 淮河流域泥沙评价历年评价

年 份	2002	2003	2004	2005	2006	2007	2008	2009
泥沙评价	0.02	0.74	0.36	0.94	0.00	0.50	1.00	0.46
年 份	2010	2011	2012	2013	2016	2017	2018	
泥沙评价	0.89	0.25	0.97	0.93	0.43	0.60	0.56	

4.3.3.2 常权重系数

采用主客观定权法得到常权重系数,其中主观定权选用层次分析法,各项指标的权重求解结果见表 4.23;客观定权选用熵值法,各项指标的权重 β 求解结果见表 4.24;再通过定权公式得到最终常权重系数 ω_j 结果见表 4.25。

表 4.23 层次分析法各指标权重求解结果

指 标	水量	水质	农业供水	生态	泥沙
权重系数	0.16	0.23	0.27	0.30	0.04

表 4.24 熵值法各指标权重求解结果

指 标	水量	水质	农业供水	生态	泥沙
权重系数	0.21	0.20	0.20	0.19	0.20

表 4.25 主客观定权法各指标权重求解结果

指 标	水量	水质	农业供水	生态	泥沙
权重系数	0.17	0.23	0.27	0.29	0.04

4.3.3.3 变权重系数

通过变权重公式计算淮河流域2002—2018年各年各项指标基于环境变量的变权重系数,结果见表4.26。

表4.26　　　　　　　各年基于环境变量的变权重系数结果

年份	水量	水质	农业供水	生态	泥沙
2002	0.09		0.11		0.80
2003	0.17	0.23	0.29	0.31	0.01
2004	0.03	0.21	0.06	0.69	0.01
2005	0.05	0.29	0.12	0.53	0.01
2006	0.04	0.35	0.08	0.53	0.00
2007	0.06	0.36	0.13	0.43	0.02
2008	0.05	0.43	0.10	0.30	0.11
2009	0.12		0.15	0.68	0.05
2010	0.11		0.18	0.68	0.03
2011	0.16		0.23	0.47	0.14
2012	0.21		0.25	0.50	0.04
2013	0.17		0.19	0.61	0.03
2014	0.14		0.21	0.65	
2015	0.15		0.27	0.57	
2016	0.16		0.31	0.44	0.09
2017	0.19		0.38	0.36	0.07
2018	0.19		0.42	0.31	0.08

4.3.3.4 案例应用分析

为研究河湖水系连通的功能特性基于自然环境变量和人类对水资源需求的可变权重体系,以淮河流域近年来的水资源总量、水资源质量评价、农业供水量、生态供水量以及输沙模数等数据为例进行数据分析。①探讨了淮河流域的水量评价、水质评价、农业供水评价、生态评价以及泥沙评价等评价标准;②利用层次分析法和熵值法结合的主客观赋权法分析了淮河流域各项指标的常权重系数;③建立了基于环境变量的变权重系数模型,并应用于淮河流域各项指标基于环境变量的变权重系数值。

本节建立的基于环境变量的变权重系数的流域水资源评价模型可以依据流域的功能特性及人类需求变化做出实时评价系数调整,相较于以往使用常权重系数对流域水资源进行评价的模式,可以更好地对流域水资源做出合理的评价。在本研究的基础上,后续的研究将把模型应用于更多流域以进一步验证和完善模型。

4.4 河湖水系连通伴生风险识别与管控技术

4.4.1 河湖水系连通风险辨识方法及风险分析

4.4.1.1 河湖水系连通风险辨识与分析方法

（1）河湖水系连通伴生风险识别方法

通过调研获取的资料，总结出沂沭河水系特点并针对典型区域列出风险源，并详细说明流域不同节点可能出现的河湖水系连通伴生风险：风险源①橡胶坝对沂河与沭河连通伴生风险影响；风险源②沂沭河上游遭遇洪水，南四湖流域未遭遇洪水时河湖连通伴生洪水风险；风险源③南四湖流域遭遇洪水，沂沭河上游未遭遇洪水时河湖连通伴生洪水风险；风险源④沂沭泗流域全境遭遇洪水时河湖连通伴生洪水风险；风险源⑤南水北调东线工程汛期调水对南四湖上级湖洪水风险影响。

创建了河湖水系连通伴生风险因子识别方法，构建了 Vine Copula 风险识别模型，并以南水北调工程伴生水环境风险为例，进行了南四湖风险识别案例分析。Vine Copula 基于条件 Copula 函数和藤式（Vine）图形建模工具，利用 Pair-Copula 将多元联合分布进行分解，从而建立起 Vine Copula 模型。利用此方法对上述风险源关键因子识别进行了计算，其中风险源①结果得出橡胶坝坝前水位、橡胶坝运行高度是关键因子，风险源②结果得出沂沭河橡胶坝运行高度、沂河沭河洪峰流量、大官庄洪峰流量、骆马湖起调水位、邳苍分洪道分洪量是关键因子，风险源③结果得出韩庄运河洪峰洪量、骆马湖起调水位是关键因子，风险源④结果得出沂河沭河洪峰洪量、大官庄洪峰洪量、韩庄运河洪峰洪量、骆马湖起调水位是关键因子，风险源⑤得出南四湖湖东洪水总量、湖东洪水历时是关键因子。

（2）风险分析模型

在一维、二维水动力数学模型中，其控制方程为连续性方程和运动方程，它表述了水体运动时，质量力、压力、黏滞力和惯性力的平衡关系。由于风险过程是一种随机发生可能性事件，因此在水动力模型中增加表述风险不确定性的随机源汇项 ω 创建风险分析模型，其物理意义为水系连通中引起潜在洪水风险的驱动力。改进后的连续性方程与运动方程为

$$\frac{\partial u}{\partial x}+\frac{\partial v}{\partial y}+\omega=0 \tag{4.63}$$

$$\begin{cases} \dfrac{\partial u}{\partial t}+u\dfrac{\partial u}{\partial x}+v\dfrac{\partial u}{\partial y}=-g\dfrac{\partial H}{\partial x}+\dfrac{Dh\sqrt{g}}{C}\cdot\sqrt{u^2+v^2}\left(\dfrac{\partial^2 u}{\partial x^2}+\dfrac{\partial^2 u}{\partial y^2}\right)-\dfrac{g}{C^2 R}\cdot\sqrt{u^2+v^2}\cdot u+u\omega \\ \dfrac{\partial v}{\partial t}+u\dfrac{\partial v}{\partial x}+v\dfrac{\partial v}{\partial y}=-g\dfrac{\partial H}{\partial y}+\dfrac{Dh\sqrt{g}}{C}\cdot\sqrt{u^2+v^2}\left(\dfrac{\partial^2 v}{\partial x^2}+\dfrac{\partial^2 v}{\partial y^2}\right)-\dfrac{g}{C^2 R}\cdot\sqrt{u^2+v^2}\cdot v+v\omega \end{cases}$$

$$(4.64)$$

式中：u、v 为沿 x、y 方向的流速，m/s；g 为重力加速度，m/s²；h 为水深，m；D 为一无量纲经验系数，与河床、边坡形状相关；R 为水力半径，m；H 为位置水头，m；C

为谢才系数，$m^{1/2}/s$；ω 为随机源汇项，s^{-1}，$\omega=f(x,y,t)$。

式（4.64）左侧为加速度项，右侧从左至右依次表示重力产生的压力梯度、黏滞力项、河床底部摩擦及随机源汇项。

为了量化分析该风险随机源汇项的不确定性，将特定风险情景中的关键风险因子通过 Vine Copula 函数建立相关性并生成随机水情条件。因此其关键风险因子满足 C‑Vine Copula n 维联合密度函数表达式：

$$f(x_1,x_2,\cdots,x_n)=\prod_{i=1}^{n}f_i(x_i)\prod_{i=1}^{n-1}\prod_{i=1}^{n-i}C_{i,i+j\mid 1:(i-1)}(F(x_i\mid x_1,\cdots,x_{i-1}),F(x_{i+j}\mid x_1,\cdots,x_{i-1})\mid\theta_{i,i+j\mid 1:(i-1)})$$
(4.65)

式中：x_1，x_2，$\cdots$，x_n 为由 Vine Copula 函数识别并产生的关键风险因子；$f_i(x_i)$ 为边缘密度函数；$C_{1,2,\cdots,n}$ 为 n 维的 Copula 密度函数；$F(x_n\mid x_1)$ 为条件密度函数；θ 为 Copula 函数中 n 维变量的相关关系的指标。

对式（4.65）两边进行积分得到 C‑Vine Copula n 维累积分布函数

$$C(x_1,x_2,\cdots,x_n)=\int\cdots\int_D\prod_{i=1}^{n}f_i(x_i)\prod_{i=1}^{n-1}\prod_{i=1}^{n-i}C_{i,i+j\mid 1:(i-1)}(F(x_i\mid x_1,\cdots,x_{i-1}),\\F(x_{i+j}\mid x_1,\cdots,x_{i-1})\mid\theta_{i,i+j\mid 1:(i-1)})$$
(4.66)

取累积分布函数的逆函数 $C^{-1}(x_1,x_2,\cdots,x_n)$ 代表由 Vine Copula 函数随机生成的关键风险因子 $x_1,x_2,\cdots,x_n$，即可推导出运动方程中随机源汇项 ω 表达式。

根据质量守恒定律，采用欧拉法描述流体微团的质量变化，随机源汇项 ω 可表示为

$$\omega=\frac{d}{dy}\left(\frac{\partial q_x}{\partial x}\right)+\frac{d}{dx}\left(\frac{\partial q_y}{\partial y}\right)$$
(4.67)

式中：q_x、q_y 分别为 x、y 方向上的单宽流量，m^2/s。

由于流速、水位都可以表示为流量的函数，故本研究的风险分析模型中以流量表述随机源汇项。将累积分布函数的逆函数 $C^{-1}(x_1,x_2,\cdots,x_n)$ 代入式（4.67），得

$$\omega=\frac{d}{dy}\left[\frac{\partial\left(\frac{dQ}{dx}\right)}{\partial x}\right]+\frac{d}{dx}\left[\frac{\partial\left(\frac{dQ}{dy}\right)}{\partial y}\right]=\frac{d}{dy}\left[\frac{\partial\left(\frac{dC^{-1}(x_1,x_2,\cdots,x_n)}{dx}\right)}{\partial x}\right]\\+\frac{d}{dx}\left[\frac{\partial\left(\frac{dC^{-1}(x_1,x_2,\cdots,x_n)}{dy}\right)}{\partial y}\right]$$
(4.68)

4.4.1.2 沂沭泗水系河湖连通伴生洪水风险分析

（1）沂沭泗水系河湖连通情况及伴生洪水风险

当连通状况变化时，水体的流动与物质的循环必定发生变化，与此同时也会引起河网

蓄水、输水功能的风险。分沂入沭于1951年开挖，连接沂河、沭河及新沭河，将沂河洪水东调；新沭河于1949年开挖，承接沂沭河东调来水入海；邳苍分洪道于1958年开挖，连接沂河与中运河；新沂河于1949年开挖，承接骆马湖及老沭河来水后汇入黄海。结合沂沭泗流域面积广、汛期洪水峰高量大、源短流急、来势凶猛等特点，空间上划分五种风险源：风险源①，沂河沭河上游橡胶坝多，起到拦蓄水的作用，若汛期未提前预泄，会对水系防洪造成极大困难；风险源②，沂沭河上游遭遇洪水，南四湖流域未遭遇洪水，南四湖控制下泄，邳苍分洪道来水进入中运河，继而进入骆马湖，沂河来水进入骆马湖；风险源③，南四湖流域遭遇洪水，沂沭河上游未遭遇洪水，沂沭河上游来水东调进入新沂河，南四湖敞泄，南四湖来水通过中运河进入骆马湖；风险源④，沂沭泗流域全境遭遇不同重现期洪水，南四湖洪水敞泄进入韩庄运河，邳苍分洪道来水进入中运河，沂河来水进入骆马湖；风险源⑤，南水北调东线工程汛期调水对南四湖上级湖洪水风险影响。各风险源、风险情景及关键风险因子列于表4.27。

（2）伴生洪水风险模拟方案

情景模拟流量边界条件主要依据《沂沭泗河洪水调度方案（批复文件附件）》中给出的50年一遇标准和100年一遇标准沂河、沭河、韩庄运河洪水来水量以及《沂沭泗调研资料》中的历史洪水过程资料确定范围。以洪水重现期50年一遇标准的沂河、沭河为例，$16000\mathrm{m}^3/\mathrm{s}$为沂河50年一遇标准洪水最大来水量，$5200\mathrm{m}^3/\mathrm{s}$为沭河50年一遇标准洪水最大来水量，以此作为沂河沭河流量范围的上限；$8118\mathrm{m}^3/\mathrm{s}$为1957年沂沭泗流域发生洪水的沂河洪峰流量且对沿河城市人民带来较为深重灾难，以此作为沂河流量范围的下限。参考沂河洪水流量范围，确定沭河流量范围下限为1990年记载的沭河洪峰流量$2674\mathrm{m}^3/\mathrm{s}$。新沭河最下游水位根据《淮河流域水文资料》记录确定为2.27m，石梁河水库水位参考调度方案中数据定为23.7m，骆马湖起调水位为23.5m。其余下游河道流量边界条件范围则根据《沂沭泗河洪水调度方案（批复文件附件）》中所述的50年一遇洪水调度方案确定。在此流量范围基础上，不同风险情景随机模拟生成200组水情条件作为该风险情景的计算方案群，洪水重现期提升至100年一遇情况下，考虑在原有水情条件下增加至400组水情条件以对该工况下更宽泛的流量范围进行细分，见表4.28。

对于南四湖上级湖片区，相较于湖西位于黄泛平原的坡水河道，湖东河流多属山区河流，地面起伏较大（地面坡降1/1000～1/3000），河道具有源短流急、洪峰高等特点，因此，主要研究调水工况下南四湖上级湖水位对湖东片区河道洪水的响应过程。从2007—2018年洪水水文要素中提炼出13场典型洪水过程作为水动力模型湖东各河道边界条件，湖西河道边界采用2010年平水年洪水过程。根据《南水北调东线第一期工程可行性研究总报告》（2005年）和《山东省水资源综合利用中长期规划》（2016年），南水北调东线一期工程自二级坝入上级湖设计输水流量为$125\mathrm{m}^3/\mathrm{s}$，自梁济运河出上级湖设计输水流量为$100\mathrm{m}^3/\mathrm{s}$，以此作为调水工况边界条件。分别模拟13场洪水单场洪水作用下南四湖超保证水位（35m）天数和水位变幅，计算时长为1个月，计算初始水位采用南阳站7月1日多年实测平均水位。

4.4 河湖水系连通伴生风险识别与管控技术

表4.27 风险源与风险情景

序号	风险源	连通变化	风险情景	关键风险因子
①	沂沭河上游橡胶坝多，起到拦蓄水的作用，若汛期未提前预泄，会对水系防洪造成极大困难		沂河、沭河河道上分别修建了十余座橡胶坝，其作为一种阻得河湖水系连通结构的拦蓄工程，改变了河流原有的结构连通	沂沭河橡胶坝坝前水位；橡胶坝运行高度；沂沭河洪峰流量
②	沂沭河上游遭遇洪水，南湖流域未遭遇洪水	分沂人沭于1951年开挖，连接沂河、沭河及新沭河，将沂河洪水东调于1958年开挖；新沭河于1949年开挖，连接沂河与中运河，承接骆马湖及老沭河来水后汇入黄海	沂沭河洪水通过沂沭河东调分人沭东调后，新沭河除了承接了沂沭河下承担的防洪压力大大增加。沂河、沭河部分洪水经邳苍分洪道汇入中运河，给中运河造成防洪压力，骆马湖需承接中运河与沂河洪水，骆马湖蓄水尤为重要	沂沭河洪峰流量；沂沭河洪水库水位；大官庄洪峰流量；石梁河水库水位；骆马湖水位；邳苍分洪道分洪峰流量；中运河洪峰流量
③	南四湖流域遭遇洪水、沂沭河上游未遭遇洪水		南四湖流域遭遇洪水时南水调散泄，韩庄运河洪峰流量显著增加，防洪压力大大提升，骆马湖需提前预泄承接韩庄运河来水	韩庄运河洪峰流量；骆马湖水位
④	沂沭泗流域全境汛期重现期洪水		沂沭泗流域全境遭遇洪水时，沂沭河部分洪水南下，通过邳苍分洪道、新沭河、老沭河进入韩庄运河、中运河同时承接邳苍分洪道分洪，新沂河承接骆马湖下泄水与老沭河洪水，各关键节点汛期的防洪调度极其重要	沂沭河洪峰流量；沂沭河水库水位；大官庄洪峰流量；石梁河水库水位；韩庄运河洪峰流量；骆马湖水位；新沂河流量；不同重现期洪水
⑤	南水北调东线工程汛期调水对南四湖上级湖洪水风险影响		南水北调东线工程汛期调水时遭遇汛期洪水	南四湖东洪水总量；湖东洪水历时

表 4.28 模拟工况与边界条件

	风险情景	上游边界条件	控制节点边界条件	随机水情数量
风险源①	沂河、沭河河道上分别修建了十余座橡胶坝，其作为一种阻碍河湖水系连通结构的拦蓄工程，改变了河流原有的结构连通	沂河 8118～16000m³/s 沭河 2674～5200m³/s	石梁河水库正常蓄水位 25m 骆马湖起调水位 23.5m	200 组
风险源②	沂沭河洪水通过分沂入沭东调后，新沭河除了承沭河南下时，沂沭河洪水大大增加。沂沭河洪水经邳苍分洪道汇入沂河，给防洪大大压力，防洪压力增大。沂沭河洪水经中运河汇入沂河与沭河，骆马湖蓄尤为重要	沂河 8118～16000m³/s 沭河 2674～5200m³/s 韩庄运河 3792～5599m³/s	新沭河 4305～8448m³/s 邳苍分洪道 2874.25～3799.9m³/s 沂河下游 4046～8494m³/s 老沭河 641.76～1253.76m³/s	200 组
风险源③	南四湖流域遭遇洪水时南四湖敞泄，韩庄运河洪峰流量显著增加	沂河 2003～4000m³/s 沭河 1200～1900m³/s 韩庄运河 3792～5599m³/s	新沭河 2400～3200m³/s 沂河下游 350～2281m³/s 老沭河 232～520m³/s	200 组
风险源④	沂沭泗流域全境遭遇洪水时，沂沭河部分洪水东通过新沭河入海、部分洪水南下，通过邳苍分洪道接邳苍分洪道沂河中运同时承接邳苍分洪道与骆马湖下泄洪水与老沭河洪水，新沂河承接骆马湖下泄洪水与老沭河洪水，各关键节点汛期的防洪调度极其重要	沂河 8118～16000m³/s 沭河 2674～5200m³/s 韩庄运河 3792～5599m³/s	新沭河 4305～8448m³/s 邳苍分洪道 2874.25～3799.9m³/s 沂河下游 4046～8494m³/s 老沭河 641.76～1253.76m³/s	200 组
	沂沭泗流域遭遇洪水由 50 年一遇提升至 100 年一遇	沂河 8118～20699m³/s 沭河 2674～6883m³/s 韩庄运河 3792～10327m³/s	新沭河 4305～11010m³/s 邳苍分洪道 2874.25～4912.86m³/s 沂河下游 4046～9974.58m³/s 老沭河 641.76～1648.56m³/s	400 组
风险源⑤	南水北调东线工程输水时遭遇洪水	—	—	13 组

4.4 河湖水系连通伴生风险识别与管控技术

（3）风险源①河湖水系连通伴生洪水风险分析

用风险等级分布图表示特定风险源下沂沭泗流域水系河湖连通伴生洪水风险分布，可以直观地看出遭遇洪水时，水系内易发生洪水灾害与洪水灾害较严重的区域。如图4.19所示，沂沭泗流域全境在洪水重现期50年一遇及以下并且河道上未修建橡胶坝时，流量与水位风险处于低风险（$P<0.4$，$R<0.2$）。流速方面，沭河由于河道坡度对比沂河较大，洪水泄流速度更快，流速风险相对于沂河略大，处于中低风险。这是因为沂沭河起源于流域北部沂蒙山区，洪水具有源短流急的特点，故沂河、沭河上游区域流速风险稍大。大官庄水利枢纽处流速风险升高至中风险（$P=0.59$，$R=0.06$），部分河段为高风险（$P=0.91$，$R=0.11$）。下游韩庄运河段处于低风险，中运河段由于叠加邳苍分洪道来水，流量（$P=0.5$，$R=0.25$）、水位（$P=0.41$，$R=0.05$）、流速（$P=0.5$，$R=0.11$）均升至中风险；新沂河由于承接骆马湖下泄洪水及老沭河来水，全段流量风险升至高风险（$P=0.8$，$R=0.59$），水位风险升至高风险（$P=0.73$，$R=0.16$），流速风险大部分为高风险（$P=0.75$，$R=0.24$）；海口段附近为中风险（$P=0.65$，$R=0.27$），口头段为低风险（$P=0$，$R=0$）。

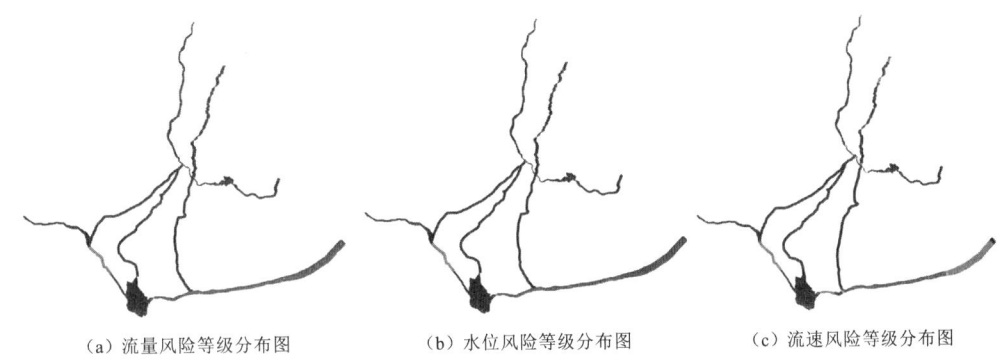

(a) 流量风险等级分布图　　　(b) 水位风险等级分布图　　　(c) 流速风险等级分布图

图4.19　风险源①未修建橡胶坝风险等级分布图

修建橡胶坝后，如图4.20所示，各河道在洪水重现期50年一遇修建橡胶坝且坝高最高的情况下，流量风险几乎没有变化，流速风险概率减小；水位方面，橡胶坝在非汛期为保障水资源充足起到拦蓄水的作用增加了河道蓄水能力，但在汛期时若未提前预泄，沂沭河部分河道水位为中风险（$P=0.65$，$R=0.02$），其中橡胶坝坝址处水位风险概率飙升至1。沂沭泗水系下游风险等级分布同图4.19。

（4）风险源②河湖水系连通伴生洪水风险分析

当沂沭河上游遭遇洪水，南四湖流域不遭遇洪水时，沂沭泗流域风险等级分布如图4.21所示。上游沂河流量风险（$P=0.195$，$R=0.04$）、沭河流量风险（$P=0.188$，$R=0.04$）、分沂入沭流量风险（$P=0.205$，$R=0.048$）、新沭河流量风险（$P=0.09$，$R=0.02$）均为低风险；由于沂沭河上游修建橡胶坝，故沂沭河部分河道水位为中风险（$P=0.65$，$R=0.02$），其中橡胶坝坝址处水位风险概率飙升至1；流速风险方面，沂沭河上游基本均处于低风险，大官庄水利枢纽处流速风险升高至中风险（$P=0.59$，$R=0.06$），部分河段为高风险（$P=0.91$，$R=0.11$）。

沂沭河上游遭遇重现期为50年一遇洪水时，南四湖控制下泄，沂河下游流量超过8000m³/s时，邳苍分洪道进行分洪，但分洪量较小，故韩庄运河及中运河段伴生洪水风

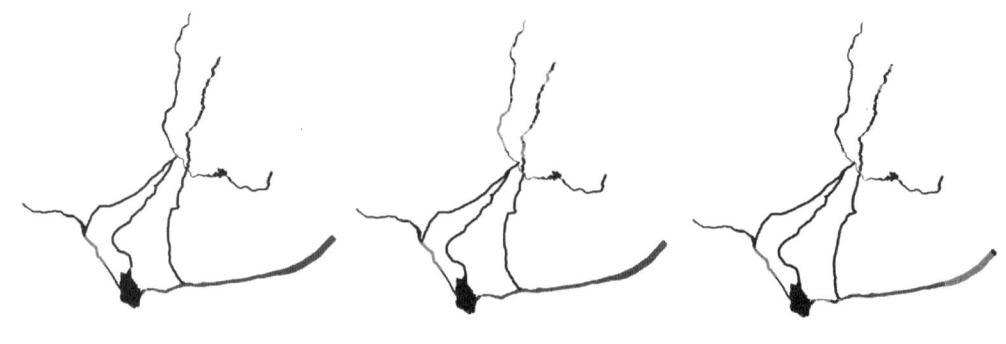

(a) 流量风险等级分布图　　(b) 水位风险等级分布图　　(c) 流速风险等级分布图

图 4.20　风险源①修建橡胶坝后风险等级分布图

险较低（$P=0$，$R=0$）。新沂河承接骆马湖嶂山闸下泄洪水及老沭河来水，新沂河全段流量风险为中风险（$P=0.55$，$R=0.3$）；大部分河段水位风险处于中风险（$P=0.42$，$R=0.12$），海口段部分断面水位风险达到高风险（$P=1$，$R=0.26$），原因是河口淤积造成河床升高；流速风险大部分处于中风险（$P=0.54$，$R=0.12$），其中口头段为新沂河与老沭河汇流处，河床冲蚀较深，流速降低，因此流速为低风险（$P=0$，$R=0$）。

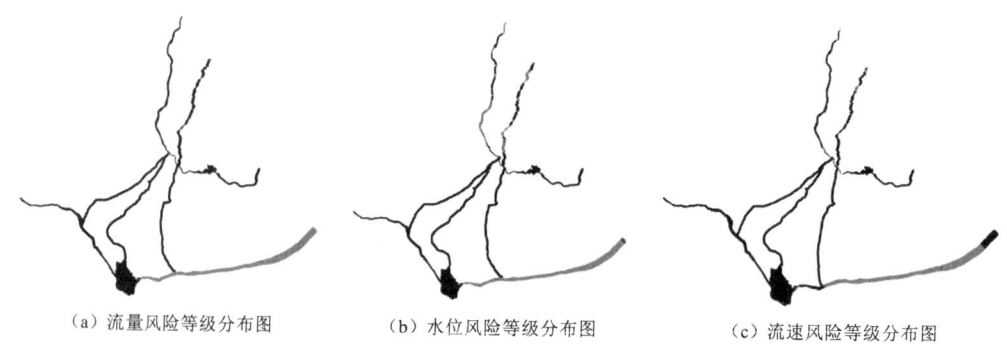

(a) 流量风险等级分布图　　(b) 水位风险等级分布图　　(c) 流速风险等级分布图

图 4.21　风险源②风险等级分布图

(5) 风险源③河湖水系连通伴生洪水风险分析

当南四湖流域遭遇洪水，沂沭河上游未遭遇洪水时，南四湖敞泄，最大下泄流量不超过 5600m³/s，沂河下游流量未超过 8000m³/s，邳苍分洪道不分洪。由于南四湖下泄流量较小，故韩庄运河以及中运河段风险较低，骆马湖总入湖流量较小，新沂河段风险亦较低，如图 4.22 所示，沂沭泗水系整体处于低风险。

(6) 风险源④河湖水系连通伴生洪水风险分析

当沂沭泗流域全境遭遇 50 年一遇洪水时，上游沂河流量风险（$P=0.195$，$R=0.04$）、沭河流量风险（$P=0.188$，$R=0.04$）、分沂入沭流量风险（$P=0.205$，$R=0.048$）、新沭河流量风险（$P=0.09$，$R=0.02$）均为低风险，如图 4.23 所示；由于沂沭河上游修建橡胶坝，故沂沭河部分河道水位为中风险（$P=0.65$，$R=0.02$），其中橡胶坝坝址处水位风险概率飙升至 1；流速风险方面，沂沭河上游基本均处于低风险，大官庄水利枢纽处流速风险升高至中风险（$P=0.59$，$R=0.06$），部分河段为高风险（$P=0.91$，$R=0.11$）。

4.4 河湖水系连通伴生风险识别与管控技术

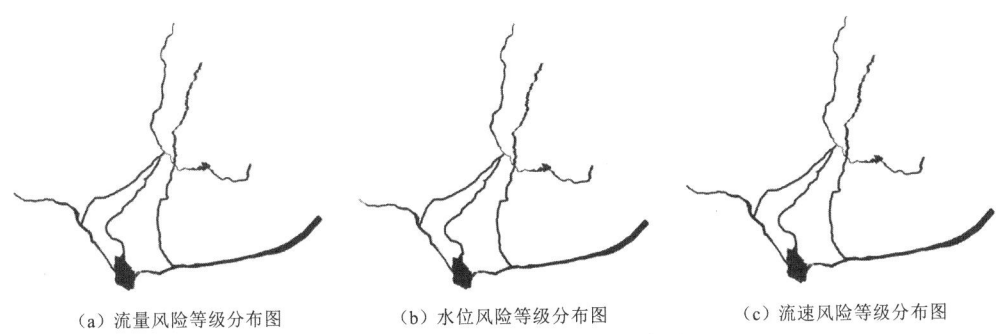

(a) 流量风险等级分布图 (b) 水位风险等级分布图 (c) 流速风险等级分布图

图 4.22 风险源③风险等级分布图

下游韩庄运河段处于低风险，中运河段由于叠加邳苍分洪道来水，流量（$P=0.5$，$R=0.25$）、水位（$P=0.41$，$R=0.05$）、流速（$P=0.5$，$R=0.11$）均升至中风险；新沂河由于承接骆马湖下泄洪水及老沭河来水，全段流量风险升至高风险（$P=0.8$，$R=0.59$），水位风险升至高风险（$P=0.73$，$R=0.16$），流速风险大部分为高风险（$P=0.75$，$R=0.24$）；海口段附近为中风险（$P=0.65$，$R=0.27$），口头段为低风险（$P=0$，$R=0$）。

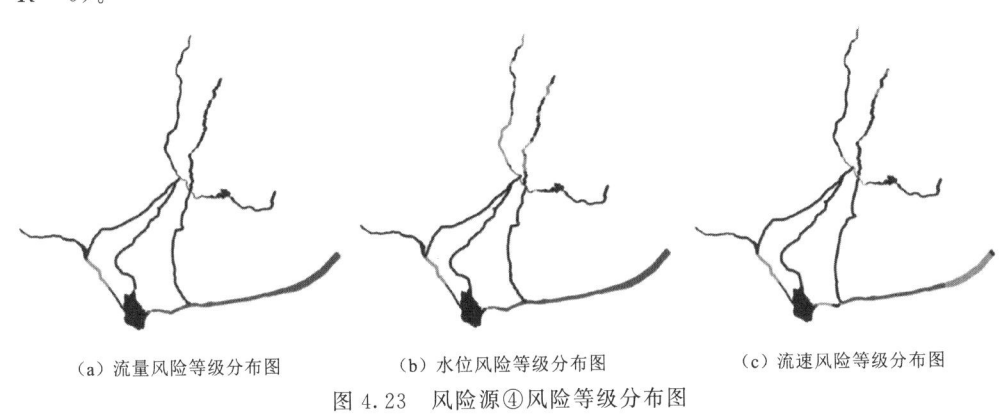

(a) 流量风险等级分布图 (b) 水位风险等级分布图 (c) 流速风险等级分布图

图 4.23 风险源④风险等级分布图

当沂沭泗流域全境遭遇 100 年一遇洪水时，由于洪水峰高量大，来势凶猛，沂沭泗流域全境风险等级提升为高风险。

(7) 风险源⑤河湖水系连通伴生洪水风险分析

1) 洪水风险事件敏感因子分析及风险域确定。按照径流情势 5 大类特征指标中筛选出的与洪水相关的 8 个指标对南四湖湖东片区洪水特征，即洪水总量（R_{sum}）、第一洪峰流量（Q_{p1}）、洪水历时（T_d）、第一洪峰出现时间（T_p）、峰涨速率（R_{Qrise}）、峰落速率（R_{Qdown}）、偏态系数（CS）、变异系数（CV）进行全面刻画。结合水动力模型计算出的各场洪水作用下的南四湖超保证水位天数（T_{over35}，负数为距离达到保证水位天数）和水位变幅（Amplitude），即风险指标，进行洪水特征与风险指标间的相关性分析，各场次洪水特征及对应风险指标值见表 4.29。由图 4.24 相关矩阵可知，洪水总量和洪水持续时间与风险指标相关性最高，确定这两个洪水特征为风险敏感因子。根据洪水风险指标 T_{over35} 的定义及南四湖 6—7 月优势种菹草的光补偿点，将 $T_{over35}=0$、Amplitude$=1.05$ 定义为

4 河湖水系连通治理关键技术

超保证水位洪水风险和生态风险可能发生的阈值。然后，通过三维散点图分析 R_{sum}、T_d 和 T_{over35} 以及 R_{sum}、T_d 和 Amplitude 之间的关系，以风险指标阈值为基准，分别确定洪水风险安全域和生态风险安全域，如图 4.25 所示。洪水特征指标 $R_{sum} > 35 \text{mm}$ 或 $T_d > 23\text{d}$ 时，此类洪水事件为洪水风险事件（$T_{over35} \leqslant 0$ 的区域为洪水风险安全域）。同样地，生态风险安全域为 Amplitude$\leqslant 1.05$ 的区域（$R_{sum} > 50\text{mm}$）。

表 4.29　　2007—2018 年 13 场典型洪水特征指标 P_i 及风险指标 I_j

序号	R_{sum}/mm	Q_{p1}	T_d/d	T_p	R_{Qrise}/(h^{-1})	R_{Qdown}/(h^{-1})	CS	CV	T_{over35}/d	Amplitude/m
1	113.73	7.94	27	0.37	0.03	0.02	3.08	1.66	14	1.38
2	24.35	5.04	17	0.29	0.04	0.02	2.32	1.06	−5	0.44
3	50.75	3.80	31	0.23	0.02	0.01	2.01	0.89	10	1.08
4	25.28	5.21	20	0.30	0.04	0.01	2.47	0.99	−2	0.62
5	27.25	5.39	20	0.20	0.06	0.01	2.10	1.17	−2	0.65
6	19.89	1.74	18	0.22	0.02	0.00	0.76	0.82	−6	0.41
7	33.40	2.25	15	0.13	0.04	0.01	3.83	1.44	−6	0.48
8	24.10	4.42	31	0.16	0.03	0.01	2.25	0.92	8	0.95
9	10.21	3.72	8	0.25	0.08	0.03	1.38	1.03	−16	0.24
10	20.18	8.75	22	0.09	0.18	0.06	3.87	1.55	−1	0.73
11	22.50	9.88	27	0.30	0.05	0.02	5.44	1.38	3	0.87
12	9.49	13.55	21	0.05	0.56	0.03	6.00	2.03	−3	0.55
13	4.32	4.33	13	0.54	0.02	0.03	1.48	1.45	−12	0.28

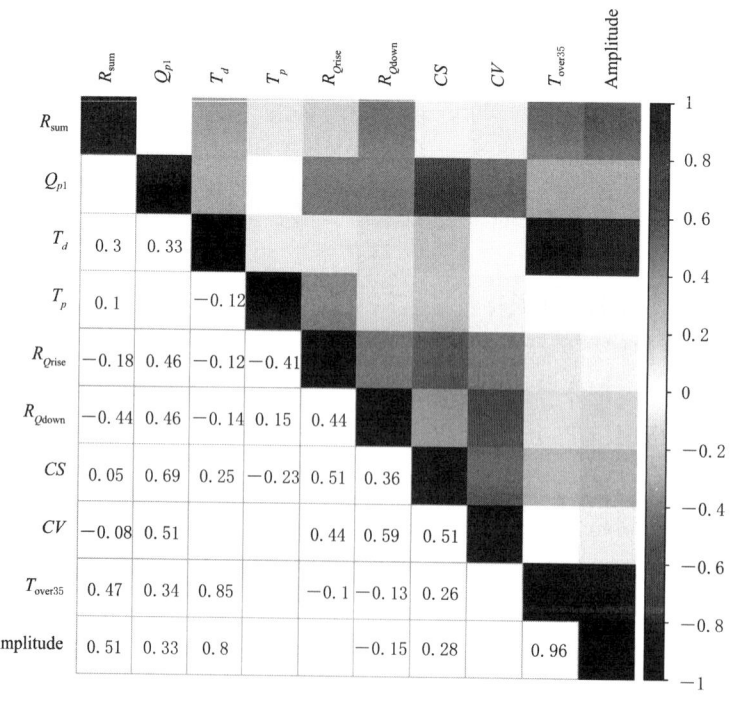

图 4.24　洪水特征与风险指标相关矩阵

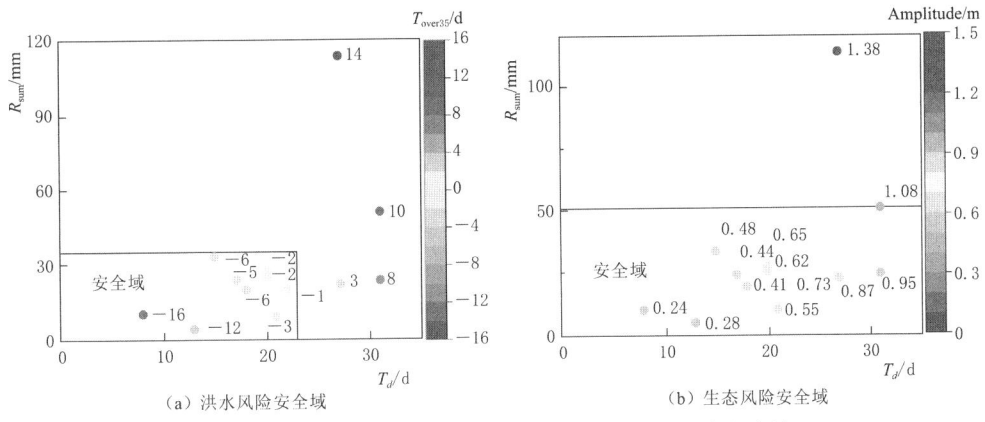

图 4.25 南四湖上级湖洪水风险安全域和生态风险安全域

2) 洪水和生态风险评估。构建风险敏感因子和风险指标的联合分布,通过设定风险指标阈值表征风险是否发生及其作用强度,给定安全域外不同洪水事件特征值,计算其发生概率。具体计算公式见式(4.69)和式(4.70),分别为单风险和双风险概率计算公式,由所涉及的不同类型的风险指标数量确定。

$$P(P_1 \leqslant P_1', P_2 \leqslant P_2', I_j > I_j') = C(F_1(P_1'), F_2(P_2')) - C(F_1(P_1'), F_2(P_2'), F_j(I_j'))$$
(4.69)

$$\begin{aligned} P(P_1 \leqslant P_1', P_2 \leqslant P_2', I_1 > I_1', I_2 > I_2') = &\, C(F_1(P_1'), F_2(P_2')) \\ &- C(F_1(P_1'), F_2(P_2'), F_3(I_1')) \\ &- C(F_1(P_1'), F_2(P_2'), F_4(I_2')) \\ &+ C(F_1(P_1'), F_2(P_2'), F_3(I_1'), F_4(I_2')) \end{aligned}$$
(4.70)

设置系列风险情景作为联合分布输入。将风险指标设置为大于阈值,即 $T_{over35} > 0$,Amplitude > 1.05,表征洪水风险、生态风险的发生。然后对风险敏感因子 R_{sum} 和 T_d 在其阈值至最大样本值区间内进行分组取值,得到风险安全域外不同风险情景组合。具体设置如下:洪水风险情景设置通过①保持 R_{sum} 值不变,T_d 以 1 天间隔从 23 天增加到 31 天与 R_{sum} 进行组合;②保持 T_d 值不变,R_{sum} 依次从 35mm 增至 40mm 再以 10mm 间隔增至 110mm 与 T_d 进行组合。生态风险情景类似,根据风险安全域阈值,将 T_d 变化范围设置为 20~31 天,R_{sum} 变化范围设置为 50~110mm。此外,为比较单一风险和组合风险概率变化趋势上的差异,设置了洪水-生态组合风险情景。

3) 汛期调水洪水事件相关风险分析。

a. 超保证水位洪水风险。整体来看,当洪水总量 $R_{sum} = 110$mm,洪水事件历时 $T_d = 31$ 天时,洪水风险发生概率最大,为 36.5% [图 4.26(a)]。分析 T_d 对超保证水位洪水风险概率的影响,可见当 R_{sum} 保持在 35mm 不变时,随着 T_d 由 23 天增至 31 天,洪水风险概率由 15.5% 增至 29.9%;当 R_{sum} 保持在 110mm 不变时,T_d 由 23 天增至 31 天,洪水风险概率由 17.3% 增至 36.5%。此外,分析洪水总量 R_{sum} 对超保证水位洪水风险概率的影响,可见当 T_d 保持 23 天不变时,随着 R_{sum} 由 35mm 增至 110mm,风险概率相应的由 15.5% 增至 17.3%;当 T_d 保持 31 天不变时,随着 R_{sum} 由 35mm 增至 110mm,

风险概率由 29.9% 增至 36.5%。综上，可以看出相较洪水总量 R_{sum}，洪水历时 T_d 对南四湖上级湖洪水风险概率的影响更大。

b. 生态风险。由图 4.26 (b) 可见，生态风险可能发生的最大概率为 4.7% ($R_{sum}=110mm$，$T_d=31d$)，可见汛期增加一个月调水时长对湖区沉水植物优势种菹草的高水位胁迫风险较低，并且在 $T_d=27$ 天时风险概率值才由负转正，说明只有在洪水历时超过 27 天时才可能出现生态风险。因此，$T_d<27$ 天也被列为生态风险安全域的约束条件。分析 T_d 对生态风险概率的影响，当 R_{sum} 保持在 50mm 不变时，随着 T_d 由 27 天增至 31 天，生态风险概率由 0.4% 增至 3.6%；当 R_{sum} 保持在 110mm 不变时，随着 T_d 由 27 天增至 31 天，生态风险概率由 1.3% 增至 4.7%。此外，分析洪水总量 R_{sum} 对生态风险概率的影响，可见当 T_d 保持 27 天不变时，随着 R_{sum} 由 50mm 增至 110mm，风险概率相应的由 0.4% 增至 1.3%；当 T_d 保持 31 天不变时，随着 R_{sum} 由 50mm 增至 110mm，风险概率由 3.6% 增至 4.7%。综上，可见生态风险概率整体受洪水总量和洪水历时的影响较小，但洪水历时对生态风险概率的影响仍然较洪水总量更大。

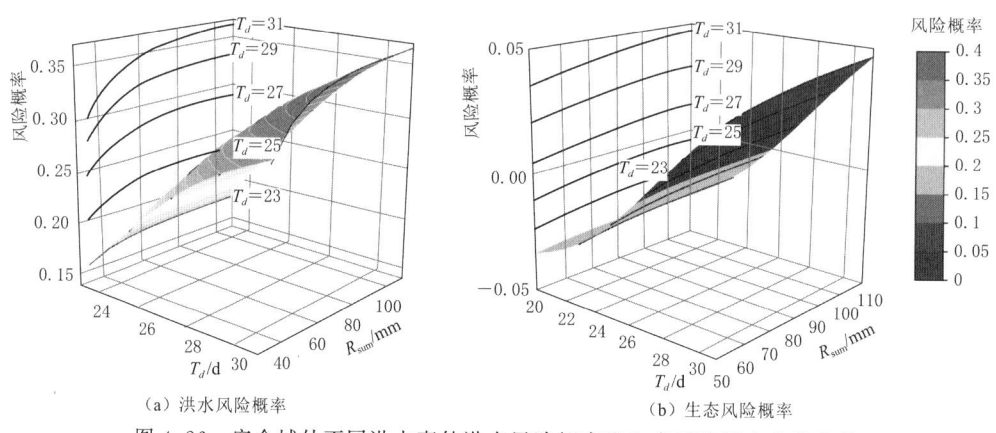

图 4.26 安全域外不同洪水事件洪水风险概率和生态风险概率变化趋势

c. 单一风险与组合风险对比。总体而言，洪水-生态组合风险发生概率小于洪水风险发生概率，而大于生态风险发生概率。三者最大风险概率分别为 11.2%、36.5% 和 4.7%（图 4.27）。此外，无论是单一风险还是组合风险，T_d 对其风险概率的影响均大于 R_{sum}。其中，T_d 对洪水风险概率的影响最大，而对生态风险概率和洪水-生态组合风险概率的影响较小且基本相同。与 T_d 对洪水风险概率的影响相比，R_{sum} 增加引起的洪水风险概率平均增幅约为 4%，而对洪水-生态组合风险概率几乎没有影响。

4.4.1.3 常州市区平原河网连通伴生水环境风险分析

(1) 河网连通情况与伴生风险

为改善常州市主城区水环境状态，增

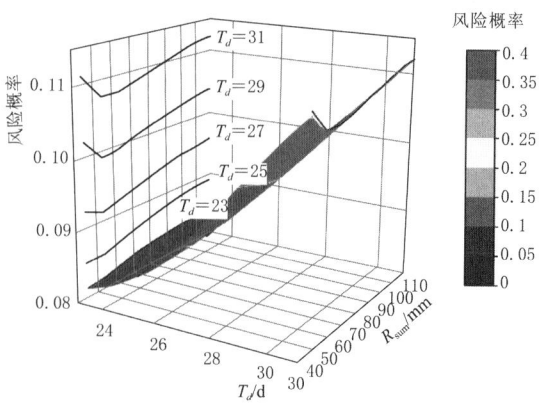

图 4.27 洪水-生态组合风险概率变化趋势

加入城清水量，保证清水持续稳定进入城区以满足城区活水效果，进一步提升常州主城区河道水环境质量，2003年常州市水利局实施了为期6年的水环境整治一期工程和"清水工程"。2009年，常州市水利局发布《常州市区河道引清调水调度方案》，将长江作为城区优质引水水源，采用德胜河、澡港河两条通江河道双源供水，长江高潮期正常引水，低潮期视水质改善需求每月开启江边泵站引清水2~3次。但以往的调水试验表明，长江引水沿程散失较大，其引水所形成的引水差很快在河网中消散，且引水直接从骨干河道流走，致使城区小河道流动性依然无法提高。因此，在市区河道引清调水调度预案试行的基础上，在采用泵引长江水外，还需实施常州主城区畅流活水方案，依据常州市主城区河网水系分布特点新建四座控导工程，同时采用南部抽排降低城区河道水位，形成三级梯级水位差，引导水流有序流动，实现畅流活水，综合提升主城区河湖水环境质量。

（2）风险情景模拟方案

根据常州市水利局发布的《常州市区河道引清调水调度方案》，针对常州市主城区水系与水文现状及总体规划状况，通过组合不同引水流量、引水时长、引水路径及引水水势可指定多种引调水方案。研究区域内主要引水水源为长江，长江常州段全年平均水质为Ⅱ类，且长江水量充沛，具有天然的调水条件。其中，引水流量代表两条引江通道德胜河与澡港河引不同水量长江水入城。引水路径代表不同的南部抽排路径：采用东枢纽抽排方案时，横塘河、采菱港以东区域的河道能够东排，相应采菱港段河道停滞；采用采菱港抽排方案时，采菱港沿线区域水体流动性高，但会导致下游段老运河停滞，自排方案代表研究区域内不采用泵站抽水仅依靠水体自流；引水水势代表通过区域内盘龙苑溢流堰、恐龙园溢流堰、新市桥溢流堰、洋桥溢流堰四座活动溢流堰，调控澡港河入口的控制水位，以形成三级阶梯水位差，即澡港河为第一级水位，老运河为第二级水位，京杭大运河为第三级水位。受引水流量条件限制，仅当上游流量为澡港河澡港水利枢纽泵引40m³/s，德胜河魏村水利枢纽泵引30m³/s时能够对澡港河入口的控制水位进行调控，其余引水流量条件下不对堰高进行设置。通过组合不同条件共形成270个工况条件，具体模拟工况与边界条件设置情况见表4.30。模型计算时，根据引调水方案设置不同边界条件，上游采用流量过程，下游采用水位控制，水质初始条件根据常州市水资源公报进行设置。

表4.30　　　　　　　　　　　模拟工况与边界条件

计算方案		单因素变量					
引水路径	①_WR_1（自排）		柴支浜西站	三井河枢纽	南运河枢纽	串新河枢纽	采菱港枢纽	大运河东枢纽
		闸	开	开	开	开	开	开
		泵	关	关	关	关	关	关
	①_WR_2（东枢纽抽排）		柴支浜西站	三井河枢纽	南运河枢纽	串新河枢纽	采菱港枢纽	大运河东枢纽
		闸	关	关	关	关	开	开
		泵	3	4	10	10	关	20
	①_WR_3（采菱港抽排）		柴支浜西站	三井河枢纽	南运河枢纽	串新河枢纽	采菱港枢纽	大运河东枢纽
		闸	关	关	关	关	开	开
		泵	3	4	10	10	20	关

续表

	计算方案	单因素变量
引水流量	②_WQ_1	德胜河 30m³/s+澡港河 20m³/s
	②_WQ_2	德胜河 30m³/s+澡港河 30m³/s
	②_WQ_3	德胜河 20m³/s+澡港河 40m³/s
	②_WQ_4	德胜河 30m³/s+澡港河 40m³/s
引水水势	③_WP_0	未设置堰高
	③_WP_1	控制澡港河水位3.80m+关河新市桥堰、关河杨桥堰、澡港河东支盘龙苑堰、澡港河东支恐龙园堰
	③_WP_2	控制澡港河水位3.85m+关河新市桥堰、关河杨桥堰、澡港河东支盘龙苑堰、澡港河东支恐龙园堰
	③_WP_3	控制澡港河水位3.90m+关河新市桥堰、关河杨桥堰、澡港河东支盘龙苑堰、澡港河东支恐龙园堰
	③_WP_4	控制澡港河水位3.95m+关河新市桥堰、关河杨桥堰、澡港河东支盘龙苑堰、澡港河东支恐龙园堰
	③_WP_5	控制澡港河水位4.00m+关河新市桥堰、关河杨桥堰、澡港河东支盘龙苑堰、澡港河东支恐龙园堰
引水时长	④_WD_0.5/1/1.5/2/2.5/3/3.5/4/4.5/5	引水时长 0.5天、1天、1.5天、2天、2.5天、3天、3.5天、4天、4.5天、5天

(3) 常州市区平原河网连通伴生水环境风险分析

当引水路径采用不同抽排方案时，针对不同的引水流量及引水水势条件，在不同的引水时长下对各工况展开模拟，其方案组成情况见表4.31。对各风险情景展开模拟与计算，其风险强度与风险概率值如图4.28～图4.30所示。其中，各风险情景的风险强度值为该情景下河道风险强度值之和，风险概率代表各风险情景下风险强度等级三级以上河道占比，1～9分别代表方案组一到九，Day 0.5～Day 5代表不同的引水时长。根据不同抽排方案下各方案组整体的对比结果可以发现，东枢纽抽排方案与采菱港抽排方案相较于自排方案，风险强度与风险概率显著降低。根据同一抽排方案下各方案组间结果对比可以发现，在同一引水时长条件下，随着引水流量增大，风险强度与风险概率显著降低，当引水流量为②_WQ_4，即澡港河澡港水利枢纽泵引40m³/s、德胜河魏村水利枢纽泵引30m³/s时，风险强度与风险概率整体达到最低；同时，引水水势对风险强度与风险概率的影响程度相对较大，可以看出同一引水时长条件下，随着澡港河入口控制水位的增大，各情景下风险强度与风险概率均有所减小，在澡港河入口控制水位达4.0m时，其风险强度与风险概率值达到最小；除此之外，同一方案组内风险强度与风险概率值随引水时长增加，整体呈下降趋势，在引水时长3天左右时基本达到稳定，考虑经济因素，可以初步确定最佳引水时长为3天。

4.4 河湖水系连通伴生风险识别与管控技术

表 4.31　　　　　　　　　　　不同抽排方案模拟方案组

引水路径	引水流量	引水水势	引　水　时　长	名称
①_WR_1/ ①_WR_2/ ①_WR_3	②_WQ_1	③_WP_0	④_WD_0.5/1/1.5/2/2.5/3/3.5/4/4.5/5	方案组一
	②_WQ_2	③_WP_0	④_WD_0.5/1/1.5/2/2.5/3/3.5/4/4.5/5	方案组二
	②_WQ_3	③_WP_0	④_WD_0.5/1/1.5/2/2.5/3/3.5/4/4.5/5	方案组三
	②_WQ_4	③_WP_0	④_WD_0.5/1/1.5/2/2.5/3/3.5/4/4.5/5	方案组四
		③_WP_1	④_WD_0.5/1/1.5/2/2.5/3/3.5/4/4.5/5	方案组五
		③_WP_2	④_WD_0.5/1/1.5/2/2.5/3/3.5/4/4.5/5	方案组六
		③_WP_3	④_WD_0.5/1/1.5/2/2.5/3/3.5/4/4.5/5	方案组七
		③_WP_4	④_WD_0.5/1/1.5/2/2.5/3/3.5/4/4.5/5	方案组八
		③_WP_5	④_WD_0.5/1/1.5/2/2.5/3/3.5/4/4.5/5	方案组九

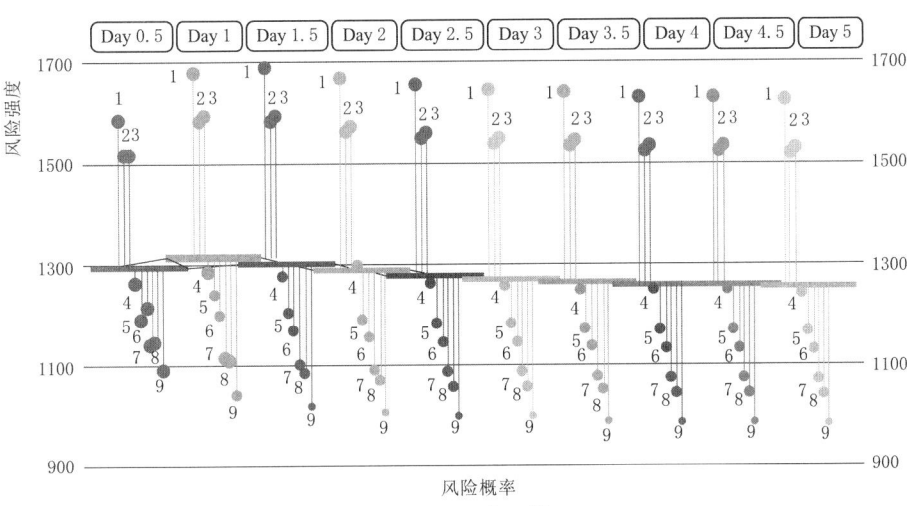

图 4.28　自排方案水环境风险结果

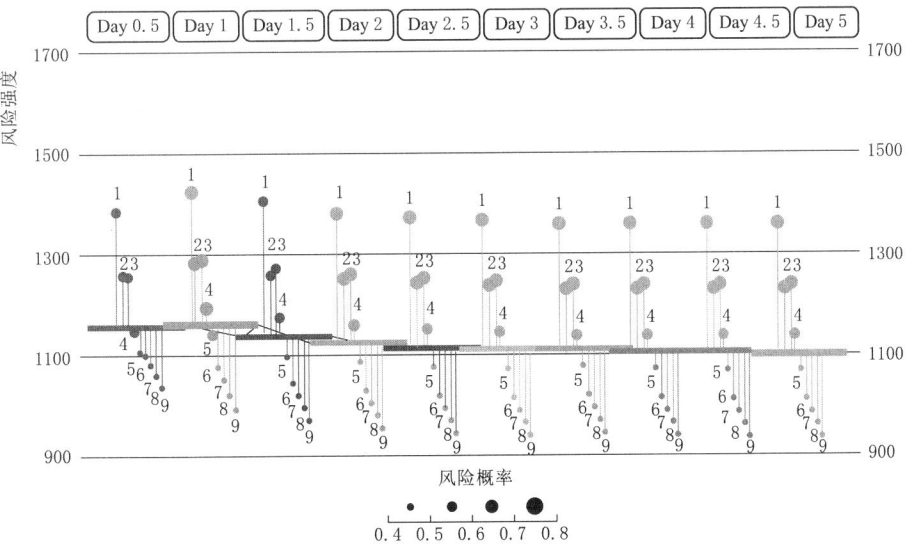

图 4.29　东枢纽抽排方案水环境风险结果

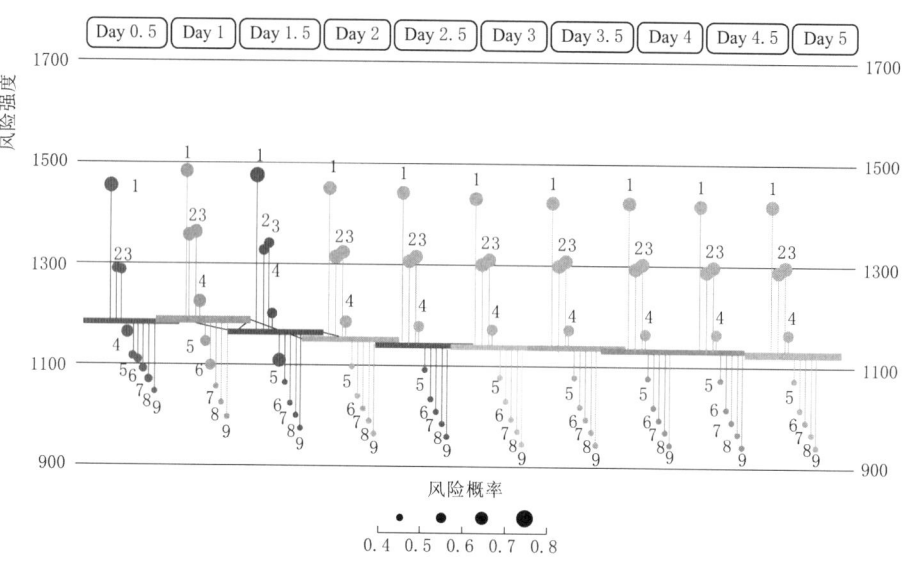

图 4.30 采菱港抽排方案水环境风险结果

4.4.2 典型区河湖连通伴生风险管控及效果评估

4.4.2.1 管控措施模拟方案

由沂沭泗水系及常州市区平原河网伴生风险分析结果可知：沂沭河水系连通后，部分风险源发生时，橡胶坝处与新沂河所涉及河道大部分断面风险概率处于中、高风险区间，对水系内防洪调度工作产生巨大压力；常州市区平原河网不同引调水目标组合形成的引调水方案，其风险强度与风险概率存在较大差异，仍需进一步确定适宜的管控措施方案。

为了有效降低沂沭河水系河湖连通伴生的洪水风险，本节针对各风险区域分别提出相应管控措施。其中针对橡胶坝处可将沂河沭河部分在流量条件不变的情况下调整沂河沭河河道上橡胶坝坝高，调节坝高分别为橡胶坝最大高度的 25%、50% 及 75% 进行模拟计算，分析水位与流速风险概率是否能够在安全可控范围之内；针对新沂河处，通过骆马湖调蓄来研究其对新沂河伴生洪水风险的影响。在此种管控措施下，设计流量边界条件为 50 年一遇至 100 年一遇最大洪水量，但同样采用上述 50 年一遇的指标校核，以便对比管控措施实施前后，河道各断面位置的风险变化情况。对于常州市区平原河网水环境伴生风险，研究通过考虑引水路径、引水水势、引水水量及引水时长等不同因素，模拟各因素组合形成的各种引调水方案作为管控措施，并应用突变理论-随机森林水环境风险分析方法计算各方案风险强度，分析各方案风险等级在空间上的分布状况，以确定最佳调控措施。

4.4.2.2 橡胶坝调控对沂河沭河伴生洪水风险规避效果分析

因调控前后橡胶坝处风险等级变化不大，但风险概率变化较大，故此处研究不同橡胶坝运行高度下对沂沭河风险概率的影响。在坝高分别为橡胶坝最大高度的 25%、50% 及 75% 与 50 年一遇洪水来水条件下，经过 200 组水情条件模拟计算，不同坝高情况下研究

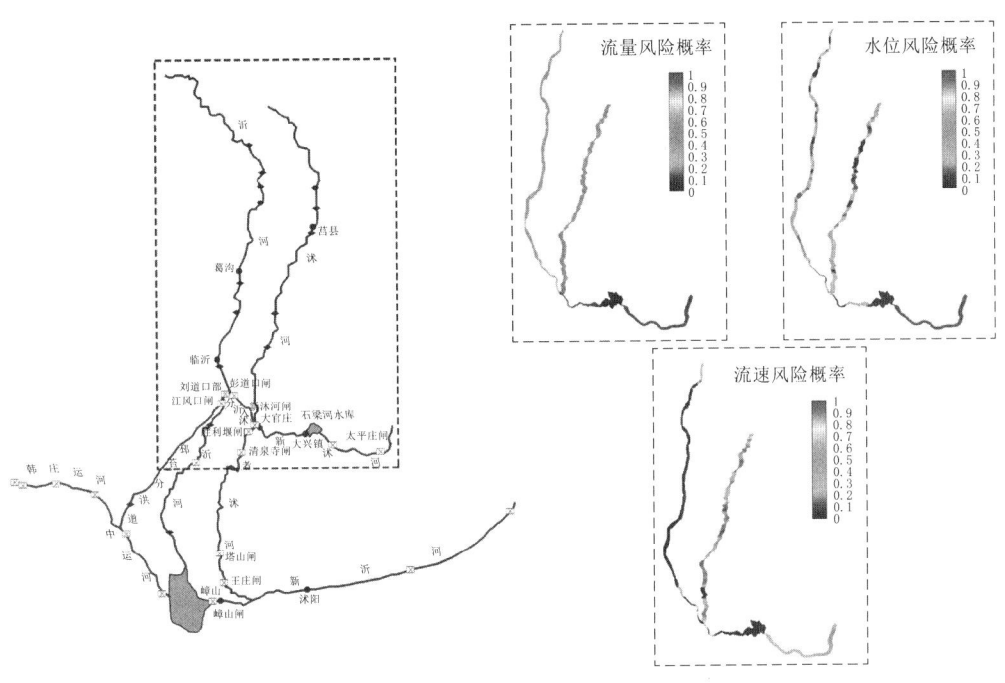

(a) 25%坝高风险概率分布图

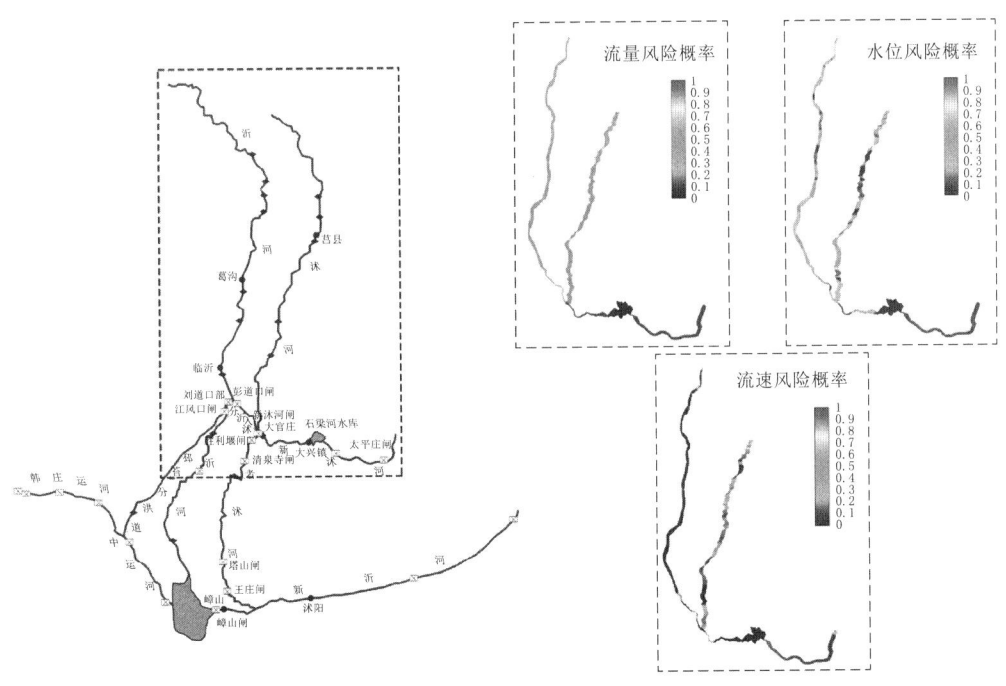

(b) 50%坝高风险概率分布图

图 4.31(一) 橡胶坝不同坝高情况下风险概率分布图

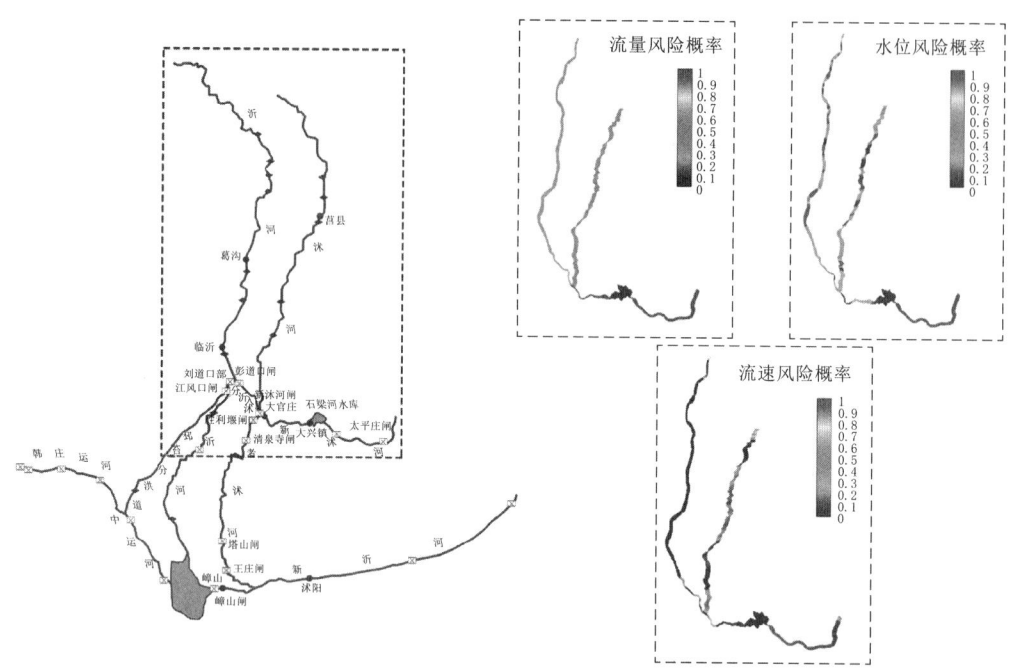

(c) 75%坝高风险概率分布图

图 4.31（二） 橡胶坝不同坝高情况下风险概率分布图

区域洪水风险概率分布如图 4.31 所示。橡胶坝运行高度对于河道泄流能力没有影响，流量风险概率依旧较低，并且在石梁河水库起到的调蓄作用下，对新沭河洪水风险影响很小。在 25% 坝高时，水位风险由高风险降低至低风险，风险概率小于 0.4，仅在沂河临沂市附近风险仍较高。50% 坝高时，橡胶坝对洪水拦蓄与阻碍作用逐渐显现，但也因此缓解了临沂市附近水位过高的风险，降至中风险，为 0.6~0.7。当 75% 坝高时，虽然沂河沭河河道大部分区域流速风险概率降低为 0，但在修建橡胶坝附近水位风险为高风险。可以看出，沂河沭河水位风险概率与橡胶坝高度成正比，沭河流速风险概率与橡胶坝高度成反比，而沂河流速风险概率始终较低且不受橡胶坝高度变化影响。

由于橡胶坝高度的变化对于河道泄流能力没有影响，为了能够更清晰地确定如何调节橡胶坝运行高度可使水位与流速风险概率在安全范围之内，对模型中河道每个横断面不同橡胶坝高度下的水位、流速风险概率进行分析，结果如图 4.32 所示。沂河沭河水位风险概率与橡胶坝高度成正比，沭河流速风险概率与橡胶坝高度成反比，每当橡胶坝高度升高 25%，坝前水位风险提高约 70%，沭河流速风险降低约 50%。沂河大部分断面在不同坝高情况下，流速风险均接近于 0，因此在能够保证水资源充足的情况下，可将沂河橡胶坝高度调节在其最大高度的 25%~50%，保障临沂市没有拦蓄水风险并使沂河河道水位、流量和流速风险均达到最小；沭河由于河道坡度较大，流速风险相对沂河较大，需要橡胶坝对洪水起到滞留阻碍的作用，因此在保证水资源充足的情况下可将沭河橡胶坝调节在其最大高度的 50% 左右，使得沭河绝大部分断面的水位、流速风险概率处于较低水平。

4.4 河湖水系连通伴生风险识别与管控技术

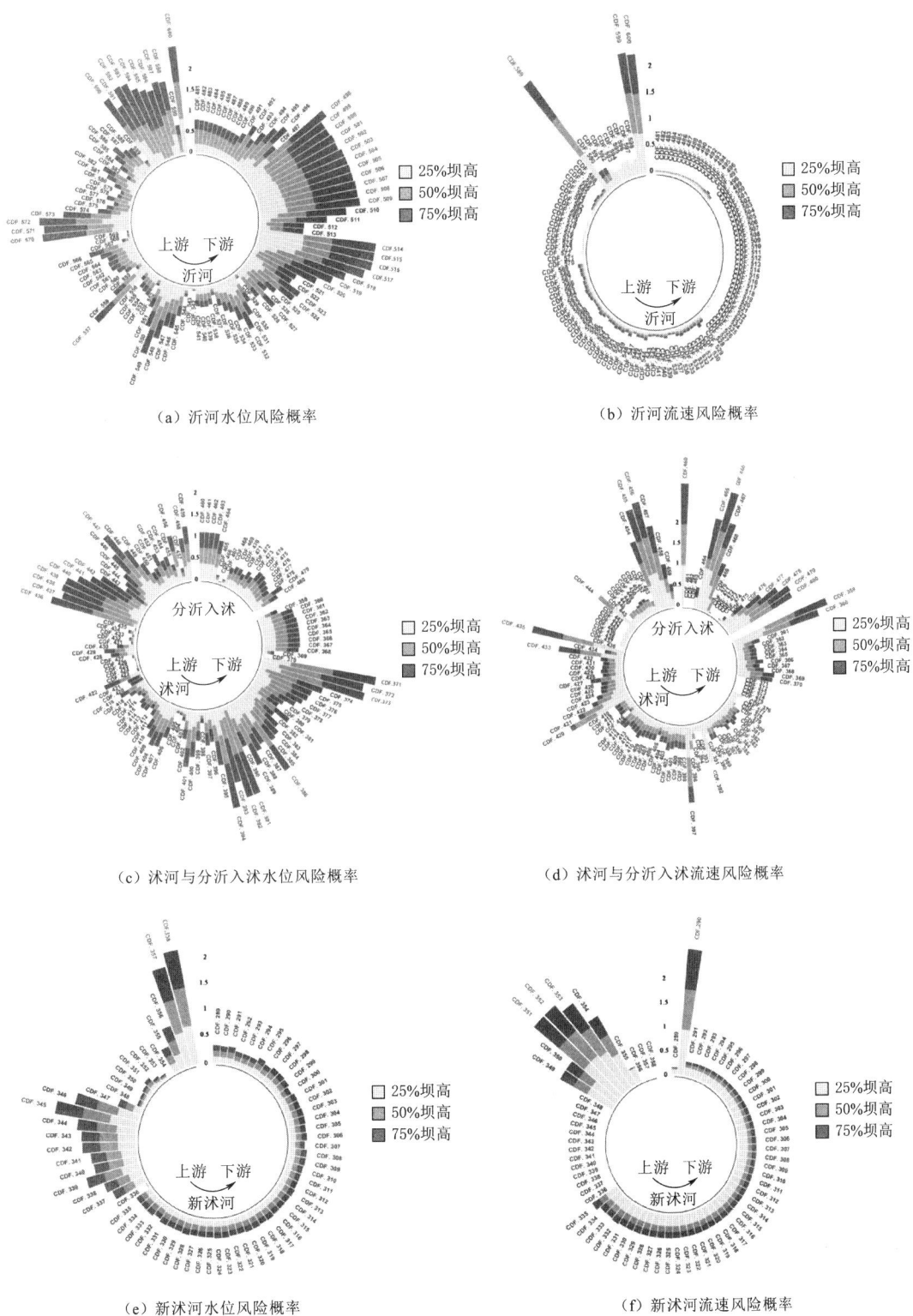

图 4.32 不同橡胶坝高度情况下沂河各断面风险齿轮图

4.4.2.3 骆马湖调控对新沂河伴生洪水风险规避效果分析

图 4.33 为新沂河调控前后风险变化对比图，因口头段为新沂河与老沭河汇流点，海口段为新沂河入海处，流速较低，调控前后流速风险概率和强度均接近 0，故图中未表示。新沂河沭阳站汇集了骆马湖下泄洪水及老沭河来水，洪水风险等级需重点关注，该控制站点不同风险源条件下调控方式及效果列于表 4.32。当仅沂沭河上游遭遇重现期为 50 年一遇洪水时，骆马湖起调水位由 23.5m 降至 22.5m，同时保证库区汛末蓄水位保持在 23m。经骆马湖调蓄后，嶂山闸下泄流量减小，因仅降低起调水位，水库削峰效果不明显；新沂河流量风险概率降低 10% 左右，风险强度降低 16% 左右，全段仍处于中风险（$P=0.5$，$R=0.25$），如图 4.33（a）所示。

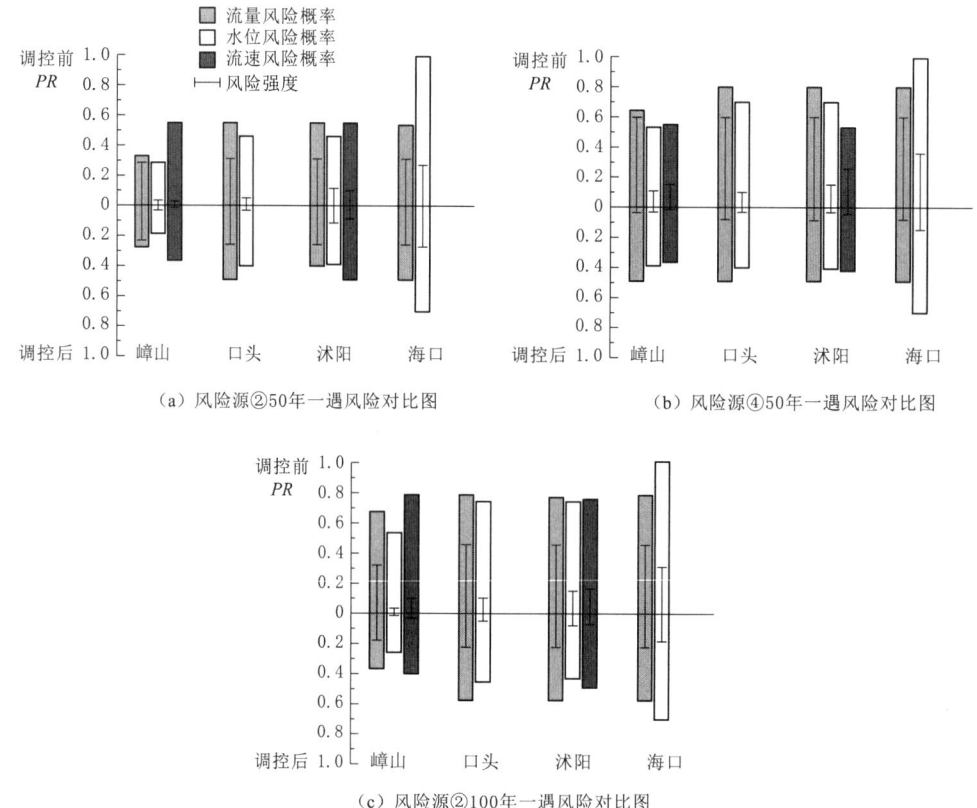

(a) 风险源②50年一遇风险对比图

(b) 风险源④50年一遇风险对比图

(c) 风险源②100年一遇风险对比图

图 4.33 新沂河调控前后风险对比图

当沂沭泗流域全境遭遇重现期为 50 年一遇洪水时，骆马湖起调水位由 23.5m 降至 22.5m 并进行预泄，尽量使湖区腾出空间来承接沂河下游及中运河来水，同时湖区汛末蓄水位保持在 23m。调蓄后，水库削峰效果明显，嶂山闸至口头流量风险概率由 0.63 降至 0.5 左右，口头至海口段流量风险概率从 0.8 降至 0.5，全段风险强度下降约 80%，风险等级由高风险降为中风险，如图 4.33（b）所示。

当风险源②及风险源④洪水重现期提升至 100 年一遇时，骆马湖起调水位由 23.5m 降至 22.5m 并进行预泄，同时启用黄墩滞洪区进行滞洪。对于风险源②，经调控后，新沂河沭阳站洪水风险概率由 0.8 降至 0.6，风险强度由 0.42 降至 0.26，由高风险降至中风险，如图 4.33（c）所示；而对于风险源④，由于骆马湖入湖流量巨大，远超骆马湖调蓄能力，调控几乎不起作用。

表 4.32　　　　　　　　　不同风险源下骆马湖调控方式及效果

风险源	洪水重现期	骆马湖调控方式	沭阳站流量风险等级
风险源②	50 年一遇及以下	起调水位由 23.5m 降至 22.5m，汛末蓄水位 23m	调控前中风险
			调控后中风险
风险源④		起调水位由 23.5m 降至 22.5m 并进行预泄，汛末蓄水位 23m	调控前高风险
			调控后中风险
风险源②	100 年一遇及以下	起调水位由 23.5m 降至 22.5m 并进行预泄，启用黄墩滞洪区，汛末蓄水位 23m	调控前高风险
			调控后中风险
风险源④		起调水位由 23.5m 降至 22.5m 并进行预泄，启用黄墩滞洪区，汛末蓄水位 23m	调控前后均为高风险，调控无效果

4.4.2.4　常州市区平原河网水系连通伴生风险规避效果分析

为了有效分析常州市区平原水网在各风险管控方案下的空间分布情况，针对各河道风险等级情况绘制常州主城区河道风险等级空间分布图。选取最适宜引水时长 3 天，以东枢纽抽排方案组九为例，由于该方案情景下，风险强度等级三以上河道长度共为 62.42km，城区河道总长度为 149.84km，因此该情景下风险概率为 0.42。根据表 4.33 判断各河道风险等级，绘制风险等级空间分布图如图 4.34 所示。由图所示，主城区内大部分河道为低风险，少部分河道为中风险，且城区中心处各市河风险较低。但由于南部抽排采用东枢纽抽排，即采用大运河枢纽进行南部排水，因此新京杭大运河段下游风险较低，采菱港段河道停滞导致该部分风险较高。其余各方案组风险管控规避情况见图 4.34。

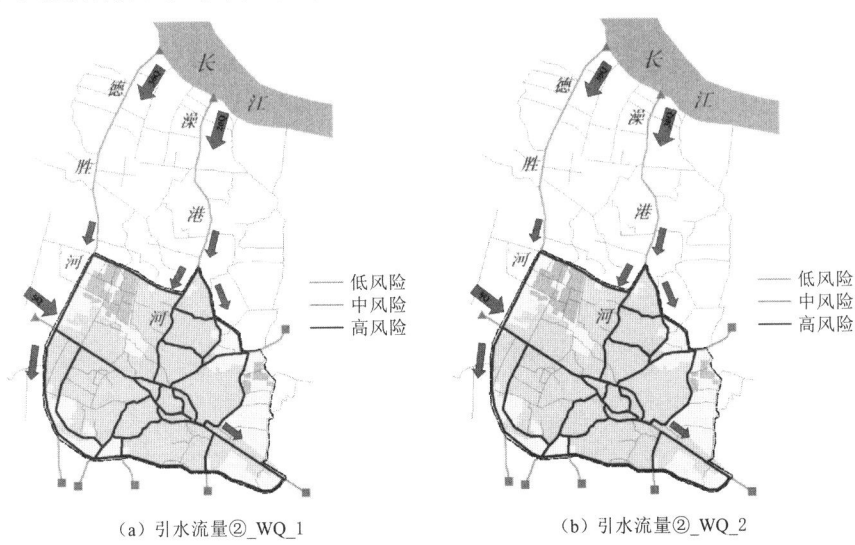

(a) 引水流量②_WQ_1　　　　　　　　(b) 引水流量②_WQ_2

图 4.34（一）　自排方案不同引水流量条件下水环境风险等级空间分布图

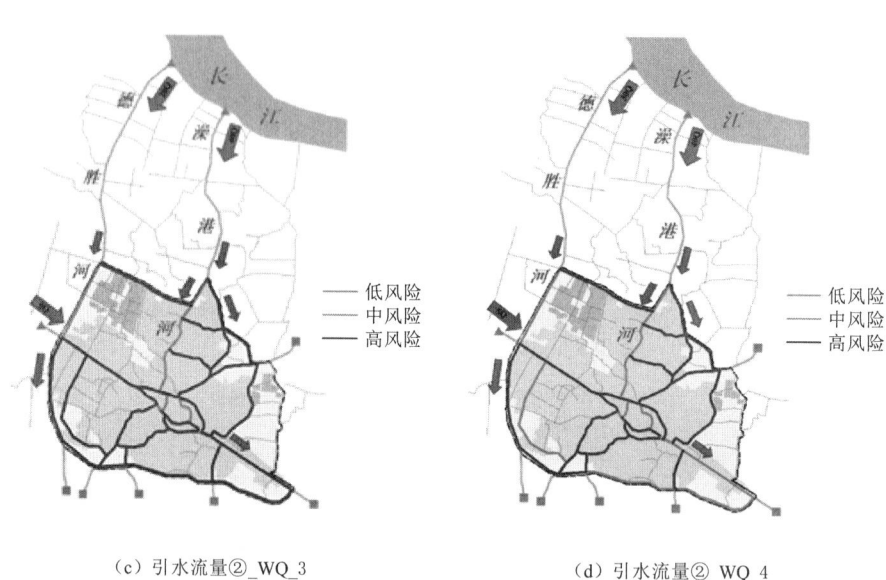

(c) 引水流量②_WQ_3　　　　　　　　(d) 引水流量②_WQ_4

图 4.34（二）　自排方案不同引水流量条件下水环境风险等级空间分布图

为了有效分析常州市区平原水网在各风险管控措施下的空间分布情况，针对各河道风险等级情况，绘制最适宜引水时长 3 天条件下常州主城区河道风险等级空间分布图。如图 4.34 所示，以引水路径条件为自排，引水水势条件为③_WP_0 为例分析不同引水流量条件下常州主城区河道风险等级空间分布情况。当引水流量采用②_WQ_1 时，河道流量较小，整个空间尺度呈现高风险状态；当引水流量采用②_WQ_2 及②_WQ_3 时，虽然引水总流量相同，但德胜河与澡港河不同的引水流量差异导致空间尺度上风险等级状态分布的不同，因此澡港河引水流量较大能够有效降低河道整体风险；当引水流量采用②_WQ_4 时，可以看出随着引水流量的提升，部分河道断面风险等级有所下降，但从整体空间尺度上来看风险仍较高。综合各抽排方案结果选择最适宜引水流量条件为②_WQ_4，即澡港河澡港水利枢纽泵引 $40\text{m}^3/\text{s}$，德胜河魏村水利枢纽泵引 $30\text{m}^3/\text{s}$。

如图 4.35 所示，以引水流量条件为②_WQ_4，引水水势条件为③_WP_0 为例，分析不同引水路径条件下常州主城区河道风险等级空间分布情况。当引水路径采用自排方案时，整个空间尺度呈现中高风险状态；当引水路径采用东枢纽抽排及采菱港抽排时，城区内大部分河道风险等级下降为中低风险状态，但仍有部分河道处于高风险状态；但由于东枢纽抽排方案采用大运河东枢纽泵排 $20\text{m}^3/\text{s}$ 而采菱港枢纽采用自排，采菱港抽排方案采用采菱港枢纽泵排 $20\text{m}^3/\text{s}$ 而大运河东枢纽采用自排，因此对比东枢纽抽排方案与采菱港抽排方案可以看出，采菱港抽排方案下，京杭大运河下游段及新京杭大运河段处于中风险状态，而东枢纽抽排方案能够有效降低京杭大运河及新京杭大运河段的风险等级。相对来讲，东枢纽抽排方案更加符合排水水势，能拉动的区域也相对更大，因此相较而言更宜选择东枢纽抽排方案作为最适宜引水路径。

4.4 河湖水系连通伴生风险识别与管控技术

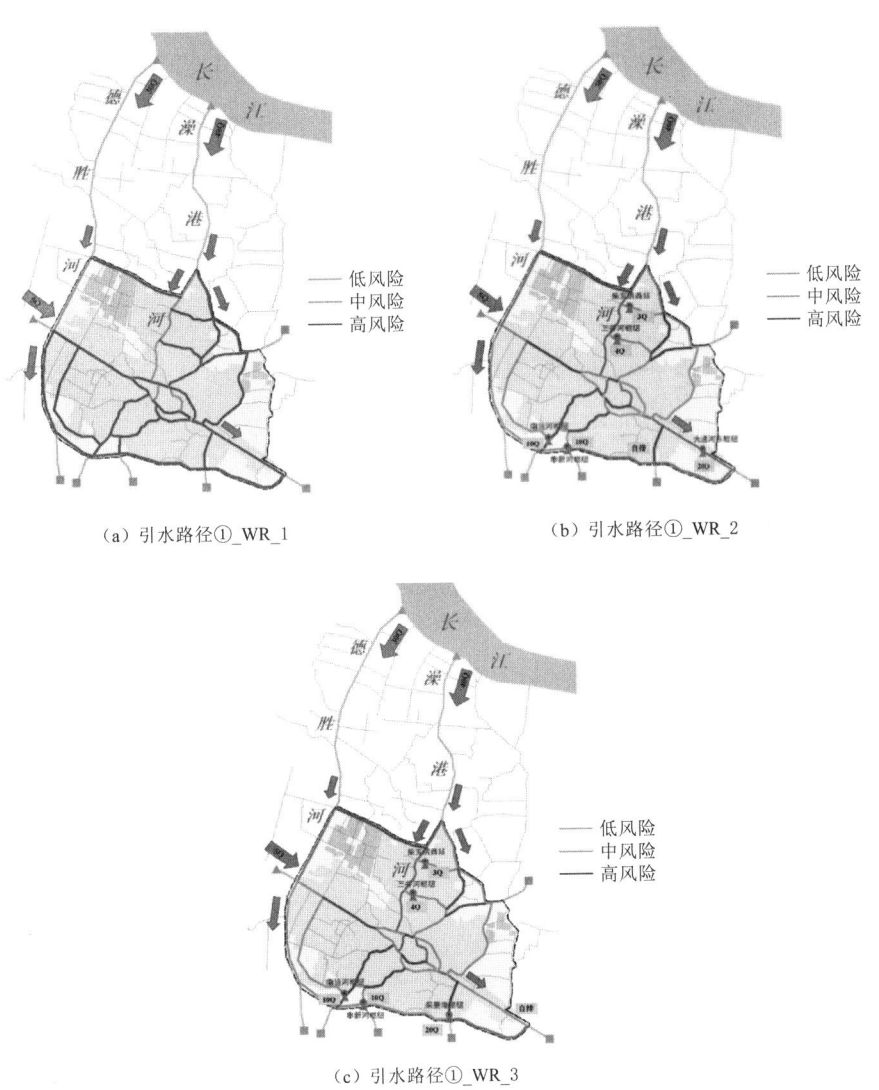

图 4.35 不同引水路径水环境风险等级空间分布图

如图4.36所示,以引水流量条件为②_WQ_4,引水路径条件为东枢纽抽排方案为例,分析不同引水水势条件下常州主城区河道风险等级空间分布情况。当引水水势采用③_WP_0,即不采用溢流堰控制澡港河入城水位时,大部分河道为中低风险状态,但仍有部分河道断面为高风险状态;当引水水势采用③_WP_1、③_WP_2及③_WP_3,即通过调整溢流堰控制澡港河入城水位达到3.80m、3.85m及3.90m时可以看出,随着澡港河入城水位的提升,部分河道由原有的中高风险状态转变为中低风险状态,但整体上来说其风险等级变化并不明显;当引水水势采用③_WP_4及③_WP_5,即通过调整溢流堰控制澡港河入城水位达到3.95m、4.00m时,高风险河道降级为中风险状态,整个空间尺度上无高风险断面,有效降低了主城区水环境风险。综合各抽排方案结果选择最适宜引水水势条件为③_WP_5,即通过调整溢流堰控制澡港河入城水位达到4.00m。各抽排方案其余模拟方案组风险管控情况见表4.33~表4.35。

4 河湖水系连通治理关键技术

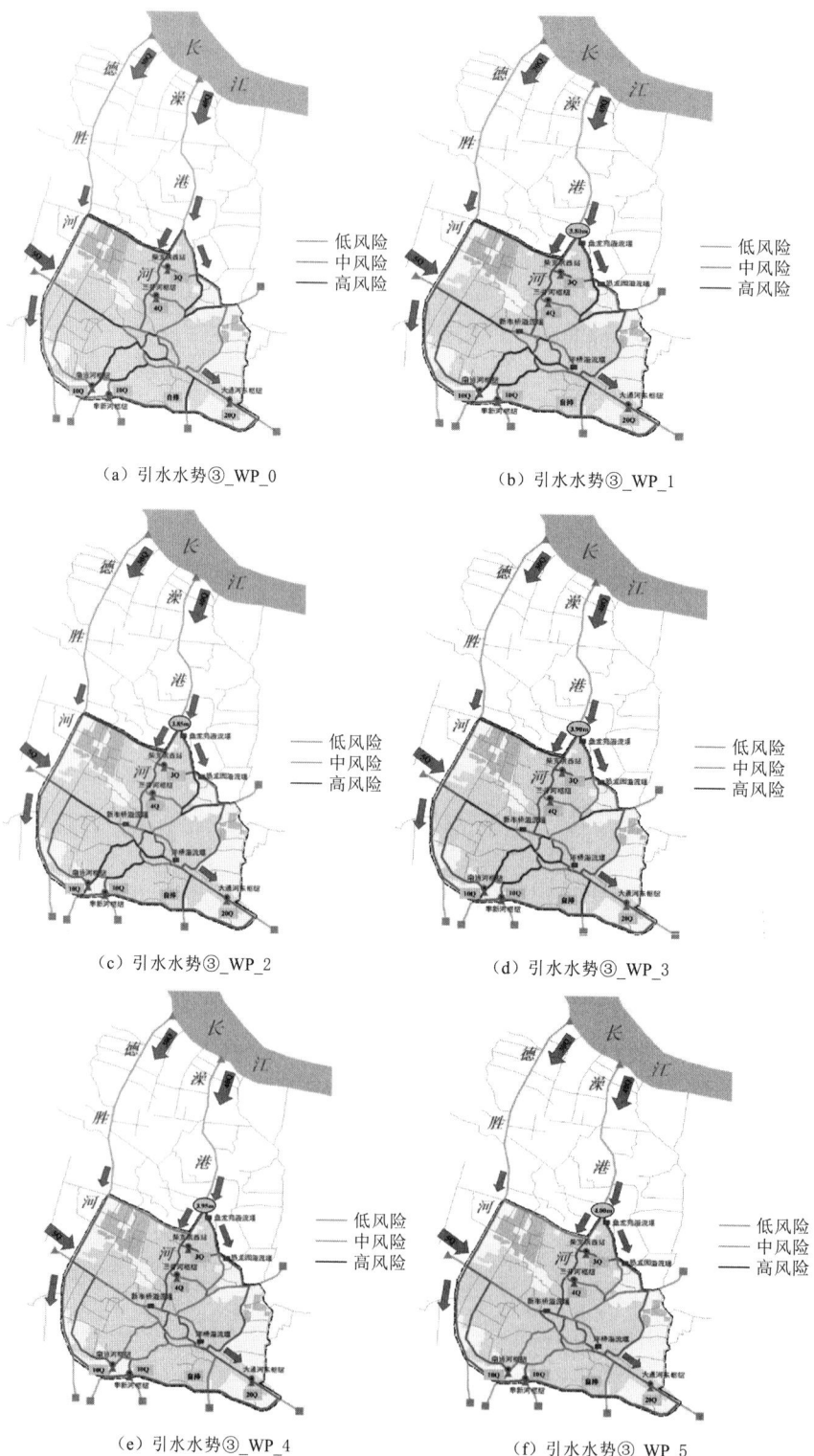

图 4.36 东枢纽抽排方案不同引水水势条件下水环境风险等级空间分布

4.4 河湖水系连通伴生风险识别与管控技术

表 4.33 自排方案模拟方案组风险管控结果

方案组	管控措施	风险概率	风险强度/(河段数/个)				管控效果
			I	II	III	IV	
1	①_WR_3+②_WQ_1+③_WP_0	0.54	0	13	12	31	全部河段处于高风险
2	①_WR_3+②_WQ_2+③_WP_0	0.49	2	15	11	28	几乎全部河段处于高风险
3	①_WR_3+②_WQ_3+③_WP_0	0.52	2	14	11	29	主要河段处于高风险,少部分河段为中风险,无低风险
4	①_WR_3+②_WQ_4+③_WP_0	0.46	9	12	18	17	
5	①_WR_3+②_WQ_4+③_WP_1	0.47	11	15	15	15	
6	①_WR_3+②_WQ_4+③_WP_2	0.47	11	13	15	17	大部分河段处于中高风险,少部分河段处于低风险
7	①_WR_3+②_WQ_4+③_WP_3	0.46	12	14	13	17	
8	①_WR_3+②_WQ_4+③_WP_4	0.42	11	17	15	13	
9	①_WR_3+②_WQ_4+③_WP_5	0.42	12	20	11	13	

表 4.34 东枢纽抽排方案模拟方案组风险管控结果

方案组	管控措施	风险概率	风险强度/(河段数/个)				管控效果
			I	II	III	IV	
1	①_WR_1+②_WQ_1+③_WP_0	0.69	5	11	23	17	主要河段处于高风险,京杭大运河下游处于中风险
2	①_WR_1+②_WQ_2+③_WP_0	0.60	12	7	21	16	大部分河段处于中风险,少部分河段为高风险
3	①_WR_1+②_WQ_3+③_WP_0	0.60	11	9	19	17	
4	①_WR_1+②_WQ_4+③_WP_0	0.49	14	13	14	15	
5	①_WR_1+②_WQ_4+③_WP_1	0.47	14	17	10	15	主要河段为中高风险,德胜河、新京杭大运河与老澡港河等处于低风险
6	①_WR_1+②_WQ_4+③_WP_2	0.47	15	16	10	15	
7	①_WR_1+②_WQ_4+③_WP_3	0.46	14	18	10	14	
8	①_WR_1+②_WQ_4+③_WP_4	0.44	13	20	10	13	全部河段处于中低风险,无高风险河段
9	①_WR_1+②_WQ_4+③_WP_5	0.42	14	21	9	12	

表 4.35 采菱港抽排方案模拟方案组风险管控结果

方案组	管控措施	风险概率	风险强度/(河段数/个)				管控效果
			I	II	III	IV	
1	①_WR_2+②_WQ_1+③_WP_0	0.71	4	11	23	18	几乎全部河段处于高风险,无低风险
2	①_WR_2+②_WQ_2+③_WP_0	0.62	9	9	21	17	
3	①_WR_2+②_WQ_3+③_WP_0	0.62	9	9	20	18	
4	①_WR_2+②_WQ_4+③_WP_0	0.53	12	14	14	16	主要河段处于高风险,少部分河段为中风险,无低风险
5	①_WR_2+②_WQ_4+③_WP_1	0.49	13	17	10	16	
6	①_WR_2+②_WQ_4+③_WP_2	0.49	14	16	10	15	主要河段为中高风险,德胜河、新京杭大运河与老澡港河等处于低风险
7	①_WR_2+②_WQ_4+③_WP_3	0.48	14	17	11	14	
8	①_WR_2+②_WQ_4+③_WP_4	0.46	13	19	11	13	
9	①_WR_2+②_WQ_4+③_WP_5	0.44	14	20	10	12	全部河段处于中低风险,无高风险河段

4.5 小结

本章综合水源条件分析与水势动能分析明晰了动力需求路径,克服了复杂水网区动力需求路径难以确定的问题;面向防洪、供水、水生态环境改善三大保障目标,阐明了动力条件对水安全保障的响应关系;建立了分片治理、模型模拟、需求试算的动力需求定量解析方法,解决了复杂水网区动力需求难以定量表征的难题。以动力条件匹配最优、综合考虑动力重构成本为目标函数,水量平衡、防洪、供水硬性要求等为约束条件,耦合构建的水动力模型,构造了动力需求-动力重构措施匹配多目标优化模型,解决了现有研究匹配方式不智能、匹配方案主观性强的问题。为求解动力需求与动力重构措施匹配多目标优化模型提出了 AHPSO 求解匹配模型,引入 Tent 混沌映射生成初始种群,引入粒子能量、相似度实现粒子自适应进化,引入贪心随机搜索改进寻优策略,经测试其在初始种群随机性、遍历性、粒子进化、寻优效果等方面显著优于传统算法,有效克服了传统算法求解动力匹配模型效率低下的问题,通过求解获得了均衡重构效益与成本关系的连通工程布局优化方案。

基于防洪安全、供水安全、生态环境安全视角,构建了河湖水安全保障有序流动功能诊断指标集。构建了由目标层、准则层和指标层构成的递阶层次结构的河湖水系有序流动评价指标体系,包含 1 个目标层、3 个准则层和 10 个具体指标,并以此作为有序流动调控决策指标。河湖水系有序流动调控是一类多目标、多对象、多尺度问题,决策指标体系的规模随着河流数目、水利工程数目增加而成倍增长,易产生维数灾,针对目前研究普遍缺少指标的重要度辨识和指标筛选过程,从整体转化和指标逐个删减两条思路出发,提出了基于指标体系降维的有序流动调控决策方法,并采用 TOPSIS、模糊优选法、模糊物元法三种经典的多属性决策方法交叉验证。在平原水网典型区与山丘水系典型区实例研究表明,提出的指标体系降维方法能够在保证决策精度的前提下快速地实现指标体系降维和多方案优选,实际应用中耦合有序流动精准模拟模型,实现了河湖水系有序流动调度多属性决策的精简化建模与方案优选。

梳理了典型区时空多尺度水安全多目标协同保障需求,建立了典型区不同水情期水安全保障问题情景。确立了以人为本、重点保护对象优先、综合经济损失最小、目标满足程度最大、权益各方对等互让、相机调度等河湖水系连通水安全保障多目标协同准则制定原则,提出了集合时间与空间双重层面的河湖水系连通多目标协同策略;提出了典型区水安全保障多目标函数,引入自适应可变权重计算方法,形成了典型区河湖水系连通水安全保障多目标优化准则。基于典型区决策优选目标函数,研发了基于大系统多目标理论的复杂水系河湖水系连通水安全保障决策优选模型,具备调度方案水量水质模拟结果自由输入、目标与对象的权重方案自动匹配、候选调度方案快速优选等功能,显著提升了联合调度方案集决策优选的效率。成果为复杂水网水系连通联合调度方案决策优选提供了行之有效的技术手段,也可推广至全国其他江河湖连通系统,可有效解决流域、区域、城市、农村等空间协同矛盾与防洪、供水、水环境改善等多目标优化问题,对减轻洪涝损失、提高供水

4.5 小结

保障率、改善河湖水环境具有重要的实际价值，防洪、经济以及生态效益显著。

创建了河湖水系连通伴生风险辨识体系，该体系实现了"关键因子识别—定量评估—风险等级计算"一体化多因子联合识别方法。具体为，实现联合分布函数优选，较传统多元 Copula 模型更具灵活性；在水动力模型中增加表述风险不确定性的随机源汇项 ω，构建河湖水系连通伴生风险分析模型，突破了随机水情条件耦合物理过程的水动力模拟技术瓶颈；考虑风险概率、风险强度，提出了河湖连通伴生风险等级计算方法，实现定量描述伴生风险。对沂沭泗水系河湖连通伴生洪水风险和常州市区平原河网连通水环境风险实例研究，揭示了沂沭河橡胶坝汛前塌坝人为洪峰的叠加造成沭河中下游河段产生高风险，洪水重现期提升对沂沭河水系各个主要河段流量、流速、水位风险影响较大。常州市区平原河网东枢纽抽排方案与采菱港抽排方案相较于自排方案，风险强度与风险概率显著降低，进而优选了"引清调水"调度方案的引水路径、引水水势、引水水量及引水时长。针对典型区风险分析结果，进一步提出了河湖水系连通橡胶坝及湖泊水力调控伴生洪水风险的管控规律，形成水系连通伴生风险管控预案集。研究发现，河湖连通所伴生的洪水风险存在缓冲区域。该区域通过一定的湖泊调控方式，提高了下游河道水深、流速安全阈值，突破了原有河河连通研究中单一风险安全阈值的限制，使得风险管控更加灵活。

南水北调东线影响区水系连通与水安全保障技术示范

5.1 沂沭泗流域河湖水系连通格局优化

5.1.1 沂沭泗流域水安全需求分析

5.1.1.1 水资源安全保障需求

沂沭泗流域现状存在缺水问题：城镇供水挤占农业用水、超采深层水，农业挤占河湖生态用水和超采地下水的现象仍然存在。2018年流域总供水量173亿 m^3，其中地下水37亿 m^3，并常年出现河湖生态流量难以保障的现象。随着国家高质量发展转型稳步推进、新发展格局的逐步构建、人民对美好生活向往、粮食生产安全保障需要，流域水资源需求仍有增加趋势，亟待提高区域整体供水安全保障能力和抗风险能力。到2035年多年平均情况下流域需求202.85亿 m^3，其中：农业需求133.41亿 m^3，较2018年增加1.32亿 m^3；工业需求23.60亿 m^3，较2018年增加7.83亿 m^3；城镇生活需求37.86亿 m^3，较2018年增加16.17亿 m^3；生态需求7.98亿 m^3，较2018年增加4.20亿 m^3。

同时，当地水供水潜力不足。流域水资源禀赋条件较差，水资源总量202.60亿 m^3，流域人均水资源占有量仅为全国人均占有量的1/6。水资源开发利用程度较高，地表水资源开发利用率为58.2%，水资源开发利用率为55.5%，在退还现状挤占的河湖生态用水、超采的地下水后，当地水已基本无开发利用潜力。

随着经济社会的进一步发展，城镇化进程的不断加快，人民生活质量的进一步提高，广大群众生态保护意识的增强，经济社会发展对水资源需求仍有增加趋势，仅依靠当地水资源难以解决缺水问题。社会各界普遍认为实施南水北调工程是实现经济社会可持续发展的重要战略，因此，在持续加大节水力度的同时，迫切需要实施南水北调工程东线工程，保障沂沭泗流域经济社会高质量发展。

5.1.1.2 防洪安全保障需求

党的十八以来，习近平总书记多次就治水发表重要讲话，特别是习近平总书记提出的"节水优先，空间均衡、系统治理、两手发力"治水思路，着力解决水安全问题。沂沭泗流域洪水出路不足和防洪标准普遍偏低问题已是淮河流域水利工程短板，需要尽快补齐补强。

沂沭泗流域地处南北气候过渡带，受南北气候的影响，水旱灾害频繁。黄河夺泗侵准，致使沂沭泗河水系遭到破坏，加剧了灾害的危害。据历史文献统计，元、明两代（1280—1643年）的364年间，发生较大水灾97次。清代、民国（1644—1948年）的305年间，发生水灾267次。

1949年后，据苏、鲁两省有关市县36年（1949—1984年）统计，水灾多年平均成灾面积774万亩，占两省流域耕地面积的14.2%，成灾面积超过1000万亩的年份有1949年、1950年、1951年、1953年、1956年、1957年、1960年、1962年、1963年、1964年等10年，其中以1963年、1957年最大，成灾面积分别达到2985万亩、2726万亩，占两省流域耕地面积的54.9%和50.1%。沂沭泗流域洪涝灾害频繁，水灾给当地人民的生产生活及生命财产安全带来极大的威胁，并严重制约了该地区社会经济的发展。

近年来，沂沭泗河流域经济社会快速发展，流域内工农业发展迅速，是我国主要的商品粮和能源基地之一。随着经济社会的高速发展和中心城市建设的进一步加快，对区域防洪提出了更高要求。东调南下续建工程完成后，骨干河道的防洪标准虽达50年一遇，仍不能适应本地区经济社会发展的需要，流域社会经济的持续高速发展迫切要求实施提高流域防洪安全保障。

5.1.1.3 水环境安全保障需求

为确保南水北调东线工程输水干线水质安全，进一步提升南水北调东线工程特别是南四湖湖区及周边入湖河流的水环境质量，在南水北调东线工程治污规划等原有上层次规划、省/市总体规划和各相关专项规划的基础上，全面深化"治、用、保"治污体系，以济宁市范围内汇入南四湖的14条不稳定达标入湖河流为重点治理对象，以总磷、COD、氟化物为重点控制指标，重点控制工业和城市污染源，局部区域强化面源污染控制，系统谋划并启动新一轮的南四湖流域水污染治理、水资源保护与水生态修复工程，以保证南水北调输水干线、南四湖湖区及入湖河流断面水质稳定优于地表水Ⅲ类，保障南四湖流域及南水北调东线输水干线水环境安全，为南水北调东线二期工程实施提供有利条件；同时，考虑区域城市未来发展空间布局，科学谋划和系统布局流域生态环境保护与修复工程，积极探索区域创新发展、转型发展、绿色发展的路径与模式，树立资源型城市绿色、转型发展的生态样板，助力打造区域性中心城市。

目前，济宁市18个国控断面和2个省控断面，除泗河兖州南大桥断面（国控）执行地表水Ⅳ类标准外，其余均执行地表水Ⅲ类标准。而25个市控断面，除位于环境敏感区的8个断面[梁济运河邓楼闸北断面、梁济运河王场断面、新赵王河杨庄闸断面、老赵王河王庙断面、新万福河入湖口断面、老万福河高河桥（清河崖）断面、蔡河入湖口断面、南跃进沟坡石桥断面]执行地表水Ⅲ类标准外，其余均执行地表水Ⅳ类标准。为确保南水北调输水干线水质稳定达到地表水Ⅲ类，实现南四湖湖区及入湖口营养状况控制在轻度富营养化以内，按照水质目标倒逼和目标衔接机制，需要调整所有市控及以上断面水质考核目标为地表水Ⅲ类。

1）近期目标：到2025年，南水北调输水干线、南四湖湖区及主要入湖河流市控及以上考核断面水质稳定优于地表水Ⅲ类标准，市控及以上断面考核要求的重点河流全面恢复水环境功能，南四湖湖区营养状况控制在轻度富营养化以内，水生态环境承载力明显提高，湖滨带水生态系统基本恢复；初步构建资源高效和循环利用为特征的绿色产业体系。

2）远期目标：到 2030 年，在入湖河流全部稳定优于地表水Ⅲ类标准的前提下，不断提升南四湖水质，构建健康生态系统，促使水体自净能力不断增强，保障南四湖流域及南水北调东线输水干线水环境安全。流域内现状水质稍差（Ⅳ类）的有徐洪河、不牢河、南四湖上级湖和梁济运河，主要污染指标为 COD 及 TP。骆马湖至下级湖段除现状汛期 25%输水规模下韩庄运河 TP 超Ⅲ类水目标外，其余情景与指标均达到Ⅲ类水目标；下级湖至东平湖段现状 25%输水规模下 TP 全段超Ⅲ类水标准，现状汛期 50%输水规模下 TP 局部河段超Ⅲ类水标准，其余情景与指标均达到Ⅲ类水目标。因此，为保障南四湖流域及南水北调东线输水干线水环境安全，亟须对研究区域内水质保障进行优化研究。

5.1.2 沂沭泗流域水系格局优化分析

5.1.2.1 供水安全保障格局优化

针对水资源开发利用不平衡、水资源配置网络体系不完善等问题，提出水资源开发利用规划：一是针对用水结构不合理、节水型社会建设水平低的问题，通过节约用水和加强管理，协调三次产业用水矛盾，调整用水结构，促进节水型社会建设提升区域内水资源利用效率；二是推进引水工程建设。

流域是南水北调东线工程的受水区，具有利用外调水资源的前提条件。长江是东线工程的主要水源，水质与水量有保证，提供了优越的水源条件。淮河和沂沭泗水系，分别汇入洪泽湖、骆马湖和南四湖，也是东线工程的水源。骆马湖是江苏省第四大淡水湖泊，也是沂沭泗水系下游防洪、南水北调东线工程输水的重要调蓄湖泊，可从骆马湖引水，经沂河至临沂，通过建设配套设施，为临沂提供应急供水。另外，可利用新沂河、盐河北上缓解连云港供水压力。在满足沂沭泗流域水资源需求之后，两条线路可进一步北上至规划官路水库，为青岛增加优质供水提供可能性。

南水北调工程输水线路设置有台儿庄站口门，可考虑新建输水管道至临沂，进而继续北上至日照、青岛，为胶东半岛供水的可能性。

南四湖上级湖为南水北调东线工程输水的重要调蓄湖泊，东线二期工程实施后，可抽取南四湖水量，经过郑集河向西，为徐州丰县、沛县输水。沂沭泗流域水系发达、河网密集，还可通过韩庄运河、中运河经由其他河道向流域内缺水地区供水。

5.1.2.2 防洪安全保障格局优化

沂沭泗河洪水东调南下工程是解决沂沭河及南四湖地区洪水出路的重要措施，近年来，通过实施东调南下工程，沂沭泗河中下游重要防洪保护区的总体防洪标准基本上达到了 50 年一遇。随着未来沂沭泗流域经济社会快速发展，沂沭泗河中下游防洪保护对象及重要性都将发生较大变化。国务院批复的《淮河流域综合规划（2012—2030 年）》提出"沂沭泗河水系南四湖、韩庄运河、中运河、骆马湖、新沂河的防洪标准逐步提高到 100 年一遇"。结合沂沭河洪水尽量入海原则，进一步完善沂沭泗流域洪水东调南下格局将能有效提高区域防洪能力。

（1）提高出海通道行洪能力，扩大南四湖和沂沭河洪水出路

沂沭泗流域在经过多次大规模的洪水治理后，基本形成防洪、排涝、灌溉等较为完整的水系，为流域洪水安排了专用排洪通道，经由新沭河、新沂河入海。

新沭河西起大官庄枢纽新沭河泄洪闸，东至临洪口入海，全长80km。大官庄枢纽对沭河至大官庄与分沂入沭水道分泄的沂河洪水进行调控，大部分洪水经新沭河泄洪闸由新沭河东调入海，其余部分由人民胜利堰闸控制南下入新沂河。新沂河西起骆马湖嶂山闸，途经徐州、宿迁、连云港三市的新沂、宿豫、沭阳、灌南、灌云五县（市）境，东至堆沟、燕尾二港与灌河会合后并港出海，全长146km。新沭河作为沂沭河洪水东调入海直接通道，沂河发生100年一遇洪水时，现状过流能力不满足分泄要求，提升河道行洪能力及新沭河闸、三洋港闸等建筑物泄洪能力，既能保证防洪标准提升后沂沭河洪水顺利东调入海，也能减轻新沭河行洪对临沂、连云港等市的防洪除涝压力。

新沂河既是骆马湖的排洪出路，又是沂沭泗河洪水南下入海重要出路，同时也是相机分泄淮河洪水的通道。嶂山闸位于新沂河入口处，是骆马湖泄洪入新沂河的主要控制工程。海口枢纽位于新沂河入海口，兼有泄洪、挡潮的功能。及时整治新沂河河道，提升嶂山闸及海口枢纽过流能力，保证新沂河行洪安全，对沂沭泗流域防洪保安、经济发展的影响至关重要。

(2) 提升沂沭河洪水东调规模，整治沂沭河，提高沂沭河片的防洪适配性

1) 增大分沂入沭分洪规模。分沂入沭水道全长20km，上起沂河刘家道口枢纽彭家道口闸，下接沭河大官庄枢纽，是分泄沂河洪水使之东流入海的重要通道。汤河为沭河的主要支流之一，全长56.9km。大官庄枢纽作为扩大沂沭河洪水东调的关键控制工程，可控制沭河来水和分沂入沭水道分泄的沂河洪水入新沭河和老沭河，包括新沭河泄洪闸、人民胜利堰节制闸等工程。

当分沂入沭水道防洪标准由50年一遇提升至100年一遇时，设计流量随之提升，增大分沂入沭分洪能力可有效减轻临沂城区防洪压力。新辟分沂入沭第二通道，将新增流量分洪至汤河，同时对汤河主河槽进行挖深，提升汤河行洪能力，最终可为扩大沂河洪水东调规模提供操作空间。

2) 保障沂沭河河道行洪通畅。沂河发源于沂蒙山区，南流经刘家道口至苗圩入骆马湖，全长333km。沭河发源于沂山南麓，南流经莒县、临沭、新沂于口头入新沂河，全长300km。沂河在刘家道口辟有分沂入沭水道，分沂河洪水经新沭河直接入海；在江风口辟有邳苍分洪道，分沂河洪水入中运河。

根据对沂沭河经济社会发展现状分析，可知当前沂河现状不足以满足其设计流量，可对沂河不满足行洪要求的河道进行挖泓，理顺沂河入骆马湖湖口段，提升沂河行洪通畅度。同时，对沂河、沭河堤防欠高段、险工险段及支流回水段继续治理完善，防护冲刷严重的岸坡滩地，确保防洪屏障发挥作用。

另外，提高刘家道口节制闸下泄规模，采取控泄模式运行大官庄枢纽工程，满足沂沭河分洪要求，可进一步实现沂沭河洪水东调的目的。

3) 完善邳苍分洪道工程体系。邳苍分洪道自江风口闸下起至大谢湖入中运河，全长74km，除分泄沂河洪水外，还承泄2300km²的区间来水。自1958年兴建邳苍分洪道，筑堤束水行洪后，分别于1960年、1974年开闸分洪，最大分洪流量达1100m³/s和1590m³/s，防洪除涝效益显著。对邳苍分洪道现状工程体系进行查缺补漏，维持河道现状行洪能力，有利于沂沭河洪水东调格局完善。

(3) 扩大两湖洪水南下通道，提高南四湖片防洪适配性

1) 加快南四湖洪水下泄。南四湖属浅水型湖泊，在正常蓄水位条件下平均水深 1.0m 左右。南四湖防洪标准为 100 年一遇，上级湖、下级湖对应汛限水位分别为 33.99m、32.29m，对应设计水位分别为 36.99m、36.49m。随着对南四湖入湖支流的治理陆续完成，支流防洪标准提高，入湖泄量也随之增大。同时，由于湖内芦苇、湖草生长茂盛，加之湖内围湖养鱼情况严重，南四湖现状洪水下泄十分缓慢。扩大南四湖洪水下泄通道，在阻水严重的湖区段扩挖浅槽清除芦苇，并且彻底清除人为障碍，从而解决湖内洪水滞缓，使其尽快通过韩庄枢纽下泄，是保证南四湖行洪通畅的关键所在。

2) 保证韩庄运河、中运河通道顺畅。韩庄运河上起微山湖湖口，向东流经微山、峄城和台儿庄 3 个县（区），在苏鲁省界处陶沟河口下接中运河，河道长度为 42.5km。中运河上接韩庄运河（苏鲁省界陶沟河口），下至宿迁闸，河道长度为 89.6km。韩庄运河中运河堤防保护区包括枣庄、徐州、邳州等地区，对河道及重要涵闸进行维护，保证南四湖地区洪水入骆马湖通道顺畅，为南四湖洪水南下格局的完善提供了重要支撑。

(4) 完善骆马湖防洪体系，充分利用新沂河分泄洪水，提高骆马湖片防洪适配性

骆马湖位于沂河末端，中运河东侧，是以防洪、蓄水为主，结合航运、发电、水产养殖等综合利用的多功能湖泊，亦是南水北调东线的调蓄湖泊。骆马湖承接沂河干流、南四湖、邳苍地区 5.1 万 km^2 面积的来水，调蓄后主要由新沂河排入黄海。

骆马湖作为沂沭泗流域洪水南下格局重要节点，首先要确保湖泊正常发挥蓄洪作用，复核相关建筑物设计标准，配合新沂河调度上游洪水南下入海；其次提高骆马湖防洪标准，减轻下游河道排洪压力，保证保护区内宿迁等地区的防洪安全。

5.2 南四湖湖东片"截-导-滞-净-控"水质保障技术

5.2.1 南四湖湖东片全年输水保障需求分析

河湖水系连通是一个复杂的水网系统，由多种要素构成。以往研究更多关注于水资源数量及水体质量上的定性评价，为了定量描述区域河湖水系水安全需求，在理论研究和案例分析的基础上，提出"针对区域不同控制单元水系连通与水质安全需求分析评价方法"，其基本思路如下：首先，依据水文特性、水功能区划及相应水质目标，将区域评价对象划分为空间上既相互独立又具有调蓄扩散降解等相互联系的控制单元。其次，利用已构建的区域河湖水量水质数学模型，结合不同雨情期，得出区域在现有工程格局下，不同典型年中天然来水量与入河污染负荷。然后，通过水量平衡及污染负荷平衡原理，计算出各控制单元下工程滞蓄能力与水质净化能力的不足，定量得到区域不同控制单元水系连通与水质安全需求。

5.2.1.1 区域控制单元划分

控制单元的划分需要充分体现流域管理与水资源自然汇水规律、水体污染汇水特征、行政区管理的有效衔接。划分控制单元的主要目的是使复杂的流域水环境问题分解到各控制单元内，使得具体的流域水环境管理措施和政策能够有效落实和实施，从而实现流域水

环境质量改善。

在《南水北调东线工程山东段控制单元治污方案》中控制单元划分的基础上,按照流域产流和汇水规律,结合河流和湖区控制断面、行政区划进行优化调整,将整个济宁片南四湖流域划分为12个一级控制单元,26个二级控制单元。其中湖东片研究区域划分为3个一级控制单元,9个二级控制单元,划分结果见表5.1。

表5.1　　　　　　　　　　湖东片研究区域控制单元划分

一级控制单元名称	二级控制单元名称	面积/km²
洸府河控制单元	兖州段控制单元	336.58
	任城高新区控制单元	310
	太白湖新区控制单元	54.01
泗河控制单元	泗水控制单元	1117.37
	曲阜控制单元	970.94
	兖州控制单元	217.37
	马坡控制单元	89.88
白马河控制单元	邹城控制单元	904.03
	南阳控制单元	143.17

5.2.1.2 区域控制单元工程滞蓄能力核算

为抵御洪涝灾害威胁、保障当地防洪安全、提高水资源利用,南四湖湖东片修建了水库、橡胶坝、拦河闸等水利工程,以拦蓄非汛期来水、削减汛期洪峰。因此用闸坝工程拦蓄水量来表征工程滞蓄能力,并对不同控制单元进行统计,与不同雨情期下区域来水量进行比较分析,针对性地得出不同典型年型下相应工程能力需求。

研究区域内上游地势较高,多为山丘区,为兴水利修建了大量水库,其中大型水库3座,中型水库3座,小型水库200余座。但由于资料有限且方便模型计算,仅对泗河、洸府河、白马河干流及主要支流上闸坝工程拦蓄水量进行统计,不再考虑水库蓄水量。以2018年作为现状工程情况基本年,对各控制单元工程滞蓄能力进行统计,见表5.2。选取确定丰水年(2007年)、平水年(2008年)、枯水年(2012年),对区域内各控制单元不同典型年下天然来水量(不考虑水库控制面积)进行统计,见表5.3。

根据对各控制单元不同典型年下来水量及现状工程可拦蓄水量比较分析可知:泗河控制单元相较于洸府河、白马河控制单元,因其集水面积较大,故来水量也相对较大,占区域入湖总水量70%左右,同时干流闸坝工程相对较多。其中,泗河中上游泗水段和曲阜段闸坝拦蓄水量仅占多年来水量的13%,闸坝拦蓄水量有限,工程滞蓄能力有待进一步加强。兖州段因靠近城区,为满足用水需求,拦蓄水量相对较多。马坡段处于泗河下游至入湖口段,多为平原区,暂未修建水利工程。

洸府河控制单元因穿过济宁城区,水资源开发较为完善,同时由于来水量较小,工程滞蓄能力相对较高,拦蓄水量可占多年来水量的40%左右。但由于上游河段水利工程年久失修,可拦蓄水量减少,实际滞蓄能力降低,故建议进一步维护修缮或改建其他工程。

白马河控制单元因入湖口至大沙河段通航需求,除上游纪沟闸外,未修建水利控制工程，无法拦蓄入湖水量，河道滞蓄能力较弱。

表 5.2　　各控制单元现状工情下工程滞蓄能力统计

一级控制单元	二级控制单元	闸坝名称	拦蓄量/万 m³	一级控制单元	二级控制单元	闸坝名称	拦蓄量/万 m³
泗河	泗水	黄阴集闸	106.2	洸府河	兖州	甄桥闸	110.2
		泗水大闸	244.8			高吴桥闸	93.1
		东杨橡胶坝	504			屯头闸	177.6
		红旗闸	245.4			王桥坝	240
		合计	1100.4			玄帝庙坝	40
	曲阜	书院橡胶坝	157.4			合计	660.9
		陈寨闸	57.5		任城高新区	4号橡胶坝	160
		龙湾店闸	433			3号橡胶坝	90.7
		张曲橡胶坝	50.4			2号橡胶坝	81
		104国道橡胶坝	76			1号橡胶坝	105
		沂河橡胶坝	50			蓼沟河节制闸	230
		郭家庄橡胶坝	71.1			合计	666.7
		杨庄橡胶坝	56.1		太白湖新区	—	0
		合计	951.5			合计	0
	兖州	滋阳橡胶坝	369.5			合计	1327.6
		金口坝	60.2	白马河	邹城	纪沟闸	21
		城南橡胶坝	416.3			合计	21
		城东橡胶坝	220		南阳	—	0
		合计	1066			合计	0
	马坡	—	0			合计	21
		合计	0				
	合计		3117.9				

表 5.3　　各控制单元不同典型年下天然来水量统计　　　　单位：万 m³

一级控制单元	泗河					洸府河				白马河		
二级控制单元	泗水	曲阜	兖州	马坡	合计	兖州	任城高新区	太白湖新区	合计	邹城	南阳	合计
丰水年来水量	12302	11079	4916	2039	30336	2804	2582	450	5836	6293	1306	7599
平水年来水量	8500	7654	3396	1409	20959	1607	1480	258	3345	5025	1043	6068
枯水年来水量	4170	3755	1666	691	10282	162	336	59	557	2970	616	3586

5.2.1.3　区域控制单元入河污染负荷核算

根据《南水北调东线（济宁段）水质提升暨南四湖流域生态保护与修复规划》及当地相关部门提供的资料，对济宁市2018年城区生活、村镇生活、工业企业、畜禽养殖、种植业面源、水产养殖等污染物入河量进行了整理统计,区域控制单元现状污染负荷见表5.4。其中:城区生活污染源包括城镇生活污水处理厂尾水及城区生活污水直排两部分;村镇生活污染源包括村镇生活污水直排、乡镇污水处理厂/站出水两部分。

根据统计,2018年南四湖流域(济宁段)污染物入河总量COD为22272.09t,TP为258.15t。其中,COD入河量中白马河邹城段及泗河兖州段控制单元较大,占比分别为14%、7%;TP入河量中洸府河太白湖新区段及白马河邹城段控制单元较大,占比均为8%。

表5.4　　　　　　　　　　区域各控制单元污染物入河量统计　　　　　　　　　　单位：t/a

一级控制单元	二级控制单元	COD	TP	一级控制单元	二级控制单元	COD	TP
白马河	邹城	3036.86	21.34	泗河	泗水	1265.28	17.17
	南阳	278.44	3.25		曲阜	1310.01	13.84
洸府河	兖州	236.38	3.16		兖州	2508.89	15.68
	任城高新区	1884.41	19.84		马坡	91.07	1.61
	太白湖新区	1449.03	21.41				

5.2.1.4　区域控制单元下水质安全需求分析

水量与水质是水资源具有的双重属性,从量、质角度分析发现区域全年水质保障问题,即汛期来水量大,工程滞蓄能力不足;入河污染物负荷大,水体净化能力不足。基于保障问题,对不同控制单元不同典型年下水系连通与水质安全需求进行分析,量化区域工程滞蓄与水质净化能力建设。

依据质量守恒原理,控制单元内水量平衡方程如下

$$\Delta V_t^i = R_t^i - W_t^i - U_t^i \tag{5.1}$$

式中:ΔV_t^i 为控制单元 i 在 t 时刻无法拦蓄的水量(净水量);R_t^i 为控制单元 i 在 t 时刻天然来水量;W_t^i 为控制单元 i 在 t 时刻现状工程剩余拦蓄水量;U_t^i 为控制单元 i 在 t 时刻人类活动取用水量,其中包括农业灌溉、林牧渔蓄、工业用水、城镇公共、居民生活、生态环境。$\Delta V_t^i > 0$ 表示控制单元 i 在 t 时刻拦蓄能力不足;$\Delta V_t^i < 0$ 表示控制单元 i 在 t 时刻拦蓄能力满足。即可通过定量得出一个控制单元在不同典型年下现有水利工程滞蓄能力的需求。

控制单元内污染负荷平衡方程如下

$$\Delta P_t^i = C_t^i Q_t^i - C_k^i Q_t^i \tag{5.2}$$

式中:ΔP_t^i 为控制单元 i 在 t 时刻污染负荷超标量;C_t^i 为控制单元 i 在 t 时刻断面污染物浓度;C_k^i 为控制单元 i 在 t 时刻断面目标水质限值浓度;Q_t^i 为控制单元 i 在 t 时刻断面来水量。$\Delta P_t^i > 0$ 表示控制单元 i 在 t 时刻污染负荷超标,净化能力不足;$\Delta P_t^i < 0$ 表示控制单元 i 在 t 时刻污染负荷达标,净化能力满足。各断面浓度均由水动力水质模型计算得出,即可定量得出各控制单元在不同典型年下现有水利工程及水质净化工程净化能力的需求。

5.2.2 区域河湖水系连通水质安全保障技术方案

5.2.2.1 基于需求分析的水系连通水质安全保障情景集

结合上文所分析的区域水系连通及水质安全需求,对不同控制单元从工程滞蓄能力、水质净化能力、水量水质联合调度三方面入手,针对性地制定具体不同情景下区域河湖连通格局与工程群联合调度情景集,运用河湖水系连通工程群水质保障联合调度优选方法,优选河湖连通格局与工程联合调度方案,形成多情景下区域"截-导-滞-净-控"河湖水系连通水质保障技术方案。

基本思路如下:首先,以不同典型年下雨水情,结合水库闸坝等现状工情,按照现有实际调度规则,模拟出的工程滞蓄能力与水质净化能力需求,确定为现状情景,见表5.5;其次,基于现状情景下区域工程滞蓄能力及水质净化能力需求,结合《济宁市泗河流域水资源利用及保护规划》和《济宁市水安全保障总体规划》中拦河橡胶坝及采煤塌陷区改建平原水库等规划工程实际能力,从水量、水质、水量水质联合调度三方面,拟定新建水利工程及水质净化工程等措施方案,构建水质安全保障情景集,分为三种情景类型,六种具体情景措施,见表5.6和表5.7,并模拟分析水量水质结果。根据区域水质安全保障现状情景需求分析可知,丰水年下水质需求最为强烈,现有工程及规划工程实际能力仍无法满足其滞蓄和净化需求,故以区域最大可利用工程规模,通过不同调度方式对水量进行调配,以达到目标水质要求。

表5.5 区域水质安全保障现状情景

典型年	一级控制单元	二级控制单元	闸坝拦蓄量/万 m³	超标水量拦蓄需求/万 m³	日污染超标最大负荷/t COD	日污染超标最大负荷/t TP
丰水年	泗河	泗水	1100	9424	116.89	0
		曲阜	951	8912	94.39	0
		兖州	1066	4100	39.95	0
		马坡	0	2220	10.25	0
	洸府河	兖州	661	1944	58.14	0.018
		任城高新区	667	1821	62.72	0.027
		太白湖新区	0	460	10.56	0
	白马河	邹城	21	5850	118.38	1.09
		南阳	0	1467	20.6	0.17
平水年	泗河	泗水	1100	5197	19.85	0
		曲阜	951	5098	17.2	0
		兖州	1066	2407	6.97	0
		马坡	0	1517	2.17	0
	洸府河	兖州	661	782	26.45	0
		任城高新区	667	751	29.21	0.022
		太白湖新区	0	273	4.68	0
	白马河	邹城	21	4560	86.81	0.69
		南阳	0	1204	15.57	0.06

5.2 南四湖湖东片"截-导-滞-净-控"水质保障技术

续表

典型年	一级控制单元	二级控制单元	闸坝拦蓄量/万 m³	超标水量拦蓄需求/万 m³	日污染超标最大负荷/t	
					COD	TP
枯水年	泗河	泗水	1100	2210	17.5	0
		曲阜	951	2389	11.24	0
		兖州	1066	1204	3.74	0
		马坡	0	1014	1.05	0
	洸府河	兖州	661	0	0.89	0
		任城高新区	667	0	2.52	0.02
		太白湖新区	0	72	0.046	0
	白马河	邹城	21	0	0.99	0
		南阳	0	0	0	0

表 5.6　　水质安全保障情景类型及措施

情景类型	具体措施
工程滞蓄能力建设	拦截污水、修建橡胶坝、塌陷区改建平原水库
水质净化能力建设	拦截污水、塌陷区改建平原水库
水量水质联合调度	拦截污水、修建橡胶坝、塌陷区改建平原水库、人工湿地、水系连通

表 5.7　　水质安全保障具体情景措施集

情景序号	情景类型	工程措施	调控方式
情景一	工程滞蓄能力建设	截-滞	方式一
情景二	工程滞蓄能力建设	截-滞	方式二
情景三	工程滞蓄能力建设	截-滞	方式三
情景四	水质净化能力建设	截-净	方式一
情景五	水量水质联合调度	截-导-滞-净	方式一
情景六	水量水质联合调度	截-导-滞-净	方式二

(1) 情景一、二、三

根据需求最为强烈的丰水年下工程滞蓄能力分析，结合当地规划及实际可利用建设能力从水量角度制定情景。丰水年泗河、洸府河、白马河控制单元超标水量拦蓄需求分别为 24656 万 m³、4225 万 m³、7317 万 m³，采取"截-滞-控"措施，即拦截污水，削减点源、面源污染负荷，利用橡胶坝拦截来水、塌陷区改建平原水库滞蓄汇水、优化工程调度规则调控水量，具体措施工程参数见表 5.8。

通过对规划橡胶坝、塌陷区改建平原水库蓄水量计算可知，其实际滞蓄能力与丰水年拦蓄需求仍有较大差距，无法解决区域控制单元污染超标水量入湖，故采用全部工程最大能力进行情景措施设计。但在工程规模固定的基础上，可以通过对入库水量进行不同时间、不同流量的调控，因此根据前文不同典型年下污染负荷较为集中的汛期，分别设置了情景一、二、三，以模拟三种不同情景调控方式下水质改善效果。

表 5.8 情景一、二、三需求分析及具体措施   单位：万 m³

一级控制单元	二级控制单元	需 求 分 析		具 体 措 施		
		闸坝拦蓄量	超标水量拦蓄需求	滞		控
				修建橡胶坝	修建平原水库	优化工程调度规则
泗河	泗水	1100	9424	1941	0	为尽可能多地拦蓄来水，将河道上闸坝工程调度规则调整为：全年关闸、闸前达到汛限水位开闸
	曲阜	951	8912	666	1467	
	兖州	1066	4100	512	2905	
	马坡	0	2220	561	0	
洸府河	兖州	661	1944	90	0	
	任城高新区	667	1821	0	1213	
	太白湖新区	0	460	0	0	
白马河	邹城	21	5850	0	1715	
	南阳	0	1467	0	0	

依据《南水北调东线（济宁段）水质提升暨南四湖流域生态保护与修复规划》，应从源头控制污染物的排放，减少污染物的新增量。城镇及工业污水处理厂尾水排放作为流域内点源污染的主要组成部分，目前其排放标准与东线输水干线地表水Ⅲ类标准仍有很大差距，需对区域内部分污水处理厂的尾水进行深度处理，提高入河尾水的水质标准。污水处理厂尾水负荷在各区、县污染源占比中均较重，对于此类污染负荷的消减，可以参照北湖污水处理厂、微山首创污水处理厂等通过湿地深度净化处理的方式达到目的。在原有污水处理厂一级 A 达标排放的基础上，采用人工湿地工艺对其进行深度处理，使其达到地表水Ⅳ～Ⅲ类。人工湿地工艺被广泛应用于当地尾水提标工程，应用较为成熟，技术可行。但是像邹城市第一污水处理厂、山东公用集团嘉祥水务有限公司等 13 座污水处理厂尾水绝大部分直排入河的，需要对其提标改造，设计出水从《城镇污水处理厂污染物排放标准》（GB 18918—2002）一级 A 标准提升到地表水Ⅲ类水水质标准，来满足区域污染物消减的要求，污水处理厂拟提标扩容项目参数见表 5.9。

表 5.9 情景一、二、三各控制单元污水处理厂拟提标扩容项目参数

项目名称	控制单元	项 目 内 容		
		2019—2020 年	2021—2025 年	2026—2030 年
兖州区污水处理厂提标改造工程	兖州	对兖州污水处理厂提标至地表水Ⅲ类，提标规模 3 万 m³/d	兖州大禹污水处理厂扩容 2 万 m³/d，结合深度处理工程保障入湖水质达到地表水Ⅲ类；对兖州第三污水处理厂提标至地表水Ⅲ类，提标规模 3 万 m³/d	对兖州大禹污水处理厂提标至地表水Ⅲ类，提标规模 2 万 m³/d
曲阜市污水处理厂提标改造工程	曲阜	对曲阜市第一污水处理厂提标至地表水Ⅲ类，提标规模 2.5 万 m³/d	对山东公用集团曲阜水务有限公司（三污）提标至地表水Ⅲ类，提标规模 3 万 m³/d	对曲阜嘉诚水质净化有限公司提标至地表水Ⅲ类，提标规模 3 万 m³/d

5.2 南四湖湖东片"截-导-滞-净-控"水质保障技术

续表

项目名称	控制单元	项目内容		
		2019—2020 年	2021—2025 年	2026—2030 年
邹城市污水处理厂提标改造工程	邹城	对邹城市第一污水处理厂提标至地表水Ⅲ类,提标规模 6 万 m^3/d	新建 5.5 万 m^3/d,结合深度处理工程保障入湖水质达到地表水Ⅲ类;对邹城新城污水处理有限公司提标至地表水Ⅲ类,提标规模 2 万 m^3/d	对邹城第二污水处理厂提标至地表水Ⅲ类,提标规模 3 万 m^3/d

近年来,随着南四湖流域工农业的快速发展,氮、磷等污染物入湖量不断增加,以种植业面源污染、畜禽养殖污染、农村生活污染等为代表的农业面源污染成为导致南四湖部分区域水质恶化和水体富营养化的主要因素。对于农村环境整治,由于农村污水处理设备占地较少且对用地无特殊要求、较为灵活,推荐以生态处理或生物处理技术为主的处理工艺,在敏感水域周边且用地紧张的农村适当采用一些生物处理技术;对于种植业面源治理,考虑采用源头控制、过程阻断、末端治理的策略。在源头对化肥农药减量化,秸秆资源化,减少污染物进入地表水体;采用生态沟渠,在污染物传输路径中对污染物进行削减;在沟渠末端采用前置库、生态塘、人工湿地等生态工程,对污染物进行进一步降解,使污染物入河量大大降低。根据前文污染负荷统计及当地部门测算,模型中面源污染负荷削减 20% 至地表水Ⅴ类标准。

依据《济宁市泗河流域水资源利用及保护规划》,拟在泗河干流新建橡胶坝 11 座,洸府河干流新建橡胶坝 1 座,包括马坡段 2 座(南二环公路桥橡胶坝、岚济公路桥橡胶坝),兖州段 2 座(济邹公路桥橡胶坝、崇文大道橡胶坝),曲阜段 2 座(张家村橡胶坝、泗滨橡胶坝),泗水段 5 座(临泗橡胶坝、寺台橡胶坝、岳岭橡胶坝、林泉橡胶坝、苗馆橡胶坝),具体橡胶坝工程参数见表 5.10。

表 5.10　情景一、二、三区域规划新建橡胶坝工程参数

一级控制单元	二级控制单元	规划橡胶坝工程参数				
		名称(编号)	坝长/m	坝高/m	正常蓄水位/m	蓄水量/万 m^3
泗河	泗水	苗馆坝(SDP-1)	200	3.5	117.5	245
	泗水	林泉坝(SDP-2)	200	3.5	109.5	188
	泗水	岳岭坝(SDP-3)	240	3.5	103.5	294
	泗水	寺台坝(SDP-4)	260	3	98	234
	泗水	临泗坝(SDP-5)	420	5	85	980
	曲阜	泗滨坝(SDP-6)	373	4.7	72.5	545
	曲阜	张家村坝(SDP-7)	270	3	58.7	121
	兖州	崇文大道坝(SDP-8)	220	3.5	45.7	67
	兖州	济邹公路桥坝(SDP-9)	270	4	43.2	445
	马坡	岚济公路桥坝(SDP-10)	200	3.5	39.1	293
	马坡	南二环公路桥坝(SDP-11)	120	3	38	268
洸府河	兖州	孔屯村坝(GDP-1)	50	3	44.5	90

依据《济宁市采煤塌陷地综合治理规划》，拟在兖州区利用鲍店、杨村、横河、兴隆和太平等煤矿采煤形成泗河、白马河之间的塌陷区建设泗河左岸塌陷区平原水库；在曲阜市利用东滩、兴隆、杨庄、古城、星村等煤矿采煤形成的陵城塌陷区建设陵城镇平原水库；洸府河任城高新区利用岱庄煤矿采煤形成的孟宪洼塌陷区建设孟宪洼平原水库。其中，泗河兖州控制单元通过新建引水渠道，将城南坝以上中水及汇水导入泗河左岸平原水库，水库占地面积 8710.6 亩，相应库容 2905 万 m^3，蓄水深度 3m，引水流量 $5.5m^3/s$；泗河曲阜段通过新建引水渠道，将小沂河入泗河以上中水及汇水导入陵城镇平原水库，水库占地面积 4000 亩，相应库容 1467 万 m^3，蓄水深度 5.5m，引水流量 $2.5m^3/s$；洸府河任城高新区控制单元通过南跃进沟现有河道将洸府河干流及汇水导入孟宪洼平原水库，水库占地面积 3500 亩，相应库容 1213.74 万 m^3，蓄水深度 5.2m，引水流量 $2m^3/s$；白马河邹城段控制单元通过新建引水渠道，将白马河来水及汇水导入泗河左岸平原水库，水库占地面积 5142 亩，相应库容 1715 万 m^3，蓄水深度 3m，引水流量 $3.5m^3/s$。

同时，在塌陷区改建平原水库工程的基础上，优化拦河闸坝调度规则，控制上游来水。在现状调度规则上，为尽可能多拦蓄水量、提高区域水资源利用，将工程调度规则调整为全年关闸蓄水、闸前达到汛限水位开闸泄水。对于塌陷区改建平原水库工程，调度规则为丰蓄枯补，即汛期（6—9 月）蓄水，根据雨情预报调整，且下游入湖口水质超标时蓄水，尽可能防止超标污水进入下游湖泊，同时非汛期相机向下游补水，保证河道生态流量。根据不同典型年下不同控制单元污染负荷在汛期集中时间不同，为最大限度发挥平原水库滞蓄效果，设置三种不同的入库水量调度情景，具体塌陷区改建平原水库参数及调度规则见表 5.11~表 5.13。

表 5.11　　　　　情景一采煤塌陷区规划平原水库工程参数

一级控制单元	二级控制单元	平原水库名称（编号）	蓄水时间	引水流量 /(m^3/s)	蓄水深度 /m	占地面积 /亩	相应库容 /万 m^3	调度规则
洸府河	任城高新区	孟县洼水库（PR-1）	7—8 月	2	5.2	3500	1213	汛期入湖口水质超标时（6—9 月）蓄水，非汛期相机向下游补水
泗河	曲阜	陵城镇水库（PR-2）	8—9 月	2.5	5.5	4000	1467	
	兖州	泗河左岸水库（PR-3）	8—9 月	5.5	3	8710.6	2905	
白马河	邹城	泗河左岸水库（PR-4）	7—8 月	3.5	3	5142	1715	

表 5.12　　　　　情景二采煤塌陷区规划平原水库工程参数

一级控制单元	二级控制单元	平原水库名称（编号）	蓄水时间	引水流量 /(m^3/s)	蓄水深度 /m	占地面积 /亩	相应库容 /万 m^3	调度规则
洸府河	任城高新区	孟县洼水库（PR-1）	7—8 月	2	5.2	3500	1213	汛期入湖口水质超标时（6—9 月）蓄水，非汛期相机向下游补水
泗河	曲阜	陵城镇水库（PR-2）	7—8 月	2.5	5.5	4000	1467	
	兖州	泗河左岸水库（PR-3）	7—8 月	5.5	3	8710.6	2905	
白马河	邹城	泗河左岸水库（PR-4）	7—8 月	3.5	3	5142	1715	

5.2 南四湖湖东片"截-导-滞-净-控"水质保障技术

表 5.13 情景三采煤塌陷区规划平原水库工程参数

一级控制单元	二级控制单元	平原水库名称（编号）	蓄水时间	引水流量/(m³/s)	蓄水深度/m	占地面积/亩	相应库容/万 m³	调度规则
洸府河	任城高新区	孟县洼水库（PR-1）	9 月	4.5	5.2	3500	1213	汛期入湖口水质超标时（6—9 月）蓄水，非汛期相机向下游补水
泗河	曲阜	陵城镇水库（PR-2）	7—8 月	2.5	5.5	4000	1467	
	兖州	泗河左岸水库（PR-3）	7—8 月	5.5	3	8710.6	2905	
白马河	邹城	泗河左岸水库（PR-4）	7—8 月	3.5	3	5142	1715	

（2）情景四

根据丰水年下水质净化能力需求分析，结合当地规划及实际可利用建设能力从水质角度制定情景。丰水年泗河、洸府河、白马河 COD 日污染超标最大负荷分别为 261.48t、131.42t、138.98t，全年待削减超标污染负荷分别为 1701t、920.6t、939t。采取"截-净-控"措施，即拦截污水，削减点源、面源污染负荷，利用采煤塌陷区改建人工湿地净化来水、优化拦河闸坝调度规则。具体措施工程参数见表 5.14。

表 5.14 情景四需求分析及具体措施

一级控制单元	二级控制单元	需求分析		具体措施		
		日污染超标最大负荷/t		截	净	控
		COD	TP	截污/t	修建人工湿地/亩	
泗河	泗水	116.89	0	571	0	从河道引水进入人工湿地，经过净化后出水按照地表水Ⅲ类标准流入原河道
	曲阜	94.39	0	502	4000	
	兖州	39.95	0	177	8710	
	马坡	10.25	0	56	0	
洸府河	兖州	58.14	0.018	229	0	
	任城高新区	62.72	0.027	273	0	
	太白湖新区	10.56	0	30	0	
白马河	邹城	118.38	1.09	327	5142	
	南阳	20.6	0.17	57	0	

依据《济宁市采煤塌陷地综合治理规划》，结合塌陷区面积及水质净化需求，制定建设人工生态湿地工程，部分来水经过净化汇入原河道。泗河兖州段控制单元利用泗河左岸塌陷区改建 8710 亩人工湿地，日处理量 10 万 t，进水流量 1.16m³/s，类型为表流湿地，出水标准为地表水Ⅲ类；泗河曲阜段控制单元利用陵城镇塌陷区改建 4000 亩人工湿地，日处理量 5 万 t，进水流量 0.58m³/s，类型为表流湿地，出水标准为地表水Ⅲ类；白马河邹城段利用泗河左岸塌陷区改建 5142 亩人工湿地，日处理量 6 万 t，进水流量 0.69m³/s，类型为表流湿地，出水标准为地表水Ⅲ类，具体塌陷区改建人工湿地参数见表 5.15。

同时，在塌陷区改建人工湿地工程的基础上，优化拦河闸坝调度规则，控制来水。在现状调度规则上，为尽可能多拦蓄水量，将工程调度调整为全年关闸蓄水、闸前达到汛限水位开闸泄水。通过从河道引水进入塌陷区改建人工湿地，经过净化后出水按照地表水Ⅲ

类标准流入原河道。

表 5.15　　　　　情景四采煤塌陷区改建人工湿地工程参数

一级控制单元	二级控制单元	人工湿地名称（编号）	面积/亩	出水水质标准	湿地类型	日处理量/万 t	入水流量/(m³/s)
泗河	曲阜	陵城镇塌陷区人工湿地（WL-1）	4000	Ⅲ	表流	5	0.58
泗河	兖州	泗河左岸塌陷区人工湿地（WL-2）	8710	Ⅲ	表流	10	1.16
白马河	邹城	泗河左岸塌陷区人工湿地（WL-3）	5142	Ⅲ	表流	6	0.69

(3) 情景五、六

根据需求最为强烈的丰水年下工程滞蓄能力及水质净化能力需求分析，结合当地规划及实际可利用建设能力从水量水质联合调度角度制定情景。丰水年泗河、洸府河、白马河控制单元超标水量拦蓄需求分别为 24656 万 m³、4225 万 m³、7317 万 m³；COD 日污染超标最大负荷分别为 261.48t、131.42t、138.28t；全年待削减超标污染负荷分别为 1701t、920.6t、939t。采取"截-导-滞-净-控"措施，即削减点源面源污染负荷拦截污水，利用橡胶坝、塌陷区部分改建平原水库滞蓄汇水，部分改建人工湿地净化来水，通过塌陷区已有或新建连接通道将无法拦蓄的水量导入水库或湿地工程并串联起湖东主要入湖河流。同时在水量滞蓄及水质净化工程建设的基础上，优化工程调度规则，对来水进行调控。具体措施工程参数见表 5.16。

表 5.16　　　　　情景五需求分析及具体措施

需求分析						具体措施					
一级控制单元	二级控制单元	闸坝拦蓄量/万 m³	超标水量拦蓄需求/万 m³	日污染超标最大负荷/t		截	导	滞			净	控
				COD	TP	截污/t	水系连通	修建橡胶坝/万 m³	修建平原水库/万 m³	修建人工湿地/亩	优化工程调度规则
泗河	泗水	1100	9424	116.89	0	571	—	1941	0	0	
泗河	曲阜	951	8912	94.39	0	502	—	666	731	2000	
泗河	兖州	1066	4100	39.95	0	177	洸府河/白马河	512	942	4000	
泗河	马坡	0	2220	10.25	0	56	—	561	0	0	为尽可能多地拦蓄来水，将河道上闸坝工程调度规则调整为：全年关闸，闸前达到汛限水位开闸
洸府河	兖州	661	1944	58.14	0.018	229	泗河	90	0	0	
洸府河	任城高新区	667	1821	62.72	0.027	273	—	0	1213	0	
洸府河	太白湖新区	0	460	10.56	0	30	—	0	0	0	
白马河	邹城	21	5850	118.38	1.09	327	泗河	0	1715	0	
白马河	南阳	0	1467	19.9	0.14	57	—	0	0	0	

5.2 南四湖湖东片"截-导-滞-净-控"水质保障技术

通过对规划橡胶坝、塌陷区改建平原水库蓄水量以及塌陷区改建人工湿地削减污染负荷计算可知,其实际水量滞蓄能力和水质净化能力与丰水年水质需求仍有较大差距,无法解决区域控制单元污染超标水量入湖,故采用全部工程最大能力进行情景措施设计。但在工程规模固定的基础上,可以通过对河流之间连通工程进行不同时间、不同水量的调控。因此根据前文不同典型年下污染负荷较为集中的汛期,分别设置了情景五、六,以模拟两种不同情景连通方式下水质改善效果。

依据《济宁市泗河流域水资源利用及保护规划》,拟在泗河干流新建橡胶坝11座,洸府河干流新建橡胶坝1座,包括马坡段2座(南二环公路桥橡胶坝、岚济公路桥橡胶坝),兖州段2座(济邹公路桥橡胶坝、崇文大道橡胶坝),曲阜段2座(张家村橡胶坝、泗滨橡胶坝),泗水段5座(临泗橡胶坝、寺台橡胶坝、岳岭橡胶坝、林泉橡胶坝、苗馆橡胶坝),具体橡胶坝工程参数见表5.17。

表 5.17　　　　　　　情景五区域规划新建橡胶坝工程参数

一级控制单元	二级控制单元	规划橡胶坝工程参数				
		名称(编号)	坝长/m	坝高/m	正常蓄水位/m	蓄水量/万 m³
泗河	泗水	苗馆坝(SDP-1)	200	3.5	117.5	245
	泗水	林泉坝(SDP-2)	200	3.5	109.5	188
	泗水	岳岭坝(SDP-3)	240	3.5	103.5	294
	泗水	寺台坝(SDP-4)	260	3	98	234
	泗水	临泗坝(SDP-5)	420	5	85	980
	曲阜	泗滨坝(SDP-6)	373	4.7	72.5	545
	曲阜	张家村坝(SDP-7)	270	3	58.7	121
	兖州	崇文大道坝(SDP-8)	220	3.5	45.7	67
	兖州	济邹公路桥坝(SDP-9)	270	4	43.2	445
	马坡	岚济公路桥坝(SDP-10)	200	3.5	39.1	293
	马坡	南二环公路桥坝(SDP-11)	120	3	38	268
洸府河	兖州	孔屯村坝(GDP-1)	50	3	44.5	90

依据《济宁市采煤塌陷地综合治理规划》,拟在兖州区利用鲍店、杨村、横河、兴隆和太平等煤矿采煤形成泗河、白马河之间的塌陷区建设泗河左岸塌陷区平原水库,在曲阜市利用东滩、兴隆、杨庄、古城、星村等煤矿采煤形成的陵城塌陷区建设陵城镇平原水库。洸府河任城高新区利用岱庄煤矿采煤形成的孟宪洼塌陷区建设孟宪洼平原水库。其中,泗河兖州控制单元通过新建引水渠道,将城南坝以上中水及汇水导入泗河左岸平原水库,水库占地面积4710亩,相应库容942万 m³,蓄水深度3m,非汛期引水流量0.58m³/s,汛期引水流量2.2m³/s;泗河曲阜段通过新建引水渠道,将小沂河入泗河以上中水及汇水导入陵城镇平原水库,水库占地面积2000亩,相应库容731万 m³,蓄水深度5.5m,非汛期引水流量0.29m³/s,汛期引水流量1.5m³/s;洸府河任城控制单元通过南跃进沟现有河道将洸府河干流及汇水导入孟宪洼平原水库,水库占地面积3500亩,相

应库容 1213 万 m^3，蓄水深度 5.2m，汛期引水流量 $2m^3/s$；白马河邹城段控制单元通过新建引水渠道，将白马河来水及汇水导入泗河左岸平原水库，水库占地面积 5142 亩，相应库容 1715 万 m^3，蓄水深度 3m，非汛期引水流量 $0.29m^3/s$，汛期引水流量 $3.5m^3/s$。具体塌陷区改建平原水库参数见表 5.18。

表 5.18　　　　　　　　情景五采煤塌陷区规划平原水库工程参数

一级控制单元	二级控制单元	平原水库名称（编号）	占地面积/亩	相应库容/万 m^3	蓄水深度/m	非汛期引水流量/(m^3/s)	汛期引水流量/(m^3/s)	水体去向	调度规则
洸府河	任城	孟县洼（PR-1）	3500	1213	5.2	0	2	湿地	汛期入湖口水质超标时（6—9月）蓄水，非汛期相机向下游补水
泗河	曲阜	陵城镇（PR-2）	2000	731	5.5	0.29	1.5	湿地	
	兖州	泗河左岸（PR-3）	4710	942	3	0.58	2.2	湿地	
白马河	邹城	泗河左岸（PR-4）	5142	1715	3	0.29	3.5	湿地	

依据《济宁市采煤塌陷地综合治理规划》，结合塌陷区面积及水质净化需求，制定建设人工生态湿地工程。湿地承接塌陷区改建平原水库出水，经过净化汇入原河道。泗河兖州段控制单元利用泗河左岸塌陷区改建 4000 亩人工湿地，日处理量 5 万 t，入水流量 $0.58m^3/s$，类型为表流湿地，出水标准为地表水Ⅲ类；泗河曲阜段控制单元利用陵城镇塌陷区改建 2000 亩人工湿地，日处理量 2.5 万 t，入水流量 $0.29m^3/s$，类型为表流湿地，出水标准为地表水Ⅲ类。具体塌陷区改建人工湿地参数见表 5.19。

表 5.19　　　　　　　　情景五采煤塌陷区规划人工湿地工程参数

一级控制单元	二级控制单元	人工湿地名称（编号）	占地面积/亩	出水水质标准	湿地类型	日处理量/万 t	入水流量/(m^3/s)	水体去向
泗河	曲阜	陵城镇（WL-1）	2000	Ⅲ	表流	2.5	0.29	河道
	兖州	泗河左岸（WL-2）	4000	Ⅲ	表流	5	0.58	河道

通过已有连通渠道或者塌陷区新建通道，将洸府河、泗河、白马河进行水系连通，将橡胶坝、平原水库、人工湿地等工程串联起来，进行工程群联合调度保障南四湖湖东水质安全。泗河兖州控制单元通过泗河龙湾店闸引水，导入引泗干渠，进入小泥河、汉马河，最终汇入洸府河；通过泗河黑风口引水闸引水，进入府河、杨家河，最终汇入洸府河；通过泗河左岸采煤塌陷区，新建引水渠道，进入白马河。

优化拦河闸坝调度规则，控制来水。为尽可能多拦蓄水量，将工程调度调整为全年关闸蓄水、闸前达到汛限水位开闸泄水。对于塌陷区改建平原水库工程，调度规则调整为非汛期作为人工湿地工程引水渠道，汛期（6—9月）进行蓄水，根据雨情预报调整，且下游入湖口水质超标时蓄水，尽可能防止超标污水进入下游湖泊，同时非汛期相机向下游补水，保证河道生态流量。人工湿地承接平原水库出水，经过净化后出水按照地表水Ⅲ类标准流入原河道。

通过对泗河与洸府河、泗河与白马河之间的连接通道进行不同时间、不同水量的调控，根据前文不同典型年下污染负荷较为集中的汛期，分别设置了情景五、六，且调度规则为汛期由水量较大水质较好的泗河向洸府河、白马河引水,同时连通工程上游水质监测断面达到或优于地表水Ⅲ类标准时方可进行引水,具体水系连通控制参数见表5.20和表5.21。

表5.20 情景五水系连通控制参数

一级控制单元	二级控制单元	连接通道(编号)	连通时间	闸泵流量/(m³/s)	连通水量/万 m³
洸府河	兖州	泗河龙湾店闸—引泗干渠—小泥河—汉马河—洸府河(RCC-1)	6—10月	2	2073
	兖州	泗河黑风口引水闸—府河—杨家河—洸府河(RCC-2)	6—10月	2	2073
泗河	兖州	泗河—泗河左岸塌陷区—白马河;济邹公路桥橡胶坝以上(RCC-3)	6—10月	2	2073

表5.21 情景六水系连通控制参数

一级控制单元	二级控制单元	连接通道(编号)	连通时间/月	闸泵流量/(m³/s)	连通水量/万 m³
洸府河	兖州	泗河龙湾店闸—引泗干渠—小泥河—汉马河—洸府河(RCC-1)	9	4	1072
	兖州	泗河黑风口引水闸—府河—杨家河—洸府河(RCC-2)	9	4	1072
泗河	兖州	泗河—泗河左岸塌陷区—白马河;济邹公路桥橡胶坝以上(RCC-3)	0	0	0

5.2.2.2 水系连通水质安全保障情景集模拟效果评价

利用已构建的区域一维水动力-水质模型,对不同工程措施及不同调度方式的六种情景从丰、平、枯三种典型年下分别进行模拟,并将区域洸府河、泗河、白马河入湖口不同污染指标水质动态模拟值绘制图中,可以直观地反映出不同情景下水质改善效果,如图5.1~图5.3所示。

从六种情景下整体污染指标变化趋势分析可知,本研究制定的情景相较于现状典型年水体质量明显得到改善,尤其是汛期污染负荷显著降低。但由于丰水年水量较大,污染负荷较高,而实际工程和规划工程能力有限,因此仍会出现区域丰水年COD指标无法全年稳定达标,故仍需进一步对污染源头进行治理,削减入河污染负荷,同时提高区域工程滞蓄能力,加强水质净化工程的建设。

情景一、二、三均采用"截-滞-控"措施,不同调度方式下其水质改善效果相差不大。通过与情景四模拟结果的对比可知,泗河流域通过修建梯级拦蓄橡胶坝在提高水资源利用的同时,可以有效地拦蓄污水,保障下游入湖口水质安全,相较于情景四修建人工湿地工程,提高泗河流域水量滞蓄能力对改善水质效果更佳。

情景五、六采取的"截-导-滞-净-控"措施与其他情景相比,汛期污染物浓度降低更为明显,说明此措施对于区域水质提升起到了更突出的作用。同时,情景五与情景六相比,主要体现在河流连通时间及流量上的区别,其中泗河、白马河模拟结果相差不大,洸府河结果有一定区别。但由于是汛期连通,引入清水在一定程度改善下游水质的同时,也会增加下游河道来水量,带来区域防洪风险,因此需要将防洪安全与水质安全综合起来,对情景效果进行评价。

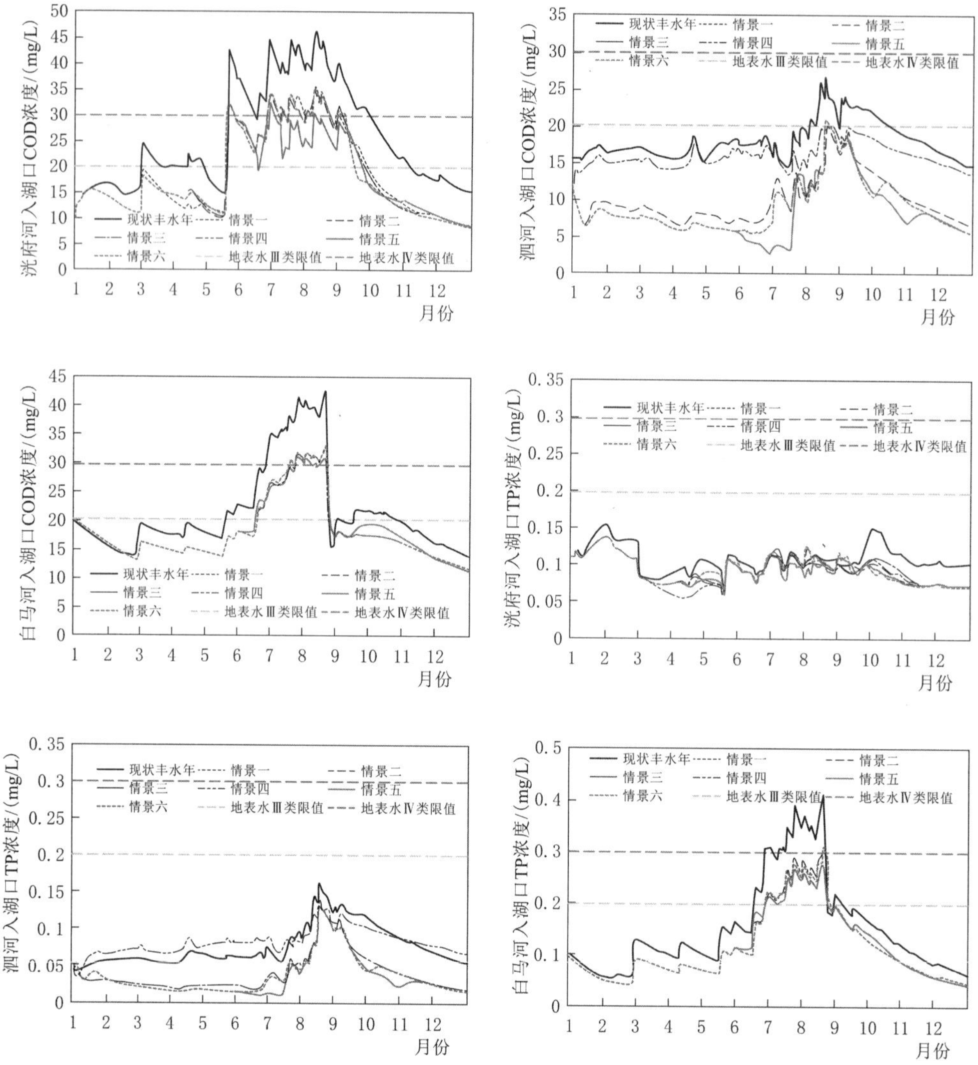

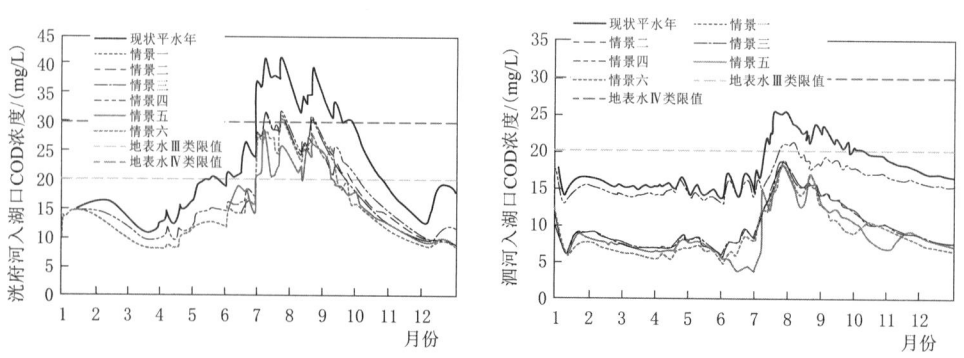

图 5.1 各情景丰水年下入湖口水质模拟效果对比

图 5.2（一） 各情景平水年下入湖口水质模拟效果对比

5.2 南四湖湖东片"截-导-滞-净-控"水质保障技术

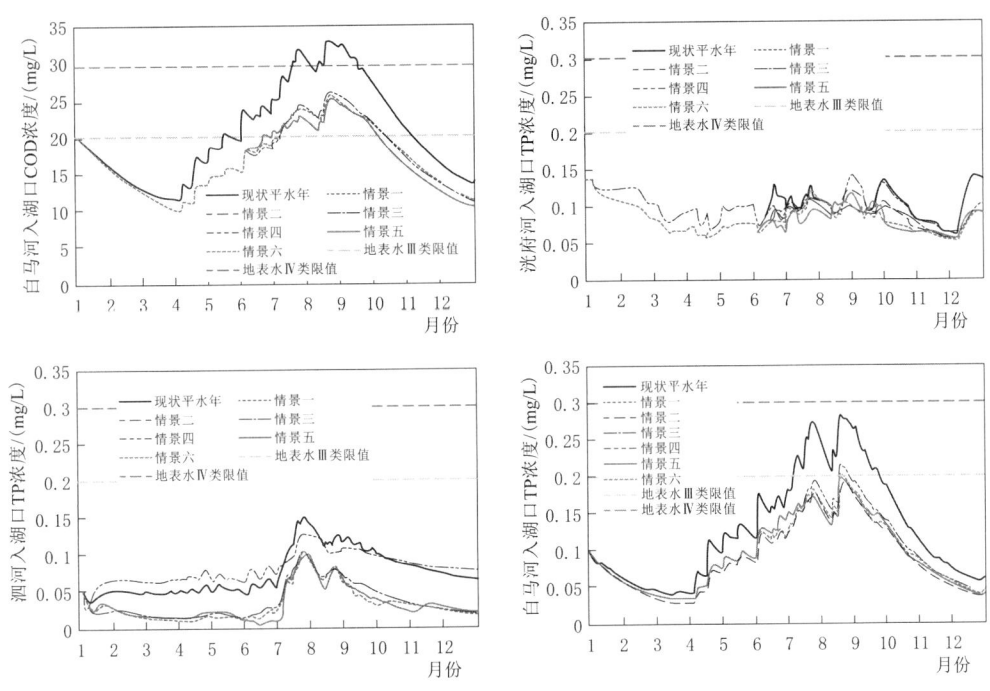

图 5.2（二） 各情景平水年下入湖口水质模拟效果对比

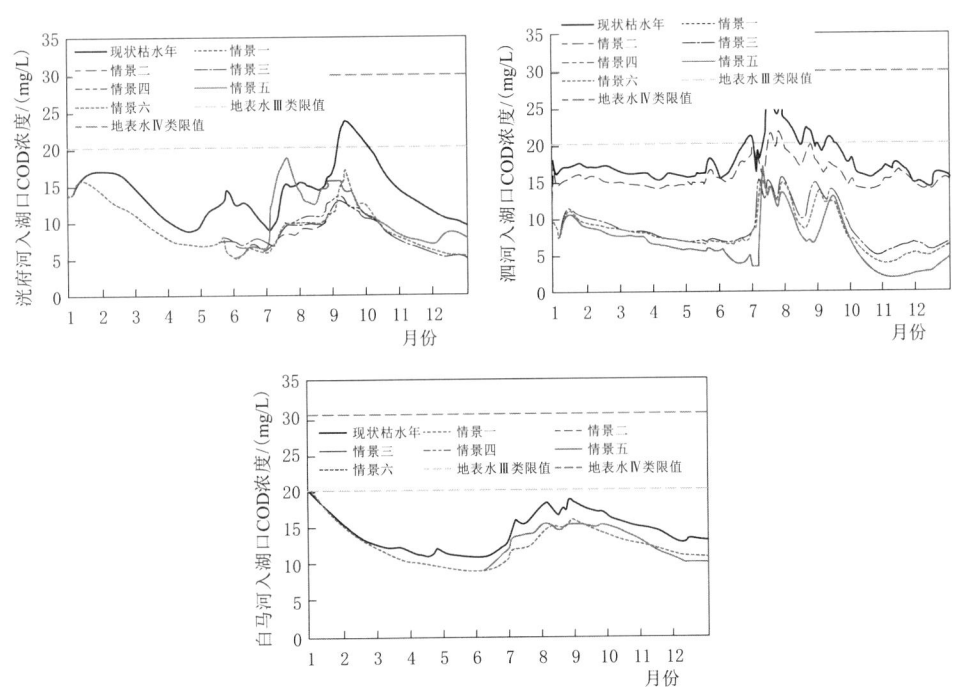

图 5.3 各情景枯水年下入湖口水质模拟效果对比

5.2.2.3 区域河湖水系连通水质安全保障技术方案

研究区域南四湖湖东片作为南水北调东线工程影响区，其水质保障需求强烈。针对东线二期工程由一期季节型输水向二期全年常态输水转变的水安全需求，结合国家对采煤塌陷区的整治改造工程，充分利用截污导流工程、生态湿地工程，优化东线工程与区域重点水利工程的联合调度运行方式，构建了区域"截-导-滞-净-控"水质保障技术。

通过已构建的河湖水系连通水质保障情景集，运用工程群联合调度多属性决策模型，综合考虑防洪-供水-水质-成本四大目标，最终评估优选出了情景六为区域全年水质安全保障技术方案。从不同情景水质保障结果以及工程成本、效益可以看出：从水量水质联合调度角度出发构建的情景，其水质保障效果最佳；情景六通过削减点源面源污染负荷拦截污水，利用橡胶坝、塌陷区部分改建平原水库滞蓄汇水，部分改建人工湿地净化来水，通过塌陷区已有或新建连接通道将无法拦蓄的水量导入水库或湿地工程并串联起湖东主要入湖河流。同时在水量滞蓄及水质净化工程建设的基础上，优化工程调度规则，对来水进行调控。在丰、平、枯三种年型下，其综合评价最优。

（1）方案措施——"截"

"治标先治本"，对于水污染治理，控源截污依旧是最行之有效的方法，从源头对污染负荷进行削减，可有效控制入河污染物总量。

依据《南水北调东线（济宁段）水质提升暨南四湖流域生态保护与修复规划》，应从源头控制污染物的排放，减少污染物的新增量。城镇及工业污水处理厂尾水排放作为流域内点源污染的主要组成部分，目前其排放标准与东线输水干线地表水Ⅲ类标准仍有很大差距，需对区域内部分污水处理厂的尾水进行深度处理，提高入河尾水的水质标准。污水处理厂尾水负荷在各区、县污染源占比中均较重，对于此类污染负荷的消减，可以参照北湖污水处理厂、微山首创污水处理厂等通过湿地深度净化处理的方式达到目的。但是像邹城市第一污水处理厂、山东公用集团嘉祥水务有限公司等13座污水处理厂尾水绝大部分直排入河的，需要对其提标改造，来满足区域污染物消减的要求，污水处理厂拟提标扩容项目参数见表5.22。

表5.22　　　　　各控制单元污水处理厂拟提标扩容项目

项目名称	控制单元	项 目 内 容		
		2019—2020 年	2021—2025 年	2026—2030 年
兖州区污水处理厂提标改造工程	兖州	对兖州污水处理厂提标至地表水Ⅲ类，提标规模 3 万 m^3/d	兖州大禹污水处理厂扩容 2 万 m^3/d，结合深度处理工程保障入湖水质达到地表水Ⅲ类；对兖州第三污水处理厂提标至地表水Ⅲ类，提标规模 3 万 m^3/d	对兖州大禹污水处理厂提标至地表水Ⅲ类，提标规模 2 万 m^3/d
曲阜市污水处理厂提标改造工程	曲阜	对曲阜市第一污水处理厂提标至地表水Ⅲ类，提标规模 2.5 万 m^3/d	对山东公用集团曲阜水务有限公司（三污）提标至地表水Ⅲ类，提标规模 3 万 m^3/d	对曲阜嘉诚水质净化有限公司提标至地表水Ⅲ类，提标规模 3 万 m^3/d

5.2 南四湖湖东片"截-导-滞-净-控"水质保障技术

续表

项目名称	控制单元	项目内容		
		2019—2020年	2021—2025年	2026—2030年
邹城市污水处理厂提标改造工程	邹城	对邹城市第一污水处理厂提标至地表水Ⅲ类,提标规模6万 m^3/d	新建5.5万 m^3/d,结合深度处理工程保障入湖水质达到地表水Ⅲ类;对邹城新城污水处理有限公司提标至地表水Ⅲ类,提标规模2万 m^3/d	对邹城第二污水处理厂提标至地表水Ⅲ类,提标规模3万 m^3/d

近年来,随着南四湖流域工农业的快速发展,氮、磷等污染物入湖量不断增加,以种植业面源污染、畜禽养殖污染、农村生活污染等为代表的农业面源污染成为导致南四湖部分区域水质恶化和水体富营养化的主要因素。对于农村环境整治,由于农村污水处理设备占地较少且对用地无特殊要求、较为灵活,推荐以生态处理或生物处理技术为主的处理工艺,在敏感水域周边且用地紧张的农村适当采用一些生物处理技术;对于种植业面源治理,考虑采用源头控制、过程阻断、末端治理的策略。在源头对化肥农药减量化,秸秆资源化,减少污染物进入地表水体;采用生态沟渠,在污染物传输路径中对污染物进行削减;在沟渠末端采用前置库、生态塘、人工湿地等生态工程,对污染物进行进一步降解,使污染物入河量大大降低。根据前文污染负荷统计及当地部门测算,模型中面源污染负荷削减20%至地表水Ⅴ类标准。

(2) 方案措施——"滞"

对于地形为山丘平原结合且多为季节性河流的北方地区,其对水量的有效调控,一般表现为区域水利工程的滞蓄能力。区域内多修建橡胶坝、拦河闸等工程以抵御洪水,提高水资源利用,在拦蓄天然来水的同时也可及时防范超标污水。

依据《济宁市泗河流域水资源利用及保护规划》,拟在泗河干流新建橡胶坝11座,洸府河干流新建橡胶坝1座,包括马坡段2座(南二环公路桥橡胶坝、岚济公路桥橡胶坝),兖州段2座(济邹路南橡胶坝、崇文大道橡胶坝),曲阜段2座(张家村橡胶坝、泗滨橡胶坝),泗水段5座(临泗橡胶坝、寺台橡胶坝、岳岭橡胶坝、林泉橡胶坝、苗馆橡胶坝),具体橡胶坝工程参数见表5.23。

表5.23 区域规划新建橡胶坝工程参数

一级控制单元	二级控制单元	规划橡胶坝工程参数			
		名称(编号)	坝长/m	坝高/m	正常蓄水位/m	蓄水量/万 m^3
泗河	泗水	苗馆坝(SDP-1)	200	3.5	117.5	245
	泗水	林泉坝(SDP-2)	200	3.5	109.5	188
	泗水	岳岭坝(SDP-3)	240	3.5	103.5	294
	泗水	寺台坝(SDP-4)	260	3	98	234
	泗水	临泗坝(SDP-5)	420	5	85	980
	曲阜	泗滨坝(SDP-6)	373	4.7	72.5	545

续表

一级控制单元	二级控制单元	规划橡胶坝工程参数				
		名称（编号）	坝长/m	坝高/m	正常蓄水位/m	蓄水量/万 m³
泗河	曲阜	张家村坝（SDP-7）	270	3	58.7	121
	兖州	崇文大道坝（SDP-8）	220	3.5	45.7	67
	兖州	济邹公路桥坝（SDP-9）	270	4	43.2	445
	马坡	岚济公路桥坝（SDP-10）	200	3.5	39.1	293
	马坡	南二环公路桥坝（SDP-11）	120	3	38	268
洸府河	兖州	孔屯村坝（GDP-1）	50	3	44.5	90

南四湖湖东片区域内存有大量采煤塌陷区，结合国家对塌陷区的整治改造工程，因地制宜修建平原水库，丰蓄枯补。同时通过库、坝工程可以有效滞蓄来水及污水，增加了水力停留时间，提高了水体自净能力。

依据《济宁市采煤塌陷地综合治理规划》，拟在兖州区利用鲍店、杨村、横河、兴隆和太平等煤矿采煤形成泗河、白马河之间的塌陷区建设泗河左岸塌陷区平原水库。在曲阜市利用东滩、兴隆、杨庄、古城、星村等煤矿采煤形成的陵城塌陷区建设陵城镇平原水库。洸府河任城高新区利用岱庄煤矿采煤形成的孟宪洼塌陷区建设孟宪洼平原水库。其中，泗河兖州控制单元通过新建引水渠道，将城南坝以上中水及汇水导入泗河左岸平原水库，水库占地面积 4710 亩，相应库容 942 万 m³，蓄水深度 3m，非汛期引水流量 0.58m³/s，汛期引水流量 2.2m³/s；泗河曲阜段通过新建引水渠道，将小沂河入泗河以上中水及汇水导入陵城镇平原水库，水库占地面积 2000 亩，相应库容 731 万 m³，蓄水深度 5.5m，非汛期引水流量 0.29m³/s，汛期引水流量 1.5m³/s；洸府河任城控制单元通过南跃进沟现有河道将洸府河干流及汇水导入孟宪洼平原水库，水库占地面积 3500 亩，相应库容 1213 万 m³，蓄水深度 5.2m，汛期引水流量 2m³/s；白马河邹城段控制单元通过新建引水渠道，将白马河来水及汇水导入泗河左岸平原水库，水库占地面积 5142 亩，相应库容 1715 万 m³，蓄水深度 3m，非汛期引水流量 0.29m³/s，汛期引水流量 3.5m³/s。具体塌陷区规划平原水库参数见表 5.24。

表 5.24　采煤塌陷区规划平原水库工程参数

一级控制单元	二级控制单元	平原水库名称（编号）	占地面积/亩	相应库容/万 m³	蓄水深度/m	非汛期引水流量/(m³/s)	汛期引水流量/(m³/s)	水体去向	调度规则
洸府河	任城	孟县洼（PL-1）	3500	1213	5.2	0	2	湿地	汛期入湖口水质超标时（6—9月）蓄水，非汛期相机向下游补水
泗河	曲阜	陵城镇（PL-2）	2000	731	5.5	0.29	1.5	湿地	
	兖州	泗河左岸（PL-3）	4710	942	3	0.58	2.2	湿地	
白马河	邹城	泗河左岸（PL-4）	5142	1715	3	0.29	3.5	湿地	

（3）方案措施——"净"

依据《济宁市采煤塌陷地综合治理规划》，结合塌陷区面积及水质净化需求，制定建

5.2 南四湖湖东片"截-导-滞-净-控"水质保障技术

设人工生态湿地工程。湿地承接塌陷区改建平原水库出水,经过净化汇入原河道。泗河兖州段控制单元利用泗河左岸塌陷区改建4000亩人工湿地,日处理量5万t,入水流量0.58m³/s,类型为表流湿地,出水标准为地表水Ⅲ类;泗河曲阜段控制单元利用陵城镇塌陷区改建2000亩人工湿地,日处理量2.5万t,入水流量0.29m³/s,类型为表流湿地,出水标准为地表水Ⅲ类。具体塌陷区改进人工湿地参数见表5.25。

表5.25 采煤塌陷区规划人工湿地工程参数

一级控制单元	二级控制单元	人工湿地名称(编号)	占地面积/亩	出水水质标准	湿地类型	日处理量/万t	入水流量/(m³/s)	水体去向
泗河	曲阜	陵城镇(WL-1)	2000	Ⅲ	表流	2.5	0.29	河道
	兖州	泗河左岸(WL-2)	4000	Ⅲ	表流	5	0.58	河道

(4)方案措施——"导"

通过已有连通渠道或者塌陷区新建通道,将洸府河、泗河、白马河进行水系连通,将橡胶坝、平原水库、人工湿地等工程串联起来,进行工程群联合调度保障南四湖湖东水质安全。泗河兖州控制单元通过泗河龙湾店闸引水,导入引泗干渠,进入小泥河、汉马河,最终汇入洸府河;通过泗河黑风口引水闸引水,进入府河、杨家河,最终汇入洸府河;通过泗河左岸采煤塌陷区,新建引水渠道,进入白马河。具体水系连通控制参数见表5.26。

表5.26 水系连通控制参数

一级控制单元	二级控制单元	连接通道(编号)	连通时间/月	闸泵流量/(m³/s)	连通水量/万m³
洸府河	兖州	泗河龙湾店闸—引泗干渠—小泥河—汉马河—洸府河(RCC-1)	9	4	2073
	兖州	泗河黑风口引水闸—府河—杨家河—洸府河(RCC-2)	9	4	2073

(5)方案措施——"控"

优化拦河闸坝调度规则,控制来水。在现状调度规则上,为尽可能多拦蓄水量,将工程调度调整为全年关闸蓄水、闸前达到汛限水位开闸泄水。对于塌陷区改建平原水库工程,调度规则调整为非汛期作为人工湿地工程引水渠道,汛期(6—9月)进行蓄水,根据雨情预报调整,且下游入湖口水质超标时蓄水,尽可能防止超标污水进入下游湖泊,同时非汛期相机向下游补水,保证河道生态流量。人工湿地承接平原水库出水,经过净化后出水按照地表水Ⅲ类标准流入原河道。通过泗河与洸府河之间的两条连接通道,在汛期由水量较大、水质较好的泗河向洸府河引水,引水规则为连通工程上游水质监测断面达到或优于地表水Ⅲ类标准时方可进行引水。

(6)全年水质保障技术方案后续建议

因区域内现状及规划工程能力有限,根据区域河湖水系连通水质安全保障技术方案模拟效果可知,在丰水年雨情下无法满足全年入湖水质稳定达到地表水Ⅲ标准这一目标,故针对不同控制单元从水量水质角度分别提出相应的工程滞蓄能力建设需求和待削减全年入河污染负荷总量（表 5.27），为后续全年水质安全保障提供建议。

表 5.27　　全年水质保障技术方案后续工程能力建设需求

一级控制单元	二级控制单元	待削减入河污染负荷总量/(t/a)		超标水量拦蓄需求/万 m^3
		COD	TP	
泗河	泗水	129	0	3739
	曲阜	67	0	3300
	兖州	11	0	0
	马坡	2	0	997
	总计	209	0	8036
洸府河	兖州	102	0	1824
	任城高新区	183	0	581
	太白湖新区	17	0	455
	总计	302	0	2860
白马河	邹城	385	3	3529
	南阳	66	0	1346
	总计	451	3	4875

5.3　沂沭河上片"拦-蓄-调-补-用"水资源配置技术

5.3.1　研究区域水资源需求分析

5.3.1.1　水资源需求预测

临沂市水资源示范区涉及城区的兰山区、河东区、罗庄区 3 个行政区，各区需水考虑分为生活用水、生产用水和生态环境用水三类。依据选定的 2007 年（25%）、2015 年（75%）、2016 年（50%）三个典型年，以 2018 年为基准年，兼顾考虑项目示范年份以及近期、远期规划水平年分别预测 2021 水平年（示范年）、2025 水平年（近期规划年）、2035 水平年（远期规划年）的需水量。

按照定额标准方法预测的示范区不同规划年份的需水总量见表 5.28～表 5.30。2021 年示范区预测的总需水量为 4.89 亿 m^3；2025 年示范区预测的总需水量为 5.11 亿 m^3；2035 年示范区预测的总需水量为 5.56 亿 m^3。

表 5.28　　2021 年临沂市示范区预测的需水量　　　　单位：万 m^3

行政区	生活	生产			生态环境	总需水
		第一产业	第二产业	第三产业		
兰山区	5246.3	6517.4	3791.4	3757.4	1573.6	20886.1
河东区	3172.4	10287.3	824.6	972.4	1147.8	16404.5
罗庄区	2219.9	6109.3	1426.4	1020.9	802.7	11579.2
小计	10638.6	22914.0	6042.4	5750.7	3524.1	48869.8

5.3 沂沭河上片"拦-蓄-调-补-用"水资源配置技术

表 5.29　　　　　　　　2025 年临沂市示范区预测的需水量　　　　　　　　单位：万 m³

行政区	生活	生产			生态环境	总需水
		第一产业	第二产业	第三产业		
兰山区	6001.7	6026.7	4057.2	4062.7	1767.5	21915.8
河东区	3756.3	10037.0	902.5	1197.4	1182.6	17075.8
罗庄区	2634.3	5722.2	1588.6	1294.9	860.3	12100.3
小计	12392.3	21785.9	6548.3	6555.0	3810.4	51091.9

表 5.30　　　　　　　　2035 年临沂市示范区预测的需水量　　　　　　　　单位：万 m³

行政区	生活	生产			生态环境	总需水
		第一产业	第二产业	第三产业		
兰山区	7497.7	5933.4	4128.6	4774.8	1966.0	24300.5
河东区	5228.6	9298.6	994.8	1583.4	1195.4	18300.8
罗庄区	3388.9	5651.1	1559.5	1414.2	968.6	12982.3
小计	16115.2	20883.1	6682.9	7772.4	4130.0	55583.6

根据临沂市 2017—2019 年度水资源公报，临沂市 2017—2019 年三年的总用水量分别为 164888 万 m³、165443 万 m³、165357 万 m³，其中兰山区、罗庄区、河东区三区的用水量分别为 45560 万 m³、45907 万 m³、45577 万 m³，三区的用水量占当年临沂全市用水量的比例为 27.63%、27.75%、27.56%，平均为 27.65%。

5.3.1.2　来水量分析

分析典型年 2007 年（25%）、2015 年（75%）、2016 年（50%）进入示范区的地表径流量作为来水量。沂河采用葛沟水文站实测径流量，蒙河采用高里水文站实测径流量，祊河采用姜庄湖水文站实测径流量。区间来水量采用模型计算得到。据实测资料统计，上述典型年地表径流量结果见表 5.31。丰、平、枯典型年年径流量差别较大，地表径流量丰水年为 12.971 亿 m³，平水年为 3.177 亿 m³，枯水年为 0.6007 亿 m³。

表 5.31　　　　　　　　　　典型年地表年径流量　　　　　　　　　　单位：万 m³

典型年	姜庄湖水文站	高里水文站	葛沟水文站	区间总量	径流总量
2007（25%）	21701.2	20884.6	85593.9	1533.9	129713.6
2015（75%）	1461.0	3000.2	1519.7	26.3	6007.2
2016（50%）	7820.5	5589.2	17819.4	539.2	31768.3

5.3.1.3　天然禀赋下供需关系

对示范区来水量、需水量、工程蓄水量进行分析，结果见表 5.32。

表 5.32　　　　　　　　示范区来水量、需水总量对比表　　　　　　　　单位：万 m³

典型年	来水量	2021年需水量	与来水量差值	2025年需水量	与来水量差值	2035年需水量	与来水量差值
2007	129713.6	48869.8	80843.8	51092.2	78621.4	55583.5	74130.1
2016	31768.3	48869.8	−17101.5	51092.2	−19323.9	55583.5	−23815.2
2015	6007.2	48869.8	−42862.6	51092.2	−45085.0	55583.5	−49576.3

从年水量分析，示范区域丰水年来水量 12.971 亿 m³，大于需水量，总的水量满足。平水年来水量 3.177 亿 m³，小于需水量，缺水量为 3.2 亿～5.78 亿 m³；枯水年来水量更小，只有 0.6 亿 m³，远小于需水量，缺水量为 4.5 亿～7.08 亿 m³。生活用水的需水量由上游水库提供，并且认为百分百满足。分析示范区不含生活用水的生产、生态逐月来水量、需水量。

5.3.1.4　现状工程下供需关系

依据临沂市用水情况，示范区的生活用水来自上游大中型水库，并且是 100% 满足，示范区内生产、生态用水来自河道、闸坝蓄水。示范区内闸坝工程及设计的蓄水量见表 5.33。

表 5.33　　　　　　　示范区沂河现状正常运行拦河闸坝工程指标

序号	河流	名称	型式	总宽度/m	底板高程/m	挡水高度/m	蓄水量/万 m³	中泓桩号
1	沂河	河湾水源地					5860	97+000
2	沂河	柳杭橡胶坝	橡胶坝	459.2	69	5	2200	80+945
3	沂河	桃园橡胶坝	橡胶坝	1114.14	64.5	4.5	1250	74+265
4	沂河	小埠东橡胶坝	橡胶坝	1247.4	61	4.5	2830	54+585
5	沂河	刘家道口枢纽	提升闸	576	52.36	7.64	2680	
6	祊河	葛庄橡胶坝	橡胶坝	420.8	76	5	780	20+895
7	祊河	花园橡胶坝	橡胶坝	443	73.1	4.4	530	15+630
8	祊河	角沂橡胶坝	橡胶坝	341	66	4.5	530	8+350

不考虑河湾水源工程的闸坝设计的蓄水总量为 10800 万 m³，考虑河湾水源工程闸坝设计的蓄水总量为 16660 万 m³ 作为工程静态蓄水能力。

在平水年条件下，年来水量不满足预测年份的年需水量，剔除生活用水量后，缺水量示范年（2021 年）为 7054 万 m³，近期规划年份（2025 年）缺水量为 6840 万 m³，远期规划年份（2035 年）缺水量为 7770.1 万 m³。加入河湾水源工程及闸坝拦蓄水量后，不同预测年份的缺水量分别为 1194 万 m³、980 万 m³、1910 万 m³。在平水年条件下，考虑示范区的工程拦蓄水量后，仍不能满足预测年份的需水量，工程拦蓄能力不足。对于枯水年份，缺水量大于平水年份。

5.3.1.5　水资源保障需求

（1）示范区水资源量时空分布严重不均匀

在年际间来水量变化较大，从选取的丰、平、枯典型年来水量看，丰水年来水量较

5.3 沂沭河上片"拦-蓄-调-补-用"水资源配置技术

大,达到 12.971 亿 m^3,平水年来水量为 3.177 亿 m^3,枯水年来水量仅有 0.601 亿 m^3,枯水年来水量仅为平水年来水量的 18.92%,为丰水年来水量的 4.63%。年际变化很大。

从典型年来水量的空间变化分析,结果参考表 5.34。沂河葛沟水文站地表径量占总水量的比值为 25.30%~65.99%,年际变化较大;祊河姜庄湖水文站地表径量占总水量的比值为 16.73%~24.62%,历年变化比较小;蒙河高里水文站地表径量占总水量的比值为 16.10%~49.94%,历年变化比较大。分析枯水年沂河来水量偏小导致示范区来水量偏小。区间地表径量相对较小,比值为 0.44%~1.70%。

表 5.34　　　　　典型年地表年径流量及占比

典型年	祊河姜庄湖	蒙河高里	沂河葛沟	区间总量	径流总量
2007 年/万 m^3	21701.2	20884.6	85593.9	1533.9	129713.6
占总量比值/%	16.73	16.10	65.99	1.18	100
2015 年/万 m^3	1461.0	3000.2	1519.7	26.3	6007.2
占总量比值/%	24.32	49.94	25.30	0.44	100
2016 年/万 m^3	7820.5	5589.2	17819.4	539.2	31768.3
占总量比值/%	24.62	17.59	56.09	1.70	100

此外,径流量年内分配严重不均,径流集中在 8 月,占比为 21.75%~46.71%,4 月最少,占比为 0.42%~1.28%。4—5 月比值比较稳定,其他月份变化较大。

(2) 示范区现状工程蓄水能力有限,丰枯调节能力较低

现状水源工程数量少、规模小,丰枯调节能力低。丰水年份来水量满足需水量要求,但是从月水量分析存在供需不平衡问题,汛期来水量大于需水量,由于工程调节能力较低,不得不进行弃水,造成枯水期水资源短缺。

据统计,临沂市现状大中小型水库控制的流域面积只有 7472km^2,水库控制的市域面积仅有 5856km^2,其余 11350km^2 市域面积内,仅兴建了一些拦河闸坝,拦蓄水能力低,大量河道径流因缺乏拦蓄水工程而得不到利用。另外,临沂现有水库规模普遍较小,全市 7 座大型水库的设计兴利库容仅有 13.17 亿 m^3,加之历史原因,一些水库还存在库区移民占迁问题尚未解决,还有 1.71 亿 m^3 的兴利库容得不到利用,实际兴利库容仅有 11.46 亿 m^3,只相当于一座大(1)型水库的蓄水量。全市 30 座中型水库的设计兴利库容仅有 3.72 亿 m^3,比岸堤水库兴利库容还少 0.78 亿 m^3。864 座小型水库的设计兴利库容也只有 2.5 亿 m^3。从上面的分析可以看出,全市水库的蓄水规模普遍较小,大多属年内调节水库,多年调节能力较低。同时,临沂水资源还具有连枯连丰的特点,现有水利设施远不能满足对水资源丰枯调节的目标要求。

平水年、枯水年来水量小于需水量,总的来水量不满足预测的需水要求。加上示范区工程蓄水能力,还难以满足预测的需水量。

全市现状骨干水源工程主要分布在市域北部和西部的山丘区,对快速发展的城市用水、工业用水等没有建立起高效的配水体系,缺少水系之间、河库之间的连通工程,全市尚未建立起河河相通、库河相连、蓄泄兼顾、调配自如、高效利用的大水网配置

（3）水资源供需缺口大

临沂市全市人均水资源占有量仅为497m³，不足全国人均水平的四分之一，属于资源型缺水地区。预测值2030年缺水为3.23亿～14.14亿m³。

现状的供水能力不能满足用水需求。现状地表水拦蓄水能力为22.9亿m³，实际蓄水量不足蓄水能力的一半，例如全市大中型水库蓄水能力为15.75亿m³，实际多年平均蓄水量仅为7.74亿m³，其他水利工程调蓄能力更差，工程型缺水问题依然存在，特别是随着城镇化和工业化的快速发展及全球气候的变化，厄尔尼诺现象的频繁发生，极端天气越来越多，作为只有大气降水的临沂市水资源现有工程条件下的供水保障能力越显不足。

随着临沂市社会经济发展，城市建设与生态环境要保护，需水在上升，供给压力大，进一步加剧水资源供需矛盾。

（4）示范区工程蓄水提升空间有限

示范区属于临沂市主城区，位于沂河、祊河河道水系内，处于丘陵平原地区；区域内橡胶坝工程、闸坝工程，受河道汛期防洪要求限制，即使汛期洪水很大，但不能进行蓄水。如以小埠东橡胶坝调度为例，小埠东正常蓄水位为65.5m，库容为2830万m³。小埠东橡胶坝的调度规则为：

1）汛期限制水位64.50m，比现状设计正常蓄水位65.5m降低1m。

2）当上游预报洪峰流量$Q\leqslant 500\text{m}^3/\text{s}$时，保持来水量与泄水量平衡。

3）当上游预报洪峰流量$500\text{m}^3/\text{s}<Q\leqslant 1000\text{m}^3/\text{s}$时，坝袋塌落至63.50m高程。

4）当上游预报洪峰流量$Q>1000\text{m}^3/\text{s}$时，两岸调节闸闸门敞开运行，橡胶坝全部塌落到底自由泄洪。

（5）水资源开发能力不足，大量雨洪资源得不到利用

根据《临沂市水资源调查评价》和《山东省水资源综合规划》，占临沂市域面积77.5%的沂沭河流域，现状水资源开发利用率只有31.3%，与规划的水资源开发利用程度69.5%，有38.2个百分点的差距；占临沂市域面积15.1%的中运河流域，现状水资源开发利用率只有39%，与规划的水资源开发利用程度52.6%，有13.6个百分点的差距。水资源开发利用率还较低，开发潜力比较大。据统计，沂河多年平均年进入江苏境内的水量达到19.53亿m³，沭河多年平均年进入江苏境内的水量达13.22亿m³，沂沭河多年平均年出境水量达到32.75亿m³，大量的雨洪资源得不到开发利用。

（6）非常规水资源利用效率不高

作为第一用水大户的农业用水，还存在农业灌溉渠系不健全、用水粗放、管理水平低等问题。临沂市农业灌溉水利用系数只有0.61，离先进国家地区的0.7～0.8差距还不小；工业用水循环利用，重复利用率还不高，只有80%左右；万元GDP耗水量为69m³，低于发达国家水平；城市中水利用率还不高，只有20%左右；节水器具使用率仅为50%，离水生态文明建设目标要求的2020年节水器具使用率90%差距较大；全社会节约用水意识还有待加强，节水宣传力度还不够，离水生态文明建设的要求还有不小的差距。

5.3.2 水资源保障思路和方法

5.3.2.1 水资源保障思路

为提高示范区的水资源保障水平，达到示范区枯水期水资源保障率提升10%目标，本节采用水资源供用模拟模型、水文水动力学模型、水资源供用模拟技术手段研究示范区水资源保障能力提升。

依据选取的丰平枯典型年来水量及不同年份的预测需水量，基于上游水库拦蓄运用，沂河、祊河梯级拦河闸坝以及临沂市河湾水源工程调度，示范区非常规水资源利用，远期缺水考虑南水北调二期补水等措施，对单项措施保障效果模拟，依据模拟结果，提出水资源保障的情景（组合）方案。

综合考虑临沂市当地水资源条件、供水工程条件以及水资源量需求情况，在水资源保障示范区的供水侧，拟定主要包含许家崖、唐村、昌里、岸堤、跋山、沙沟6座水库，并含祊河上的葛庄、花园与角沂3座拦河坝工程，同时含沂河上的柳杭、桃园、小埠东、刘家道口4座拦河坝工程，重点包含有沂河上新建的河湾水源工程（水系连通节点工程），主要考虑当地地表集水与调蓄水能力。在水资源保障示范区的需求侧，拟定主要包括临沂城市的兰山区、河东区与罗庄区3个行政分区，同时分别于3个行政分区内部细分为生活用水、生产用水、生态用水3个不同的河道外"三生"用水分类；规划未来情景侧，拟定含南水北调东线二期工程向示范区供水，以及当地加大中水回用力度。综合梳理各个供水节点与需求节点的流向关系，形成了示范区水资源供需网络拓扑关系，如图5.4所示。

供需网络中闸坝为节点，沂河、祊河为通道，实现水力联系。对三个区按照一定的调度规则进行逐日水量平衡计算，来水量大于需水量，则认为满足水资源保障；反之，来水量小于需水量，则该日水资源保障不满足，从而计算出枯水期的水资源保障率。在上述计算中，采用水资源供用模拟模型，相关闸坝按照各自调度规则，满足河道防洪要求。水力联系通过水动力模型计算实现。为提高示范区的水资源保障水平，水资源供用计算中考虑上游水库拦水、水源工程蓄水、闸坝调水、外源补水、非常规水源利用的水资源保障措施。

针对沂沭河洪水调度及临沂市水资源配置存在问题，结合洪水东调南下、沂沭河梯级拦河闸坝以及临沂市近期水系连通规划工程布局，提出水库拦水、河道蓄水、闸坝调水、外源补水、非常规水源利用的水资源保障技术。

在拦水方面：通过水库工程实现拦蓄。考虑到水资源利用的需要，需要在科学的预报等前提下，汛后水库拦蓄时间提前，增加水库的拦蓄量，用以补充枯季所需水资源。水库拦蓄的水量水质较好，主要作为居民饮用及水质要求较高的生产生活用水，根据临沂市规划，这部分水量在进行适当处理后可进入临沂市管网为生活生产用水。这部分水量是实际可利用的水量，尽可能不进入河道中，通过管网等专用通道进入供水保障区。在示范区内，重点采用岸堤水库、许家崖水库的拦蓄技术。

在蓄水方面：通过控制橡胶坝，适当提高河道拦蓄水位，增加河道槽蓄量，考虑到闸坝河道蓄水量水质一般，作为环境用水、农业灌溉、城市绿化、部分工业用水等水量，难以作为居民生活用水和部分工业用水。通过河道水系景观整治、河道疏浚等措施，增加河

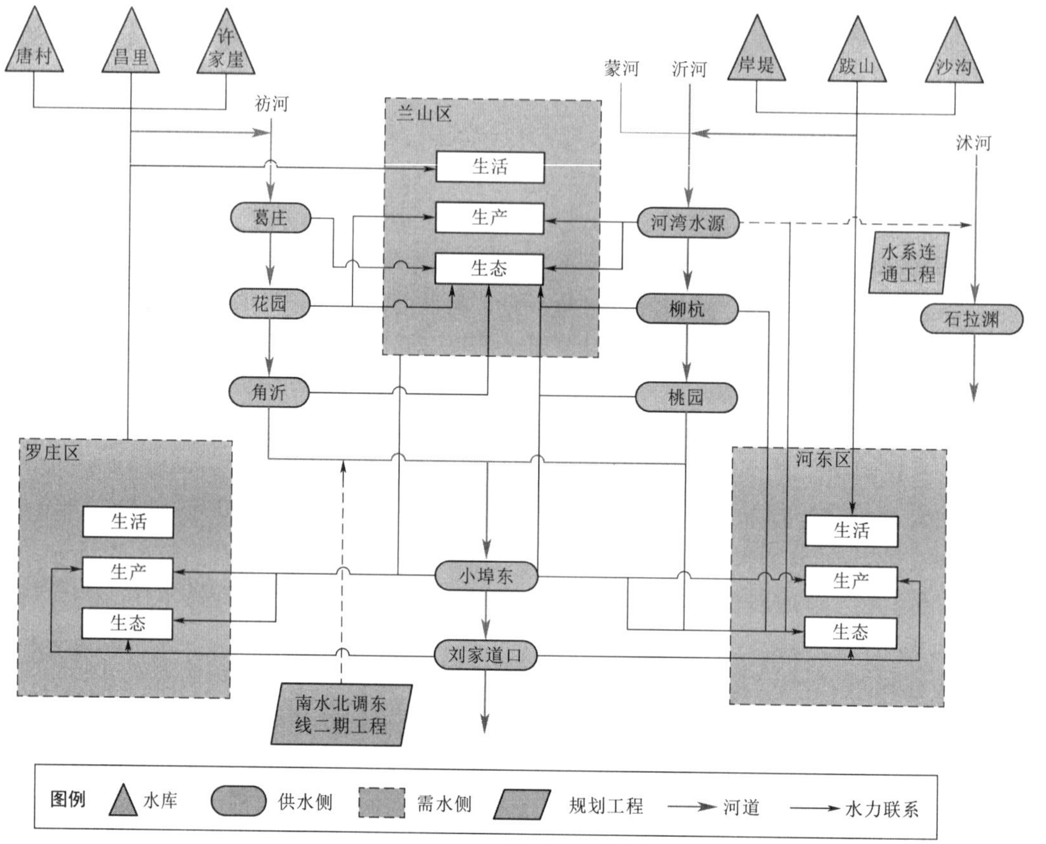

5 南水北调东线影响区水系连通与水安全保障技术示范

图5.4 临沂市水资源保障示范区供需水网络拓扑关系

道槽蓄量。采用湿地具有净化水质、提高河滩地区域调蓄能力，增加河道蓄水量，从而提高水资源保障率。重点关注河湾水源工程的蓄水。

在调水方面：通过水库调度、闸坝调度以及水库闸坝联合调度。针对水资源时间和空间尺度分布不均匀性，构建水利工程系统的联合优化调度模型，采用智能算法求解该模型，通过优化调度合理配置水资源，形成"丰枯互济、调配自如、科学配置、保障有力"的城市供水保障体系。

在补水方面：通过外源补水的方式保障供水。在示范区，当在远期规划或枯水年份，已有水资源工程及新建工程难以满足水量需求时，依据南水北调二期调水规划和胶东补水南线工程，通过区域水量平衡计算确定调水量，根据调水量的分析，确定调水的位置和规模，对应的工程措施。

在节水优先条件下，在非常规水源利用方面：加强主要包括城市污水集中处理回用（再生水回用）、雨水集蓄利用。污水处理回用是污水资源化的必由之路。随着城市人口的增加、工业的发展，废污水排放量逐年增加，大部分污水未经处理直接排入河流或城市水体，城市生态环境不断恶化，同时也加剧了水资源短缺。污水处理后可回用于对水质要求不高的工业用水和城区河湖环境，还可以安全灌溉和改善生态环境，对水资源合理配置将产生积极影响。雨水集蓄利用主要指收集储存屋顶、场院、道路等场所的降雨或径流的微

5.3 沂沭河上片"拦-蓄-调-补-用"水资源配置技术

型蓄水工程,包括水池、水塘等。

综合上述几个方面,依托现有工程、新建工程和水系连通等工程调控措施,形成区域"拦-蓄-调-补-用"水资源保障技术方案。

选择2021年下半年枯期或2022年上半年枯季时段,根据来水量,水库闸坝工程调度,计算临沂站径流量,岸堤水库出库输水量,分析示范区范围内可供水量或取水量变化,计算分析水资源保障情况,计算水资源保障率变化。

5.3.2.2 水资源供需分析方法

(1) 系统概化方法

由于水资源系统的复杂性,对系统的全部特征和演变规律都详尽的模拟是不现实的。因此必须根据水资源合理配置的目的与需求,紧紧抓住主要问题和主要矛盾,深入分析和研究具体的水资源系统,对与水资源合理配置目的相关的各种重要特性和规律都要真实地在模型中加以反映,而对其他次要方面进行适当的概化。如将实际的水资源系统概化为由节点、计算单元和有向线段构成的网络;将大型和独立供水工程作为网络辅助单元;以主要河流的主要控制断面为网络基本节点。建立网络单元内各类供水工程与用水户的关系、网络单元与相邻网络单元的关系、各网络基本单元与辅助单元之间的相互关系、各网络单元与网络各基本节点之间的相互关系、各网络基本节点之间的相互关系。根据水资源配置网络,将用户与水源供需关系概化为三种基本类型,整个临沂市的水资源系统,由如图5.5所示三种基本型组合而成。

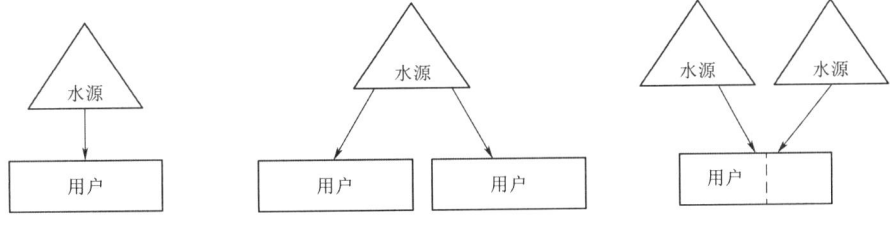

图 5.5 用户与水源供需关系基本型组合

1) 单水源单用户。对于单水源单用户的结构按照水源类型进行相应的水量平衡计算。

2) 单水源多用户。对于单水源多用户的水源,根据受益用户数量与类别按一定的原则进行可供水量分配。

3) 多水源单用户。对于可以从多个水源获得供水的计算单元,根据各水源的供水范围分割计算单元,以避免可供水量的重复计算。

对于每一个计算单元,水源分为两大类:一类为计算单元内概化的水源;另一类为单独调算的大型蓄水工程。工程与工程之间的水力联系,按照网络图确定的源汇关系组织。每一个工程对应特定的用户,用水户分为生活、生产、生态三大类,结合城镇与乡村,对每一个计算单元概化成农村生活用水、城镇生活用水、农村生态用水、城镇生态用水、农村生产用水和城镇生产用水。

(2) 供需分析水量平衡

1) 蓄水工程(水库湖泊)水量平衡公式

$$S_{t+1}=S_t+I_t+UQ_t-DW_t-IW_t-AW_t-EW_t-OW_t-ET_t-ST_t-DQ_t \quad (5.3)$$

式中：S_t、S_{t+1}分别为水库湖泊的时段初、末蓄水量；I_t为第t时段水库入流量（包括区间入流）；UQ_t为第t时段上游弃泄水量；DW_t、IW_t、AW_t、EW_t、OW_t分别为生活用水、城市生产用水、农村生产用水、环境用水和其他用水；ET_t、ST_t分别为蒸发和渗漏量；DQ_t为水库弃泄水量或正常供水区外引水量。

2）分水点或控制节点水量平衡公式

$$TW_t^i = \sum_k p(k,i,t) \cdot TW_t^i \quad （分水节点） \quad (5.4)$$

$$\sum_i INQ_t^i = \sum_i OUT_t^i \quad （控制节点） \quad (5.5)$$

式中：TW_t^i为第i分水点第t时段引水量；$p(k,i,t)$为时段t第i水源引水量向第k流向分配水量的分配系数；$\sum_i INQ_t^i$为节点所有入流量；$\sum_i OUT_t^i$为节点所有出流量。

3）计算分区地表水量平衡公式。

a. 城镇计算分区（地表水）

$$CRW_t+CLW_t+CXW_t-CD_t-CI_t-CA_t-CE_t-CO_t-CET_t-CFT_t+CRW_t+CCW_t=0 \quad (5.6)$$

式中：CRW_t、CLW_t、CXW_t分别为水库对城镇供水量、城镇当地可供水量以及外流域或区域对城镇供水量；CD_t、CI_t、CA_t、CE_t、CO_t分别为城镇生活用水、城镇工业用水、城镇农业用水、城镇生态环境用水和城市其他用水；CET_t、CFT_t分别为蒸发、渗漏水量；CRW_t为城市退水；CCW_t为城镇重复利用水量。

b. 农村计算分区（地表水）

$$RRW_t+RLW_t+RXW_t-RD_t-RA_t-RE_t-RO_t-RET_t-RFT_t+RCW_t=0 \quad (5.7)$$

式中：RRW_t、RLW_t、RXW_t分别为水库对农村供水量、农村当地可供水量以及外流域或区域对农村供水量；RD_t、RA_t、RE_t、RO_t分别为农村生活用水、农村农业用水、农村生态环境用水和农村其他用水；RET_t、RFT_t分别为蒸发、渗漏水量；RCW_t为计算分区内可作为地表水利用的农业灌溉回归水等。

5.3.3 典型情景下水资源保障技术研究

5.3.3.1 水资源保障技术措施

（1）拦水措施

水库的主要功能是蓄丰补枯，调节径流的时程分配，对岸堤水库、许家崖水库、跋山水库采用汛后提前蓄水的方式实现拦水措施，设置如下工况：

工况 A0：岸堤水库、许家崖水库与跋山水库按照现有调度规则运行。

工况 A1：在各水库现有调度规则基础上，根据不同保障率年份的来水条件，岸堤水库、跋山水库9月1日或者9月16日开始后汛期汛限水位提高0.3m，即岸堤水库汛限水位从 175.0m 提高至 175.3m，增加拦水量 1613.7 万 m³，跋山水库汛限水位从 177.0m 提高至 177.3m，增加拦水量 871.7 万 m³，拦水量最大合计 2485.4 万 m³。

进行水库防洪与供水分析：对于不同保证率年份的水库拦水量，需要根据具体来水过程确定，在枯水年或者特枯年份，由于来水量小，实际的拦水量会有变化，同时关注水库来水预报，确保水库及下游河道防洪安全。

(2) 蓄水措施

考虑到山丘地区水循环特点，充分利用河道蓄水，可以有效发挥水资源综合效益，本示范区有葛庄、花园、角沂、柳杭、桃园、小埠东、刘家道口 7 座河道工程，设置如下工况：

工况 B0：7 座河道工程按照现有调度规则运行。

工况 B1：新建河湾水源工程（水系连通工程），增蓄 5860 万 m³ 水量。

现状临沂市人均水资源量较少，工程型缺水、资源型缺水问题突出。沂沭河流域是全市最大的两个流域，流域水资源现状开发利用率偏低，大量雨洪资源得不到有效利用。近年来，随着临沂市社会经济的巨大发展，沂河跋山水库、岸堤水库供水功能已经由传统的农业灌溉转变为城市供水为主，增加了下游农业灌溉供需矛盾。为缓解区域水资源供需矛盾，改善生态环境，进一步推进沂河沿岸高效特色农业开发，建设临沂市沂河河湾水源工程。

2019 年 12 月，河湾水源工程建成投入运行，一次性蓄水可达 5860 万 m³，与上、下游拦蓄工程形成梯级水源调配，可为临沂工农业用水、城乡用水、生态用水，特别是为中心城区水系连通、实施活水工程提供有力的水源保障。工程闸址以上河长 207.738km，流域面积 6212km²，是平原区水闸枢纽工程，规模为大（1）型，工程等别为 I 等，主要建筑物拦河闸级别确定为 1 级，次要建筑物放水洞、引水闸级别为 3 级，临时建筑物级别为 4 级。

(3) 调水措施

充分发挥梯级河道工程的调节作用，实现水资源供需科学、合理分配，设置工况如下：

工况 C0：闸坝按正常挡水；非汛期按设计水位运行，来多少水泄多少水。

工况 C1：按需分配，以需定供。经试算，简易操作方式为：视下游需水情况，葛庄、花园、角沂工程按不小于 1m³/s，柳杭、桃园工程按不小于 1.5m³/s，小埠东按不小于 2.5m³/s 相机泄水。

(4) 补水措施

工况 D0：示范区不进行外源补水。

工况 D1：在示范区当地水资源量严重不足时（枯水条件），考虑南水北调东线二期工程向临沂市供水，根据二期工程规划设计与 2035 年临沂市城镇缺水量，考虑设定 1.42 亿 m³ 调水量。鉴于 2035 年为规划年份，主要以模型计算替代方案实施。

(5) 中水回用措施

工况 E0：维持 2020 年现状中水回用水平。

工况 E1：提高污水收集率，提升污水处理厂处理能力，拓宽中水用途，考虑临沂市兰山区污水处理回用量增加 500 万 m³，用于生产用水与生态用水等需求。单项措施见表 5.35。

表 5.35　　　　　　　　"拦-蓄-调-补-用"水资源保障关键技术措施

关键技术措施	技术编号	说明	模拟工况设计		
			丰水年	平水年	枯水年
拦	A0	许家崖、岸堤、跋山、唐村等水库按现有调度规则运行	按现有调度规则，在特定时间执行蓄水		
	A1	在现有调度规则基础上，各有关水库提升拦蓄水位	岸堤水库、跋山水库 9 月 1 日或 16 日择机开始后汛期汛限水位提升值为 0.3m，拦水量最大 2485.4 万 m³。进行调洪演算		
蓄	B0	小埠东等已有 7 座沂河、祊河上拦河工程按现有调度规则运行	按现有调度规则，在特定时间执行蓄水与放水		
	B1	新建 1 座水系连通节点工程：河湾水源工程	新建河湾水源工程，配置工程参数，设置调度规则；按正常高水位设计蓄水量，河道增蓄 5860 万 m³		
调	C0	现状	闸坝按正常挡水；非汛期按设计水位运行，来多少水泄多少水		
	C1	按需分配，以需定供	按照来多少用多少原则，分配供水侧计算次序，依次计算各供水节点的入流、出流、蓄变化过程情况。经试算，实际操作时，简易操作方式为：视下游需水情况，葛庄、花园、角沂工程按不小于 1m³/s，柳杭、桃园工程按不小于 1.5m³/s，小埠东按不小于 2.5m³/s 相机泄水		
补	D0	示范区不实施外源补水	示范区维持现有水源条件，不实施区域外调水工程		
	D1	南水北调东线二期工程向临沂市供水	根据规划测算，2035 年临沂市城镇缺水量约为 1.42 亿 m³；在示范区现有水源条件基础上，考虑南水北调东线二期工程向临沂市供水，模拟枯水期向示范区供水 1.4 亿 m³		
用	E0	示范区维持现有中水回用水平	截至 2020 年年底，示范区中水回用能力和水量		
	E1	示范区提高污水回用收集率，提升污水处理厂处理能力和拓宽中水用途等	从 2021 年开始，模拟兰山区污水处理回用量增加 500 万 m³/a，用于农业灌溉、工业用水、市政生产用水与生态用水等需求		

5.3.3.2　水资源保障情景方案

在每种来水情景下（丰、平、枯）将上述各类措施中的工况进行排列组合，每种来水情景形成计 N(A)×N(B)×N(C)×N(D)×N(E) 组合方案，以各组方案为模型输入（或边界）设定模型，通过模拟，获得供水过程，计算分析水资源保障情况、计算枯季供水保障率。需要说明的是，其中 A0-B0-C0-D0-E0 即为本底方案。在水资源保障率计算中没有考虑地下水资源量。水资源保障模拟中，丰水年是以 2007 年降水量条件，水利工程以 2018 年条件来确定。

(1) 来水情景设置

依据各单项措施模拟分析，补水作为远期规划措施。丰水年条件下，示范年及近期规划年的蓄水措施 B1 水资源保障率提升值为 7.53%～8.36%，调度措施提升值为 7.53%～5.05%。

情景方案 1：丰水年的情景方案为：采用水库拦水 A0＋河湾水源工程蓄水措施 B1＋闸坝调度措施 C1＋补水措施 D0＋中水回用措施 E0。

平水年条件下，示范年及近期规划的蓄水措施 B1 的水资源保障率提升值为 7.12%～8.36%，中水回用措施提升值为 2.98%～2.57%，调度措施提升值为 0。

情景方案 2：平水年采用水库拦水 A0＋平水年采用河湾水源工程蓄水措施 B1＋闸坝调度措施 C1＋补水措施 D0＋中水回用措施 E1。

情景方案 3：枯水年采用拦水措施 A1＋河湾水源工程蓄水措施 B1＋闸坝调度措施 C1＋补水措施 D1＋中水回用措施 E1。

(2) 需水情景设置

情景方案 4：示范年 2021 年，水资源保障率提升值拦水措施 A1 为 2.98%～9.6%，蓄水措施 B1 为 7.53%～7.12%，闸坝调度措施 C1 为 0～7.53%。采用拦水措施 A1＋河湾水源工程蓄水措施 B1＋闸坝调度措施 C1＋补水措施 D0＋中水回用措施 E0（本次示范推荐方案）。

情景方案 5：近期规划年份 2025 年，水资源保障率提升值拦水措施 A1 为 4.14%～7.53%，蓄水措施 B1 为 8.36%，闸坝调度措施 C1 为 0～5.05%，中水回用措施 E1 为 2.57%。采用拦水措施 A1＋河湾水源工程蓄水措施 B1＋闸坝调度措施 C1＋补水措施 D0＋中水回用措施 E1。

情景方案 6：远期规划年份 2035 年，水资源保障率提升值拦水措施 A1 为 1.90%～3.48%，蓄水措施 B1 为 9.60%，闸坝调度措施 C1 为 0～4.8%，外源补水措施 D1 为 15.94%～32.77%，中水回用措施 E1 为 1.99%。采用拦水措施 A1＋河湾水源工程蓄水措施 B1＋闸坝调度措施 C1＋补水措施 D1＋中水回用措施 E1。

5.3.3.3 情景方案模拟分析

(1) 情景方案 1

情景方案 1 为丰水年采用水库拦水 A0＋河湾水源工程蓄水措施 B1＋闸坝调度措施 C1＋补水措施 D0＋中水回用措施 E0。在此方案下，不同水平年份的示范区水资源保障率模拟结果见表 5.36 和图 5.6。从图表分析可知，在 2021 年、2025 年、2035 年不同水平年条件下，在丰水年时总保障率提升值分别为 7.55%、9.36%、9.60%，在平水年时总保障率提升值分别为 7.12%、8.37%、9.43%，在枯水年时总保障率提升值分别为 7.11%、7.86%、8.60%。

表 5.36 示范区情景方案 1 水资源保障率模拟结果

工况	本底			情景方案 1		
典型年	丰	平	枯	丰	平	枯
规划 2021 年总保障率/%	82.60	67.05	52.24	90.15	74.17	59.35

续表

工况	本底			情景方案1		
提升值/%				7.55	7.12	7.11
规划2025年总保障率/%	76.15	63.82	49.59	85.51	72.19	57.45
提升值/%				9.36	8.37	7.86
规划2035年总保障率/%	71.69	59.69	46.61	81.29	69.12	55.21
提升值/%				9.60	9.43	8.60

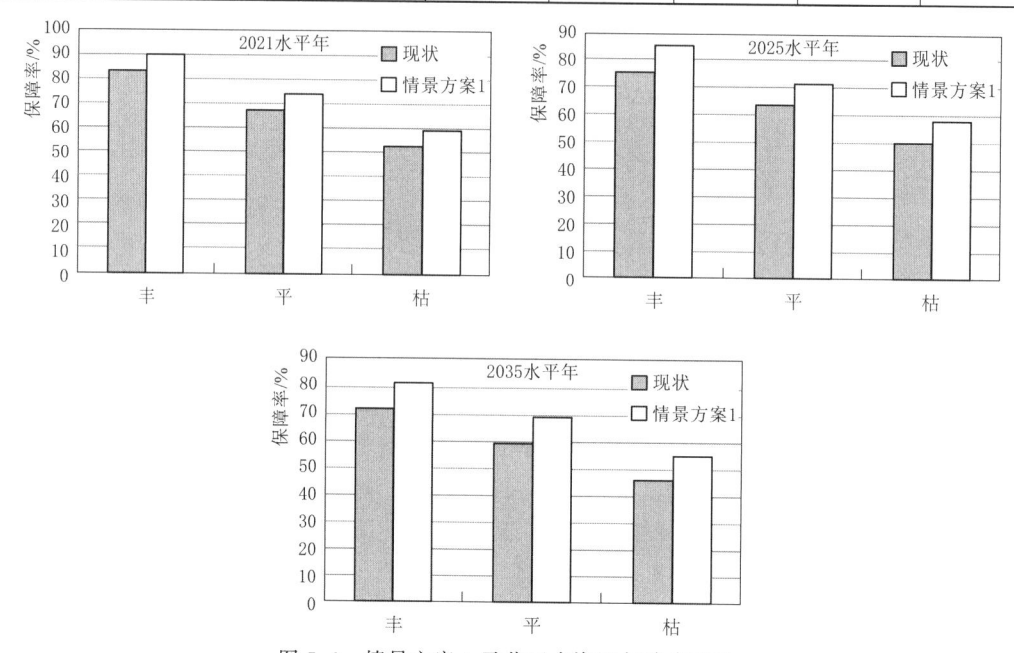

图5.6 情景方案1示范区水资源保障率变化

(2) 情景方案2

情景方案2为平水年采用水库拦水A0+河湾水源工程蓄水措施B1+闸坝调度措施C1+补水措施D0+中水回用措施E1。在此方案下，不同规划年份的示范区水资源保障率模拟结果表5.37和图5.7。从图表分析可知，在2021年、2025年、2035年不同水平年条件下，在丰水年时总保障率提升值分别为10.15%、10.86%、10.70%，在平水年时总保障率提升值分别为9.12%、9.87%、10.60%，在枯水年时总保障率提升值分别为8.99%、9.76%、10.50%。

表5.37　情景方案2的示范区水资源保障率模拟结果

工况	本底			情景方案2		
典型年	丰	平	枯	丰	平	枯
规划2021年总保障率/%	82.60	67.05	52.24	92.75	76.17	61.23
提升值/%				10.15	9.12	8.99
规划2025年总保障率/%	76.15	63.82	49.59	87.01	73.69	59.35

5.3 沂沭河上片"拦-蓄-调-补-用"水资源配置技术

续表

工 况	本 底			情景方案2		
提升值/%				10.86	9.87	9.76
规划2035年总保障率/%	71.69	59.69	46.61	82.39	70.29	57.11
提升值/%				10.70	10.60	10.50

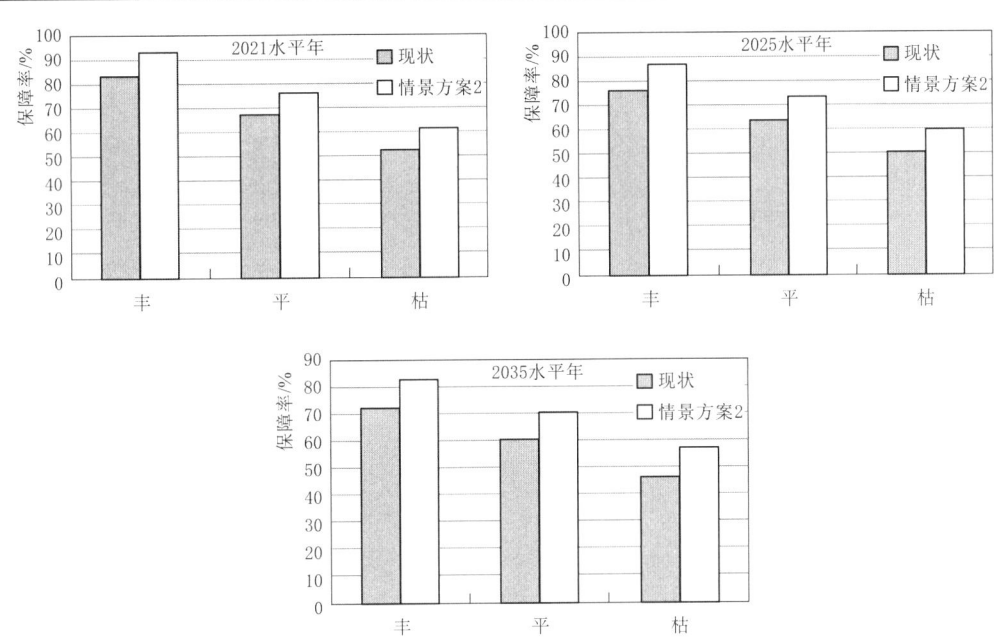

图5.7 情景方案2示范区水资源保障率变化

(3) 情景方案3

情景方案3为枯水年采用拦水措施A1+河湾水源工程蓄水措施B1+闸坝调度措施C1+补水措施D1+中水回用措施E1。在此方案下，不同规划年份的示范区水资源保障率模拟结果见表5.38和图5.8。从图表分析可知，在2021年、2025年、2035年不同水平年条件下，在丰水年时总保障率提升值分别为14.83%、18.80%、20.94%，在平水年时总保障率提升值分别为29.14%、28.48%、29.22%，在枯水年时总保障率提升值分别为37.25%、35.43%、34.76%。

表5.38 情景方案3的示范区水资源保障率模拟结果

工 况	本 底			情景方案3		
典型年	丰	平	枯	丰	平	枯
规划2021年总保障率/%	82.60	67.05	52.24	97.43	96.19	89.49
提升值/%				14.83	29.14	37.25
规划2025年总保障率/%	76.15	63.82	49.59	94.95	92.30	85.02
提升值/%				18.80	28.48	35.43

续表

工况	本底			情景方案3		
规划2035年总保障率/%	71.69	59.69	46.61	92.63	88.91	81.37
提升值/%				20.94	29.22	34.76

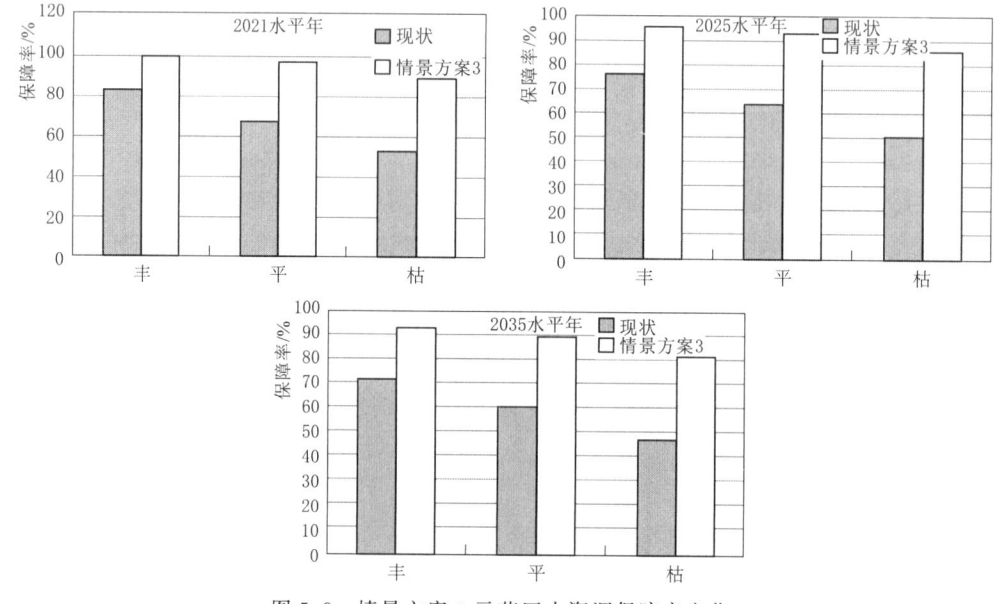

图 5.8 情景方案3示范区水资源保障率变化

(4) 情景方案4

情景方案4为示范年2021年，采用拦水措施A1＋河湾水源工程蓄水措施B1＋闸坝调度措施C1＋补水措施D0＋中水回用措施E0。在此方案下，不同规划年份的示范区水资源保障率模拟结果见表5.39和图5.9。从图表分析可知，在2021年、2025年、2035年不同水平年条件下，在丰水年时总保障率提升值分别为11.57%、11.76%、12.40%，在平水年时总保障率提升值分别为10.52%、10.77%、11.23%，在枯水年时总保障率提升值分别为10.49%、10.16%、10.30%。

表5.39　　　　情景方案4的示范区水资源保障率模拟结果

工况	本底			情景方案4		
典型年	丰	平	枯	丰	平	枯
规划2021年总保障率/%	82.60	67.05	52.24	94.17	77.57	62.73
提升值/%				11.57	10.52	10.49
规划2025年总保障率/%	76.15	63.82	49.59	87.91	74.59	59.75
提升值/%				11.76	10.77	10.16
规划2035年总保障率/%	71.69	59.69	46.61	84.09	70.92	56.91
提升值/%				12.40	11.23	10.30

5.3 沂沭河上片"拦-蓄-调-补-用"水资源配置技术

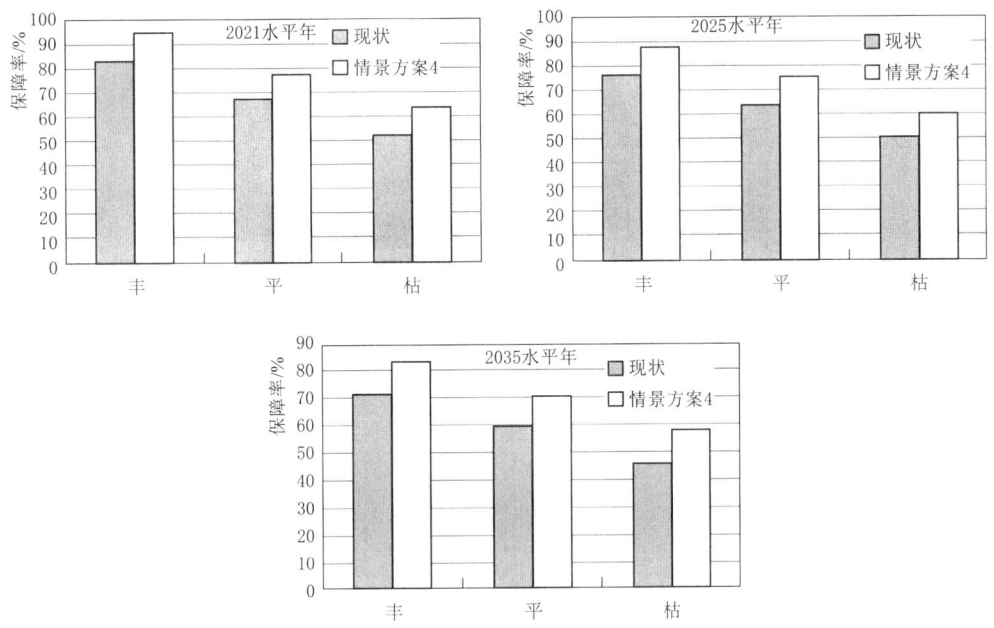

图 5.9 情景方案 4 示范区水资源保障率变化

(5) 情景方案 5

情景方案 5 的分组措施为近期规划年份 2025 年,采用拦水措施 A1＋河湾水源工程蓄水措施 B1＋闸坝调度措施 C1＋补水措施 D0＋中水回用措施 E1。在此方案下,不同规划年份的示范区水资源保障率模拟结果见表 5.40 和图 5.10。从图表分析可知,在 2021 年、2025 年、2035 年不同水平年条件下,在丰水年时总保障率提升值分别为 13.03%、13.26%、13.50%,在平水年时总保障率提升值分别为 12.12%、12.37%、12.40%,在枯水年时总保障率提升值分别为 12.09%、11.76%、11.50%。

表 5.40 情景方案 5 的示范区水资源保障率模拟结果

工 况	本 底			情景方案 5		
典型年	丰	平	枯	丰	平	枯
规划 2021 年总保障率/%	82.60	67.05	52.24	95.63	79.17	64.33
提升值/%				13.03	12.12	12.09
规划 2025 年总保障率/%	76.15	63.82	49.59	89.41	76.19	61.35
提升值/%				13.26	12.37	11.76
规划 2035 年总保障率/%	71.69	59.69	46.61	85.19	72.09	58.11
提升值/%				13.50	12.40	11.50

(6) 情景方案 6

情景方案 6 为远期规划年份 2035 年,采用拦水措施 A1＋河湾水源工程蓄水措施 B1＋闸坝调度措施 C1＋补水措施 D1＋中水回用措施 E1。在此方案下,同情景方案 3 结果。

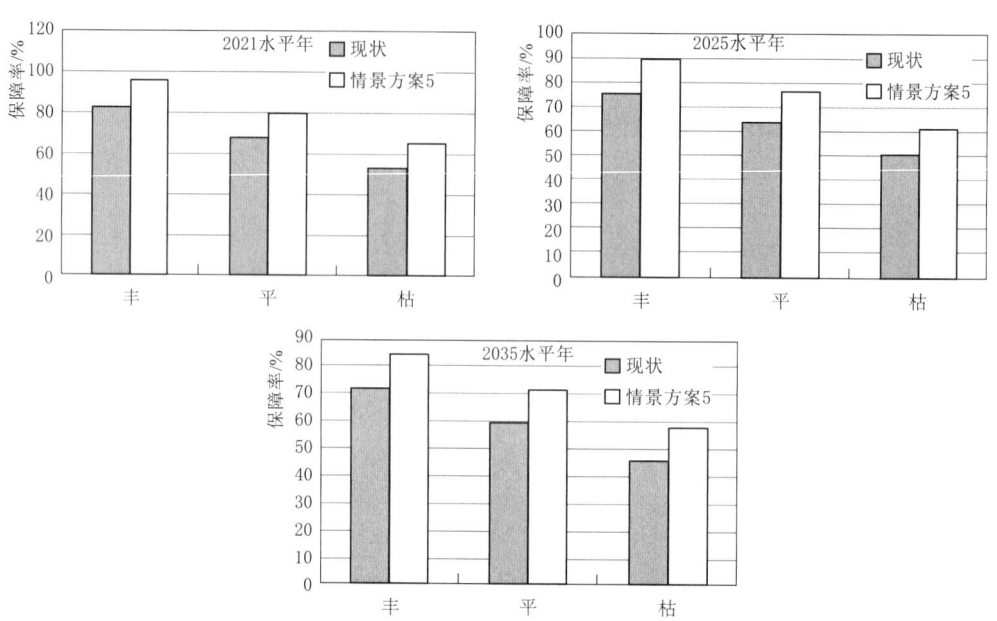

图 5.10　情景方案 5 下示范区水资源保障率变化

5.3.3.4　推荐技术方案分析

对上述 6 个情景方案水资源保证率模拟结果分析表明：情景方案 3 和 6，即采用拦-蓄-调-补-用综合措施后，示范区的水资源保障率提升值为 14.83%~37.25%，提升效果最明显。情景方案 4 和 5，采用拦-蓄-调-用措施后，示范区的水资源保障率提升值为 10.16%~13.50%，情景方案 1 和 2，采用蓄-调-用措施后，示范区的水资源保障率提升值为 7.11%~10.86%。

结果表明，情景方案 4 在 2021 年用水需求条件下可以实现枯季水资源保障率提升 10% 的目标，综合考虑水资源保障提升效果、技术措施实施成本与示范实施的可行性，推荐示范情景方案 4，综合采用拦水措施 A1＋河湾水源工程蓄水措施 B1＋闸坝调度措施 C1＋补水措施 D0＋中水回用措施 E0，即岸堤水库、许家崖水库与跋山水库 9 月 1 日开始择机将后汛期汛限水位提高 0.3m；拦水量 2485.4 万 m^3；新建河湾水源工程；视下游需水情况，葛庄、花园、角沂工程按不小于 $1m^3/s$，柳杭、桃园工程按不小于 $1.5m^3/s$，小埠东按不小于 $2.5m^3/s$ 相机泄水；示范区维持现有水源条件，不实施区域外调水工程；示范区维持现有中水回用水平。

5.4　技术示范效果

5.4.1　示范实施方案

5.4.1.1　水库拦蓄

1）岸堤水库方面。2021 年 8 月 30 日—9 月 1 日超汛限水位（174m），满足汛末蓄水位限制条件（175m）；9 月 2—30 日陆续有超汛末蓄水位限制条件情况，满足第一允许壅高水位要求（175.65m）。因此，9 月 30 日的汛末水位为 175.61m，以汛期汛限水位

175.0m 起算,实际抬高水位 0.61m,在保障水库防洪安全的前提下,实现水库增加拦水,增蓄约 3440 万 m^3。

2) 许家崖水库方面。2021 年 9 月 22 日开始超汛限水位 (145m),9 月 30 日的汛末水位为 146.74m,以后汛期汛限水位 147.0m 起算,正常水位 147.0m,实际水位低了 0.26m,计算中未考虑增蓄。

3) 跋山水库方面。2021 年 9 月 27—28 日水位为 177.03m,超汛限水位 (177m),其他时段均未超 177.0m,9 月 30 日的汛末水位为 176.91m,以后汛期汛限水位 177.0m 起算,未达到汛限水位 177.0m,水库正常蓄水位 178.0m,计算中不考虑水库增蓄量。

5.4.1.2 河道水源工程蓄水

为缓解区域水资源供需矛盾,改善生态环境,进一步推进沂河沿岸高效特色农业开发,建设了临沂市沂河河湾水源工程。2019 年 12 月,河湾水源工程建成投入运行,设计的一次性蓄水可达 5860 万 m^3,实际一次蓄水量约为 2300 万 m^3,与上、下游拦蓄工程形成梯级水源调配,可为临沂工农业用水、城乡用水、生态用水,特别是为中心城区水系连通、实施活水工程提供有力的水源保障。工程闸址以上河长 207.738km,流域面积 6212km²,是平原区水闸枢纽工程,规模为大(1)型,工程等别为Ⅰ等,主要建筑物拦河闸级别确定为 1 级,次要建筑物放水洞、引水闸级别为 3 级,临时建筑物级别为 4 级。

河湾水源工程建成运行后受库区淹没占地问题影响,实际应用中拦蓄水位未能达到设计的 87.0m,如 2021 年,目前实际蓄水位约为 83m,蓄水 2300 多万 m^3,少于设计的 5860 万 m^3。

5.4.1.3 闸坝调度

1) 河湾水源工程从 10 月 1 日开始,视柳杭橡胶坝、桃园橡胶坝、小埠东橡胶坝、刘家道口水位是否达正常运行水位,如未达到,根据水位-库容曲线,计算各河道工程蓄到正常运行水位所需水量 V_1、V_2、V_3、V_4,设河湾水源工程此时的工程能力为 V_5。那么,河湾水源工程按 $\min(V_1+V_2+V_3+V_4, V_5)$ 向下游放水。

2) 葛庄橡胶坝从 10 月 1 日开始,视花园橡胶坝、角沂橡胶坝水位是否达正常运行水位,如未达到,根据水位-库容曲线,计算各河道工程蓄到正常运行水位所需水量 V_6、V_7,设葛庄橡胶坝此时的工程能力为 V_8。那么,葛庄橡胶坝按 $\min(V_6+V_7, V_8)$ 向下游放水。

5.4.1.4 外源补水

在示范区,当在远期规划或枯水年份,已有水资源工程及新建工程难以满足水量需求时,依据南水北调二期调水规划和胶东补水南线工程,通过区域水量平衡计算确定调水量,根据调水量的分析,确定调水的位置和规模,对应的工程措施。2021 年,外源补水不进行技术示范。

5.4.1.5 中水回用

根据示范区实际情况,2021 年的中水回用仍然维持基准年的水平,同时考虑节水措施。

5.4.2 第三方监测与评估

5.4.2.1 监测方案

(1) 监测点布置

监测需进行流量、水位观测,在临沂示范区内共设置19个流量/水位监测点。此外,在岸堤水库、跋山水库、许家崖水库分别设置流量/水位监测点。各点位详细位置见表5.41和表5.42。

表5.41　　　　　　　　　临沂示范区流量/水位监测点位

序号	测点编号	名称	所在河道	位置
1	QC1/LC1	姜庄湖	祊河	姜庄湖水文站附近
2	QC2/LC2	葛沟	沂河	葛沟水文站附近
3	QC3/LC3	高里	蒙河	高里水文站附近
4	QC4/LC4	葛庄橡胶坝上	祊河	葛庄橡胶坝上（取水口下游）
5	QC5/LC5	葛庄橡胶坝下	祊河	葛庄橡胶坝下（取水口上游）
6	QC6/LC6	花园橡胶坝上	祊河	花园橡胶坝上（取水口下游）
7	QC7/LC7	花园橡胶坝下	祊河	花园橡胶坝下（取水口上游）
8	QC8/LC8	角沂橡胶坝上	祊河	角沂橡胶坝上（取水口下游）
9	QC9/LC9	角沂橡胶坝下	祊河	角沂橡胶坝下（取水口上游）
10	QC10/LC10	河湾水源工程上	沂河	河湾水源工程上（取水口下游）
11	QC11/LC11	河湾水源工程下	沂河	河湾水源工程下（取水口上游）
12	QC12/LC12	柳杭橡胶坝上	沂河	柳杭橡胶坝上（取水口下游）
13	QC13/LC13	柳杭橡胶坝下	沂河	柳杭橡胶坝下（取水口上游）
14	QC14/LC14	桃园橡胶坝上	沂河	桃园橡胶坝上（取水口下游）
15	QC15/LC15	桃园橡胶坝下	沂河	桃园橡胶坝下（取水口上游）
16	QC16/LC16	小埠东橡胶坝上	沂河	小埠东橡胶坝上（取水口下游）
17	QC17/LC17	小埠东橡胶坝下	沂河	小埠东橡胶坝下（取水口上游）
18	QC18/LC18	刘道口拦河闸上	沂河	刘道口拦河闸上（取水口下游）
19	QC19/LC19	刘道口拦河闸下	沂河	刘道口拦河闸下（取水口上游）

注　QC为河道监测点观测流量编号；LC河道监测点观测水位编号。

表5.42　　　　　　　　水库坝上水位、下泄流量监测点位

序号	测点编号	名称	位置
1	LRC1	岸堤水库坝上水位	岸堤水库
2	QRC1	岸堤水库下泄流量（入河道、城市供水）	岸堤水库
3	LRC2	许家崖水库坝上水位	许家崖水库
4	QRC2	许家崖水库（入河道、城市供水）	许家崖水库

注　LRC为水库监测点坝上水位编号；QRC为水库监测点下泄流量编号。

(2) 监测内容与时段

监测内容：沂河和祊河上19个河道监测点的水位与流量。

岸堤、跋山、许家崖水库坝上水位与下泄流量。

备注：根据实际情况,可充分利用沂河水系内已有水文监测站网的监测数据,对于未

布设有水文监测点或巡测点的监测点,进行加测和补测,满足示范区水资源量监测评价即可。

监测时段为:2021年10月1日—12月31日,共3个月的枯水期。

5.4.2.2 水库监测成果

对上游的岸堤水库、跋山水库、许家崖水库2021年的坝上水位、出库流量进行了监测。

(1) 岸堤水库

岸堤水库坝上水位、出库流量2021年监测结果如图5.11所示,由图可见,2021年岸堤水库坝上水位最高值为175.72m,出现在10月5日附近,水位最低为171.0m,出现在6月14日;从坝上水位来看,5月、6月水位较低,9—12月水位较高。出库流量最大值为539m³/s,出现在9月6日。

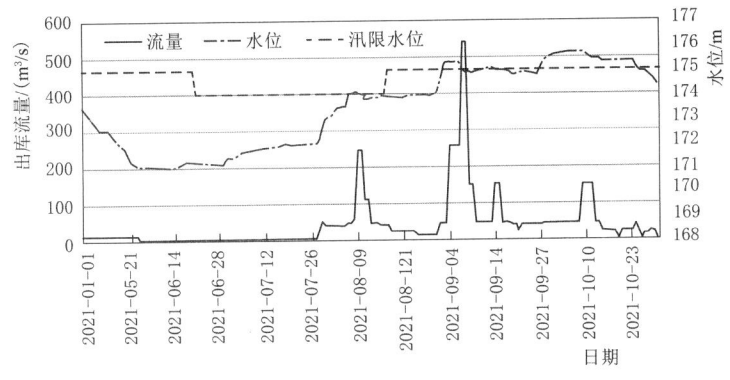

图 5.11　2021年岸堤水库水位、流量过程

(2) 跋山水库

跋山水库2021年坝上水位及出库流量监测结果如图5.12所示,由图可见,2021年跋山水库坝上水位最高值为177.03m,出现在9月27日附近,坝上水位最低为171.38m,出现在7月14日,从坝上水位来看,5—7月水位较低,9—12月水位较高。出库流量最大值为293m³/s,出现在9月27日。

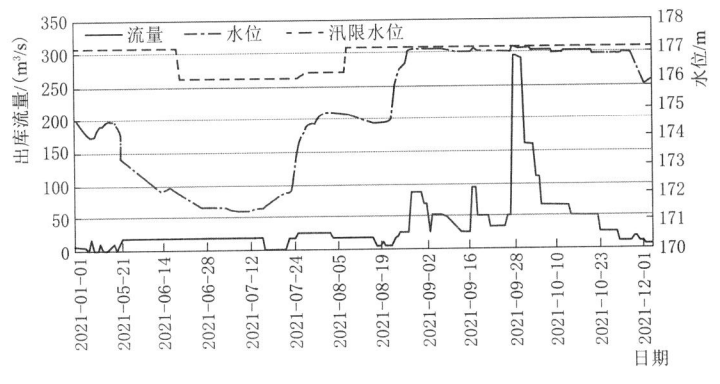

图 5.12　2021年跋山水库水位、流量过程

(3) 许家崖水库

2021年许家崖水库坝上水位及出库流量监测结果如图5.13所示,从图可见,2021年许家崖水库坝上水位最高值为146.98m,出现在9月27日附近,水位最低为143.19m,出现在7月26日,从坝上水位来看,5—7月水位较低,9月水位较高。出库流量最大值为47.6m³/s,出现在7月23日。

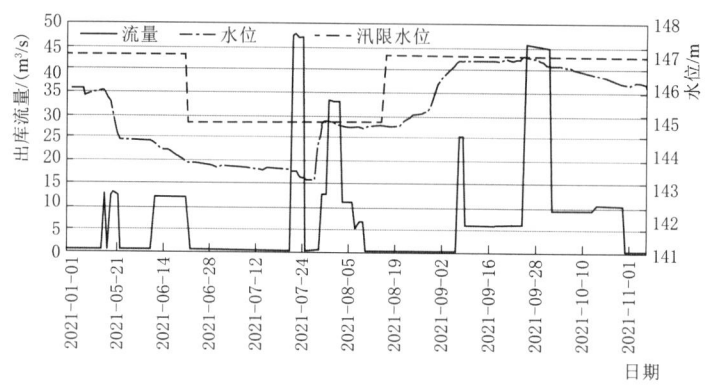

图5.13　2021年许家崖水库水位、流量过程

5.4.2.3　河道水文站、闸坝站监测成果

对葛沟水文站2021年监测的水文资料分析,沂河葛沟水文站实测年最大流量为669m³/s,出现在7月29日,最小流量为0.07m³/s,出现在4月16日。水位最高为89.66m,最低为86.65m。

对临沂水文站2021年监测的水文资料分析,沂河临沂水文站实测年最大流量为1550m³/s,出现在7月29日,最小流量为1.0m³/s,出现在4月5日。水位最高为60.65m,最低为57.27m。

对角沂水文站2021年监测的水文资料分析,祊河角沂水文站实测年最大流量为1050m³/s,出现在7月29日,最小流量为2.02m³/s,出现在12月12日。水位最高为69.2m,最低为66.17m。

对高里水文站2021年监测的水文资料分析,蒙河高里水文站实测年最大流量为298m³/s,出现在7月29日,最小流量为0.9m³/s,出现在5月31日。水位最高为85.02m,最低为82.67m。

对小埠东橡胶坝2021年监测的坝上水位资料分析,该橡胶坝坝上水位逐日最高值为65.21m,出现在2月1日,逐日最低值为62.49m,出现在7月17日,年均水位值为64.26m。非汛期水位变化小,主汛期水位变化大。

对桃园橡胶坝2021年监测的坝上水位资料分析,该橡胶坝坝上水位逐日最高值为71.28m,出现在7月16日,逐日最低值为64.05m,出现在4月16日,年均水位值为65.75m。非汛期水位变化小,汛期水位变化大。

对桃园橡胶坝2021年监测的坝上水位资料分析,该橡胶坝坝上水位逐日最高值为83.7m,出现在7月29日,逐日最低值为80.23m,出现在4月23日,年均水位值为80.65m。

对葛庄橡胶坝2021年监测的坝上水位、流量资料分析,该橡胶坝坝上水位逐日最高值为 80.8m，出现在 12 月 11 日，逐日最低值为 77.22m，出现在 7 月 20 日，年均水位值为 78.86m。非汛期水位变化大。流量最大值为 960m³/s，出现在 7 月 29 日，最小值为 0。

对柳杭橡胶坝 2021 年 10—12 月监测的坝上水位资料分析，该橡胶坝坝上水位逐日最高值为 73.35m，出现在 10 月 17 日，逐日最低值为 70.17m，出现在 10 月 2 日，平均水位值为 72.96m。非汛期水位变化小。

对角沂橡胶坝 2021 年监测的坝上水位、流量资料分析，该橡胶坝坝上水位逐日最高值为 70.07m，出现在 12 月 13 日，逐日最低值为 66.1m，出现在 4 月 6 日，平均水位值为 67.18m。非汛期水位变化小。

河湾水源工程 2021 年 10 月 1 日—12 月 29 日水文监测成果显示，该时段闸上游水位最高值为 82.52m，最低值为 78.22m。下泄流量最大值为 288m³/s，最小值为 20m³/s。

5.4.2.4 水资源保障评价

（1）评价方法

示范区枯水期：10 月 1 日—12 月 31 日。

水资源保障率：定义为枯水期内保障天数占枯水期总天数之比，即

$$\alpha = \frac{T_g}{T_{tot}} \times 100\% \tag{5.8}$$

式中：α 为水资源保障率；T_{tot} 为枯水期总天数；T_g 为枯水期内保障天数，当示范区内供水能够满足生活、生产、生态用水需求时即可以认为该日供水得到保障，计算公式为

$$T_g = \sum_{i=1}^{T_{tot}} j(t_i) \tag{5.9}$$

式中：$j(t_i)$ 为判断函数，采用下式计算

$$j(t_i) = \begin{cases} 1, Q_i \geqslant Q_g \\ 0, Q_i < Q_g \end{cases} \tag{5.10}$$

式中：t_i 为第 i 天；Q_i 为代表断面 i 的实际取水量；Q_g 为代表断面 i 的需水量。

因此，不妨设示范前枯水期内保障天数为 T_g^b、示范后枯水期内保障天数为 T_g^a，那么示范区枯水期水资源保障率提高率 $\Delta\alpha$ 即可表示为

$$\Delta\alpha = \frac{T_g^a - T_g^b}{T_{tot}} \times 100\% \tag{5.11}$$

（2）评价方案

本次实施是在维持示范区内水利工程总体正常运行，并确保防洪安全、不造成河道沿岸淹没前提下开展（以防洪安全为硬性约束），通过水库拦蓄、河道蓄水、闸坝调度、中水回用、外源补水等方面实施措施，结合当年实际情况，以实现枯水期水资源保障率提高为目标。因此，根据该方案进行现场监测，通过河道水位、流量等水文基础信息现场测验，论证提出的示范区水资源保障方案及其水资源保障率提升情况。监测时段为 2021 年 10 月 1 日—12 月 31 日共持续 92 天。采用如下评价方案：

1）水资源保障天数计算。根据考核指标测算方法，供水保障天数计算公式可以进一

步细化为

$$T_g^a = \sum_{t=1}^{T} \prod_{i=1}^{N} \text{sgn}(Q_i - D_i) \quad (5.12)$$

式中：Q_i 为第 i 个概化水源工程的供水量；D_i 为第 i 个概化水源工程的需水量。

各个水源工程的供水量计算：基于现有主要河道工程，在河道上共概化了 8 个水源工程，其可供水量计算分别见表 5.43。

表 5.43 概化取水口

编号	名 称	供水量计算	编号	名 称	供水量计算
Q1	葛庄橡胶坝	QC1－QC4	Q5	柳杭橡胶坝	QC11－QC12
Q2	花园橡胶坝	QC5－QC6	Q6	桃园橡胶坝	QC13－QC14
Q3	角沂橡胶坝	QC7－QC8	Q7	小埠东橡胶坝	QC9＋QC15－QC16
Q4	河湾水源工程	QC2＋QC3－QC10	Q8	刘道口拦河闸	QC17－QC18

各个水源工程的需水量计算分为如下 3 步：①兰山区、河东区、罗庄区，按照上述方法计算个区的生活、生产、生态需水量；②按供需关系，将兰山区、河东区、罗庄区三个区的生活、生产、生态需水量，按各个概化水源工程能力大小分配到各个概化水源工程；③统计各个概化水源工程上的需水，即累加兰山区、河东区、罗庄区三个区的生活、生产、生态需水量分别对各个概化水源工程的要求，得到 D_i。

2）水资源保障率提升计算。对 2018 年枯水期示范区主要节点及示范区总体水资源保障率进行计算，结果见表 5.44。

表 5.44 2018 年枯水期示范区水资源保障率

节 点	角沂	河湾	柳杭	桃园	小埠东	刘家道口
2018 年枯水期保障率/％	99.6	73.0	85.7	99.6	99.6	99.6
示范区枯水期保障率/％	73.0					

结果表明：示范区主要节点的水资源保障率为 73.0％～99.6％，最小值为 73.0％，出现在河湾水源工程节点，2018 年枯水期示范区水资源保障率为 73.0％。分析表明，2018 年河湾水源工程还未建成使用，此处计算仅以此作为一节点统计该位置以上的枯水期水资源供用情况。另外祊河的葛庄橡胶坝、花园橡胶坝两个节点缺乏 2018 年资料，没有单独计算其保障率。

根据收集的资料得到 2018 年临沂市年降水量为 700.6mm，较多年平均值 815.8mm 偏低了 115.2mm，从年降水量分析，2018 年属于略偏枯年份或者接近平水年，水资源总体保障率不高。

5.4.3 技术示范效果评估

依据示范区 2021 年监测资料，2021 年降水量为 1111.1mm（报汛值），从年降水量分析，2021 年属于丰水年份。对 2021 年 10—12 月枯水期示范区主要节点及示范区总体水资源保障率进行计算，结果见表 5.45。

表 5.45　　　　　　　　　2021 年枯水期示范区水资源保障率

节　　点	角沂	河湾	柳杭	桃园	小埠东	刘家道口
2021 年枯水期保障率/%	100	100	100	100	100	100
示范区枯水期保障率/%	100					

结果表明：示范区主要节点的水资源保障率为 100%。2021 年枯水期示范区水资源保障率为 100%。水资源保障率总体较高。

根据初步收集的 2021 年降水量资料为 1111.1mm（报汛值），从年降水量分析，2021 年属于丰水年份，因此示范区水资源保障率提升对比分析，不能以 2018 年对比。

从水资源保障情景模拟结果分析，现状在丰水年份枯水期水资源保障率为 82.6%，2021 年枯水期示范区水资源保障率为 100%，水资源保障率提升值为 17.4%，提升值大于 10%。另外，从水资源保障情景模拟结果分析在 2021 年和近期规划年份，在推荐的情景方案条件下，枯水、平水、丰水年份的水资源保障率提升值为 10.16%~12.4%，提升值大于 10%，达到了预期的目标。丰水年份的水资源保障率模拟提升结果 11.57%，小于 2021 年的监测评价结果 17.4%。2021 年是偏丰水年份。

从 2021 年监测资料分析，2021 年基本属于丰水年份，分析 2021 年 9—12 月水情，从上游水库蓄水坝上水位分析，岸堤水库水位达到比较高的水位，如图 5.14 所示，后汛期在汛限水位附近，汛末（9 月 30 日，下同）坝上水位为 175.61m，水库蓄水量为 4.499 亿 m³，超过汛限水位 175.0m，低于水库正常蓄水位 176.0m，汛后水库泄水主要为电厂发电用水。从跋山水库水位变化分析，汛末坝上水位为 176.91m，水库蓄水量为 2.527 亿 m³，接近汛限水位 177.0m，低于水库正常蓄水位 178.0m，水库蓄水量比较充裕。许家崖水库汛末坝上水位为 146.74m，水库蓄水量为 1.68 亿 m³，接近汛限水位 147.0m，低于水库正常蓄水位 147.0m，相对而言，10 月 1 日后水库水位呈不断下降的变化趋势。

2021 年水文条件相对较好，汛末水库水位接近或超过汛限水位，低于正常蓄水位，水库拦蓄效果较好。通过水库的科学调度，水库拦蓄措施为临沂市水资源保障提供了可靠的水量保证。加以水库合理调度，为示范区水资源保障率提高提供了重要基础。

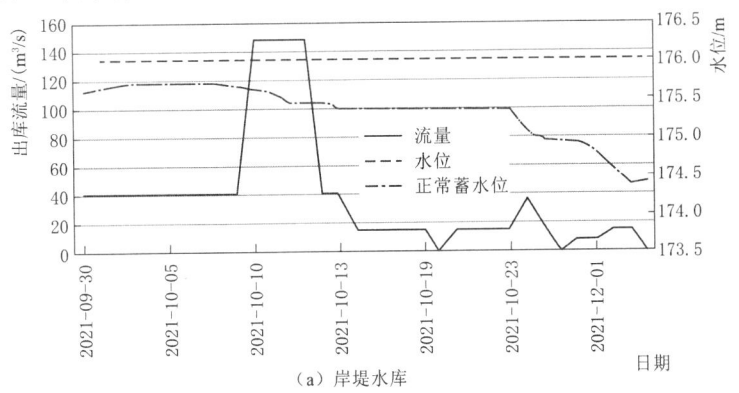

(a) 岸堤水库

图 5.14（一）　岸堤、跋山、许家崖水库 2021 年汛后水位、流量变化过程

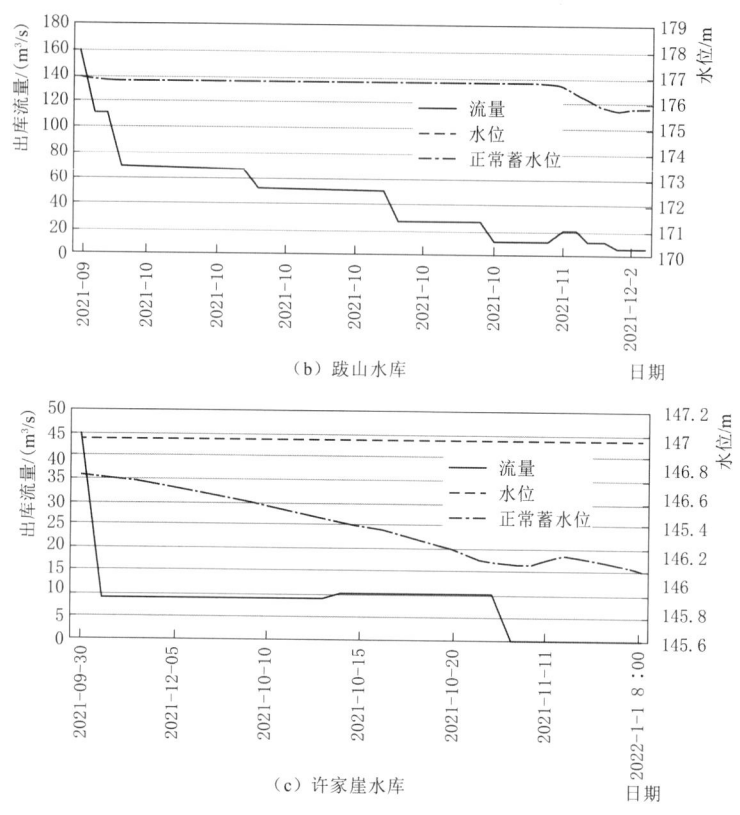

(b) 跋山水库

(c) 许家崖水库

图 5.14（二） 岸堤、跋山、许家崖水库 2021 年汛后水位、
流量变化过程

从河道闸坝工程分析，沂河河湾水源工程运用中，2021 年 10—12 月，该闸上游水位最高为 82.52m，最低为 78.22m，下泄流量最大为 288m³/s，最小为 20m³/s，如图 5.15 所示，通过该工程的调度后，进入示范区的沂河水资源量满足 2021 年节点计算的需水量。

图 5.15 河湾水源工程 2021 年 10—12 月水位、流量变化过程

从祊河葛庄橡胶坝 2021 年 9 月后的水位、流量变化，10—12 月水位、流量变化过程如图 5.16 所示。葛庄橡胶坝设计的正常挡水位为 81.0m，10 月 1 日—12 月 31 日坝上水位最高为 80.8m，水位最低为 78.7m，水位一般低于设计的正常挡水位。橡胶坝下泄的流量最大值为 81m³/s，最小值为 0。

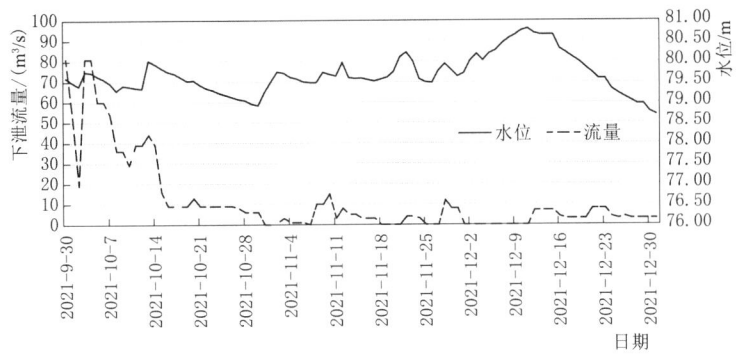

图 5.16 葛庄橡胶坝 2021 年 10—12 月水位、流量变化过程

分析小埠东橡胶坝 2021 年 9 月后的水位变化，10—12 月水位变化过程如图 5.17 所示。小埠东橡胶坝设计的正常挡水位为 65.5m，10 月 1 日—12 月 31 日坝上水位最高为 64.95m，水位最低为 63.96m，大部分时间水位在 64.5m 附近，水位一般低于设计的正常挡水位。依据该橡胶坝的水位-库容关系，坝上水位为 64.95m 时，对应库容为 2213.9 万 m³，坝上水位为 63.96m 时，对应库容为 1250.8 万 m³。

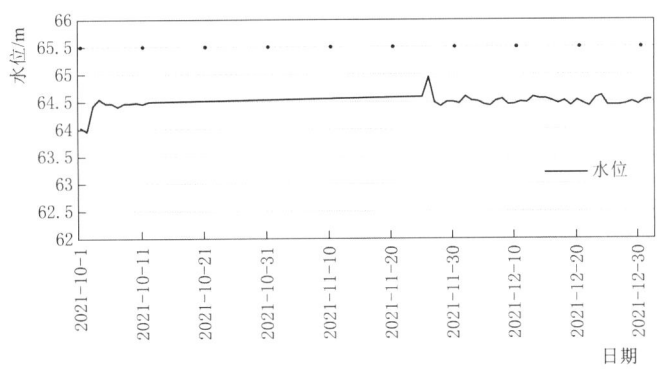

图 5.17 小埠东橡胶坝 2021 年 10—12 月水位、流量变化过程

5.5 小结

从防洪提标、水资源配置、水质提升三个方面分析了水安全需求，认为：防洪提标需要继续完善东调南下格局，提高新沭河、新沂河出海通道的行洪能力，提升沂沭河洪水东调规模，扩大南四湖、骆马湖洪水南下通道，完善骆马湖防洪体系，为整个流域的洪水寻找出路；水资源配置方面在提升区域水资源利用效率的同时可以依托南水北调工程，探索

利用已有水系为流域内水资源紧张地区增加供水的可能性；水质提升方面重点在于削减支流入河污染、减少面源污染进入水体。

针对南四湖湖东片汛期水量大、污染负荷高的全年水质保障问题，结合区域二期工程全年输水水质安全保障需求分析，从工程滞蓄能力、水质净化能力、水量水质联合调度三方面入手，构建了"截-导-滞-净-控"措施，从防洪、供水、水质以及经济成本目标出发，设置了研究区域水资源联合调度决策变量。由于工程能力、人工调控、建设成本等诸多因素有限，丰、平水年依然存在入湖口水质不能全年稳定达标的问题，故从控源截污出发，针对不同控制单元从水量水质角度分别提出相应的工程滞蓄能力建设需求和待削减全年入河污染负荷总量。其中，洸府河、泗河、白马河年入河污染负荷削减量分别为302t、209t、451t；工程滞蓄能力建设需求分别为2860万m^3、8036万m^3、4875万m^3。

以水资源保障需求强烈的南水北调东线沂沭河上片区为研究对象，依托区域水库群、河道水系格局、闸坝工程等工程现状与规划情况，依据临沂市水资源现状，考虑临沂市水系连通工程及水库工程、拦河闸坝工程，中水回用，远期流域外补水情况，提出示范区水资源保障水平提升的拦水、蓄水、调度、中水回用、补水措施。构建了水资源供用分析模型、水文水动力模型耦合的水资源保障整体模拟模型，对各项措施的保障水平提升进行模拟，综合分析形成多情景下区域"拦-蓄-调-补-用"水资源保障技术。依据实测资料分析，对2021年10月1日—12月30日进行示范区示范，水资源保障率为100%，较丰水年2007年的水资源保障率82.6%提升了17.4%，水资源保障率提升大于10%。示范区建设运行以来（按2021年1年计），累计水资源当量2000万m^3，折合经济效益约0.04亿元。

高城镇化水网区河湖水系连通与水安全保障技术示范

6.1 武澄锡虞片河湖水系连通格局优化

武澄锡虞片经济发达、人口集聚、城镇化程度高，面对社会经济发展新的形势，对城市防洪保安、水环境改善等水安全保障需求越来越高，因此亟须对河湖水系连通格局及工程布局进行优化，以提升区域水安全保障水平。

6.1.1 优化基本原则

河湖水系连通是以实现水资源可持续利用、人水和谐为目标，以改善水生态环境状况、提高水资源统筹调配能力和抗御自然灾害能力为重点，借助各种人工措施，利用自然水循环的更新能力等举措，构建蓄泄兼顾、丰枯调剂、引排自如、多源互补、生态健康的河湖水系连通网络体系。其目标是构建适合经济社会可持续发展和生态文明建设需要的河湖连通网络体系，可通过水利工程实现直接连通，也可通过区域水资源配置网络实现间接连通。因此，武澄锡虞片河湖水系连通布局需要遵循以下基本原则。

(1) 坚持科学规划、合理布局

基于武澄锡虞片河湖水系特点、未来功能定位，统筹协调流域与区域、上下游、左右岸、相关涉水行业，综合考虑防洪减灾、水资源开发利用、水环境治理，以流域综合规划、水利发展规划、防洪规划、水系规划、生态河湖行动计划、生态环境保护规划等为基础，尊重现状并衔接已有建设与规划，根据武澄锡虞片河湖水系连通需求，科学布设连通工程，确定连通格局与连通方式。

(2) 坚持保护优先、综合利用

妥善处理武澄锡虞片开发利用与保护的关系，正确处理资源、环境、经济发展之间的协调关系，在保障连通区域的防洪、水量、水质、水生态安全的前提下进行河湖水系连通，既要满足经济社会发展对水的合理需求，也要保障水资源保护和生态环境建设，满足维护河湖水系的基本生态用水需求，充分发挥河湖水系的通道功能、资源功能、环境功能、生态功能等综合功能。

(3) 坚持强化管理、发挥效益

加强武澄锡虞片河湖水系连通工程的运行管理，充分发挥技术、行政、法律、政策等各种手段对河湖水系连通的保障作用。对于现状及规划建设的河湖水系连通工程，要科学管理、合理调度，注重河湖水系连通工程的水量调度、洪水调度、生态调度，充分发挥河湖水系连通的综合效益。要将现状河湖水系连通工程的效益发挥和挖潜，作为规划安排新增河湖水系连通工程的重要基础，如确有需要，才考虑规划新增。

6.1.2 优化建议

根据武澄锡虞片地理位置、河湖水系布局和水资源水环境特点，结合社会经济对防洪、供水和改善水环境等方面需求，为适应水情、工情的变化特别是太湖水环境保护的要求，统筹平衡区域与流域、城市之间的治理需求，综合考虑河湖水系连通格局演变因素及其影响，在现有水利工程基础上，尊重现状并与已有规划相衔接，从修建江河湖连通工程、扩大区域引排长江骨干通道，维系或新建水流连接通道，修建控导工程以及枢纽工程等方面，提出武澄锡虞片河湖水系连通格局与工程布局优化建议，强化区域河网与长江、太湖的水力联系，提高区域水安全保障能力。

6.1.2.1 河湖水系连通格局建议

针对武澄锡虞片河湖水系连通总体架构，建议对境内区域性骨干河道进行梳理、整治，基于流域性河道、区域性骨干河道，优化形成"倒爪字形""八纵三横"的河湖水系连通总体格局，形成"通江达湖、南北互济、东西互通，蓄泄兼筹、引排顺畅、调控自如"的河湖水系连通格局。八纵从西向东依次为澡港河、新沟河、锡澄运河、白屈港、张家港、十一圩港—东青河、走马塘、望虞河；三横从北向南依次为张家港、锡北运河、苏南运河。其中，望虞河为武澄锡虞片和阳澄淀泖片的边界河道，苏南运河贯穿武澄锡虞片东西，新沟河贯穿武澄锡虞片南北，澡港河、锡澄运河、白屈港、十一圩港—东青河、走马塘为运北水系纵向河道，锡北运河为运北水系横向河道，张家港为运北水系兼具纵向与横向的L形河道，梁溪河为运南水系横向入湖河道。

针对武澄锡虞片河湖水系连通内部架构，建议按照运南片水系、运北片水系（西横河—东横河以南）、沿江高片水系（西横河—东横河以北）三个片区，对河网水系进行梳理沟通，并加强对水利工程的合理调度。

1) 运南片水系，南滨太湖、北临运河，入太湖河道均建有口门建筑物进行控制。运南片水系无锡地区直湖港以东地区，建议合理利用太湖蓄排，统筹区域、城市防洪与太湖水环境保护要求，实现防洪和水环境保护的协调统一，提高太湖的洪水蓄滞能力和水资源调配能力，为周边地区提供防洪安全屏障和供水安全，同时通过合理调度，引导太湖和太湖新城片、梁溪片等区域河网有序流动，改善区域河网水环境。运南片水系常武地区及无锡直湖港以西地区，洪水主要通过武进港、直湖港经由新沟河北排长江，内部涝水主要通过武宜运河、南运河、采菱港、锡溧漕河等内部河道北排运河。

2) 运北片水系，苏南运河、望虞河是其外围河道，拥有新沟河、锡澄运河、白屈港、东青河、走马塘等纵向河道以及锡北运河、张家港、九里河、伯渎港、界河—富贝河、青祝河等横向河道，河网水系四通八达，同时无锡市建有运东大包围、常州市建有运北大包围。建议利用诸多纵向通江河道，在汛期进行区域洪涝水北排，在非汛期开展调水引流，调引长江水补充区域水资源，同时增强水体流动，提高水环境容量，改善区域水环境。建议充分利用运河沿线地区包围圈和圩区调蓄，统一调度，合理限排，减少汛期两岸地区入运河水量，减轻运河防洪压力。建议加强望虞河相机调控，扩大锡澄地区东排望虞河能力，结合望虞河后续工程，优化、调整望虞河西岸地区水系，统筹安排望虞河西岸地区排水出路。

3）沿江高片水系，地势相对较高，河道大多为纵向通江河道，并均建有口门建筑物进行控制，其中澡港枢纽、新沟河江边枢纽、新夏港枢纽、锡澄运河工农闸、白屈港枢纽、张家港闸、十一圩闸、走马塘江边枢纽为武澄锡虞片大型通江口门。建议进一步提高流域、区域骨干河道引排水能力，扩大区域北排长江和引江能力，同时加强区域河网与长江的连通，增加区域水资源量和水环境容量。

6.1.2.2 河湖水系连通工程布局建议

针对武澄锡虞片河湖水系连通工程布局，以实现外部防洪、内部防涝、水质改善、生态修复等目标的协调统一为目标，建议以流域工程为依托、以区域工程为骨干、以城市工程为重要节点，连同圩区、农村河道等工程，形成多层次、多类型的水利工程建设布局。防洪保安方面，以安全蓄泄区域洪涝水为重点，在新沟河延伸拓浚、望虞河西岸控制等流域工程的基础上，结合高等级航道整治改造，对锡澄运河、白屈港、锡北运河等骨干河道进行综合治理，增建、扩建沿江泵闸枢纽，提高北排长江和东排望虞河的能力；水资源供给方面以构建合理引排格局为重点，提高水资源调控能力；水生态环境方面以保障太湖水生态安全为重点，加大滨湖地区河道水生态修复与保护力度，同时增强区域河网水体流动，提高水环境容量。

1）纵向连通方面，主要涉及运北片水系、沿江高片水系，建议实施老桃花港整治工程（含老桃花港江边枢纽）、新桃花港整治工程（含新桃花港江边枢纽）、锡澄运河扩大北排工程（黄昌河—长江段，含锡澄运河定波水利枢纽）、白屈港综合整治工程、张家港整治工程（含张家港江边泵站）、十一圩港整治工程（含十一圩港江边枢纽）、走马塘江边泵站等工程。其中，河道整治方面建设内容主要为河道拓浚、堤防达标建设、沿线护岸建设等，以恢复并挖潜河道的通道功能、提升过流能力；沿江枢纽及泵站建设主要是增加外排或引江动力，进一步提高通江河道的引排能力，减轻太湖和望虞河防洪与供水压力，消除太湖水环境保护限制南排的影响，兼顾提高区域引江水资源配置能力。

2）横向连通方面，主要涉及运北片水系、运南片水系，运北片水系建议实施北兴塘—转水河整治工程、界河—富贝河整治工程、锡北运河整治工程（东湖段）、张家港整治工程；运南片水系建议实施洋溪河—双河整治工程，滨湖地区实施梁溪河清淤等工程。河道整治方面，建设内容主要为河道拓浚、堤防达标建设、沿线护岸建设、清淤等，以打通河道沟通瓶颈、发挥河道的通道功能、提升过流能力。

6.2 武澄锡虞片"分片治理-滞蓄有度-调控有序"防洪除涝技术

6.2.1 分片治理技术研究

6.2.1.1 区域分片原则与划分方法

（1）分片划分原则

分片划分需在客观认识区域自然特征和经济社会特征的基础上开展，梳理挖掘各区域在地理位置、地形地貌、河湖水系结构特征、水利工程建设及调度运行情况、排水条件和潜力、防洪除涝形势及保障目标等的异同。归纳起来,分片划分应遵循经济社会条件相类似、水系及水利工程与行政区划相协调、骨干河道与片区内部河道相匹配的原则。

1) 经济社会条件相类似。片区内的自然资源条件、经济社会发展水平、发展潜力、发展方向和经济规模等是客观基础,经济社会条件的近似性决定了承受洪涝风险的能力和水平的一致性,如农田、乡镇、城市分别按不同的防洪除涝标准进行设计控制。

2) 水系及水利工程与行政区划相协调。水的自然属性决定了上下游、左右岸、干支流、地上地下的自然联系,形成天然的水体。这种自然特性决定了治水管水必须以流域或者更小的产汇流区域为基本单元。然而水旱灾害防御以行政区域为单元开展,为此,在划分治理分片时,除了考虑区域自然属性,为便于管理,还需兼顾行政区划。

3) 骨干河道与片区内部河道相匹配。骨干河道、支流以及毛细血管水系交汇形成平原河网地区的网状水系。一般而言,骨干河道构建起河网的主干脉络,决定河网水系结构,承担区域向外排水的主要功能。在划分治理分片时,需注意骨干河道与片区内部众多支流水系、毛细血管水系河道相匹配,便于洪涝水及时排泄。

(2) 分片划分方法

分片划分采用图示分析法。以高分辨率遥感影像为基础,结合地形地势、水利工程、圩区建设等资料进行图解分析,按照地势地貌相似、水系结构相似、圩区建设情况相似的原则,把空间上相连的地域划分为同一个片区,将区域内的骨干河道和控制线作为分水线可以划分成若干个不嵌套的一级分区,每个分区按其内部的河道又可划分成更小的不嵌套的二级分区,以此类推。片区划分成果具有以下特点:一定的面积、形状、范围和界线;有明确的区位特征;区域内部某些特征相对一致,区域与区域之间有明显的差异性。

6.2.1.2 武澄锡虞片分片治理技术方案

武澄锡虞片整体地形相对平坦,地势特点为四周较高、腹部低,形似"锅底"。区内地貌大部分属长江三角洲高亢平原、圩田平原和水网平原类型等,仅北端张家港市沿江地区属长江三角洲冲积平原区。区内水网平原区地面高程一般在3.5~5.5m,沿江高亢平原区地面高程在6.0~7.0m,低洼圩区地面高程一般在4.0~5.0m,南端无锡市区及附近一带地面高程最低,仅2.8~3.5m,总体上武澄锡虞片东部地区地面高程高于西部地区。基于区域东西向地形高程差异,目前已在白屈港东侧区域东西向河道建节制闸进行控制,即白屈港控制线,以此将武澄锡虞片分为西侧的武澄锡低片和东侧的澄锡虞高片。遵循地势地貌相似性原则,仍以白屈港控制线为界将武澄锡虞片分为武澄锡低片和澄锡虞高片。

武澄锡虞片河湖水系在空间上也具有一定的特征,区内水系总体以苏南运河为界,分成运河北部水系和南部水系。运河北部水系以南北向通江河道为主,包括武澄锡低片的澡港、桃花港、利港、新沟河、新夏港、锡澄运河、白屈港和澄锡虞高片的走马塘、张家港、十一圩港以及以承担流域引排任务为主的望虞河等通江河道,同时西横河、黄昌河、应天河、青祝河、锡北运河、九里河、伯渎港等东西向河道与通江河道相连。运河南部水系主要以入湖河道为主,包括直湖港、武进港、梁溪河、曹王泾和大溪港等入湖河道,以及锡溧漕河、武南河、采菱港、永安河等内部骨干引排河道。苏南运河自西向东经常州、

6.2 武澄锡虞片"分片治理-滞蓄有度-调控有序"防洪除涝技术

无锡两市区贯穿区域内部,起着水量调节和承转的作用,并连接上述诸多河道,形成纵横交错、四通八达的河网。武澄锡虞片城市防洪工程和圩区众多,主要集中在武澄锡低片、苏南运河沿线和澄锡虞高片沿江地区。基于水系结构相似性,武澄锡虞片可分为运河南片水系、运河北片水系、沿江高片水系。

据此,综合考虑圩内圩外划分情形,将武澄锡虞片划分形成三级分片并嵌套圩区的分片治理格局。一级分片为澄锡虞高片、武澄锡低片;澄锡虞高片二级分片为高片北部沿江片区、高片中部片区、高片南部片区,武澄锡低片二级分片为运河北片、运河南片;运河北片三级分片又进一步分为沿江片区、中部河网片区,运河南片三级分片又进一步分为运河南片西片、运河南片中片、运河南片东片,见表 6.1 和图 6.1。

表 6.1　　　　　　　　　武澄锡虞片分片治理划分成果

区　域	一级分片	二级分片	三级分片
武澄锡虞片	澄锡虞高片	高片北部沿江片区(a1)	—
		高片中部片区(a2)	—
		高片南部片区(a3)	—
	武澄锡低片	运河北片	沿江片区(b1)
			中部河网片区(b2)
		运河南片	运河南片西片(b3)
			运河南片中片(b4)
			运河南片东片(b5)

在分片划分的基础上,通过分析各治理分片河湖水系特征、水利工程建设及调度运行情况、排水条件和潜力、防洪除涝薄弱环节等,提出分片防洪除涝安全保障对策。

(1) 高片治理方案

高片北部沿江片区(a1)以张家港河以北为主,主要为张家港市范围,地面高程在 3.4~3.9m,片区内已建成圩区 15 个。片区内洪涝水主要通过张家港河、北十一圩港、七干河等通江河道直接排入长江,防洪除涝治理方向主要为扩大河道外排、实施圩堤达标建设等。

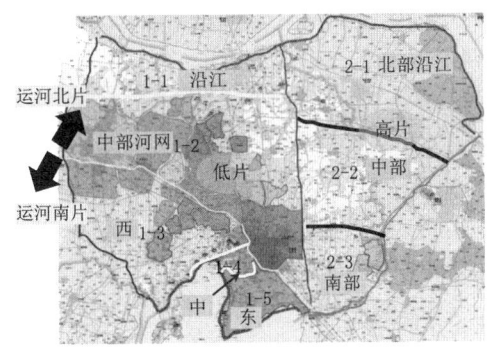

图 6.1　武澄锡虞片分片治理划分示意

高片中部片区(a2)除张家港河与东青河交汇处以南的河道两侧建有零散小圩区外,其余区域地势整体偏高,片区内洪涝水向北主要经区域骨干河道走马塘北排长江,或向西汇入武澄锡低片、向东排入望虞河。片区防洪除涝治理方向主要是对现有河道进行连通和疏浚。

高片南部片区(a3)位于无锡城市防洪工程东侧,望虞河西岸嘉菱荡、鹅真荡、宛山荡、南清荡周边局部低洼地区建有圩区。该片区洪水出路向北经走马塘外排,或向东经九里河、伯渎港等河道排入望虞河后外排，片区防洪除涝治理方向主要是实施圩堤达标建设、联圩并圩等。

（2）低片治理方案

运河北片南北向主要河道白屈港、锡澄运河、澡港河沟通长江和苏南运河，新沟河沟通长江、苏南运河及太湖，东西向河道辅助连通南北向主要骨干河道。随着城镇化进程和城市建成区防洪除涝标准提高，苏南运河两侧圩区排涝动力显著加强。片区防洪除涝治理方向主要是通过增大沿江水利工程外排能力，及时排出区域涝水，同时发挥圩区调蓄作用。

运河南片西片（b3）为武澄锡西控线、苏南运河、惠山以西包围的区域，苏南运河沿岸已建成圩区；运河南片中片（b4）为惠山至梁溪河区域；运河南片东片（b5）为梁溪河以东区域。运河南片防洪除涝治理方向主要是实施圩区内部河道治理、水系连通、河道疏浚，同时挖掘河网内部调蓄潜力，进一步优化已有工程调度方案等。

6.2.2 滞蓄有度技术研究

6.2.2.1 滞蓄特征及防洪风险表征因子

（1）区域滞蓄特征表征因子

为定量分析水网区蓄泄情况、揭示区域蓄泄特征，分别构建区域蓄泄比、圩外河网滞蓄量占比、圩区（城防）滞蓄量占比、圩外河网单位面积滞蓄水量、圩区及城防单位面积滞蓄水量等指标，各指标含义及计算方法如下：

1）区域蓄泄比指标 SDR。典型情景区域总滞蓄水量与区域外排水量的比值，反映一定时段内区域河网（含城市防洪工程和圩内河网）发挥的调蓄作用大小，SDR 越大表示河网发挥的调蓄作用越大。

$$SDR = \frac{S}{W_{out}} \tag{6.1}$$

式中：SDR 为区域蓄泄比；S 为区域总滞蓄水量，包含圩外河网、圩内（城防）的滞蓄水量；W_{out} 为区域外排水量，对于武澄锡虞片具体为北排长江、南排太湖、入湖西区、东排望虞河的净排水量之和。

2）圩外河网滞蓄量占比 $P_{外}$、圩区（城防）滞蓄量占比 $P_{圩}$。为定量衡量遭遇降雨后圩外河网、圩区及城市防洪工程在洪涝水调蓄方面的贡献，分别构建圩外河网滞蓄量占比 $P_{外}$、圩区（城防）滞蓄量占比 $P_{圩}$ 两个指标，即典型情景下圩外河网滞蓄水量、圩区（城防）滞蓄水量占区域总滞蓄水量的比例，表征一定时段内圩外河网、圩区及城市防洪工程调蓄作用的相对贡献，该指标越大表示相应对象的调蓄作用贡献相对越大。

$$P_{外} = \frac{S_{外}}{S} \tag{6.2}$$

$$P_{圩} = \frac{S_{圩}}{S} \tag{6.3}$$

式中：$P_{外}$ 为圩外河网滞蓄量占比；$P_{圩}$ 为圩区（城防）滞蓄量占比；$S_{外}$ 为典型时段内圩外河网滞蓄水量；$S_{圩}$ 为典型时段内圩区（城防）滞蓄水量；其余变量含义同前；$P_{外}$ +

$P_{圩}=1$,$S_{外}+S_{圩}=S$。

3) 圩外河网单位面积滞蓄水量 $AS_{外}$、圩区（城防）单位面积滞蓄水量 $AS_{圩}$。由于 $P_{圩}$ 与圩区在区域中的面积占比大小有关，仅从 $P_{圩}$ 大小无法客观评估圩区（城防）发挥的相对调蓄作用，因此，采用单位面积滞蓄水量指标 $AS_{外}$、$AS_{圩}$，客观衡量圩区（城防）的调蓄作用贡献，剖析圩外河网、圩区（城防）面积因素对于调蓄作用的影响。

$$AS_{外}=\frac{S_{外}}{U_{外}} \quad (6.4)$$

$$AS_{圩}=\frac{S_{圩}}{U_{圩}} \quad (6.5)$$

式中：$AS_{外}$ 为圩外河网单位面积滞蓄水量；$AS_{圩}$ 为圩区（城防）单位面积滞蓄水量；$U_{外}$ 为圩外河网面积；$U_{圩}$ 为圩区（城防）面积；其余变量含义同前。

区域滞蓄特征指标见表 6.2。

表 6.2 区域滞蓄特征指标

序号	指标名称	物理概念	备注
1	区域蓄泄比 SDR	一段时间内区域总滞蓄水量与区域外排水量的比值，反映时段内区域河网（含城市防洪工程和圩内河网）调蓄作用大小	圩外+圩内
2	圩外河网滞蓄量占比 $P_{外}$	一段时间内圩外河网滞蓄水量占区域总滞蓄水量的比例，反映时段内圩外河网调蓄作用的相对贡献	圩外
3	圩区（城防）滞蓄量占比 $P_{圩}$	一段时间内圩区及城市防洪工程滞蓄水量占区域总滞蓄水量的比例，反映时段内圩区及城市防洪工程调蓄作用的相对贡献	圩内
4	圩外河网单位面积滞蓄水量 $AS_{外}$	一段时间内，单位面积圩外河网滞蓄水量	圩外
5	圩区及城防单位面积滞蓄水量 $AS_{圩}$	一段时间内，单位面积圩区及城市防洪工程滞蓄水量	圩内

(2) 防洪风险表征指标

一场降雨下，河网水位上涨本质上是区域河网槽蓄量增加的结果和反映。为衡量不同情景下由于降雨、不同蓄泄情况导致的圩外河网蓄水状态和防洪除涝风险差异，构建防洪风险指数 R。通常认为某个水位站水位处于该站保证水位以下时，防洪风险基本可控，同时防洪风险又与河网水位超保证水位历时有关，因此，防洪风险指数 R 可按下式计算

$$r_i=\int_{t1}^{t2}h_i(t)dt \quad (6.6)$$

$$h_i(t)=\begin{cases}z_i(t)-H_i, & z_i(t)>H_i\\0, & z_i(t)\leqslant H_i\end{cases} \quad (6.7)$$

$$R=\frac{\sum_{i=1}^{n}r_i}{n} \quad (6.8)$$

式中：r_i 为水位站 i 的防洪风险指数；R 为区域防洪风险指数；$z_i(t)$ 为水位站 i 的水位

过程；H_i 为水位站 i 的保证水位；t_1、t_2 为起始时刻；n 为站点数量。

当 $R>0$ 时，表示区域内部分或全部水位站水位超过保证水位，区域存在一定防洪风险。

6.2.2.2 武澄锡虞片滞蓄有度技术方案

（1）蓄泄关系优化思路

滞涝容积是指涝区内用以拦蓄地表径流、调节涝水的蓄水空间，包括稻田、塘堰、洼地、天然湖泊、人工滞涝水库和河网等。太湖流域和武澄锡虞片相关调度方案中已提出大洪水或预报强降雨期间充分发挥城市防洪工程、圩区调蓄潜力的要求。《无锡市城市防洪规划报告（2016—2030 年）》明确水利工程现行调度运行规程为：无锡市区万亩和重点圩区内部调蓄水深在 0.5～1.0m；当天气预报无锡市有暴雨、大暴雨或特大暴雨时，启动城市防洪工程提前预降水位，水位必须预降至 3.00m，当遭遇大暴雨或特大暴雨时，城市防洪工程各大枢纽泵站应全力开机排涝，最大限度地降低大包围水位。《常州市城市防洪规划修编报告（2017—2030 年）》提出，城市大包围各片区内部调蓄水深总体在 0.5～1.0m，当天气预报常州市有暴雨、大暴雨或特大暴雨时，启动城市大包围防洪工程预降水位，尽可能地提前降低大包围水位。此外，太湖流域超标洪水预案中也提出农业圩区减排、城镇圩区限排的相关要求。

针对城市防洪工程、圩区内河网调蓄潜力运用不充分，强降雨期间圩外河网和圩区内部汛情"外紧内松"的情况，蓄泄关系优化策略是在保证圩区（城防）防洪除涝安全的前提下，适当增加涨水期城市防洪工程、圩区内部调蓄，具体为预报可能发生暴雨时根据不同圩区（城防）类别，采取提前预降水位、增加圩区调蓄水深等手段。

（2）圩区（城防）聚类分析

武澄锡虞片 5 万亩以上圩区共 4 个，分别为无锡市城市防洪工程（无锡市运东大包围）、无锡市玉前大联圩、常州市城市防洪工程（常州市运北片）、常州市采菱东南片，在进行聚类分析前将以上 4 个 5 万亩以上圩区单独作为一类。对于武澄锡虞片 39 个主要 5000～5 万亩圩区，采用系统聚类法进行聚类分析，综合考虑圩区自然属性和社会属性，采用 SPSS 软件将其分为 3 个类别。其余 5000 亩以下圩区由于面积较小，水量调蓄作用相应较小，因此自成一类。由此，武澄锡虞片圩区（城防）共分为 5 类，聚类结果见表 6.3。

表 6.3　　　　　　　　　武澄锡虞片主要圩区分类结果

类　　别	个数	圩　区　名　称
第一类（A）	4	无锡市城市防洪工程（无锡市运东大包围）、无锡市玉前大联圩、常州市城市防洪工程（常州市运北片）、常州市采菱东南片
第二类（B）	6	黄桥联圩、新解放圩、洛钱大联圩、开发区东联圩、洛西联圩、小芙蓉圩
第三类（C）	7	芙蓉大圩、阳湖大圩、马安大圩、马甲圩、荷花圩、黄天荡圩、北渚联圩
第四类（D）	26	舜西联圩、武锡联圩、石塘湾大联圩、阳山大联圩、芙蓉圩、港东大联圩、港西大联圩、万张联圩、甘露大联圩、荡北联圩、璜塘河东大联圩、桐岐联合圩、团结圩、青阳镇联圩、郑陆联圩、锡武联圩、荡南联圩、民主联圩、大船浜圩、北国联圩、常锡联圩、戴溪市镇圩、蒲岸圩、山北联圩、璜塘河西联圩、九顷圩
第五类（E类）		其他圩区（5000 亩以下圩区）

6.2 武澄锡虞片"分片治理-滞蓄有度-调控有序"防洪除涝技术

(3) 圩区（城防）调蓄水深优化

根据 1989—2018 年逐日水位资料，常州（三）、无锡（大）非汛期多年平均水位分别为 3.37m、3.26m。常州、无锡城市防洪规划对于城市防洪工程和圩区内部控制水位也提出了要求。常州市城市防洪工程（常州市运北片）、无锡市城市防洪工程（无锡市运东大包围）预降水位原则为不高于常州（三）、无锡（大）非汛期多年平均水位，并适当下调，常州市采菱东南片预降水位设置为略低于常州市运北片，玉前大联圩预降水位设置为不低于其圩内控制水位下限。据此，武澄锡虞片河网蓄泄关系优化方案为：常州市运北片分别提前预降水位至 3.3m、3.2m、3.1m，常州市采菱东南片分别提前预降水位至 3.2m、3.1m、3.0m，无锡市城市防洪工程提前预降水位至 3.2m、3.1m、3.0m，玉前大联圩提前预降水位至 1.8m、1.7m；B 类圩区调蓄水深增加至 0.5~0.7m，C 类圩区调蓄水深增加至 0.5~0.6m，D 类圩区调蓄水深增加至 0.4m，E 类圩区调蓄水深增加至 0.1~0.3m，由此构成方案 a、方案 b、方案 c，详见表 6.4。

表 6.4 圩区（城防）增加调蓄方案

类别	圩内调蓄水位			
	基础方案	方案 a	方案 b	方案 c
第一类（A）	不考虑城市防洪工程预降水位	常州市运北片提前预降水位至 3.3m；采菱东南片提前预降水位至 3.2m；无锡市运东大包围提前预降水位至 3.2m；玉前大联圩提前预降水位至 1.8m	常州市运北片提前预降水位至 3.2m；采菱东南片提前预降水位至 3.1m；无锡市运东大包围提前预降水位至 3.1m；玉前大联圩提前预降水位至 1.8m	常州市运北片提前预降水位至 3.1m；采菱东南片提前预降水位至 3.0m；无锡市运东大包围提前预降水位至 3.0m；玉前大联圩提前预降水位至 1.7m
第二类（B）	调蓄水深 0.2m	调蓄水深 0.5m	调蓄水深 0.6m	调蓄水深 0.7m
第三类（C）	调蓄水深 0.2m	调蓄水深 0.5m	调蓄水深 0.6m	调蓄水深 0.6m
第四类（D）	调蓄水深 0.2m	调蓄水深 0.4m	调蓄水深 0.4m	调蓄水深 0.4m
第五类（E）	调蓄水深 0.1~0.2m	调蓄水深 0.1~0.3m	调蓄水深 0.1~0.3m	调蓄水深 0.1~0.3m

注 本表中基础方案为未进行区域蓄泄关系优化的方案。

(4) 区域防洪风险响应分析

同等初始水位和降雨条件时，区域防洪风险指数降低是区域蓄泄关系优化后的结果，详见表 6.5。T5、T6、T23、T24、T27、T28 等典型情景下，方案 a、方案 b、方案 c 河网总体滞蓄水量较基础方案增加 2.8%~22.3%，滞蓄水量增加主要在城防及圩区，各方案圩区（城防）滞蓄水量占比 $P_{圩}$ 较基础方案增加 0.04~0.14，但 $P_{圩}$ 仍远小于圩区面积占比，即城防及圩区单位面积滞蓄水量 $AS_{圩}$ 仍远小于圩外河网单位面积滞蓄水量 $AS_{外}$，这主要是由圩区本身调蓄能力小于圩外河网的特征决定的，也表明城防和圩区调蓄水量的增加总体在合理范围内。尽管河网总体滞蓄水量增加，但各方案下区域防洪风险指数 R 均有不同程度的减小，部分情景下 R 值较基础方案降低 15.9%~38.6%，该结果正是由于圩外河网、城防及圩区的合理调蓄而优化了区域洪涝水的时空分布。

表6.5 武澄锡虞片区域蓄泄关系优化效果

情景编号	方案	初始水位/m	区域累计雨量/mm	时段末水位/m	圩外河网滞蓄量占比$P_外$	城防及圩区滞蓄量占比$P_圩$	区域防洪风险指数R	较基础方案防洪风险降低程度
T5	基础方案	3.56	192.3	4.72	0.92	0.08	3.19	—
	方案a			4.70	0.86	0.17	3.16	−0.8%
	方案b			4.70	0.86	0.17	3.15	−1.2%
	方案c			4.70	0.85	0.18	3.11	−2.5%
T6	基础方案	3.81	254.4	5.22	0.95	0.05	12.00	—
	方案a			5.21	0.85	0.12	11.37	−5.2%
	方案b			5.15	0.85	0.13	11.22	−6.5%
	方案c			5.21	0.84	0.15	11.15	−7.1%
T23	基础方案	3.71	445.1	5.57	0.95	0.05	31.58	—
	方案a			5.57	0.91	0.10	31.36	−0.7%
	方案b			5.58	0.92	0.09	31.17	−1.3%
	方案c			5.58	0.91	0.10	31.58	−0.4%
T24	基础方案	4.91	55.5	4.53	—	—	3.98	—
	方案a			4.51	—	—	3.30	−17.1%
	方案b			4.51	—	—	3.34	−15.9%
	方案c			4.51	—	—	3.33	−16.3%
T27	基础方案	3.70	119.7	4.58	0.95	0.05	0.39	—
	方案a			4.57	0.86	0.14	0.28	−30.3%
	方案b			4.56	0.83	0.17	0.24	−38.6%
	方案c			4.57	0.81	0.19	0.26	−33.1%
T28	基础方案	3.77	226.6	4.64	0.94	0.06	0.97	—
	方案a			4.63	0.86	0.14	0.80	−17.5%
	方案b			4.62	0.83	0.17	0.77	−20.8%
	方案c			4.62	0.84	0.16	0.78	−19.7%

注 表中T24情景由于区域滞蓄水量为负值,不计算$P_外$、$P_圩$。

6.2.3 调控有序技术研究

6.2.3.1 调控有序表征因子

为定量分析武澄锡虞片调控情况,构建代表站水位安全度、外排工程排洪能力适配度、区域多向分泄配比等表征因子。

(1) 代表站水位安全度ZF

代表站水位安全度是水位代表站i的水位和该站保证水位之差与该站保证水位的比值,计算公式如下

$$ZF_i = \frac{Z_i^{FG} - Z_i}{Z_i^{FG}} \tag{6.9}$$

$$ZF_j = \frac{\sum ZF_i}{n} \tag{6.10}$$

式中：Z_i 为当前时刻水位代表站 i 的水位；Z_i^{FG} 为水位代表站的保证水位；ZF_i 为某个水位站的水位安全度，ZF 值上限值为 1，其值越大，表明该站当前防洪安全程度越高。当 $ZF_i=0$ 时即此刻该站水位恰为保证水位数值，认为该状态处于"适配"与"不适配"的临界点。ZF_j 为某个区域的水位安全度，取 n 个代表站水位安全度的算术平均值作为区域整体的水位安全度。

(2) 外排工程排洪能力适配度 DF

外排工程排洪能力适配度是考虑水情因素下的某个水利工程实际泄流流量与工程设计最大过流流量的比值。该因子是从工程运行角度衡量洪水外排适配程度的指标，计算公式如下

$$DF_i = Q_i/Q_i^D \cdot (Z_i/Z_i^{FG})^{-1} \tag{6.11}$$

式中：Q_i 为水利工程 i 的实际泄流流量；Q_i^D 为水利工程 i 最大设计过流流量；Z_i 为水位站 i 实际水位；Z_i^{FG} 为水位站 i 的保证水位。DF_i 值越大，表明该工程当前排洪适配度越高。本章定义当 $DF_i=0.6$ 时，认为排洪能力处于"适配"与"不适配"的临界点。

(3) 区域多向分泄配比 DR

区域多向分泄配比是某个区域所有可能排洪方向的实际排水量间的关系，该因子主要用于表征当前区域洪涝水外排格局。

6.2.3.2 武澄锡虞片调控有序技术方案

武澄锡虞片北滨长江，南与太湖湖区为邻，东与望虞河为邻，西与湖西区接壤，具有北、东、南三个排水方向，其中北部沿江工程较多，且具有较好的北向排水能力。基于调控有序的内涵，本章重点讨论区域洪水多向有序分泄问题。针对前述 30 个典型情景，模拟计算了现状基础调度方案下区域水位安全度因子，并选择区域水位安全度因子较低的若干情景，在北排、东泄、上游挡洪单向调控优化研究的基础上，开展多向泄水调控优化研究，以实现区域调控有序。

(1) 区域北排优化研究

1) 研究思路。武澄锡虞片北排优化主要基于新沟河工程以及区域沿江水利工程开展。新沟河工程在其初步设计阶段提出，工程根据太湖水位及直武地区戴溪水位分别进行防洪调度、常态调度、排水调度和应急引水调度，其中，当直武地区戴溪水位高于 4.5m 时，工程执行防洪调度，武澄锡环太湖口门可开闸向太湖排水，也可关闸挡太湖洪水。根据《苏南运河区域洪涝联合调度方案（试行）》，当无锡（大）水位高于 4.5m 时，直湖港闸开闸向太湖排水。但在近几年的实际调度中，通常直至无锡水位达到 5.0m 时武澄锡虞片直武地区环湖口门才开闸泄洪。并且新沟河延伸拓浚工程实施后，为苏南运河以南直武地区洪水北排创造了条件，可进一步优化直武地区防洪除涝格局。因此，武澄锡虞片北排优化策略 1 主要基于增加直武地区涝水北排的目的，研究适当抬高直湖港闸、武进港闸向太湖排水的调度参考水位，在不显著增加直武地区防洪压力的条件下，尽可能促使武澄锡虞片洪涝水北排。根据直武地区年最高日均水位频率分析结果，直武地区 5 年一遇水位为 4.49m（$P=20\%$），10 年一遇水位为 4.71m（$P=10\%$），20 年一遇水位为 4.89m（$P=5\%$），50 年一遇水位 5.11m（$P=2\%$）。通过 2011—2017 年直武地区水位与无锡（大）水位关系分析可知，直武地区水位接近 5 年一遇水位（4.49m）时，相应无锡（大）水位

在 4.24～4.59m，远低于近年实际调度中向太湖泄水的水位，表明抬高直武地区向太湖泄水的调度参考水位具有可行性。因此，从增加地区涝水北排的角度，分别抬高直武地区向太湖泄水的调度参考水位至 4.7m（接近 10 年一遇水位）、4.8m（介于 10 年一遇和 20 年一遇水位之间）、4.9m（接近 20 年一遇水位）。

苏南运河已渐渐成为两岸地区的主要排涝通道、高水行洪通道。优化策略 2 主要基于增加运河沿线及周边区域涝水北排的目标，在策略 1 的基础上，探索新沟河工程配合常州、无锡等市城市防洪工程启用，增加新沟河工程北排力度的可能性。

因此，基于优化策略 1，将武澄锡虞片直武地区向太湖泄水的调度参考水位由 4.5m 抬高至 4.7m、4.8m、4.9m，设计方案 XG1～XG3；基于优化策略 2，当常州包围圈或无锡包围圈启用时，启用新沟河江边枢纽、遥观北枢纽泵站北排，提出 XG4 方案；综合优化策略 1、优化策略 2 提出 XG5 方案。在上述方案基础上，进一步发挥新沟河江边枢纽以及武澄锡虞片（武澄锡低片、澄锡虞高片）沿江水利工程外排能力，提出方案 XG6～XG7、YJD0～YJD4、YJG0～YJG4 等方案，详见表 6.6 和表 6.7。

表 6.6　　　　　　　　　　新沟河工程扩大外排方案设计思路

方案	新沟河江边枢纽	西直湖港闸站枢纽	遥观北枢纽	遥观南枢纽	直湖港闸、武进港闸
JC	太湖水位≥4.65m，闸泵排水；太湖水位<4.65m：戴溪≥4.5m，闸泵排水，2.8m≤戴溪<4.5m：若青阳≥4.0m，闸泵排水，若青阳<4.0m，开闸排水；戴溪<2.8m：关闸	当戴溪>4.5m，敞开；戴溪水位处于 2.8～4.5m，若节制闸南侧水位≥2.5m，闸泵北排，否则开闸北排；戴溪<2.8m，敞开	戴溪≥3.6m，闸泵北排；戴溪<3.6m，开闸北排	戴溪≥4.5m，敞开；3.6m≤戴溪<4.5m，闸泵北排；戴溪<3.6m，开闸北排	戴溪>4.5m，开闸向太湖排水
XG1	同 JC 方案	戴溪控制水位由 4.5m 调整至 4.7m	同 JC 方案	戴溪控制水位由 4.5m 调整至 4.7m	戴溪控制水位由 4.5m 调整至 4.7m
XG2	同 JC 方案	戴溪控制水位由 4.5m 调整至 4.8m	同 JC 方案	戴溪控制水位由 4.5m 调整至 4.8m	戴溪控制水位由 4.5m 调整至 4.8m
XG3	同 JC 方案	戴溪控制水位由 4.5m 调整至 4.9m	同 JC 方案	戴溪控制水位由 4.5m 调整至 4.9m	戴溪控制水位由 4.5m 调整至 4.9m
XG4	2.8m≤戴溪<4.5m：常州（三）≥4.3m 或无锡（大）≥3.8m，或青阳水位≥4.0m，闸泵排水；其他情况开闸排水。其余同 JC 方案	同 JC 方案	戴溪≥3.6m，或常州（三）≥4.3m 或无锡（大）≥3.8m，启用泵站北排，否则开闸北排	同 JC 方案	同 JC 方案
XG5	同 XG4 方案	同 XG2 方案	同 XG4 方案	同 XG2 方案	同 XG2 方案
XG6	在 XG5 方案基础上，新沟河江边枢纽泵站适度增加开启度				
XG7	在 XG5 方案基础上，新沟河江边枢纽泵站全开				

6.2 武澄锡虞片"分片治理-滞蓄有度-调控有序"防洪除涝技术

表 6.7 区域沿江工程扩大外排方案设计思路

方案	区域低片沿江工程			区域沿江工程扩大外排方案		区域高片沿江工程	
	澡港枢纽	老桃花港排涝泵站	沿江低片其他泵站（含定波闸泵）	白屈港枢纽	大河港闸泵	张家港闸、十一圩闸	走马塘江边枢纽
YJD0（同XG7）	常州高于 5.0m，泵站开启度 0.8	常州高于 5.0m，泵站开启度 0.6	青阳高于 4.2m，泵站开启度 0.6	青阳高于 4.2m，泵站开启度 0.8	无锡高于 4.1m，泵站开启度 0.6	太湖高于 4.65m，或无锡高于 3.6m，开闸排水	太湖高于 4.65m，或北国高于 4.35m，或无锡高于 2.8m，开闸排水
YJD1	常州高于 5.0m，泵站开启度 1.0	常州高于 5.0m，泵站开启度 0.8	青阳高于 4.2m，泵站开启度 0.8	青阳高于 4.2m，泵站开启度 1.0	同 YJD0 方案	同 YJD0 方案	同 YJD0 方案
YJD2	同 YJD1 方案	常州高于 5.0m，泵站开启度 1.0	青阳高于 4.2m，泵站开启度 1.0	同 YJD1 方案	同 YJD0 方案	同 YJD0 方案	同 YJD0 方案
YJD3	常州高于 4.9m，泵站开启度 1.0	常州高于 4.9m，泵站开启度 1.0	青阳高于 4.1m，泵站开启度 1.0	青阳高于 4.1m，泵站开启度 1.0	同 YJD0 方案	同 YJD0 方案	同 YJD0 方案
YJD4（同YJG0）	常州高于 4.8m，泵站开启度 1.0	常州高于 4.8m，泵站开启度 1.0	青阳高于 4.0m，泵站开启度 1.0	青阳高于 4.0m，泵站开启度 1.0	同 YJD0 方案	同 YJD0 方案	同 YJD0 方案
YJG1	采用 XG 优化＋YJD 优化方案调度				太湖高于 4.65m，或无锡高于 4.1m，泵站开启度 0.8	同 YJD0 方案	同 YJD0 方案
YJG2	采用 XG 优化＋YJD 优化方案调度				太湖高于 4.65m，或无锡高于 4.1m，泵站开启度 1.0	同 YJD0 方案	同 YJD0 方案
YJG3	采用 XG 优化＋YJD 优化方案调度				太湖高于 4.65m，或无锡高于 4.0m，泵站开启度 1.0	同 YJD0 方案	同 YJD0 方案
YJG4	采用 XG 优化＋YJD 优化方案调度				太湖高于 4.65m，或无锡高于 3.9m，泵站开启度 1.0	同 YJD0 方案	同 YJD0 方案

2）北排优化方案效果分析。针对现状区域水位安全度因子最低的 T23 情景（起止时间为 2016 年 6 月 21 日—7 月 5 日）开展北排优化效果分析。XG1～XG3 方案主要通过抬高武澄锡虞片直武地区向太湖泄水的调度参考水位从而促进区域洪涝水北排。3 个方案下新沟河江边枢纽外排能力发挥较基础方案均有所提升，新沟河江边枢纽外排适配度均较基础方案略有提升；从流域、区域、城区不同层面的水位安全度变化来看，XG2 方案相对较优。XG4 方案将新沟河工程与常州、无锡城市防洪工程进行联合调度，从而促进运河沿线地区洪涝水北排，该方案下新沟河江边枢纽外排适配度较基础方案提升 5.7%。XG5 方案综合上述两种策略，该方案下新沟河江边枢纽外排适配度较基础方案提升 5.6%，从流域、区域、城区不同层面的水位安全度变化来看，XG5 方案流域、区域、城区不同层面的水位安全度提升 0.5%～2.1%，详见表 6.8。

表 6.8　　　　　XG1～XG5 方案武澄锡虞片调控状态指标变化情况统计

调控有序表征因子		各方案较基础方案提升幅度				
		XG1 方案	XG2 方案	XG3 方案	XG4 方案	XG5 方案
水位安全度	$ZF_{太湖}$	0%	0.1%	0.5%	−0.1%	0.5%
	$ZF_{区域}$	1.0%	0.1%	−2.7%	1.6%	0.9%
	$ZF_{城区}$	−0.5%	0.2%	−1.5%	0.1%	0.9%
	$ZF_{运河沿线}$	6.6%	0.3%	−7.2%	7.9%	2.1%
外排工程适配度	$DF_{新沟河江边枢纽}$	0.2%	0.2%	0.2%	5.7%	5.6%

XG6、XG7 方案在 XG5 方案基础上进一步扩大了新沟河江边枢纽北排。通过外排工程排洪适配度和流域、区域、城区、运河沿线水位安全度的比较，认为 XG7 方案优于 XG6 方案。XG7 方案新沟河沿江枢纽排洪能力适配度为 0.26，较 XG5 方案提升 14.6%，流域、区域、运河沿线水位安全度与 XG5 方案基本相当，具体见表 6.9 和表 6.10。YJD0～YJD4、YJG0～YJG4 等方案在 XG7 方案基础上进一步发挥武澄锡虞片沿江水利工程外排能力，通过外排工程排洪适配度和流域、区域、城区、运河沿线水位安全度的比较，认为 YJG4 方案最优。YJG4 方案区域沿江工程排洪适配度较基础方案有所提高，同时流域、区域、城区、运河沿线水位安全度较基础方案提升 1.0%～29.6%，见表 6.11。

综上所述，通过扩大新沟河工程以及武澄锡虞片沿江水利工程外排，同时抬高武澄锡虞片直武地区向太湖泄水的控制水位，可增加流域、区域、城区水位安全度，区域整体防洪排涝安全保障程度得到一定提升。

表 6.9　　　　　XG5～XG7 方案外排工程排洪适配度

外排工程	XG5 方案	XG6 方案	XG7 方案	较 XG5 方案变幅	
				XG6 方案	XG7 方案
新沟河江边枢纽	0.227	0.242	0.260	6.7%	14.6%
夏港抽水站	0.351	0.346	0.319	−1.4%	−9.1%
澡港枢纽	0.141	0.134	0.134	−5.0%	−5.0%
定波闸	0.136	0.135	0.130	−1.0%	−4.4%

表 6.10　　　　　　　　XG5～XG7 方案流域-区域-城区水位安全度

分析指标	XG5 方案	XG6 方案	XG7 方案	较 XG5 方案变幅	
				XG6 方案	XG7 方案
$ZF_{太湖}$	-0.031	-0.031	-0.031	0	0
$ZF_{区域}$	-0.129	-0.129	-0.130	0	-0.7%
$ZF_{城区}$	0.019	0.028	0.018	52.5%	-1.7%
$ZF_{运河沿线}$	-0.210	-0.209	-0.210	0.1%	-0.1%

表 6.11　　　　　　　　YJG4 方案与基础方案调控状态指标对比

分析指标			基础方案	YJG4 方案	YJG4 较基础方案变幅
水位安全度		$ZF_{太湖}$	-0.033	-0.029	11.3%
		$ZF_{区域}$	-0.129	-0.125	3.1%
		$ZF_{城区}$	0.022	0.029	29.6%
		$ZF_{运河沿线}$	-0.209	-0.207	1.0%
外排工程排洪能力适配度	北向	$DF_{低片沿江工程}$	0.21	0.24	17%
		$DF_{高片沿江工程}$	0.30	0.29	-4%
	南向	$DF_{常州地区环湖口门}$	0.11	0.07	-35%
		$DF_{无锡地区环湖口门}$	0.04	0.03	-19%
	东向	$DF_{望虞河西岸口门}$	0.32	0.34	5%

（2）区域相机东泄研究

1）研究思路。苏南运河对太湖流域以及武澄锡虞片的防洪排涝具有重要作用。随着城市防洪工程建设，运河沿线排涝能力远远大于河道安全泄量，苏南运河已成为城市洪涝水的主要通道之一，然而现状苏南运河洪涝水外排出路不足。武澄锡虞片相机东泄研究主要基于苏南运河蠡河枢纽开展。蠡河枢纽是苏南运河沿线重要防洪控制工程，已有流域、区域调度方案分别提出了蠡河枢纽调度方式，但不完全协调。根据《太湖流域洪水与水量调度方案》，当太湖水位高于防洪控制水位且低于 4.65m 时，实施洪水调度，望亭水利枢纽按照太湖水位和琳桥水位进行分级泄水；蠡河枢纽等在望亭水利枢纽泄水期间不得向望虞河排水。而根据《苏南运河区域洪涝联合调度方案（试行）》，当无锡（大）水位超过警戒水位 3.90m，且蠡河控制工程处运河水位高于望虞河水位时，蠡河枢纽可分泄苏南运河洪水入望虞河。考虑到现有流域、区域调度方案中蠡河枢纽调度方式存在不协调的地方，同时从近年武澄锡虞片遭遇强降雨时蠡河枢纽实际调度来看，通过开启蠡河节制闸向望虞河错峰行洪，在一定程度上可以缓解运河沿线防洪压力，因此有必要探索研究蠡河枢纽相机东泄调度。

武澄锡虞片相机东泄问题的核心和难点在于，由于望虞河河道规模和行洪能力限制，运河通过蠡河枢纽向望虞河泄水时望虞河排泄太湖洪水水量、运河泄水水量可能存在互相影响。相机东泄调度策略为合理协调望虞河承担太湖和运河洪水东泄的时机和量级，在运河高水位行洪期间且太湖水位相对可控时，暂停或减少太湖向望虞河泄洪，通过蠡河枢纽和望亭立交的调度运用错峰行洪。

相机东泄的关键是适宜的"东泄时机"以及最大的"东泄潜力"，即当运河水位达到何种条件时可开启蠡河枢纽向望虞河泄水，同时太湖水位处于何种条件下可暂停望虞河泄水，以配合蠡河枢纽泄水，避免望虞河泄水对蠡河枢纽下游水位的顶托从而影响运河东泄水量。根据运河沿线水系结构、水文站点分布特征，以及与现有调度方案的衔接，仍以无锡（大）作为运河水位的代表站，考虑到尽可能增加蠡河枢纽东泄的时机，仍以运河无锡（大）水位超过其警戒 3.9m 作为运河水位条件。进一步分析望虞河暂停排泄太湖水和启用蠡河枢纽东泄运河洪水适宜的太湖水位条件。通过近 10 年太湖日均水位、无锡（大）日均水位关系分析，发现当无锡（大）水位超过 3.9m 时，太湖水位基本超过当日相应的防洪调度控制水位，即满足望亭立交开启泄水的条件；相反，当无锡（大）水位超过 3.9m 且太湖不排水的可能时机不足 0.01，表明若以太湖水位低于当日太湖防洪调度控制水位作为望虞河暂停排水的水位条件，则蠡河枢纽相机东泄的可能时机十分有限，有必要在相对安全的范围内适当抬高该水位条件。根据太湖水位累计频率曲线（图 6.2），无锡（大）水位超过 3.9m 时，太湖水位低于警戒水位 3.8m 的概率为 0.37，低于 4.2m 的概率为 0.75。因此，为增加蠡河相机东泄的可能时机，按照错峰行洪的原则，分别研究太湖水位低于 3.8m、4.2m 作为蠡河枢纽相机东泄时望虞河暂停排水水位条件的可行性。由此形成若干方案，见表 6.12。

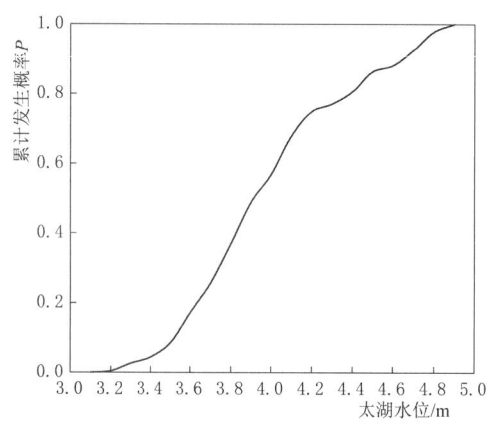

图 6.2 2011—2020 年无锡（大）水位超过 3.9m 时太湖水位累计发生概率

表 6.12 蠡河枢纽相机东泄方案

方案编号	蠡河枢纽调度方式	望虞河望亭立交调度方式
LH1	关闭	按照《太湖流域洪水与水量调度方案》执行调度
LH2	无锡（大）水位>3.9m 时开启东泄	按照《太湖流域洪水与水量调度方案》执行调度
LH3	无锡（大）水位>3.9m 时开启东泄	在《太湖流域洪水与水量调度方案》执行调度的基础上，当无锡（大）水位>3.9m 且太湖水位≤3.8m 时暂停泄水
LH4	无锡（大）水位>3.9m 时开启东泄	在《太湖流域洪水与水量调度方案》执行调度的基础上，当无锡（大）水位>3.9m 且太湖水位≤4.2m 时暂停泄水

2）蠡河枢纽东泄时机及效果分析。选取 2015 年、2016 年典型时段分析通过蠡河枢纽东泄效果（表 6.13）。T5 情景中 LH2~LH4 方案蠡河枢纽日均东泄水量为 82.7 万 m^3/d，太湖最高日均水位基本没有变化，无锡（大）最高日均水位较 LH1 方案降低 2cm；T6 情景中 LH2~LH4 方案蠡河枢纽日均东泄水量为 138.4 万 m^3/d，太湖最高日均水位基本没

有变化，无锡（大）最高日均水位较 LH1 方案降低 3cm；T23 情景中 LH2、LH3 方案蠡河枢纽日均东泄水量分别为 93.7 万 m^3/d、93.9 万 m^3/d，无锡（大）日均最高水位较 LH1 方案降低 1cm，LH4 方案蠡河枢纽日均东泄水量为 170 万 m^3/d，望亭立交关闭时长较 LH1 方案增加 3 天，太湖最高日均水位较 LH1 方案升高 2m，无锡（大）日均最高水位较 LH1 方案降低 1cm。结果表明，当无锡（大）水位超过 3.9m 时开启蠡河枢纽相机东泄运河水后无锡（大）最高水位可降低 1～3cm；在未因蠡河枢纽开启泄水而增加望亭立交关闭时长的情况下，对太湖最高日均水位无显著影响，但在因蠡河枢纽开启泄水而增加望亭立交关闭时长的情况下，太湖最高日均水位有一定程度的上升。

综上，武澄锡虞片通过蠡河枢纽相机东泄的适宜时机为无锡（大）水位超过 3.9m、太湖水位不超过 3.8m，即当无锡（大）水位超过 3.9m 时开启蠡河枢纽相机东泄运河水，蠡河枢纽开启期间若太湖水位不超过 3.8m 则望亭立交暂停泄水。采用相机东泄调度后，在蠡河枢纽发挥最大泄水潜力的情况下，2015 年、2016 年典型时段无锡（大）最高水位可降低 1～3cm。

表 6.13　　　　　　　　　　　蠡河枢纽相机东泄模拟结果

情景 起止时间 /（年-月-日）	方案 编号	蠡河枢纽泄水量 /万 m^3	蠡河枢纽日均泄水量 /（万 m^3/d）	望亭立交排水水量 /万 m^3	望亭立交关闭时长 /d	太湖最高日均水位 /m	无锡（大）最高日均水位 /m
2015-06-15— 2015-06-19	LH1	0	0	1576	2	3.48	4.73
	LH2	413	82.7	1574	2	3.48	4.71
	LH3	413	82.7	1575	2	3.48	4.71
	LH4	414	82.7	1575	2	3.48	4.71
2015-06-25— 2015-06-30	LH1	0	0	2846	3	3.86	5.03
	LH2	830	138.4	2712	3	3.86	5.00
	LH3	830	138.4	2712	3	3.86	5.00
	LH4	830	138.4	2713	3	3.86	5.00
2016-06-21— 2016-07-05	LH1	0	0	25995	0	4.78	4.96
	LH2	1405	93.7	25061	0	4.78	4.95
	LH3	1408	93.9	25066	0	4.78	4.95
	LH4	2549	170	18548	3	4.80	4.95

注　本表中 3 个典型时段分别对应 T5、T6、T23 情景，其中"2015-6-25—30"结束时间根据无锡（大）计算最高水位发生时间在原 T6 基础上延迟 1 天。

(3) 区域上游挡洪研究

1) 研究思路。钟楼闸位于苏南运河常州市区段改线段上，是武澄锡虞西控制线上的主要防洪控制工程，其主要任务是，在大洪水期启用，减轻常州、无锡、苏州三大城市和武澄锡低洼地区的防洪压力。武澄锡虞片上游挡洪研究主要基于钟楼闸开展。根据《苏南运河区域洪涝联合调度方案（试行）》，钟楼闸调度运行方式为：当钟楼闸下游常州、无锡地区水位较低时［无锡（大）水位低于 4.6m 且常州（三）水位低于 5.3m］，钟楼闸不启用；当常州、无锡地区水位升高至一定程度时［无锡（大）水位达到 4.6m 或常州（三）

水位达 5.3m],启用钟楼闸实施上游挡洪,钟楼闸启用期间,若上游水位升高至一定程度时(丹阳水位可能超过 6.8m 时),视下游地区水位和防洪风险适当开启钟楼闸有控制地向下游地区泄水。调度实践和相关研究结果表明,钟楼闸关闭可显著降低运河下游水位,但同时可能造成运河上游地区不同程度的水位壅高。钟楼闸调度的难点:一是钟楼闸关闭与开启的上下游水位之间的协调;二是要兼顾钟楼闸关闭期间对上游地区的防洪风险。

因此,从保障武澄锡虞片防洪除涝安全角度出发,上游挡洪调度技术研究的本质是寻求钟楼闸最优的启用条件(关闸水位、开闸水位),研究如何协调运河钟楼闸上下游地区之间的防洪风险,目的是寻求涨水期钟楼闸上下游水位站超保风险最小的最优解集,通过错时错峰调度钟楼闸工程,平衡并降低运河上下游洪水风险。

基于钟楼闸调度研究问题的本质,上游挡洪调度技术研究策略为降低关闸挡洪调度参考水位或抬高开闸泄水参考水位,以增加钟楼闸启用挡洪时间,通过错时错峰调度钟楼闸工程,平衡运河上下游洪水风险。以现有调度方案中钟楼闸关闸挡洪调度参考水位作为调度参考水位的上限;同时考虑到钟楼闸关闸挡洪有可能增加上游地区防洪风险,因而关闸挡洪调度参考水位不宜过低,通常认为区域内某个水位站水位处于保证水位以下时,该水位站代表的区域防洪风险基本可控,故认为关闸挡洪调度参考水位宜接近保证水位。因此,钟楼闸关闸挡洪调度参考水位常州(三)水位(x_a)下限为 4.8m,上限为 5.3m,无锡(大)(x_b)下限为 4.5m,上限为 4.6m;同理,钟楼闸开闸泄水调度参考水位丹阳(x_c)下限为 6.8m,上限为 7.0m。基于该策略,设计若干套不同的调度方案,详见表 6.14。

表 6.14　　　　　　　　涨水期钟楼闸启用水位研究方案集　　　　　　　　单位:m

方案编号	关闸挡洪水位		开闸泄水水位	方案编号	关闸挡洪水位		开闸泄水水位
	常州水位 x_a	无锡水位 x_b	丹阳水位 x_c		常州水位 x_a	无锡水位 x_b	丹阳水位 x_c
ZL1(现行调度方案)	5.3	4.6	6.8	ZL13	5.3	4.6	7.0
				ZL14	5.2	4.6	7.0
ZL2	5.2	4.6	6.8	ZL15	5.1	4.6	7.0
ZL3	5.1	4.6	6.8	ZL16	5.0	4.6	7.0
ZL4	5.0	4.6	6.8	ZL17	4.9	4.6	7.0
ZL5	4.9	4.6	6.8	ZL18	4.8	4.6	7.0
ZL6	4.8	4.6	6.8	ZL19	5.3	4.5	7.0
ZL7	5.3	4.5	6.8	ZL20	5.2	4.5	7.0
ZL8	5.2	4.5	6.8	ZL21	5.1	4.5	7.0
ZL9	5.1	4.5	6.8	ZL22	5.0	4.5	7.0
ZL10	5.0	4.5	6.8	ZL23	4.9	4.5	7.0
ZL11	4.9	4.5	6.8	ZL24	4.8	4.5	7.0
ZL12	4.8	4.5	6.8				

2) 钟楼闸调度优化方案效果分析。考虑到钟楼闸功能定位为减轻常州、无锡、苏州

6.2 武澄锡虞片"分片治理-滞蓄有度-调控有序"防洪除涝技术

三大城市和武澄锡低洼地区的防洪压力，同时又要避免启用时对上游丹阳地区、金坛地区可能造成的防洪风险，因此，水位站点的选取要兼顾钟楼闸上下游。钟楼闸未启用时，下游水位站选取常州（三）、洛社、无锡（大），以三站防洪风险指数表示下游常州、无锡两座城市和运河沿线防洪风险大小；上游水位站选取丹阳、金坛、王母观、坊前，以四站防洪风险指数表示上游区域防洪风险大小。钟楼闸启用时，考虑到钟楼闸关闭期间，位于钟楼闸上游的常州（三）不能近似作为钟楼闸下游常州地区水位的水位站，因此，在运河钟楼闸下游建立虚拟水位站常州1（虚拟），作为钟楼闸下游常州地区水位的水位站，下游水位站选取常州1、洛社、无锡，以三站防洪风险指数表示下游常州、无锡两座城市和运河沿线防洪风险大小；上游水位站选取丹阳、金坛、王母观、坊前、常州（三），以五站防洪风险指数表示上游区域防洪风险大小。

目标函数满足下列约束条件

$$\begin{cases} Z_{a,\min} \leqslant x_a \leqslant Z_{a,\max} \\ Z_{b,\min} \leqslant x_b \leqslant Z_{b,\max} \\ Z_{c,\min} \leqslant x_c \leqslant Z_{c,\max} \end{cases} \tag{6.12}$$

式中：x_a、x_b 分别为钟楼闸关闸挡洪调度参考的常州（三）水位、无锡（大）水位；x_c 为钟楼闸开闸泄水调度参考的丹阳水位；$Z_{a,\min}$、$Z_{a,\max}$ 分别为 x_a 的下限和上限；$Z_{b,\min}$、$Z_{b,\max}$ 分别为 x_b 的下限和上限；$Z_{c,\min}$、$Z_{c,\max}$ 分别为 x_c 的下限和上限。

结合钟楼闸功能定位以及下游地区、上游地区水情变化对其启闭的敏感度分析，目标函数中钟楼闸下游地区、上游地区的权重系数 α、β 分别采用 0.7、0.3。

目标函数求解时，对于不同降雨条件，分别寻求目标函数的最优解集。模拟不同降雨条件和钟楼闸调度参考水位下河网水位变化，并计算各方案下目标函数值 F（表 6.15）。"201506"降雨条件及"201606"降雨条件下，钟楼闸关闭时间随着关闸挡洪调度参考水位 x_a、x_b 的减小或开闸泄洪调度参考水位 x_c 的增大而增加，调整 x_a、x_b、x_c 三个调度参数对于钟楼闸调度具有较为直接的作用，当 x_a、x_b、x_c 分别为 5.1m、4.5m、7.0m（即 ZL21 方案）时方案的 F 值最小，因此，该调度水位参数组合下的调度方案（ZL21 方案）可作为钟楼闸调度的最优解集，以下称为"上游挡洪优化方案"。

3）方案效果分析。"201506""201606"降雨条件下，上游挡洪优化方案关闸时长较现行调度方案均有所增加，钟楼闸下泄水量分别减少 22.6%、27.6%。从单站防洪风险指数 r 看，距离钟楼闸较近的常州（三）、常州1（虚拟）防洪风险指数 r 值变化对于钟楼闸调度敏感度较高，其次为坊前、洛社、无锡（大），其余各站防洪风险指数 r 值变化相对不敏感，总体上"201506""201606"降雨条件下，上游挡洪优化方案目标函数 F 值较现行调度方案分别减小 5.3%、5.7%，见表 6.15。

钟楼闸调度需同时兼顾对于太湖以及武澄锡虞低片的影响。除已纳入目标函数的水位站以外，"201506"降雨条件下上游挡洪优化方案中太湖，钟楼闸上游扁担河、苏南运河（与扁担河交汇处）、德胜河，钟楼闸下游青阳、陈墅最高日均水位较现行调度方案均无明显变化（表 6.16）。"201606"降雨条件下，上游挡洪优化方案中太湖最高日均水位较现行调度方案无明显变化，钟楼闸下游青阳、陈墅最高日均水位较现行调度方案降低0.01~0.03m，钟楼闸上游扁担河、苏南运河（与扁担河交汇处）、德胜河（与十里横河交汇处）

由于距离钟楼闸较近,最高日均水位较现行调度方案升高 0.04~0.07m,考虑到该区域缺少水位站点,无法采用特征水位衡量防洪风险,同时该区基本未建有圩区,因此防洪风险主要与骨干河道堤防高度有关。

表 6.15　　最优调度方案集调度效益分析

降雨条件	方　案	关闸挡洪水位			开闸泄水水位	关闸时间 /h	相对关闸时长	钟楼闸下泄水量 /亿 m^3	目标函数值 F
		常州水位 x_a	无锡水位 x_b	丹阳水位 x_c					
"201506"降雨条件	现行调度方案	5.3	4.6		6.8	110	0.46	11.6	41.99
	上游挡洪优化方案	5.1	4.5		7.0	133	0.55	9.0	39.77
"201606"降雨条件	现行调度方案	5.3	4.6		6.8	138	0.30	32.9	81.91
	上游挡洪优化方案	5.1	4.5		7.0	203	0.45	23.8	77.27

表 6.16　　钟楼闸调度其他相关站点日均最高水位变化

降雨条件	方　案	计算最高日均水位/m					
			钟楼闸上游			钟楼闸下游武澄锡虞片	
		太湖	扁担河	苏南运河(与扁担河交汇处)	德胜河	青阳	陈墅
"201506"降雨条件	上游挡洪优化方案计算结果	4.12	5.64	5.95	5.72	5.11	5.16
	较现行调度方案变化	0	0~0.01			0	
"201606"降雨条件	上游挡洪优化方案计算结果	4.86	6.32	6.39	6.10	4.94	4.87
	较现行调度方案变化	0	0.04~0.07			−0.03~−0.01	

(4) 区域调控有序技术方案

1) 研究思路。根据本章提出的调控有序技术内涵,通过实现区域洪涝水多向有序分泄,达到保障区域防洪除涝安全的目的,以单个分泄方向调控方案优化成果为基础,构建区域优化调控方案。综合北排优化、相机东泄、上游挡洪等各向调控优化方案,提出武澄锡虞片调控有序技术方案,见表 6.17。与基础方案相比,A1 方案综合考虑了北向分泄(新沟河工程扩大外排、沿江其他工程扩大外排)、上游挡洪(优化钟楼闸调度),A2 方案则在 A1 方案的基础上进一步考虑东向分泄(蠡河枢纽相机东泄)。

表 6.17　　区域调控有序技术方案构成

调　控　对　象		A1 方案	A2 方案
北向分泄	新沟河工程	XG7 方案	同 A1 方案
	沿江其他工程	YJG4 方案	同 A1 方案
东向分泄	蠡河船闸	按现状调度	无锡(大)水位超过 3.9m 开启蠡河枢纽相机东泄运河水,其间若太湖水位不超过 3.8~4.2m 则望亭立交暂停泄水
上游挡洪	钟楼闸	ZL21 方案	同 A1 方案

2) 典型情景效果分析。以前述构建的典型情景为对象验证分析优化效果。首先采用系统聚类分析法对30个典型情景进行分类，聚类指标采用时段累计降雨量、时段平均日降雨量、时段最大日降雨量。典型情景聚类分析结果见表6.18。

表6.18 典型情景聚类分析结果

分类	情景编号	降雨特征/mm		
		时段累计降雨量	时段平均日降雨量	时段最大日降雨量
第一类	T23	445.1	31.8	82.2
第二类	T4、T5、T26、T27	119.7~192.3	20.9~48.1	78.8~139.6
第三类	T6、T28	254.4~226.6	25.2~63.6	71.1~113
第四类	T1、T2、T3、T7、T8、T9、T10、T11、T12、T13、T14、T15、T16、T17、T18、T19、T20、T21、T22、T24、T25、T29、T30	13.4~96.9	4~17.2	11.7~56.2

a. 水位安全度分析。不同典型情景下的水位安全度计算结果表现出一定规律：①当平均日降雨量较大（超过25mm，涉及第一类、第二类、第三类情景）时，A1、A2方案流域、区域、城市不同层面的水位安全度均具有一定改善效果，且A2方案的改善效果总体优于A1方案。第一类情景下（情景T23），较基础方案，A1、A2方案$ZF_{运河沿线}$提高了0.023~0.024，$ZF_{区域}$提高了0.012，$ZF_{太湖}$基本没有变化，表明调控有序方案对于区域涝水排出有积极作用，且基本未影响流域防洪。第二类情景下（情景T4、T5、T26、T27），A2方案较基础方案，$ZF_{流域}$、$ZF_{区域}$、$ZF_{城区}$总体有所改善，$ZF_{太湖}$提高了0.002~0.064，$ZF_{区域}$提高了0.010~0.132，$ZF_{城区}$提高了0.001~0.126，相较于A1方案而言，部分情景下A2方案的效果更优。第三类情景下（情景T6、T28），T6情景下A2方案较基础方案明显改善，$ZF_{太湖}$提高了0.112，$ZF_{运河沿线}$提高了0.346，$ZF_{区域河网}$提高了0.332，$ZF_{区域}$提高了0.339，$ZF'_{城区}$提高了0.110。②当平均日降雨量较小（不足25mm，涉及第四类情景），大部分情景下水位安全度较基础方案没有出现明显的变化。不同方案典型情景流域-区域-城市水位安全度变化情况见表6.19。

表6.19 不同方案典型情景流域-区域-城市水位安全度变化情况

情景编号	对应时段起讫时间 /(年-月-日)	流域-区域-城市水位安全度ZF				
		太湖	区域			城区
			运河沿线	区域河网	平均	
		A1方案-基础方案				
T23	2016-06-21—2016-07-05	0.001	0.023	0	0.012	-0.007
T4	2015-05-27—2015-06-04	0.004	0	0.004	0.002	-0.003
T5	2015-06-15—2015-06-19	0.001	-0.017	-0.007	-0.012	0.003
T26	2016-09-14—2016-09-18	-0.001	0.008	0.013	0.010	0.002
T27	2016-09-28—2016-10-02	0.004	0.001	0.012	0.011	0.002

续表

情景编号	对应时段起讫时间/(年-月-日)	流域-区域-城市水位安全度 ZF				
		太湖	区域			城区
			运河沿线	区域河网	平均	
T6	2015-06-25—2015-06-29	0.005	-0.004	-0.008	-0.006	-0.025
T28	2016-10-20—2016-10-29	0.001	0	0.004	0.002	0
		A2方案-基础方案				
T23	2016-06-21—2016-07-05	0.001	0.024	0	0.012	-0.007
T4	2015-05-27—2015-06-04	0.002	0.125	0.138	0.131	0.126
T5	2015-06-15—2015-06-19	0.064	0.134	0.124	0.132	0.077
T26	2016-09-14—2016-09-18	-0.001	0.008	0.011	0.010	0.001
T27	2016-09-28—2016-10-02	0.004	0.002	0.011	0.012	0.002
T6	2015-06-25—2015-06-29	0.112	0.346	0.332	0.339	0.110
T28	2016-10-20—2016-10-29	0	-0.003	-0.001	-0.002	-0.005

典型情景所在的 2015 年、2016 年型下，较基础方案，调控有序方案区域、城市、流域不同层面代表站水位在 5—10 月期间均有一定程度的下降。运河沿线常州（三）站、无锡（大）站水位下降主要集中在 7 月，区域河网青阳站、陈墅站水位下降主要集中在 6—8 月。主要水位站水位变化过程如图 6.3 所示。

b. 多向泄水规律分析。当平均日降雨量较大（超过 25mm）时，较基础方案，A2 方案下大部分情景北排长江水量增加，增幅主要为 0.10 亿~0.36 亿 m^3，东排望虞河水量略有增加，南排太湖水量略有减小或基本不变；排入运河水量均有所减少，减幅为 0.01 亿~0.12 亿 m^3。典型情景区域多向泄水量变化见表 6.20。

表 6.20 不同方案典型情景区域排水量变化情况 单位：亿 m^3

情景编号	A2-基础方案				
	北排长江	东排望虞河	南排太湖	排入运河	总外排水量
T23	0.36	-0.05	-0.05	-0.12	-0.26
T4	0.10	0.01	-0.00	-0.01	0.09
T5	0.14	0.03	-0.01	-0.01	-0.02
T26	0.17	0.00	-0.00	-0.05	0.11
T27	0.11	0.03	-0.00	-0.04	0.12
T6	0.01	0.02	-0.01	-0.02	-0.19
T28	-0.17	0.14	0.02	-0.06	-0.08

综上，A2 方案增加了沿江北向泄水、优化了钟楼闸上游挡洪，并考虑了蠡河枢纽在流域大洪水期间运用进行相机东泄，区域北排长江水量、东排望虞河水量有所增加，南排太湖水量、排入运河水量有所减少，运河沿线、区域河网、城区的水位安全度有所提升，在提升武澄锡虞片防洪除涝安全保障方面具有较好的效果。

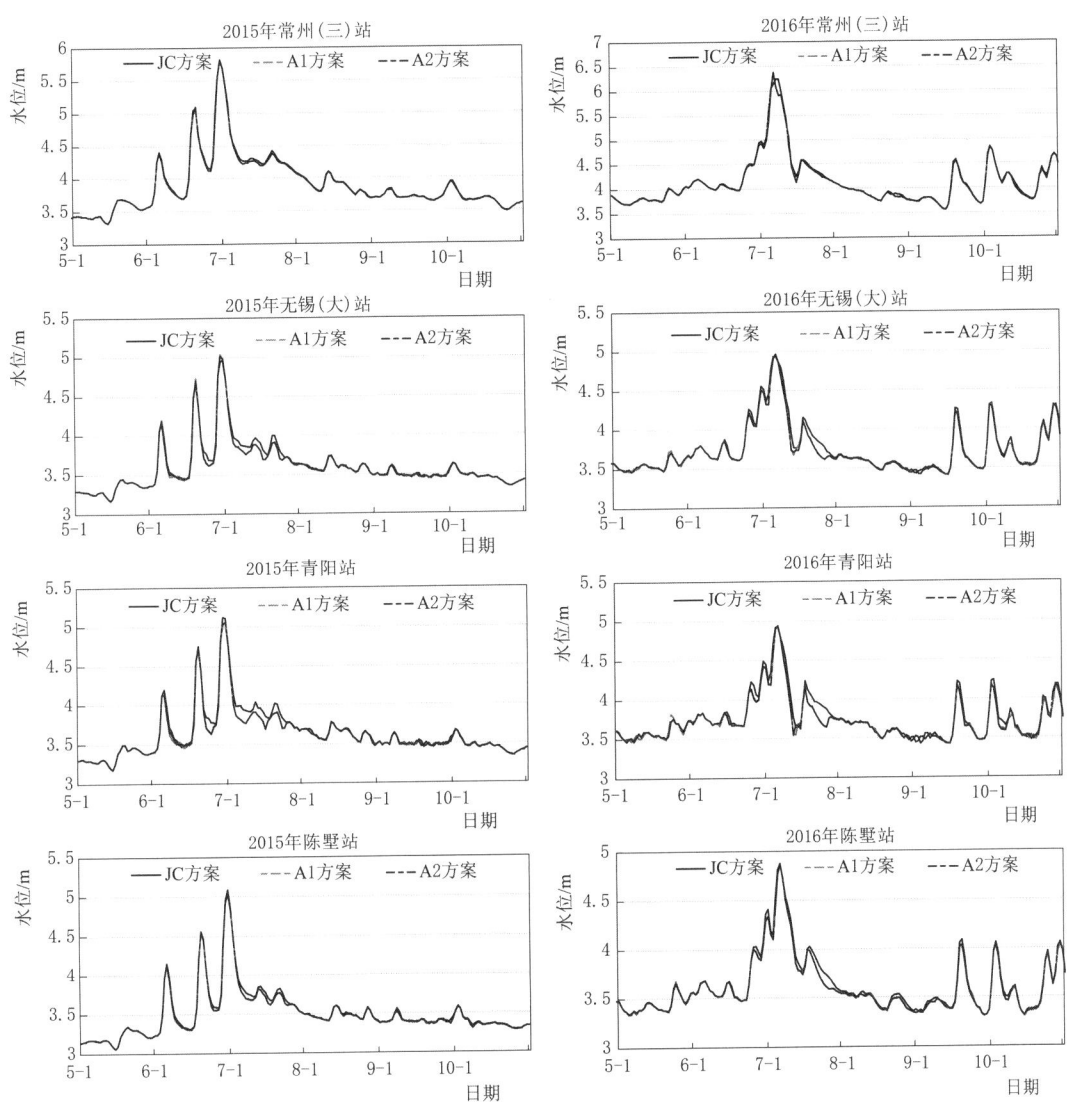

图 6.3 区域主要水位站水位变化过程

6.3 常州市"多源互补-引排有序-精准调控"水环境质量提升技术

6.3.1 城市多源互补水源保障技术

6.3.1.1 水源水质保障率分析

作为城市河网补水水源的河湖,首先应当是相对健康的河湖,其水量、水质都应符合健康河湖相关标准。平原河网区水资源量丰富,因此水量不是水源的限制因子,而补水水源的水质条件则是影响城市河网水动力调控工程效果的重要因素之一。根据研究区水质监测数据，分析补水水源水质达标保障率，为研究区域选择水质保障率高的优质补水水源提供基础。

(1) 补水水源水质达标标准

补水水源水质达标标准的制定原则包括：

符合健康河湖相关标准要求：参考《河湖健康评价指南（试行）》，评估河湖主要控制断面水质类别，根据《地表水环境质量标准》（GB 3838—2002），采用 DO、COD_{Mn}、NH_3-N、TP 四项指标，由评价时段内最差水质项目的水质类别代表该河流（湖泊）的水质类别。

达到受纳水体水质提升目标：对于水质型缺水的平原河网城市，补入外来优质水体可以增加水环境容量，从而改善受纳水体水质，因此，补水水源的水质类别应达到或优于受纳水体水质提升的目标类别。从目前的城市河网水质状况分析，若水源水质类别达到《地表水环境质量标准》地表水Ⅳ类水（河道标准）以上时，即可认为达标。

关注重点改善指标：结合受纳水体的水质情况，针对需要重点改善的水质指标，对于不同来水水源水质类别相同时，可以侧重考虑重点需要改善的指标。

(2) 水源水质保障率分析方法

水样的采样布点、监测频率及监测数据的处理应遵循《水环境监测规范》（SL 219—2013）相关规定，水质评价应遵循《地表水环境质量标准》相关规定。

区域水质分析包括区域内河网水质分析及外围水源水质分析，筛选周边优质水源，并依据水功能区考核目标，确定补水水源的水质标准。

补水水源的水质保障率为水质达到标准的时间占比。水质保障率等于统计期间内河湖水源水质类别达到补水水质类别标准的月份占总月份数的百分比，按照以下公式计算

$$R_{sz} = \frac{D_0}{D_n} \times 100\% \tag{6.13}$$

式中：R_{sz} 为水质保障率；D_0 为水质类别达到引水水质类别标准的月份数；D_n 为统计期间内总月份数。

(3) 常州市示范区水源水质保障分析

1) 区域水质分析。根据 2013—2019 年《常州市地表水（环境）功能区水资源质量状况通报》数据，分析常州市示范区内部河道及周边可利用水源的水质状况。共有 13 个监测断面，其中，长江（S1、S2）、滆湖（S3）和太湖（S4）水量丰沛，均为示范区周边可利用的水源；苏南运河（S5、S6）、武宜运河（S7）为流域性骨干河道，从前文研究区域水动力状况分析来看，苏南运河和武宜运河的来流量较大，水量充足，也可考虑作为区域的可用水源；示范区内部监测断面分别为德胜河（S8）、西市河（S9）、龙游河（S10）、采菱港（S11）、武南河（S12）、太滆运河（S13）。

a. 水源水质分析。常州市示范区可利用水源（长江、滆湖）2013—2019 年不同类别的水质占比情况如图 6.4 所示，可以看出，长江水质最优，长年稳定在Ⅲ类水以上，大部分时期可达Ⅱ类水标准；滆湖大部分时期为Ⅳ类及以上，水质较好，且滆湖的水质类别主要受到总磷的影响，由于湖泊的总磷标准高于河道，滆湖的总磷浓度大部分时间为Ⅳ类及以上，若按河道标准分析，滆湖大部分时间的水质类别则为Ⅲ类及以上；苏南运河、武宜

运河水质虽不如滆湖，但也基本为Ⅳ类及以上。因此，从水质类别分析，长江、滆湖、苏南运河和武宜运河均可作为示范区河网可利用的优质水源。

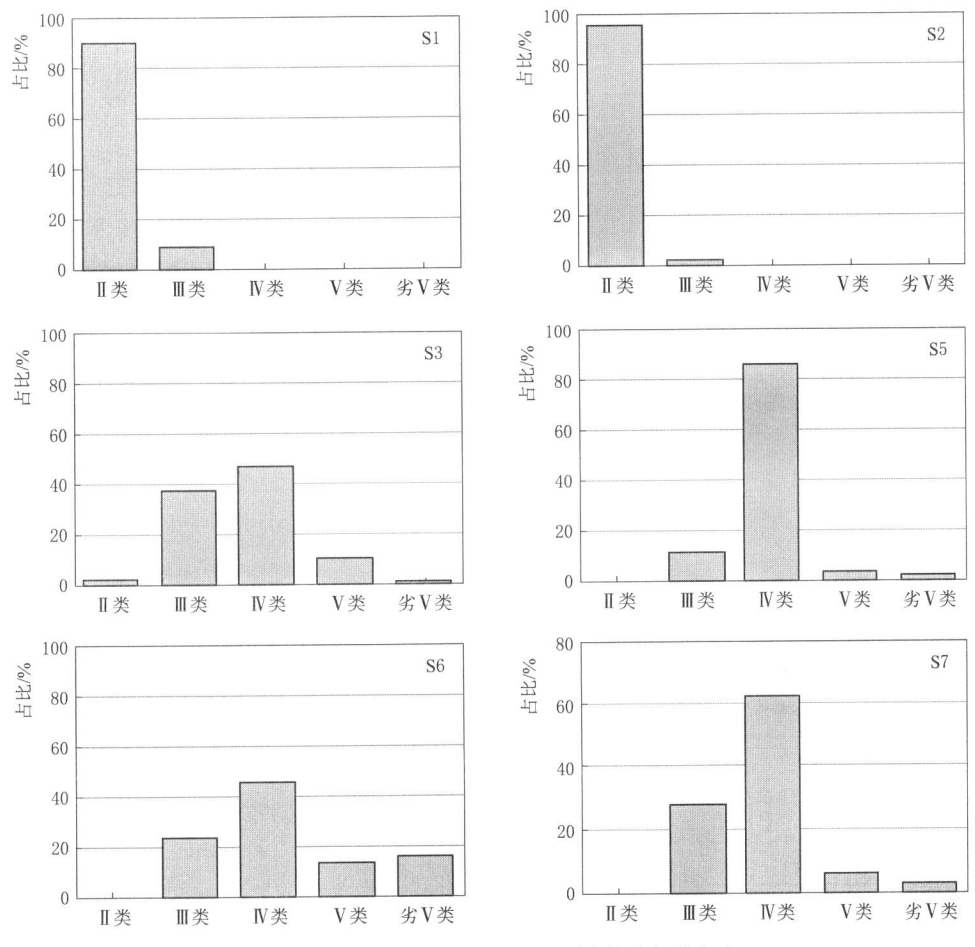

图 6.4　2013—2019 年各水源不同类别水质占比

根据 2018 年《太湖健康状况报告》，经多年整治，太湖水质控制较好，2018 年，太湖高锰酸盐指数为Ⅲ类，氨氮为Ⅰ类，总磷为Ⅳ类，但太湖蓝藻依然处于高发势态，2017—2018 年竺山湖与梅梁湖平均蓝藻密度仍超过 8000 万个/L（图 6.5），若将太湖作为水源，将对城区水环境带来巨大影响，且由南向北补水水势不顺，需要增加动力措施，另外，太湖引水水量受流域水资源分配的限制，因此，不建议将太湖作为水源。

b. 城区内部河道水质分析。2013—2019 年常州市城区内各监测断面不同水质类别占比情况如图 6.6 所示。其中，通江河道（德胜河）水质最佳，也为武宜运河和苏南运河作为区域优质水源提供了保障；城区中小河道各类水质占比分配大致相同，主要为Ⅳ类、Ⅴ类和劣Ⅴ类，部分河道水质极差。因此，长江和滆湖、苏南运河、武宜运河水质优于内部河道，达到了前文的水源水质达标标准。

2）水源水质保障率计算。在确定城市补水水源后，则需分析水源的水质保障率。常州市示范区水源水质保障率分析见表 6.21，可以看出，长江的水质最佳，常年维持在Ⅱ～

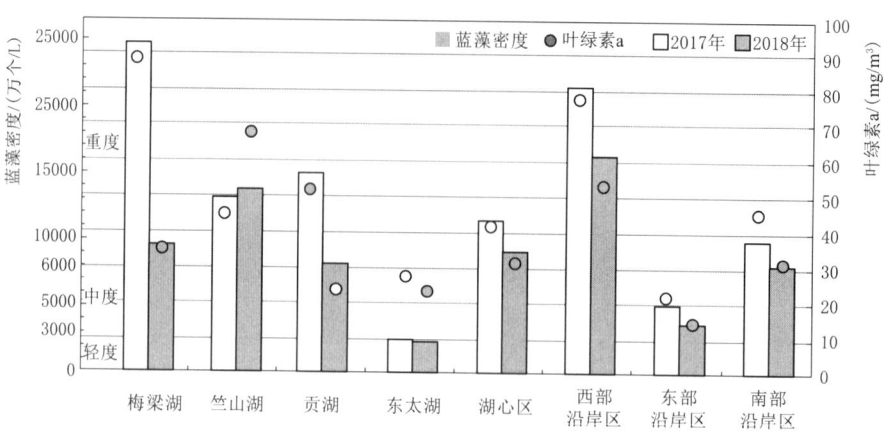

图 6.5 2017 年与 2018 年太湖各湖区蓝藻密度及叶绿素 a 对比

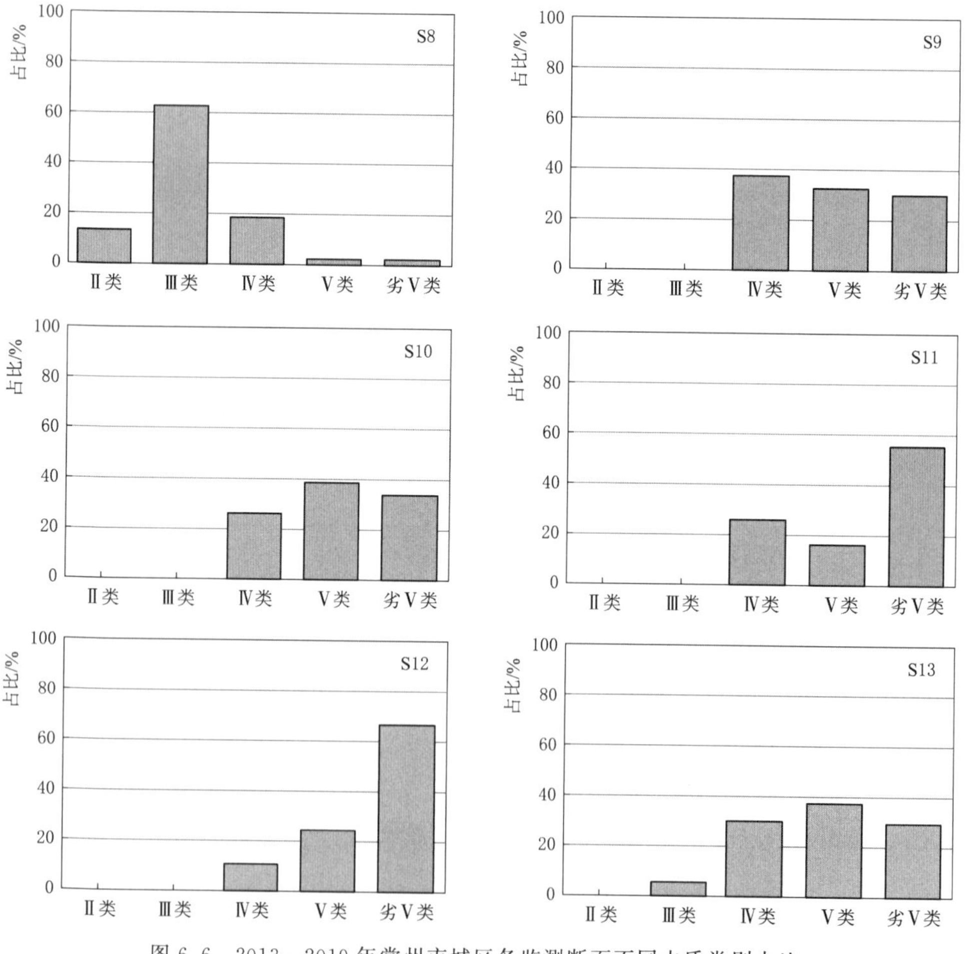

图 6.6 2013—2019 年常州市城区各监测断面不同水质类别占比

Ⅲ类水,水质保障率100%;滆湖水质逐年好转,湖泊健康状态逐步恢复,水质保障率也随之逐年提升,以地表水Ⅳ类为水质类别标准,2013—2019年水质保障率为88%,2017—2019年的水质保障率则达到100%,并且达到Ⅲ类水标准的时间段为78%;苏南运河和武宜运河相对于长江和滆湖的水质保障率稍低,2017—2019年的达到Ⅳ类水的水质保障率分别为94%和91%,但达到Ⅲ类水标准的水质保障率小于30%。由此可见,长江、滆湖的水质保障率较高,均可作为常州市示范区的补水水源,苏南运河和武宜运河达到Ⅳ类水的水质保障率超90%,也可考虑作为区域的补水水源。

表6.21　　　　　　　　常州市示范区水源水质保障率分析

水源	时间段	水质优于相应标准的保障率/%	
		Ⅳ类水标准	Ⅲ类水标准
长江	2013—2019年	100	100
滆湖	2013—2019年	88	42
	2015—2019年	95	58
	2017—2019年	100	78
苏南运河	2013—2019年	86	16
	2015—2019年	89	20
	2017—2019年	94	30
武宜运河	2017—2019年	91	15
	2018—2019年	95	16

6.3.1.2　水源自流保证率分析

如何选择补水水源的补水方式也是城市多源互补水源保障技术的关键,平原城市常用的补水方式包括自流补水和动力补水,补水方式的选择可通过研究区特征控制站的水位分析,计算水位保证频率,判断补水水源到城市河网的水体自流程度,从而提出不同水源的补水方式,并指导相应的控导工程措施方案。

(1)水源自流保证率分析方法

以各代表站点实测日均水位系列为基础,采用综合历时曲线法,计算相应站点不同水位对应的水位保证率。然后选取补水水源与内部各相应站点,比较不同水位保证率下补水水源的水位值与下游河道的水位值的关系,找到补水水源的水位高于下游河道水位的水位保证率,判断水源的自流保证率。即若在50%水位保证率下,补水水源的水位值高于下游河道的水位值,则该水源具有一定的自流能力,自流保证率大于等于50%;若在90%水位保证率下,补水水源的水位值高于下游河道的水位值,则该水源具有较高的自流能力,自流保证率大于等于90%。通过分析水源的自流保证率判断补水方式为自流或动力补水。

(2)常州市示范区水源自流保障分析

收集了常州市主干河道及周边水源地附近水文站2015—2020年历史资料。城区内部骨干河道上的水位站为常州(三)、九里铺、青阳、洛社、黄埝桥、漕桥(三);水源地水位站分别为澡港闸(长江)、坊前(滆湖)、百渎口(太湖)。

考虑常州市仅在非汛期实施补水，选择非汛期（每年 1—5 月、10—12 月）时段水位进行分析，2015—2020 年各站点的非汛期日平均水位综合历时曲线如图 6.7 所示，保证率分析见表 6.22。结果表明：①从区域整体水势分析，从北向南水位逐渐降低，长江水位高于苏南运河，苏南运河水位高于滆湖，滆湖水位高于太湖；由西向东，苏南运河上游高于下游水位，但滆湖水位低于城区东部水位，区域向东引排水流受阻。②分析澡港闸和常州（三）水位，判定长江的自流保证率。高潮期长江的水位高于常州（三）的保障率为 95%，自流保证率较高，但低潮期，长江的自流保证率低于 50%，则需要启用沿江泵站进行动力补水。另外，长江水源自流或动力补入城区后，在自然状态下，基本从骨干河道流走，若需进入中小河道，需要依靠动力引排或控导工程进行动力重构。③分析常州（三）和黄埝桥的水位，判定苏南运河的自流保证率。常州（三）高于黄埝桥的保证率大于 99%，因此，苏南运河作为运南片区补水水源的自流保证率较高，但在自然状态下自流仅可进入骨干河道，中小河道补水仍需借助动力。④分析滆湖和洛社站水位，判定滆湖、武宜运河的自流保证率。滆湖位于示范区的西侧，而滆湖水位基本低于洛社水位，自流保证率小于 50%，因此，若将滆湖或武宜运河作为补水水源向东部补水，则需要动力补水，但现状条件缺乏工程条件，需要建设控导工程。⑤分析太湖水位和常州市城区内部水位，判定太湖的自流保证率。在所有分析站点中，太湖水位最低，因此，若将太湖水源补入城区，必须完全依靠动力补水。

表 6.22　　　　　　　　常州市示范区水位站点综合历时曲线法分析成果

站　名	不同保证率对应的水位/m				
	50%	90%	95%	98%	99%
澡港闸上（长江高潮位）	4.17	3.52	3.39	3.24	3.16
澡港闸上（长江低潮位）	2.34	1.81	1.70	1.64	1.69
九里铺	3.61	3.36	3.32	3.30	3.27
常州（三）	3.58	3.35	3.30	3.25	3.24
坊前（滆湖）	3.46	3.26	3.20	3.16	3.14
黄埝桥	3.38	3.19	3.16	3.12	3.10
漕桥（三）	3.35	3.17	3.16	3.10	3.08
洛社	3.53	3.34	3.28	3.23	3.21
百渎口（太湖）	3.24	3.06	3.03	3.02	3.00

6.3.1.3　补水水源评估

通过水源水质保障率及水源自流保证率分析方法，可对城市可利用的补水水源进行综合评估，其中，水质保障率可分析确定最优质的水源，而水源自流保证率分析方法能够判定出水源的补水方式。

在针对不同区域确定具体水源及补水方式时，在上述分析的基础上，可根据不同区域水系分布与不同水源的地理位置，按照就近原则进行综合评估和筛选，确定不同区域多个水源进行互补，提高整个示范区的水源保障程度。

对于常州市示范区，从水源水质保障情况看，长江、滆湖、苏南运河、武宜运河均可

6.3 常州市"多源互补-引排有序-精准调控"水环境质量提升技术

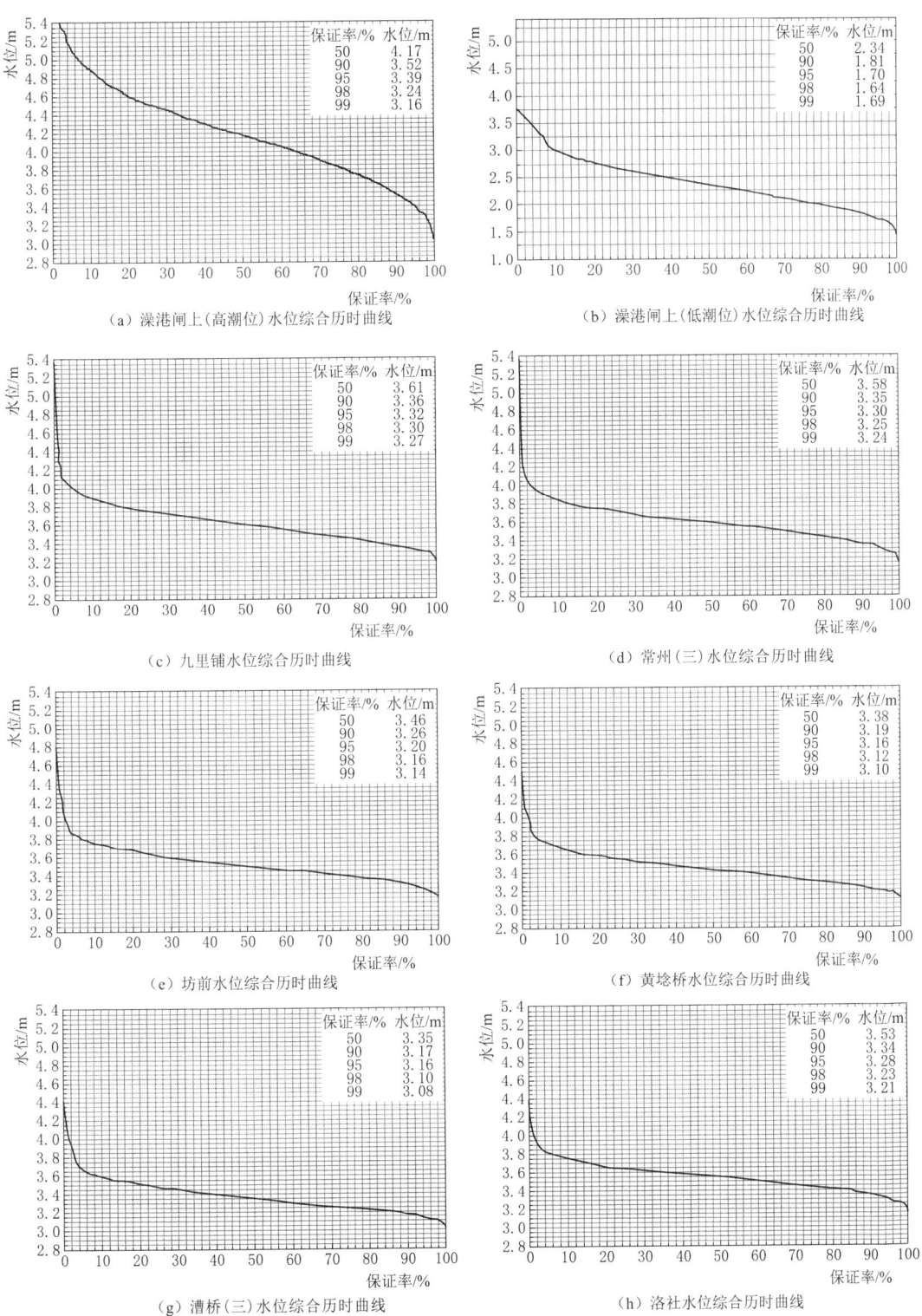

图 6.7(一) 常州市示范区水位站点 2015—2020 年的日平均水位综合历时曲线

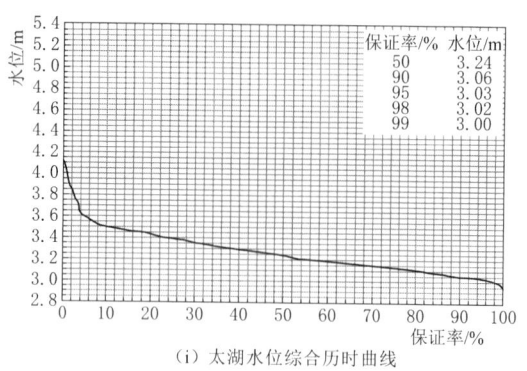

(i) 太湖水位综合历时曲线

图 6.7（二） 常州市示范区水位站点 2015—2020 年的日平均水位综合历时曲线

作为区域的补水水源，从自流保证率分析情况来说，长江高潮位时和苏南运河向南的自流保证率较高，而长江低潮位期、滆湖及武宜运河均需要动力进行补水。

6.3.2 城市河网水动力有序引排模拟技术

6.3.2.1 研究思路

城市河网水动力有序引排模拟技术适用于河网密布、水动力弱、水流往复的平原河网地区。平原河网地区地势平坦、河道众多，水动力弱、水流往复，因此，对于平原河网地区数值模型的模拟精度有较高的要求。城市河网水动力有序引排模拟技术是通过构建高精度的城市河网一维水动力数学模型，准确分析城市河网水动力特性，为优化有序引排方案提供技术支撑（图 6.8）。

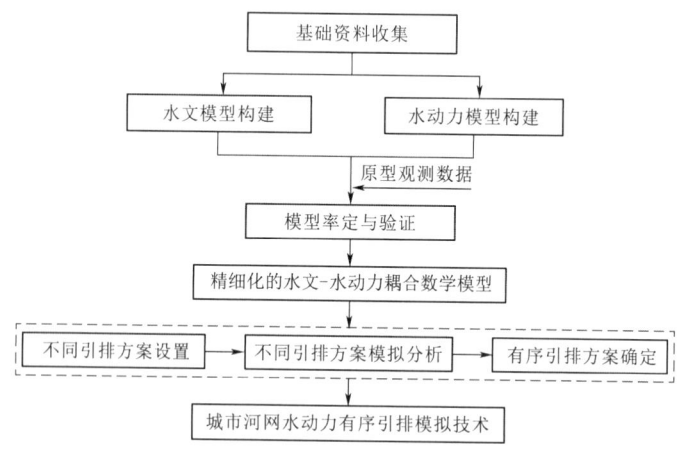

图 6.8 城市河网水动力有序引排模拟技术研究思路

通过河道断面实测、现场踏勘调研、同步原型观测试验等方法，来有效提升数值模拟计算精度。

为保障构建模型的精度，需要对所建区域的河道断面进行实测，基于实测断面进行建模，提高模型计算的准确性。河道断面测量按照如下原则：河道监测断面布设：河宽

6.3 常州市"多源互补-引排有序-精准调控"水环境质量提升技术

30m 以上河道，每隔 500m 测量一个断面；河宽 10～30m 河道，每隔 200m 测量一个断面；河宽 10m 以下河道，每隔 100m 测量一个断面。每条河至少测量 2 个断面，首尾断面、拐弯处断面必须测量。河道交汇位置的测量：在交叉口两边的断面必须测量。河道束窄处断面测量：束窄位置的断面必须测量，束窄断面至正常河宽的渐变段至少测量一个断面。

在获得实测河道断面的基础上，开展现场踏勘调研，现场调研的成果有助于科学规范真实构建数学模型。现场踏勘调研的内容主要包括：数据复核（河道宽度）；闸门位置、尺寸和底高程；泵站位置、单双向、泵站数量以及流量等。水体水动力与感官调研：水体的水流方向、状态以及表面流速、水体透明度、藻类以及漂浮物、河道两侧排污口调研等；河道中束窄因素调研：河道上桥梁、管涵以及暗渠等，复核跨河桥梁、管涵等尺寸。

利用水动力-水质同步原型观测期间实测流量、水位数据对模型进行率定和验证，提高模型模拟精度。采用率定后的河道糙率，对原型观测结果进行反演计算，并将计算结果与原型观测成果进行对比分析，反复调试直至模型精度达到一定要求。

6.3.2.2 河网水动力有序引排情景设计

通过水动力模型数值模拟，可以研究不同外围水位条件以及不同引排方案下区域内部河道水位、流速和流量的分配情况。以常州市武进城区湖塘片河网为例（图6.9），基于构建的水动力模型，模拟不同引排工况的水位流量分配情况，通过不同方案的水位、流量和流速分布计算结果分析，能够初步推选出区域最优的有序引排调度方案，为区域水动力、水环境精准调控提供参考。

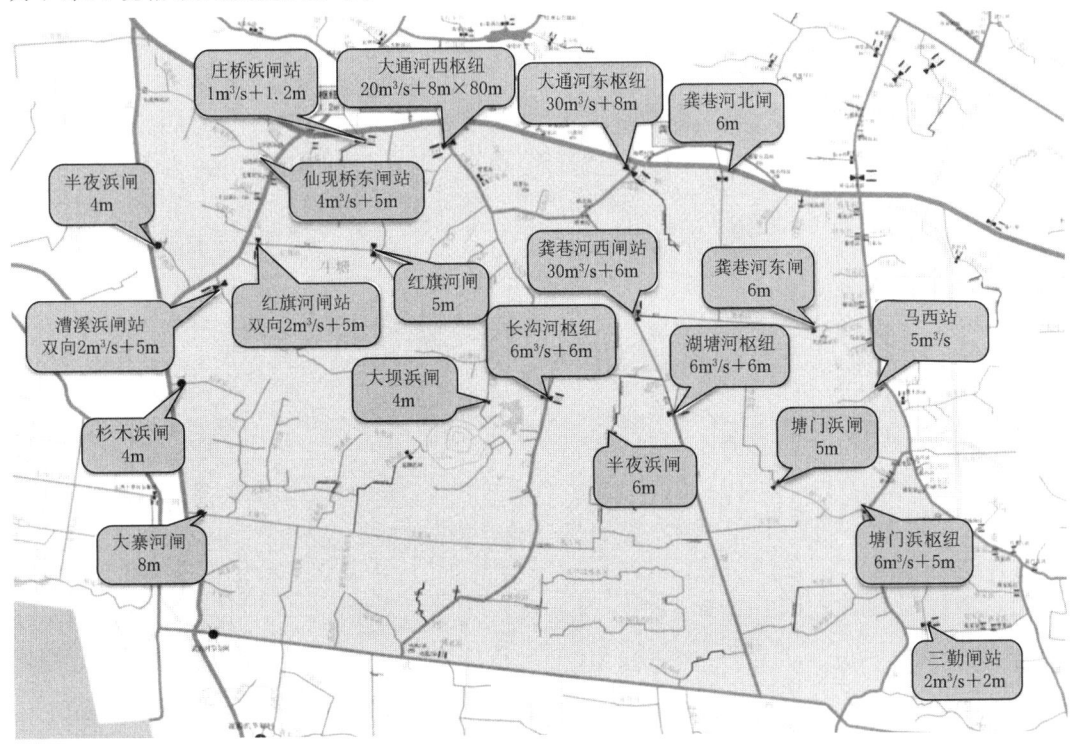

图 6.9 武进区湖塘片现状防洪工程示意

武进区湖塘片常水位为3.41m，控制水位3.8m，根据水利工程分布现状，采用"北引（南运河和新运河）东西南排（武宜运河、采菱港和武南河）"的引排方式，区内具备泵引能力的泵站分别为大通河西枢纽（2×10.0m³/s）、龚巷河北闸（2×1.5m³/s）和漕溪浜闸站（2×1.0m³/s），六组计算方案的调度情景见表6.23。模拟方案选取3.4m外围水位边界，水位、流量分配如图6.10所示。

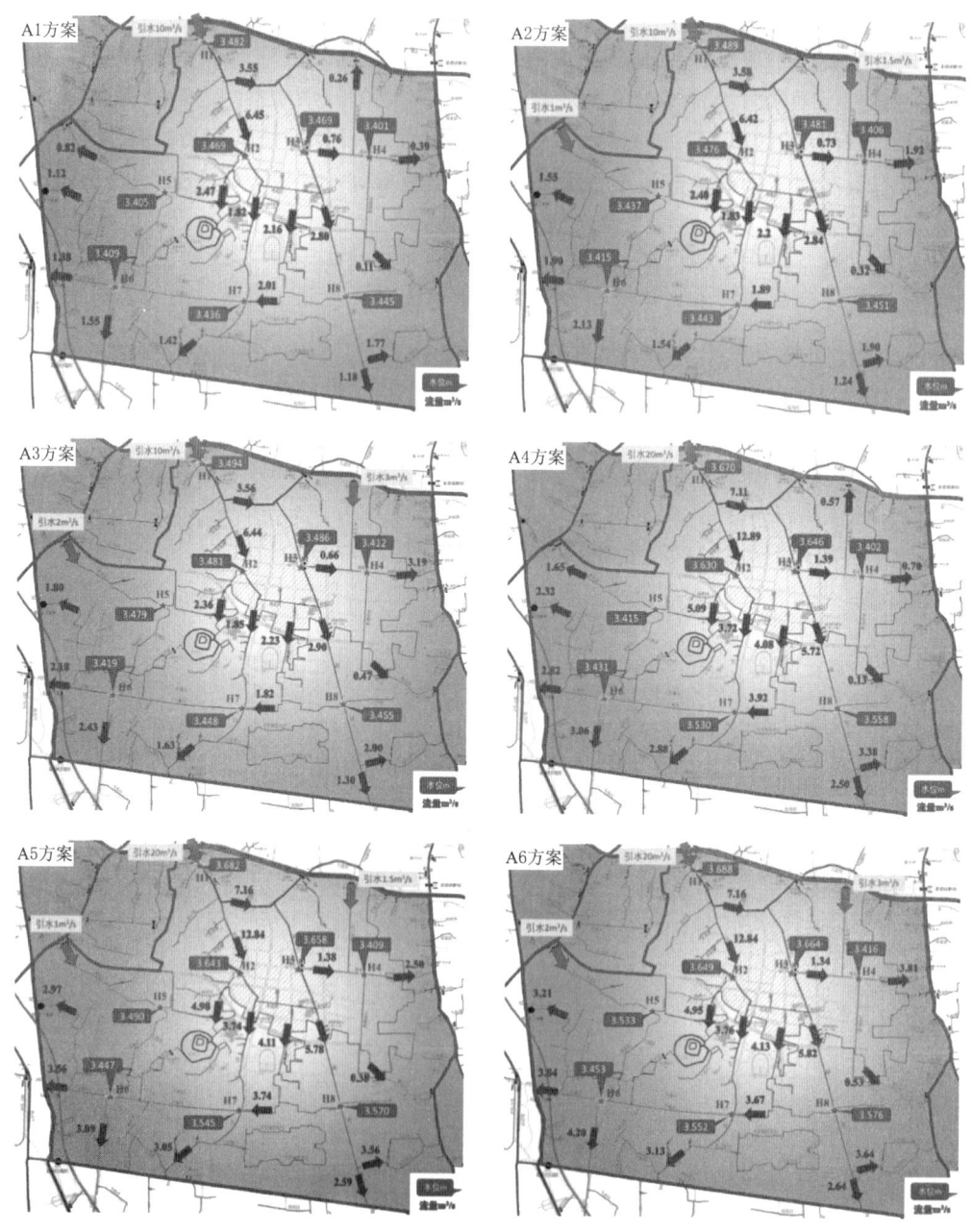

图6.10　武进城区湖塘片六组方案水位流量分配

分析表明，①完全自排条件下，湖塘镇区大包围南部四个出口自排出流量相当。②由于龚巷河西闸站附近的暗渠影响，湖塘镇区大包围进入采菱港西包围水量较少，因此，采菱港西包围片不能只依靠湖塘镇区大包围来水，需要启用龚巷河北闸引水，通过龚巷河东闸排水。由于塘门浜闸距离较远，需要控制龚巷河东闸开度减少出流，以此增加龚巷南河和塘门浜流量。③当漕溪浜采用排水模式时，漕溪浜为整个引调水下游，分流量受限并且水质较差，建议漕溪浜采用从南运河泵引方式。④从六组不同引水方式可以看出，南北最大水位差大约30cm，而湖塘镇区大包围最高控制水位为3.8m。因此，当外围水位超过3.5m并且采用大流量引水时，湖塘镇区大包围需要采用泵引泵排方案以降低内部水位。

表 6.23 武进城区湖塘片计算情景说明

方案	外围水位/m	泵引总流量/(m³/s)	计 算 情 景 说 明
A1	3.4	10.0	大通河西枢纽10m³/s北引苏南运河；大通河东枢纽关闭，其他工程闸门敞开泵站关闭
A2	3.4	12.5	大通河西枢纽10m³/s＋龚巷河北闸1.5m³/s＋漕溪浜闸站1m³/s北引苏南运河和南运河；大通河东枢纽关闭，其他工程闸门敞开泵站关闭
A3	3.4	15.0	大通河西枢纽10m³/s＋龚巷河北闸3m³/s＋漕溪浜闸站2m³/s北引苏南运河和南运河；大通河东枢纽关闭，其他工程闸门敞开泵站关闭
A4	3.4	20.0	大通河西枢纽20m³/s北引苏南运河；大通河东枢纽关闭，其他工程闸门敞开泵站关闭
A5	3.4	22.5	大通河西枢纽20m³/s＋龚巷河北闸1.5m³/s＋漕溪浜闸站1m³/s北引苏南运河和南运河；大通河东枢纽关闭，其他工程闸门敞开泵站关闭
A6	3.4	25.0	大通河西枢纽20m³/s＋龚巷河北闸3m³/s＋漕溪浜闸站2m³/s北引苏南运河和南运河；大通河东枢纽关闭，其他工程闸门敞开泵站关闭

6.3.3　城市河网水动力精准调控技术

6.3.3.1　研究思路

平原城市一般水动力较弱，在纯天然状态下，河网水流基本按照阻力最小的路径流动，即从河宽较大的河道流走，因此，中小河道流动性极弱，其水环境承载力较低，需要依靠泵站抽排才能够实现水流的流动，因此，为了尽可能地让城市内部的中小河道能够在自流的状态下分配到优质水源，需要进行内部河网水位控制和水量分配研究，以实现对河网水动力的精准调控。

城市河网水动力精准调控技术适用于水网密布、闸泵众多、中小河道流动性弱的平原河网区域。根据补水水源的实际情况和河道水力特性等，在满足城市河道生态水位的条件下，以水动力-水质双指标调控阈值为河网水动力调控标准，基于水动力有序引排模拟技术，精细化评估研究区域的河网需水量、补水频次，形成城市河网水量精准配置技术；研发闸门过流流量精准控制技术和控导工程优化调控技术，达到精准调控城市河网水位-流量，并经过水动力调控效果现场论证，实现精细化、高效化配水的目的，充分发挥水动力调控工程效益，改善河网水质。城市河网水动力精准调控技术研究路线如图6.11所示。

6.3.3.2 城市河网水量精准配置技术

城市河网水量精准配置技术研究是以满足城市河道生态水位需求为约束条件，综合运用室内试验和理论分析确定河道水动力调控阈值，基于前述建立的城市河网水动力有序引排精细模拟技术，精细化评估研究区域的河网需水量、补水频次，实现对城市河网的水量精准配置。

（1）水动力-水质调控阈值确定方法

为确定河网水动力调控中合理的水动力条件，采用室内试验、数值模拟以及理论分析的方法开展研究，采集不同河道的底泥沉积物，布设于圆筒装置底部，注入原水，利

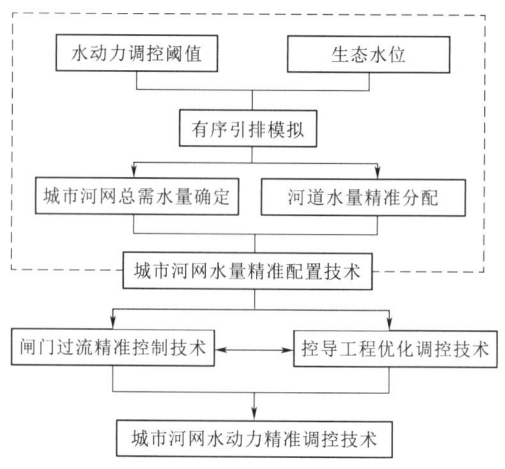

图 6.11 城市河网水动力精准调控技术研究思路

用旋桨带动水体流动，测量水体水质指标变化过程，并结合试验装置中流场数值模拟，构建试验装置中的转速与实际河道表面流速之间的相关关系，由此建立水动力-水质响应关系，根据底泥释放速率变化趋势，确定水动力调控的上限阈值；采用水环境容量理论，对照水质目标，考虑河道本底、入河点面源污染、河道水体自净和植被吸收等影响因素，建立水动力调控下限阈值的计算公式；综合分析室内试验和理论分析得到的水动力调控上、下限阈值，提出河网河道水动力-水质调控阈值范围。

1）水动力调控上限阈值确定方法。平原城市河道底泥富含大量有毒有害污染物，是城市河道重要的内源性污染来源，而水动力调控过程中极易引起底泥扰动，促进内源污染物向上覆水释放，对河道水质产生负面影响，因此，在分析水动力调控的上限阈值时，以抑制底泥快速释放为准则，根据底泥扰动的释放规律确定。

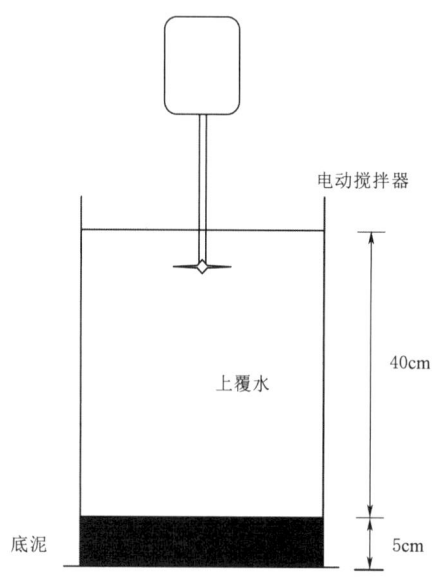

图 6.12 底泥扰动试验装置示意

采用室内试验和数值计算的方法确定水动力调控上限阈值。在河道内采集新鲜底泥和河水水样，避光密封保存并带回实验室进行室内试验。选用直径 27cm、高 50cm 的有机玻璃圆筒作为反应装置，距离反应器上边缘 5cm 以下部分的侧面贴铝箔纸，模拟河道侧面的避光环境，使光线仅从上方照射，利用电动恒速搅拌器，通过设置不同转速模拟不同的水动力条件，试验装置如图 6.12 所示。设置多组底泥样本、多种扰动工况对比试验，每种工况三组平行，根据试验结果分析底泥污染物释放规律，得到促使底泥快速释放的扰动转速。

建立数学模型，对不同扰动强度条件下圆筒试验装置中的流场计算，得到装置中泥-水界面的切应力，采用对数流速分布公式计算实际不同

水深河道的表面流速，从而建立室内试验中的扰动转速与野外天然河道表面流速之间的相关关系，并基于试验中上覆水水质浓度变化，得到河道表面流速与水质指标间的响应关系，以水质变化拐点处的流速作为平原城市河网水动力调控的流速上限阈值。

$$u = u^* \left(2.5\ln\frac{y}{\Delta} + 8.5 \right) \tag{6.14}$$

$$u^* = \sqrt{\frac{\tau}{\rho}} \tag{6.15}$$

式中：u 为流速，m/s；u^* 为摩阻流速，m/s；y 为水深，m；Δ 为绝对粗糙度，mm；ρ 为水的密度；τ 为河道底部切应力，N/m²。

2）水动力调控下限阈值确定方法。按照水环境容量计算的理论和方法，根据水质本底值与目标水质，确定水动力调控改善水环境中的流速下限阈值。

选择总体达标法计算水环境容量，总体达标计算法采用零维模型进行水质计算，如图 6.13 所示，本计算考虑点源污染、面源污染、直接入河的粉尘、底泥污染物的释放、河道水体的自净、水中植物对污染物的吸收等多种影响河道水质的因素。

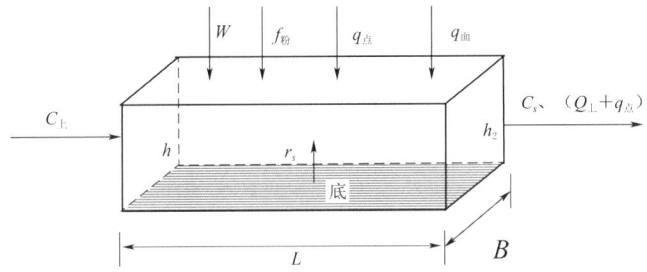

图 6.13　水环境容量计算示意

由污染物的质量守恒，得到以下公式

$$10^3 C_{上} Q_{上} + W + f_{粉} + 10^3 \sum C_{点} q_{点} + 10^3 C_{面} q_{面} + \frac{1}{86400} r_s BL$$
$$= 10^3 C_s (Q_{上} + \sum q_{点} + q_{面}) + \frac{10^3}{86400} KVC_s + f_{植} \tag{6.16}$$

式中：$Q_{上}$ 为河道上游来水的流量，m³/s；$C_{上}$ 为河道上游来水的水质浓度，mg/L；W 为水环境容量，mg/s；$q_{点}$ 为入河点源污染的流量，m³/s；$C_{点}$ 为入河点源污染的污染物浓度，mg/L；$q_{面}$ 为入河面源污染的流量，m³/s；$C_{面}$ 为入河面源污染的污染物浓度，mg/L；$f_{粉}$ 为直接入河粉尘所含污染物的质量函数；r_s 为底泥污染物的释放速率，mg/(m²·d)；L 为河道长度，m；B 为河宽，m；C_s 为河道出口断面的目标水质浓度，mg/L；K 为污染物降解系数，1/d；V 为河段内的水体体积，m³；$f_{植}$ 为水生植物吸收的污染物的质量函数，与光照、温度、植物种类、种植密度以及水深等因素有关。

假设，河道进口断面水流流速为 u，进口和出口断面的水深分别为 h_1 和 h_2，则由下式

$$10^3 C_{上} uBh_1 + W + f_{粉} + 10^3 \sum C_{点} q_{点} + 10^3 C_{面} q_{面} + \frac{1}{86400} r_s BL$$

$$= 10^3 C_s u B h_1 + 10^3 \sum C_s q_{点} + 10^3 C_s q_{面} + \frac{10^3}{86400} KVC_s + f_{植} \tag{6.17}$$

化简得

$$u = \frac{W + 10^3 (\sum C_{点} q_{点} - \sum C_s q_{点}) + 10^3 (C_{面} - C_s) q_{面} - \frac{1}{2} \times \frac{10^3}{86400} KC_s (h_1 + h_2) LB - f_{植} + f_{粉} + \frac{1}{86400} r_s BL}{10^3 (C_s - C_{上}) B h_1} \tag{6.18}$$

式中：若水环境容量 $W=0$，即该河道水体不再能够承受污染物的排放，此时的流速 u 为能够保证河道水质的流速下限阈值 $u_{小}$，即

$$u_{小} = \frac{10^3 (\sum C_{点} q_{点} - \sum C_s q_{点}) + 10^3 (C_{面} - C_s) q_{面} - \frac{1}{2} \times \frac{10^3}{86400} KC_s (h_1 + h_2) LB - f_{植} + f_{粉} + \frac{1}{86400} r_s BL}{10^3 (C_s - C_{上}) B h_1} \tag{6.19}$$

(2) 城市中小河道生态水位分析方法

河湖生态水位是维持河湖生态系统结构和功能完整性、维持生物多样性的最低水位，确定河湖生态水位对于水资源管控和优化调配、修复河湖生态功能、保障河湖整体生态系统健康具有重要意义。因此，在城市河网的水环境日常调度中，需要保障河道生态水位，有利于水生态系统的恢复。

城市中小河道由于受到高度人工化影响，已丧失部分天然属性，其生态水位的估算，应在维持城市河网水系连通性基础上，为河道内主要水生生物（如鱼类等）和河道岸滩植物营造适宜生境条件，保障鱼类和植物的生长空间。而河道水生生物与河道岸滩植物的生长受到水深的影响，一般而言，城市河道维持水生生物生境的适宜水深在 1.5~2.5m。在对具体研究区域进行水动力调控时，应结合河道断面数据，推算得出城市中小河道的生态水位，调控过程中应以不同河道的生态水位为约束条件进行调控，不可将河道的水位调控至生态水位以下。

(3) 城市河网需水量计算方法

需水量的概念常见于河湖的生态需水量。河流生态需水量概念最先在20世纪40年代由美国渔业与野生生物保护组织提出。近年来随着我国生态文明建设的推进，生态需水量在我国逐渐受到重视，按照《河湖生态需水评估导则（试行）》（SL/Z 479—2010）的定义，河流生态需水为将河流生态系统结构、功能和生态过程维持在一定水平所需要的水量。这些功能包括维持河流生物多样性功能、调节功能（自净功能、调节水量）、疏通河道功能（维持河道形态）、文化景观功能等。河流生态需水量传统计算方法主要分为水文学法、水力学法、栖息地模拟法等，通常适用于天然径流。

针对高城镇化地区城市河道水动力不足、水质存在恶化风险等水环境突出问题，河道生态流量应以促进河网水体流动、提升河道自净功能为主要目标。研究考虑水动力-水质双指标，以满足城市河道生态水位需求为约束条件，综合运用室内试验和理论分析法确定水动力-水质调控阈值，计算河段内的生态需水量，基于城市河网水动力有序引排精细模拟技术，精细化评估研究区域的河网需水量、生态补水频次。

河道水质影响因素众多，如气温、降雨、人类活动等，依据经验总结，在无强降雨或

其他突发情况下，保障河道水质不黑不臭的补水频次一般以3~4天1次为宜。具体操作中，应根据片区范围大小、补水水源可用性、工程调控能力，进行适当调整。太湖流域不同类型研究区域需水量与补水频次见表6.24。实践证明，在补水流量得到有效保证下，河网水质均取得了较好的改善效果。

表6.24　　　　太湖流域不同类型研究区域需水量、补水频次统计

研究区域	面积/km²	补水频次	需水量/(m³/s)
苏州古城区	14	1天1次	12
苏州大包围	80	2天1次	40
杭州G20核心区	22	1天1次	20
常熟市古城区	2	1天3次	2
常熟市城区	60	2天1次	43
吴江松陵城区	20	1天1次	25
上海市淀北片	178	1天1次	90

6.3.3.3　闸门过流流量精准控制技术

如前所述，城市河网需水量计算方法能够确定研究区域所需要的补水水量，而有序引排模拟技术可以精确计算不同方案下每条河道合理的流量分配，利用水动力-水质阈值控制技术，并兼顾城市河道生态水位，能够初步推选出研究区域的河网水量分配和水环境提升方案，但在实际调控中，如何将河道流量调控至理想的数值是值得深入研究的问题。

目前，在平原城市主要依靠现有闸泵动力驱动实现河道水动力调控，而闸门过流流量精准控制技术能够精确地控制闸门开度，以达到流量调控至理想流量的目标。闸门过流流量精准控制技术是通过现场原型观测试验或物理模型试验的方法，对区域内闸门流量比测及流量系数、关系曲线进行率定，从而获得闸门水位-流量关系曲线，通过查询该曲线能够确定河道一定流量下的闸门开度，参照该开度进行闸门调控即可精准地控制河道的流量，达到精准调控的目的。

采用水力学方法，通过实测流量率定流量系数，根据闸门开启情况、流态等因素，按水力学基本公式分析获得的不同出流情况下的水力因素与流量系数的相关关系曲线或关系方程式，以推算闸的过水流量。

根据流态的不同，各种条件下的流量计算公式形式为

自由堰流条件　　　　　　　　$Q = CBh_u^{3/2}$ 　　　　　　　　　　(6.20)

淹没堰流条件　　　$Q = C_1 Bh_1 \Delta Z^{1/2}$ 或 $Q = C_1 Bh_u^{3/2}$ 　　　(6.21)

自由孔流条件　　　　　　　　$Q = MBe\, h_u^{1/2}$ 　　　　　　　　　(6.22)

淹没孔流条件　　　　　　　　$Q = M_1 Be \Delta Z^{1/2}$ 　　　　　　　(6.23)

根据流态的不同，各种条件下的流量系数与相关因素的关系为

自流堰流条件　　　　　　　　$C \sim f(h_u)$ 　　　　　　　　　　　(6.24)

淹没堰流条件　　　　　　　　$C_1 \sim f(\Delta Z/h_1)$ 　　　　　　　(6.25)

自由孔流条件　　　　　　　　$M \sim f(e/h_u)$ 　　　　　　　　　　(6.26)

淹没孔流条件　　　　　　　　$M_1 \sim f(e/\Delta Z)$ 　　　　　　　(6.27)

式中：h_u 为上游水头，m；h_1 为下游水头，m；e 为闸门开启度，m；B 为闸门总宽，m；ΔZ 为水头差，m；C、C_1、M、M_1 为不同流态的综合流量系数，可由实测流量利用以上公式进行反算。

现以自由堰流和淹没孔流为例，简要说明具体的测量方法：

(1) 自流堰流

根据上述公式，闸门过流流量随上游水头而变，上游水头取决于上游水位，因此，上游水位与流量成单一关系。该关系曲线的确定方法包括两种：直接法和间接法。

1) 直接法。当实测流量次数较多且分布均匀时，可直接根据实测上游水位与流量绘制曲线，并利用其推算任意上游水位值时的闸门过流流量。

2) 间接法。当不具备上述条件时，可由实测流量及上游水头 h_u（或水位），按上述公式绘制出上游水头 h_u（或水位）与综合流量系数 C 之间的关系曲线，假定一些 h_u 的值，在此曲线上可查到对应的 C 值，再由公式推算出相应的 Q，把这些 h_u 与 Q 点绘成 h_u-Q 曲线，由此曲线可推求出任意水位时的流量。

(2) 淹没孔流

由实测的资料可以绘制 $e/\Delta Z$-M_1 关系曲线，再以闸门开度 e 为参数，利用 $e/\Delta Z$-M_1 关系曲线绘制 ΔZ-Q 关系曲线。

以常州市示范区内南运河枢纽的闸门过流曲线为例，通过上述方法获得南运河枢纽闸门过流曲线，如图 6.14 所示。

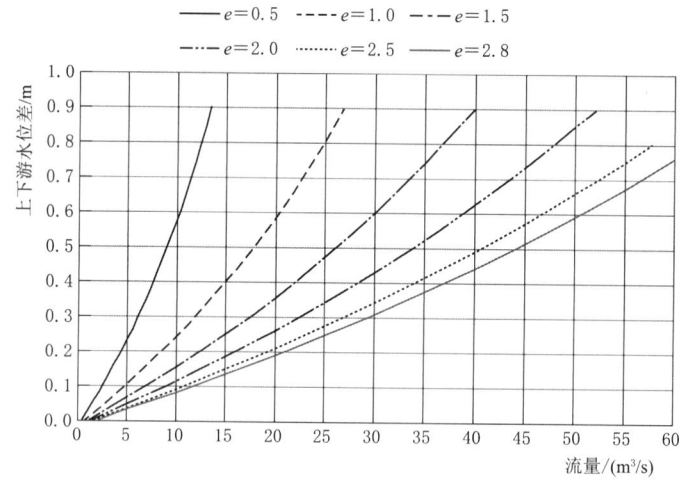

图 6.14 不同闸门开度与流量相关关系

6.3.3.4 控导工程优化调控技术

(1) 控导工程过流能力分析

平原河网地区最为常用的调控方式是闸泵调控，但闸泵调控范围有限，且启用泵站产生较多的运行费，闸门启动也容易促使局部水流流速突然增大，造成河道底泥扰动。为此，针对平原河网地区，发明了活动溢流堰工程调控措施，可人工营造河网水位差，形成自流格局，促进水流进入中小河道，减少泵站运行经费。

6.3 常州市"多源互补-引排有序-精准调控"水环境质量提升技术

1) 活动溢流堰工程措施。针对平原城市河网水动力条件差、水环境容量不足、补水方案不合理、泵引动力驱动活水弊端多等问题,提出活动溢流堰等工程措施精准控制城区河网水位-流量,通过营造水位差,增大城区河道的流动性,有效改善河网水环境质量。

活动溢流堰是一种上部绕底轴转动的薄壁堰和下部为宽顶堰相结合的新型水工建筑物,具体结构布置如图 6.15 所示。当闸门抬起时,是一座薄壁溢流堰,起到壅高水位的效果,通过调节翻板闸门的旋转角度能够控制壅水高度;旋转闸门的两侧各有一个宽窄平台,可以看作宽顶堰,两座宽顶堰中间形成凹槽,当闸门全部卧倒时,即可嵌入凹槽,与宽顶堰堰顶同高;两座宽顶堰上各布置一个橡胶护舷,用以吸收船舶与码头或船舶之间在靠岸或系泊时的碰撞能量,保护船舶、码头免受损坏。

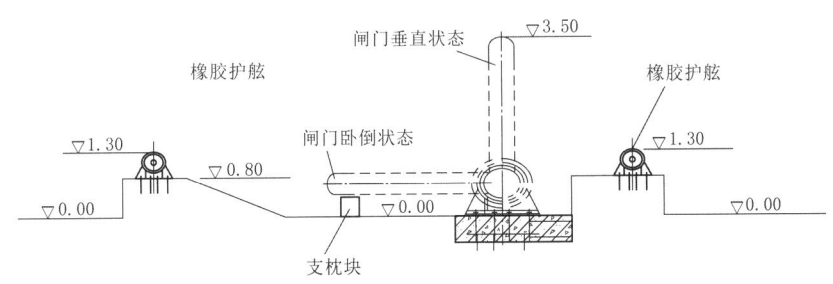

图 6.15 活动溢流堰结构示意

与泵引动力调控相比,活动溢流堰结构简洁、坚固耐用、维护费用低,其运转部件采用特殊复合材料,无须添加润滑剂,闸门本体十年左右进行 1 次防腐,活动溢流堰没有底门槽和侧门槽,是门叶围绕底轴心旋转的结构。另外,上游止水压在圆轴上,当坝竖起或倒下时,止水不离圆轴的表面,始终保持密封止水状态,淤沙(泥)不会影响其升坝和塌坝;翻板闸门采用启闭机启闭,一般不超过 2min 完成一次升坝和塌坝,水位调控便捷,对防洪基本没有影响,且当上游水位超过堰顶溢流时形成人造瀑布,水流潺潺,具有一定的景观效果。

2) 活动溢流堰过流曲线分析。活动溢流堰调控技术的主要特点是可以根据实际需求任意角度抬升翻板闸门挡水阻水,人工营造河网水位差,提高水动力条件,提升水流流速,实现整个河网片区的"自流活水",并且,活动溢流堰处形成的跌水能够增加水流掺气,提高河道水体中的溶解氧水平,进一步增大水体自净能力。另外,翻板闸门为底轴驱动,水流从闸顶过流,不会对河道底部冲刷造成底泥扰动,又可以完全卧倒,不阻碍游船通航和汛期防洪。

活动溢流堰调控技术是通过调节闸门开启角度控制过流流量,形成上下游水位差,在实际应用时,则以闸门开度、过流流量、上下游水位差之间的相关关系曲线为准则,根据实际的流量需求,调控翻板闸门的开启角度。

采用物理模型试验的方法,设置不同闸门开度(20°~90°)和不同流量(8~25m³/s)多组方案,并对各方案的水流流态、流速、上下游形成的水位差等水力参数进行量测和计算分析,研究不同方案下活动溢流堰的壅水效果、上下游流态和过流能力,建立不同闸门开度条件下翻板闸门过流流量和上下游水位差相关关系曲线。活动溢流堰直立时的水流流态如图 6.16 所示。

通过试验得到不同流量下，活动溢流堰开启角度与上下游水位差的关系，如图 6.17 所示，活动溢流堰开启角度为 20°时，形成的水位差为 0.7～7.7cm，当活动溢流堰开启角度为 90°时，上下游水位差达到 87.6～127.0cm。由此可见，活动溢流堰开启角度越大、入流流量越大，形成的水位差越大。实际调控时，可以根据该试验成果，调控闸门开度，改善河网中的水动力条件，实现自流活水。

图 6.16 活动溢流堰直立 90°时流态示意

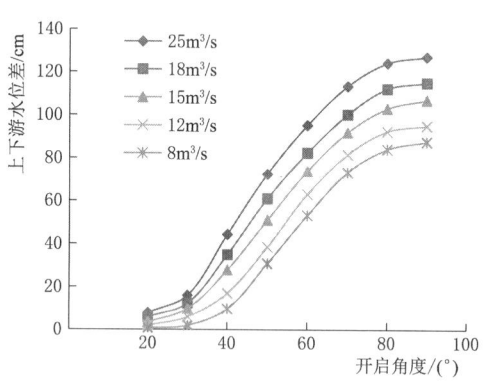

图 6.17 活动溢流堰不同开度下水位-流量关系

（2）控导工程位置寻优技术

以常州市主城区为例，描述基于河网水动力数学模型的控导工程位置优选技术。

在主城区河网关键位置设置活动溢流堰工程，能够形成合理的水位条件，控制河网流量分配，促进中小河道流动性提升。为选定常州市主城区溢流堰的位置和数量，拟定了三组溢流堰比选方案，基于河网水动力有序引排模拟技术，开展活水效果的数值模拟，确定其中较好的活水方案，活水自流，改善全区水质。

通过前文水源保障率分析，长江可作为常州市主城区的补水水源，前文城区内部水动力状况分析结果表明，骨干河道的流动性较强，中小河道流动性较弱，因此，本次模拟方案设置时，考虑从长江补水进入主城区，而长江进入主城区的骨干河道主要为澡港河，澡港河在城区入口的主要分支河流为澡港河东支，进入老城区入口的主要分支为关河，因此，澡港河东支和关河作为城区两条骨干河道，具有较强的流动性，当长江通过澡港河补水入城时可能会造成大量水流流出城外，因此，澡港河东支和关河是主城区需要调控的关键河道。根据以上分析，筛选了澡港河东支和关河两条关键河道设置活动溢流堰进行位置比选，计算方案说明如下，溢流堰位置如图 6.18 所示。

方案 1：控制澡港河水位 4.0m＋关河 2 座控导工程（溢流堰 3、4）。

方案 2：控制澡港河水位 4.0m＋关河 2 座控导工程（溢流堰 3、4）、澡港河东支 1 座控导工程（溢流堰 1）。

方案 3：控制澡港河水位 4.0m＋关河 2 座控导工程（溢流堰 3、4）、澡港河东支 2 座控导工程（溢流堰 1、2）。

1）城市河网引排数值模拟。

方案 1：澡港河水位 4.0m、设置关河两座溢流堰的情况下，从澡港河入城的 $34m^3/s$

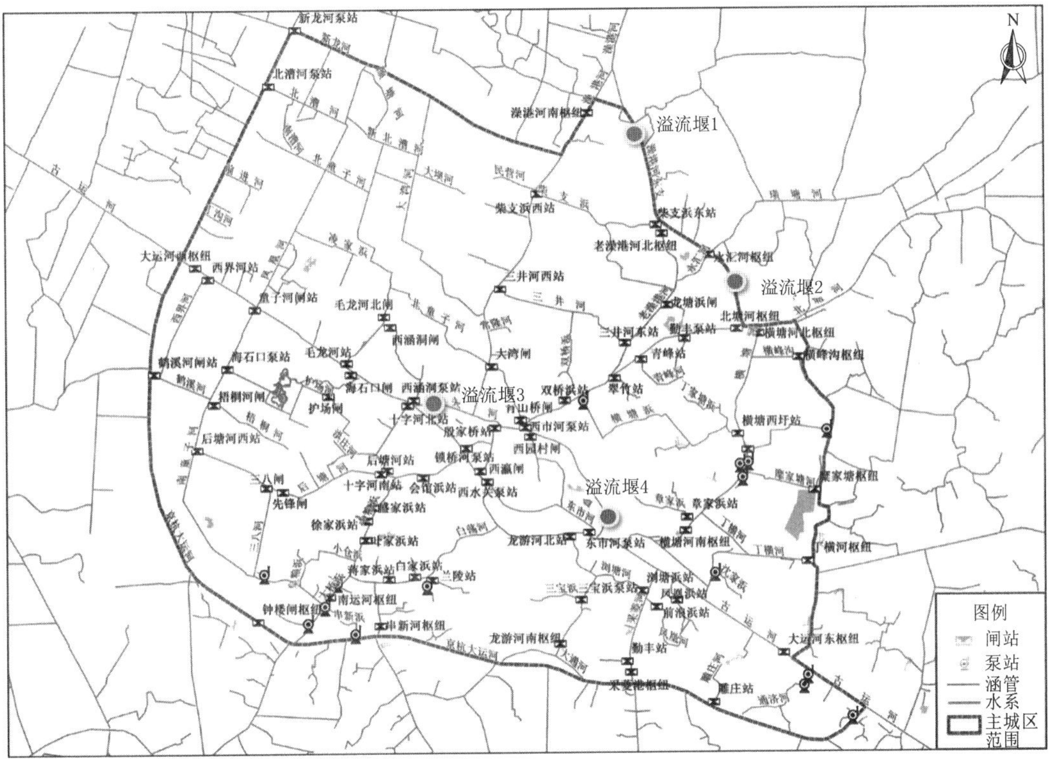

图 6.18 控导工程布置

大部分从澡港河东支流走，澡港河入口的水位仅达到 3.50m，城区形成的南北水位差较小，大部分河道的活水效果不佳。

方案 2：澡港河水位 4.0m、设置关河两座、澡港河东支一座共三座溢流堰的情况下，关河新市桥堰和关河洋桥堰抬高了关河的水位，但由于澡港河东支上盘龙苑溢流堰的阻挡作用，进入澡港河和澡港河东支的分流比发生变化，由澡港河进入主城区内部的水流流量增加到 33.2m³/s，但水流进入城区后，部分从三井河经老澡港河向北，从澡港河东支流走，损失了部分流量，因此，进入老城区的总流量约为 10m³/s，西市河、北市河、东市河、南市河的流量分别为 4.4m³/s、6.3m³/s、3.6m³/s、2.6m³/s，相比设置两个堰的方案 1，活水效果有所增加。

方案 3：澡港河水位 4.0m、设置关河两座、澡港河东支两座共四座溢流堰的情况下，由澡港河进入主城区的水流流量为 30m³/s，从澡港河东支损失的流量仅 4m³/s，且水流进入城区后大部分进入老城区，西市河、北市河、东市河、南市河的流量分别为 7.5m³/s、10.1m³/s、5.5m³/s、4.6m³/s。另外，进入澡港河东支的水流为澡港河清水，通过恐龙苑溢流堰的调节，增加了进入恐龙园附近的清水水量，对该地区的水环境有一定作用。本方案相比方案 1 和方案 2，活水效果明显增加。

2) 控导工程位置优选。从三组不同位置和数量溢流堰方案模拟结果来看，设置关河两座溢流堰，从澡港河入城的 34m³/s 大部分从澡港河东支流走，城区大部分河道的活水效果不佳；设置关河两座、澡港河东支一座共三座溢流堰，由澡港河进入主城区的水流流量增加,活水效果有所增加,但部分从澡港河东支流走,损失了部分流量;设置关河两座、澡港河东支两座溢流堰,从澡港河东支损失的流量仅 4m³/s,水流大部分进入老城区,活水效果最好。因此,建议在主城区澡港河东支、关河两条骨干河道的 4 个关键位置设置 4 座溢流堰,能够有效激活全城水系。

6.4 技术示范效果

6.4.1 示范区基本情况

将前述研发的城市"多源互补-引排有序-精准调控"水环境质量提升技术应用于常州市区,建立了常州市水环境质量提升示范区。示范区位于常州市,北至长江,南抵太湖运河,西至德胜河—武宜运河,东至新沟河—直湖港,包括新北区、钟楼区、天宁区、武进区和部分经开区,总面积 1190km²。

6.4.2 水环境质量提升方案

6.4.2.1 运北片水环境质量提升方案研究

常州市示范区水环境提升方案是根据研发的城市河"多源互补-引排有序-精准调控"水环境质量提升技术提出的基于水动力调控的水环境提升方案,通过水源分析、需水量计算、引排路径分析、工程布局与模拟分析等初步制定运北片水环境提升方案。

(1) 水源分析

采用城市多源互补水源保障技术,确定长江、滆湖、苏南运河等可作为示范区的优质水源,其中,长江水量充沛,水质较好,常年为Ⅱ～Ⅲ类水,水质保障率 100%,根据运北片区北临长江的优越地理位置,可选择长江作为运北片的补水水源,且长江高潮位期具有较高的自流保证率,在低潮位期,可通过沿江的两条主要骨干河道泵引入城。

(2) 河网需水量计算

采用前文提出的城市河网水量精准配置技术,计算运北片河网需水量。运北片内部主要的水利分区为运北主城区,通过数学模型统计了不同运北主城区的河道槽蓄量。发现在常水位 3.41m 时,河网总槽蓄量约 773 万 m³,水位每增加 10cm,槽蓄量增加约 38 万 m³。参考周边平原城市的补水频次,制定运北片的补水频次为 2 天 1 次,计算了运北主城区的需水量约为 50m³/s。

(3) 有序引排路径分析

在确定城区河网需水量后,需要考虑水源的补水方式和有序引排路径。前文分析可知,长江在高潮位期具有较高的自流保证率,为精确计算沿江闸门开闸状态的入流流量,利用澡港水利枢纽的潮位数据计算了闸门不同开度的流量过程(图 6.19),可以看出,在长江高潮位期最高入流达到 100m³/s,满足城区流量需求,可以通过自引方式

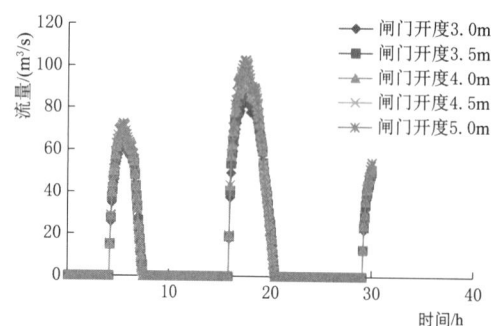

图 6.19 澡港水利枢纽闸门开启不同高度的流量过程

入城。

在长江低潮位期,需要启用泵站泵引的方式补水,运北片内主要的通江骨干河道,包括德胜河、澡港河、老桃花港等(图6.20),其中,德胜河、澡港河江边段受日常潮汐作用引排,基本为长江水Ⅱ~Ⅲ类,澡港河的澡港水利枢纽和德胜河的魏村枢纽均具有动力条件,因此,将德胜河和澡港河作为城区的补水通道。考虑沿江泵站的流量沿程损失,为满足城区的水量需求,需要启用澡港水利枢纽泵站 $40\text{m}^3/\text{s}$ 和德胜河 $30\text{m}^3/\text{s}$ 双通道补水。其中,长江水源经澡港水利河枢纽和魏村枢纽引入后,进入澡港河和德胜河,随后分配进入其他中小河道。其中,德胜河清水入城后,经新闸泵站引入,主要供给主城区西北部薛家片区和老运河南部区域,西北部水流经肖龙港北排,南部区域水流经苏南运河东排;澡港河清水进入城区后,部分供给东部中小河道,再通过北塘河排出,经老桃花港北排,部分进入老运河后,供给南部河流,经苏南运河东排,形成两进两出的水流路径,既满足活水的需要,也兼顾了区域内的防洪排涝。

(4)控导工程布局

常州市属于平原河网地区,地势平坦,水动力弱,且补水直接从骨干河道流走,难入中小河道,城区小河道流动性无法提高,难以满足城区活水需求,因此,采用控导工程优化调控技术,对城区水动力条件进行调控,由前文控导工程位置寻优可知,运北片区需新建四个控导工程,即澡港河东支溢流堰两座(盘龙苑溢流堰和恐龙园溢流堰)、关河溢流堰两座(新市桥溢流堰和洋桥溢流堰),以增强内部调控能力。

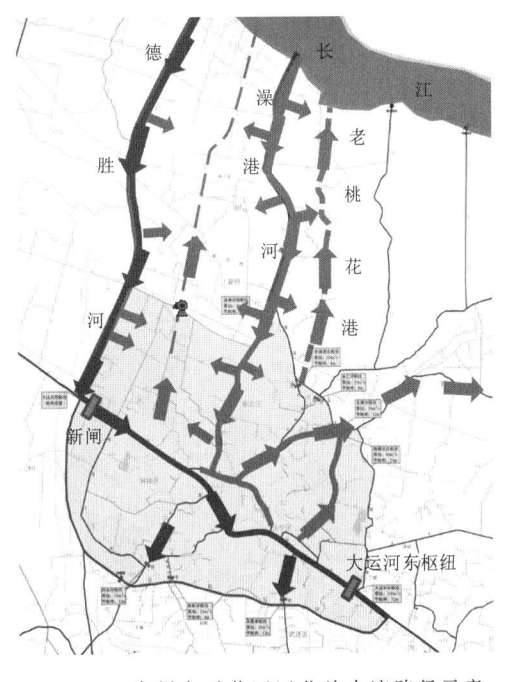

图6.20 常州市示范区运北片水流路径示意

通过启用关河、澡港河东支四座控导工程,关闭常州市新闸、大运河东枢纽闸门,形成三级梯级水位差,第一级水位是澡港河、关河,水位为3.8~4.0m;第二级水位是老运河,水位为3.6~3.8m;第三级水位是苏南运河,水位为3.4~3.6m;通过创造高低水片条件,实现自流活水,控导工程布局及三级水位调控示意如图6.21所示。

(5)工程调度情景设计

针对运北片区水系和水位现状及总体水系规划情况,提出了"充分利用长江过境水源,打造两条清水通道,形成三级阶梯水位"的水环境改善思路。为制定城区内部工程调度情景,设置了5组模拟方案。本次方案设置考虑两个目的:一是确定澡港河在运北城区入口的水位控制条件;二是内部重要工程与活动溢流堰的组合调度方案。

1)水位控制条件确定模拟情景。为确定澡港河入口的控制水位,拟定了5组比选方案开展活水效果模拟,具体见表6.25。

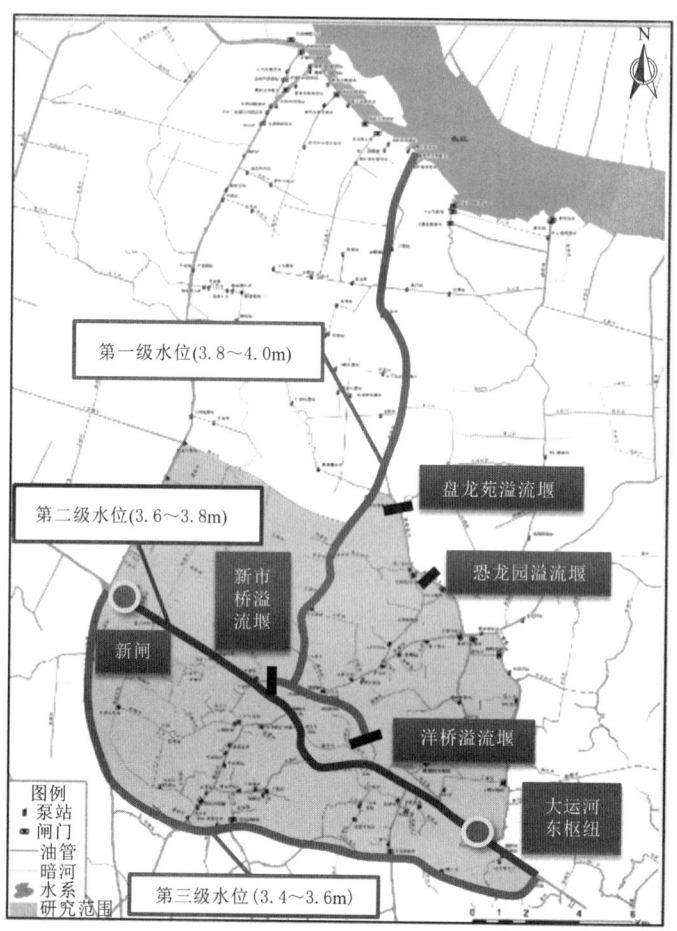

图 6.21　常州市示范区运北片控导工程布局及三级水位调控示意

表 6.25　　　　　　　　　澡港河水位控制条件研究的模拟方案说明

编号	澡港河上游水/m	溢流堰位置	溢流堰个数
方案 1-1	3.80	关河新市桥、关河洋桥、澡港河东支盘龙苑、澡港河东支恐龙园	4
方案 1-2	3.85	关河新市桥、关河洋桥、澡港河东支盘龙苑、澡港河东支恐龙园	4
方案 1-3	3.90	关河新市桥、关河洋桥、澡港河东支盘龙苑、澡港河东支恐龙园	4
方案 1-4	3.95	关河新市桥、关河洋桥、澡港河东支盘龙苑、澡港河东支恐龙园	4
方案 1-5	4.00	关河新市桥、关河洋桥、澡港河东支盘龙苑、澡港河东支恐龙园	4

2）工程组合方式确定模拟情景。围绕关键工程新闸工程调度及与四座活动堰工程的组合，设置了 5 组模拟情景，各情景调度说明见表 6.26，除表中所列工程外，为调控骨干河道流量进入中小河道，将采菱港枢纽、串新河枢纽、南运河枢纽、永汇河枢纽、鹤溪

河闸站控制开度，区域内断头浜按现状调度运行，其他各工程闸门开启、泵站关闭，具体如图6.22所示。

表6.26 　　常州市示范区运北片工程组合方式研究的模拟方案说明

工程名称	方案2-1	方案2-2	方案2-3	方案2-4	方案2-5
魏村枢纽	开泵 ($30m^3/s$，向南)	开泵 ($30m^3/s$，向南)	开泵 ($30m^3/s$，向南)	开泵 ($30m^3/s$，向南)	开泵 ($30m^3/s$，向南)
澡港水利枢纽	开泵 ($40m^3/s$，向南)	开泵 ($40m^3/s$，向南)	开泵 ($40m^3/s$)	开泵 ($40m^3/s$，向南)	开泵 ($40m^3/s$，向南)
大运河西枢纽	关闸	开泵 ($10m^3/s$，向东)	开泵 ($10m^3/s$，向东)	开闸	开闸
大运河东枢纽	关闸	关闸	关闸	关闸	关闸
盘龙苑活动堰	启用	启用	启用	启用	启用
恐龙园活动堰	启用	启用	启用	启用	启用
新市桥活动堰	启用	启用	不启用	启用	不启用
洋桥活动堰	启用	启用	不启用	启用	不启用

（6）调度方案模拟分析

1）水位控制条件模拟方案计算结果分析。控制澡港河水位3.80m条件下（方案1-1），模型计算结果显示，入城水量为$24m^3/s$，柴支浜分流$1.3m^3/s$、三井河$5.3m^3/s$，水流进入老城区后，流量分配情况西市河$5.8m^3/s$，北市河$8.1m^3/s$，南市河$3.5m^3/s$，东市河$8.1m^3/s$。控制澡港河水位3.85m条件下（方案1-2），澡港河引水入城区流量为$27m^3/s$，相对方案1入城流量增大，水流进入老城区后，流量分配为，西市河$6.4m^3/s$，北市河$8.9m^3/s$，南市河$3.9m^3/s$，东市河$5.0m^3/s$。

控制澡港河水位3.90m条件下（方案1-3），澡港河引水入城区流量为$28.5m^3/s$，进入老城区后，流量分配为西市河$6.9m^3/s$，北市河$9.5m^3/s$，南市河$4.2m^3/s$，东市河$5.3m^3/s$。控制澡港河水位3.95m条件下（方案1-4），澡港河引水入城区流量为$29.5m^3/s$，进入老城区后，流量分配为西市河$7m^3/s$，北市河$9.5m^3/s$，南市河$4.3m^3/s$，东市河$5.2m^3/s$。控制澡港河水位3.95m，苏南运河3.41m常水位。控制澡港河水位4.0m条件（方案1-5），澡港河引水入城区流量为$34m^3/s$，西市河$7.5m^3/s$，北市河$10.1m^3/s$，南市河$4.6m^3/s$，东市河$5.5m^3/s$。

根据城市河网水动力-水质阈值确定技术对示范区的流速阈值进行分析，确定了常州市示范区的流速阈值为$0.04\sim0.15m/s$，通过分析上述5组方案下的城区内各流速下河道长度占比情况（表6.27），研究不同方案的活水效果。可以看出，澡港河上游水位越高，流速为阈值范围$0.04\sim0.15m/s$的河道占比越大，活水效果越好，从此角度分析，澡港河上游水位越高越好，但是当上游水位超过4.0m时，会对区域防洪安全产生影响，因此，建议澡港河水位控制在4.0m左右，此时入城流量可达$30m^3/s$以上。

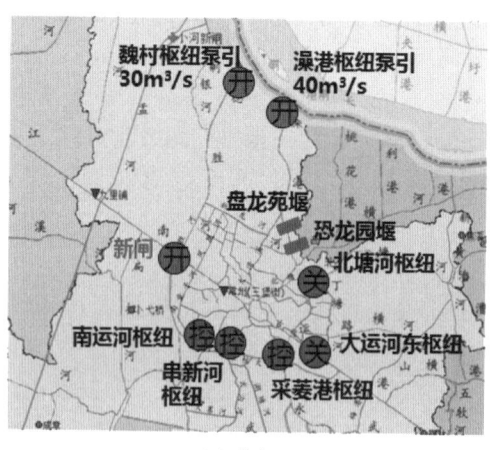

(e) 方案2-5

图6.22 常州市示范区运北片五组调度模拟方案

6.4 技术示范效果

表 6.27 不同方案主城区河道流速

编 号	不同流速（v）范围河道长度占比/%			
	$v<4\text{cm/s}$	$4\text{cm/s}\leqslant v<10\text{cm/s}$	$10\text{cm/s}\leqslant v<15\text{cm/s}$	$v\geqslant 15\text{cm/s}$
方案 1-1	40.28	37.98	11.54	10.20
方案 1-2	37.64	39.26	9.41	13.69
方案 1-3	35.63	40.99	9.13	14.25
方案 1-4	34.50	22.06	28.25	15.19
方案 1-5	32.62	23.28	27.50	16.60

另外，从所有方案模拟结果来看，城区内仍有部分河道的流速较小，经分析，流速较小的河道主要存在两种情况：一种是例如丁家塘河、横塘浜等管道连接的河道，因为涵管过流能力较小，影响了河道的流速；另一种是白家浜、童家浜、串新浜等断头浜，由于水系不连通，现状条件下，断头河的流速不能得到提升。

2）工程组合方式模拟方案结果分析。以运北片区内主城区的模拟计算结果分析各方案的活水效果，五组方案下常州市主城区范围内河道模拟流量分配情况如图 6.23 所示。

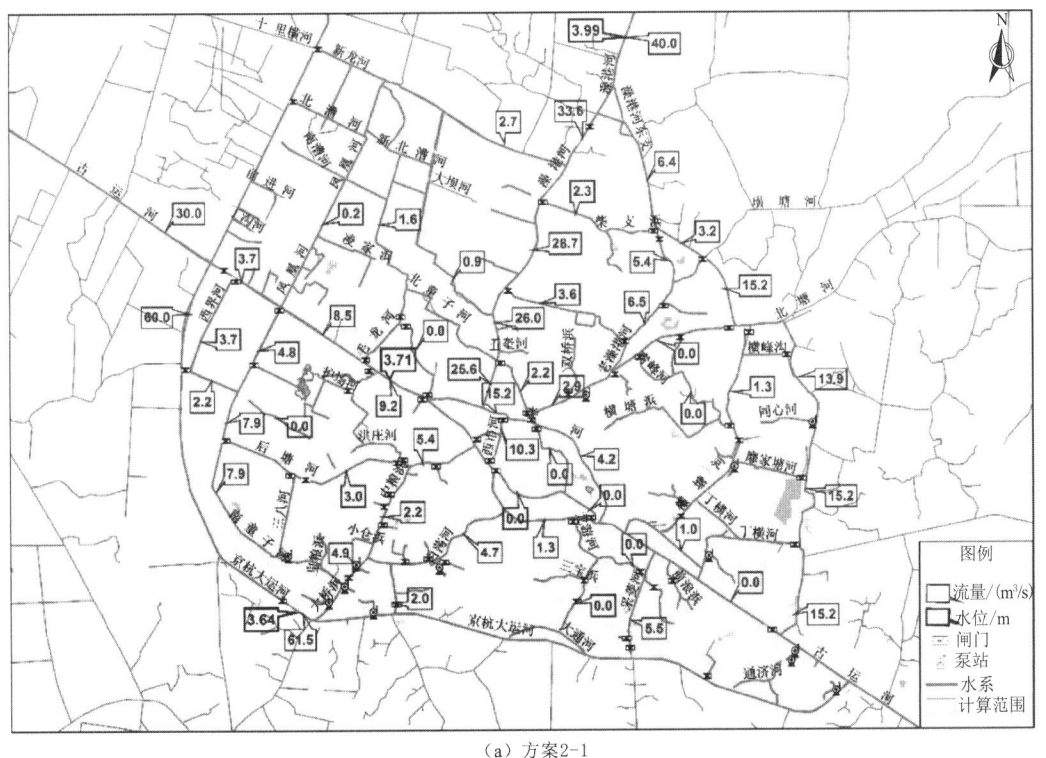

(a) 方案2-1

图 6.23（一） 常州市示范区运北片不同方案模拟计算结果

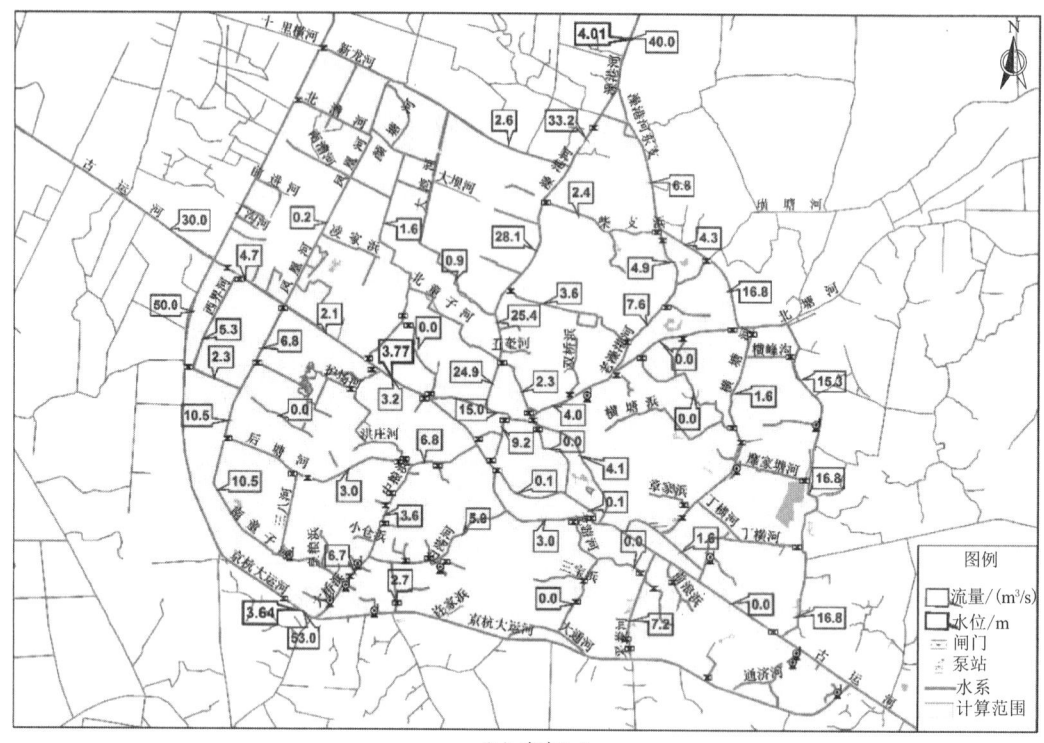

(b）方案2-2

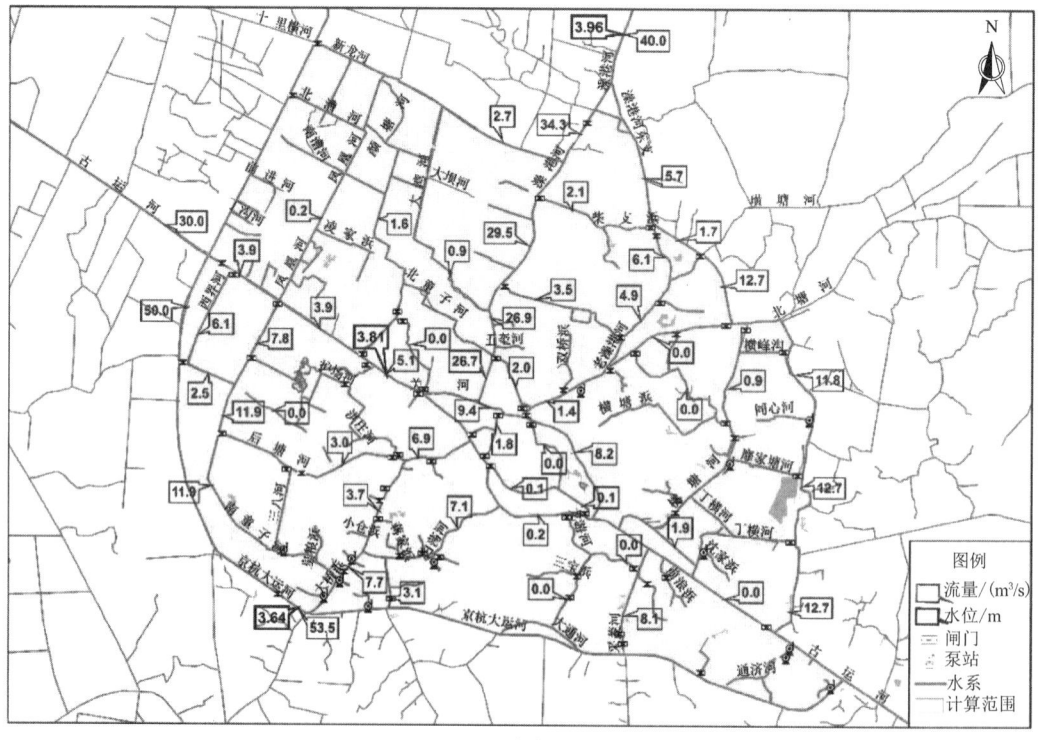

(c）方案2-3

图6.23（二） 常州市示范区运北片不同方案模拟计算结果

6.4 技术示范效果

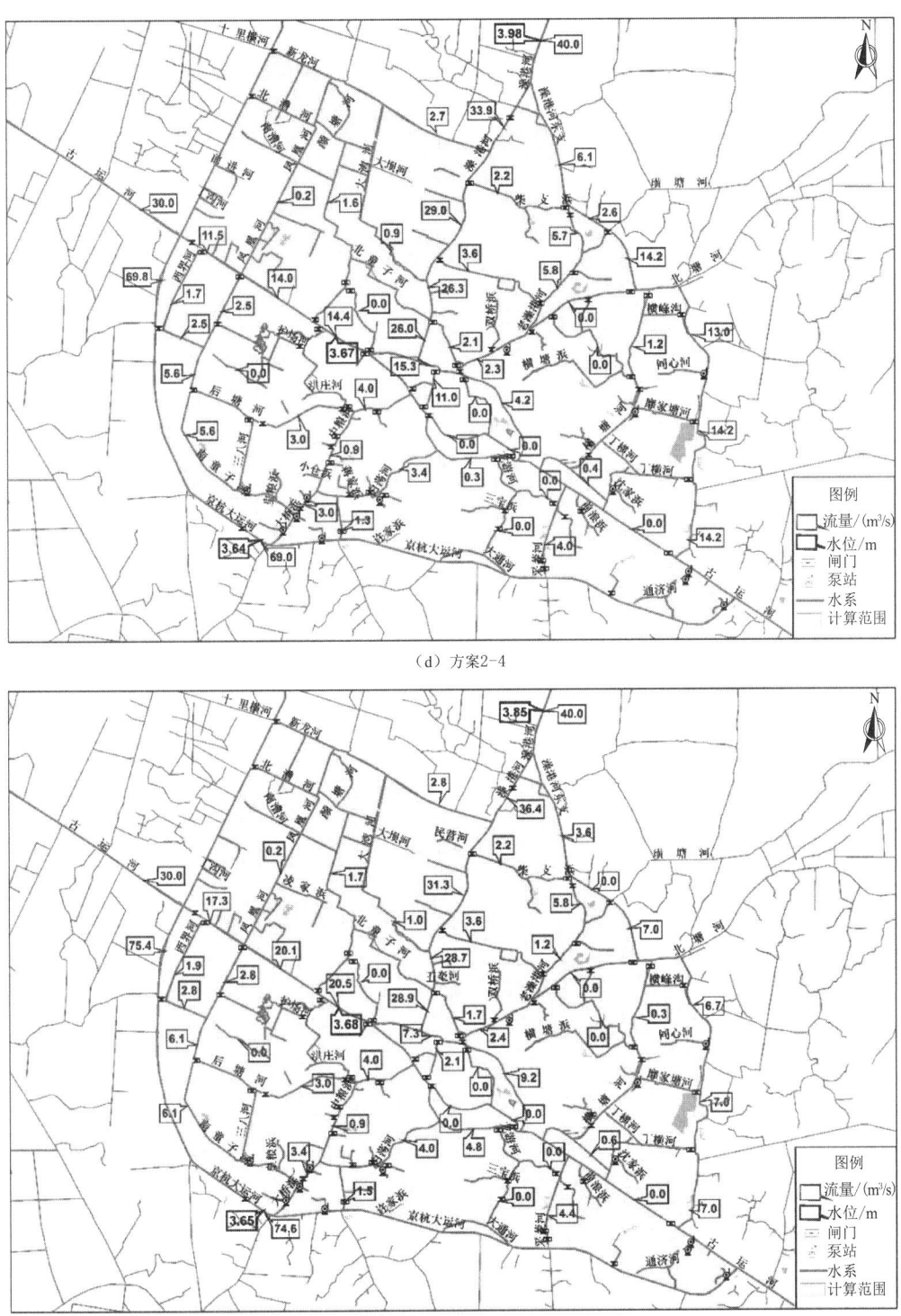

(d) 方案2-4

(e) 方案2-5

图6.23（三） 常州市示范区运北片不同方案模拟计算结果

方案 2-1 条件下，澡港河引水入城后，澡港河东支、柴支浜、三井河等河道分流，再经关河两座溢流堰调控，一部分进入老城区，一部分进入关河后向南流入主城区南部河道。本工况下，西界河流量为 3.7m³/s，南童子河上游 4.8m³/s，南运河和白荡河流量分别为 5.4m³/s、4.7m³/s，采菱港 5.5m³/s，由于北市河单独整治，西园村闸未开，老城区内流量均进入西市河，流量为 10.3m³/s，龙游河因施工影响，流量为 0。

方案 2-2 中考虑大运河西枢纽泵引 10m³/s，模拟结果显示，相比于方案 2-1，方案 2-2 条件下西界河、凤凰河、南童子河、南运河、白荡河、采菱港等主城区南部河道流量都有明显提升。

方案 2-3 条件下大运河西枢纽泵引 10m³/s，但不启用西市桥和洋桥活动堰。相比于方案 2-1，方案 2-3 条件下西市河流量由 10.3m³/s 大幅下降为 1.8m³/s，若未来北市河等河道整治完工，西园村闸开闸后，本工况下北市河及东市河、南市河流量也会大幅下降。

方案 2-4 条件下大运河西枢纽开闸，相比于方案 2-1，本方案中西界河、凤凰河、南童子河、南运河、白荡河、采菱港等河道流量都有明显下降，苏南运河流量明显上升，主城区南部河道减少的流量大部分从苏南运河流向主城区外围。

方案 2-5 条件下大运河西枢纽开闸，同时不启用西市桥和洋桥活动堰。相比于方案 2-1，本方案下西市河流量由 10.3m³/s 大幅下降为 2.1m³/s，并且，西界河、凤凰河、南童子河、南运河、白荡河、采菱港等主城区南部河道流量都有明显下降，与方案 2-4 类似，主城区南部河道减少的流量大部分从苏南运河流向主城区外围。

综上，通过 5 组工况的模拟分析表明，方案 2-1 和方案 2-2 的河道流量分配效果更好，因此，推荐方案 2-1 和方案 2-2 作为运北片的活水调度方案。

6.4.2.2　运南片水环境提升方案研究

（1）水源分析

采用多源互补的水源保障技术，结合运南片区北临苏南运河，西靠滆湖、武宜运河的地理位置，可选择滆湖、苏南运河、武宜运河作为运南片的补水水源。滆湖、苏南运河、武宜运河水量丰沛，且滆湖的水质保障率为 100%，苏南运河和武宜运河的水质保障率均接近 95%，另外，苏南运河向南补水的自流保证率较高，但清水进入中小河道仍需借助动力，而滆湖和武宜运河均需要动力补水。

另外，滆湖为武进区备用水源地，补水具有自主权，且后期滆湖持续治理和新孟河延伸工程的实施，滆湖水质将得到进一步改善，但运南片范围较大，目前滆湖缺乏动力措施，补水难以兼顾运南片全区，因此结合工程实际，针对运南片制定近期的补水水源为苏南运河、武宜运河，远期将滆湖作为补水水源，并建设动力工程，通过武南河补水入城。

（2）河网需水量计算

采用城市河网水量精准配置技术，计算运南片河网需水量。运南片内部的水利分区包括湖塘片、采菱东南片、黄桥港区、黄天片、武南片、礼嘉洛阳片、马安河南片和雪堰片（图 6.24），通过数学模型统计了各片区在 3.5m 时的河道槽蓄量，按照补水频次为 4 天 1 次，计算了各分区的需水量（表 6.28）。

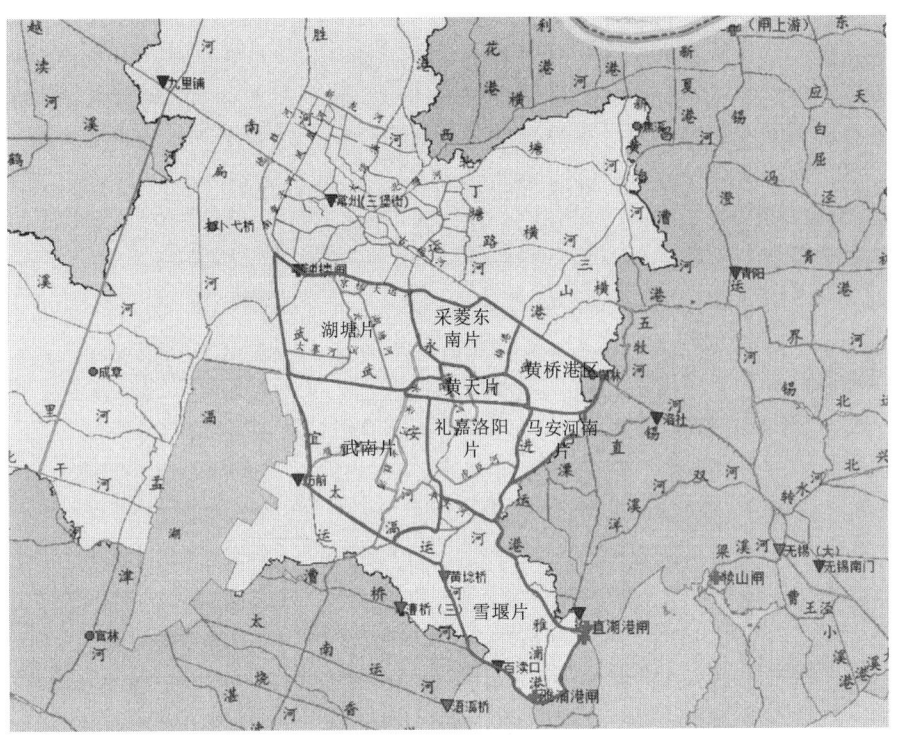

图 6.24　常州市示范区运南片水利分区示意

表 6.28　　　　　　常州市示范区运南片各水利分区需水量统计

分区名称	槽蓄量/万 m^3	补水频次	需水量/(m^3/s)
采菱东南片	109.72	4天1次	3.17
湖塘片	408.45	4天1次	11.82
黄天片	102.72	4天1次	2.97
黄桥港区	127.74	4天1次	3.70
马安河南片	140.49	4天1次	4.07
礼嘉洛阳片	343.21	4天1次	9.93
武南片	477.58	4天1次	13.82
雪堰片	361.48	4天1次	10.46

(3) 控导工程布局

前期现场试验结果显示，武宜运河来水约80%流量在武南河交汇位置倒流进入滆湖，对运南片的流动性改善和水质提升效果较小，为此，在近期利用苏南运河和武宜运河水源补入城区时，为尽可能地利用水源，需在武南河（与武宜运河交汇处西侧）建设控导工程，以增大进入运南片河网内部的清水水量（图6.25）。

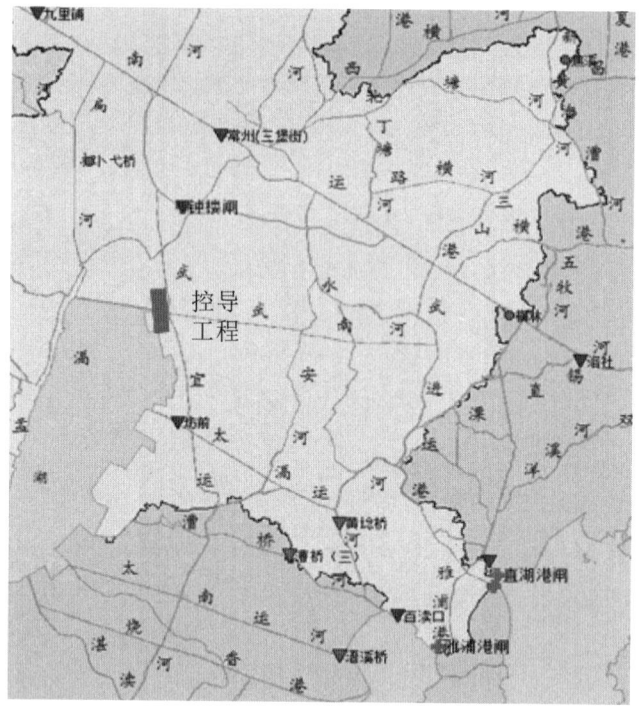

图 6.25 常州市示范区运南片控导工程位置示意

（4）工程调度情景设计

根据运南片水系及工程分布，制定研究阶段可实施的调度方案。选择苏南运河、武宜运河作为补水水源，充分利用现有水利工程，结合区域内日常调度方案，设置了三种启用控导工程的调度工况模拟方案（图 6.26）。方案1：启用控导工程，运南片区内部闸门开启、泵站关闭；方案2：启用控导工程，运南片区内部执行日常调度运行方案；方案3：启用控导工程，运南片区内部执行日常调度运行方案，启用马杭枢纽（10m³/s）、遥观南枢纽（30m³/s）北排。

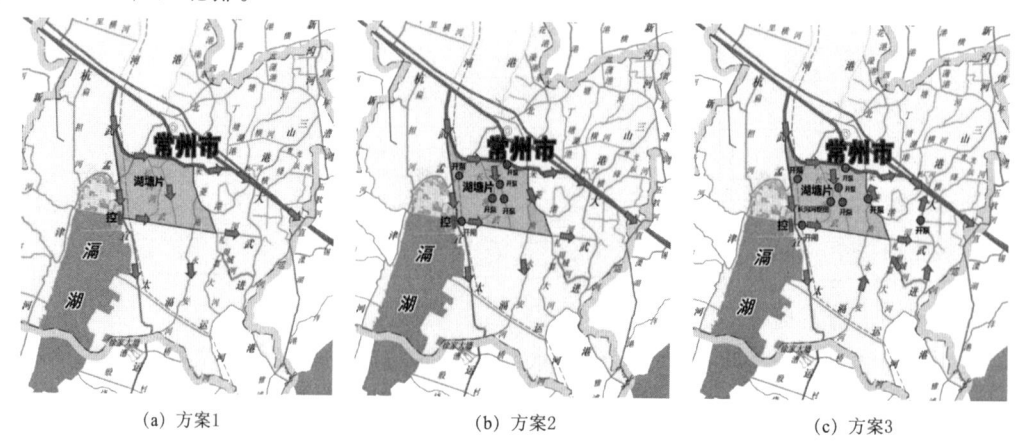

(a) 方案1　　　　　　　(b) 方案2　　　　　　　(c) 方案3

图 6.26 常州市示范区运南片三种方案工程调度及水流路径示意

(5) 调度方案模拟分析

三种方案不同水利分区总入流流量的计算结果如图 6.27 所示，方案 1 和方案 2 相比，各分区的入流流量相近，在武南河入滆湖湖口位置设置控导工程后，尽管内部未开启泵站，与湖塘片启用泵站的流量相差不大，但这两组方案中，进入黄天片的流量过大，而礼嘉洛阳片的流量过小；方案 3 条件下，进入湖塘片、采菱东南片等多个片区的流量均有所增加，不同方案各片区的补水频次统计结果也表明，方案 3 的补水频次更高，河网流动性和水环境改善效果更好。根据模型计算结果分析（表 6.27），方案 3 的流量更符合各区域的水量需求。

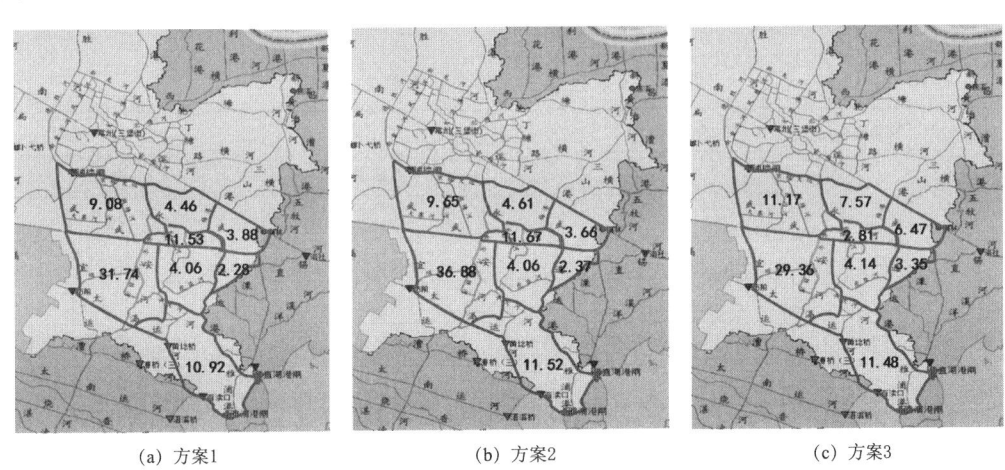

图 6.27 常州市示范区运南片三种方案不同水利分区总入流情况（单位：m³/s）

表 6.29 常州市示范区运南片不同水利分区补水频次统计

分区名称	槽蓄量 /万 m³	补水频次/(天/次)		
		方案 1	方案 2	方案 3
采菱东南片	109.72	2.84	2.75	1.68
湖塘片	408.45	5.21	4.90	4.23
黄天片	102.72	1.03	1.02	4.24
黄桥港区	127.74	3.81	4.04	2.28
马安河南片	140.49	7.12	6.86	4.86
礼嘉洛阳片	343.21	9.79	9.79	9.60
武南片	477.58	1.74	1.50	1.88
雪堰片	361.48	3.83	3.63	3.64
平均补水频次	—	4.42	4.31	4.05

6.4.3 示范区运行效果评估

6.4.3.1 考核断面布设

围绕水动力和水质指标，研究制定了示范区内第三方监测断面的布设原则，选取代表断面作为考核断面。

(1) 布设原则

监测断面的布设需要遵循以下原则：监测断面需位于示范区内，覆盖示范区的大部分区域；断面需具有代表性、典型性，能反映方案的实施效果；考虑实际采样和监测时的可行性和便捷性。

(2) 断面选取

示范区总面积1190km²，分为运北片和运南片两个片区，针对两个片区，根据水系格局和方案实施后的水流路径，分别选择各片区主要骨干及中小河道代表断面作为考核断面，共15个，具体见表6.30。

表6.30　　　　　　　　常州市示范区第三方监测断面基本情况

区　　域	点位序号	位　　置	河　　道
运北片	1	樊家桥	澡港河
	2	小运河桥	柴支浜
	3	三井桥	三井河
	4	白龙桥	西市河
	5	菱港桥	采菱港
	6	广仁桥	白荡河
	7	金谷桥	南童子河
	8	云祥桥	后塘河
	9	戚墅堰大桥	苏南运河
运南片	10	武宜运河桥	南运河
	11	大寨河桥	大寨河
	12	西河桥	武南河
	13	新西桥	顺龙河
	14	小留河桥	小留河
	15	西环路大桥	苏南运河

6.4.3.2　监测方案

(1) 监测指标

示范区第三方监测内容为水系流动性和NH_3-N浓度，其中，对于水系流动性，考虑流速能够客观地反映河道流动性，因此选择河道流速作为水系流动性的具体考核指标。河道流速和NH_3-N浓度具体数据均来自第三方机构在水环境质量提升方案运行前后对各考核断面的实际监测数据。

(2) 指标计算方法

水系流动性和NH_3-N浓度的评估方式为示范区水环境质量提升方案实施前后的提升幅度，根据该评估方式制定考核指标计算方法，具体如下：

1) 水系流动性提升率计算方法。水系流动性提升率计算公式如下（若考核断面的流速提升率均为10%以上，则认为达标）。

$$\eta_V = \frac{V_1 - V_0}{V_0} \times 100\% \tag{6.28}$$

式中：V_0 为示范工程实施前流速，m/s；V_1 为示范工程实施后流速，m/s；η_V 为流速提升率，%。

2）NH_3-N 浓度降低率计算方法。NH_3-N 浓度降低率计算公式如下（若考核断面的 NH_3-N 浓度降低率均为 10% 以上，则认为达标）。

$$\eta_{NH_3\text{-}N} = \frac{C_1 - C_0}{C_0} \times 100\% \tag{6.29}$$

式中：C_0 为示范前考核断面的 NH_3-N 浓度，mg/L；C_1 为示范后考核断面的 NH_3-N 浓度，mg/L；$\eta_{NH_3\text{-}N}$ 为 NH_3-N 浓度降低率，%。

（3）监测时间

根据评估指标计算方法，监测时间应分别选择示范区水环境质量提升方案实施前后流速的稳定时刻。

6.4.3.3 改善效果评估

（1）流动性改善效果

委托江苏省水文水资源勘测局常州分局在示范区运北片方案运行前后、运南片方案运行前后对前文所述考核断面的流量、流速进行第三方监测，根据监测方案及第三方监测结果，分析监测断面的流动性改善效果。

第三方监测结果（表 6.31）表明，在示范区方案运行前，仅澡港河、采菱港、苏南运河流动外，其他如三井河、西市河等中小河道均流动性均较弱，但在方案运行后，各监测断面流速提升率超过 14%，其中运北片 14.29%～700%，运南片 32%～900%。因此，示范区河道流动性变化情况满足考核要求，且流动的范围扩大至中小河道，进一步增加了示范区水网的水环境容量。

表 6.31　　常州市示范区各监测断面流速变化情况

点位序号	断面位置	所在河道	2020年11月26日（方案实施前）流量/(m³/s)	2020年11月26日（方案实施前）流速/(m/s)	2020年12月6—10日（方案实施后）流量/(m³/s)	2020年12月6—10日（方案实施后）流速/(m/s)	提升率/%
1	樊家桥	澡港河	6.2	0.05	35.5	0.29	480
2	小运河桥	柴支浜	1.93	0.1	3.08	0.29	190
3	三井桥	三井河	0.8	0.03	3.5	0.09	200
4	白龙桥	西市河	0	0	4.69	0.4	—
5	菱港桥	采菱港	5.3	0.05	6.44	0.07	40
6	广仁桥	白荡河	2	0.02	6.8	0.07	250
7	金谷桥	南童子河	0.4	0.01	6.8	0.08	700
8	云祥桥	后塘河	0.23	0.01	0.38	0.02	100
9	戚墅堰大桥	苏南运河	28.4	0.07	29.4	0.08	14.29

续表

点位序号	断面位置	所在河道	2020年11月26日（方案实施前）		2020年12月6—10日（方案实施后）		提升率/%
			流量/(m³/s)	流速/(m/s)	流量/(m³/s)	流速/(m/s)	
10	武宜运河桥	南运河	16.3	0.24	24.6	0.36	50
11	大寨河桥	大寨河	0.01	0.001	0.14	0.01	900
12	西河桥	武南河	0.32	0.01	6.52	0.1	900
13	新西桥	顺龙河	0.15	0.02	0.37	0.04	100
14	小留河桥	小留河	3.85	0.06	8.54	0.15	150
15	西环路大桥	苏南运河	3.09	0.025	5.28	0.033	32

（2）水质改善效果

委托江苏省水环境监测中心常州分中心在示范区运北片方案运行前后、运南片方案运行前后对前文所述考核断面的 NH_3-N 浓度进行第三方监测，根据监测方案及第三方监测结果，分析监测断面 NH_3-N 指标的改善效果。

第三方监测结果（表6.32）表明，在示范区方案运行前后，各监测断面的 NH_3-N 浓度下降率超过22%，其中运北片54.69%~94.87%，运南片22.31%~73.88%。因此，示范区河道 NH_3-N 变化情况满足考核要求。

表6.32　　　　　常州市示范区各监测断面 NH_3-N 变化情况

点位序号	断面位置	河道	NH_3-N/(mg/L)		变化率/%
			本底值	实施后	
1	樊家桥	澡港河	0.73	0.18	75.34
2	小运河桥	柴支浜	2.12	0.18	91.51
3	三井桥	三井河	1.45	0.12	91.72
4	白龙桥	西市河	2.73	0.14	94.87
5	菱港桥	采菱港	1.39	0.62	55.40
6	广仁桥	白荡河	1.17	0.21	82.05
7	金谷桥	南童子河	1.92	0.87	54.69
8	云祥桥	后塘河	4.58	1.09	76.20
9	戚墅堰大桥	苏南运河	0.96	0.22	77.08
10	武宜运河桥	南运河	0.72	0.46	36.11
11	大寨河桥	大寨河	0.81	0.37	54.32
12	西河桥	武南河	1.34	0.35	73.88
13	新西桥	顺龙河	2.74	1.74	36.50
14	小留河桥	小留河	1.21	0.94	22.31
15	西环路大桥	苏南运河	0.42	0.32	23.81

（3）经济效益估算

常州市示范区建设方案通过活动溢流堰营造水势形成活水，不仅能更好地达到水质提升效果，而且避免了大规模的工程建设，节约工程经费约 0.45 亿元。

示范区建成之前，常州市从澡港河日常补水 $40 m^3/s$，其中 1/3 流量会从澡港河东支流走，仅有 2/3 流量能进入城区内，引入城区的水量无法进入古城。示范区建成之后，所引水源大部分能进入城区内，入城水量提高至 $35 m^3/s$ 以上，其中约 $20 m^3/s$ 进入城区内部中小河道。示范工程按每月运行 10 天，每天运行 10h，每年运营 50 天估算，形成水资源当量约 3600 万 m^3/a，折合人民币约 0.07 亿元。运行至今（按 2.5 年计），累计形成水资源当量 9000 万 m^3，折合经济效益约 0.18 亿元。

6.5 小结

本章针对区域防洪除涝安全保障存在问题及需求，按照蓄泄兼筹的思路，基于逻辑分析方法和河湖水系连通保障水安全的原理，厘清了区域-城区-圩区防洪除涝技术要点。分析研究区域河湖水系连通特性、排泄水骨干通道、控制性工程等基本情况，将研究区域划分不同层级、多维尺度的治理分片，提出分片治理方案，形成分片治理技术；利用水文水动力数学模型，分析区域大系统、城区中系统、圩区小系统的水网滞蓄能力和滞蓄潜力，提出区域蓄泄关系优化方案，形成滞蓄有度技术；按照流域统筹和区域协调原则，构建区域-城区-圩区防洪除涝联合优化调度模型，充分考虑排泄水骨干通道的滞蓄能力，安排区域、城区、圩区的洪水和涝水的排泄路径和排泄时机，以提高系统滞蓄能力、畅通排泄水出路，针对洪水和涝水形成的时差，科学调度控制性工程，制订错时调度方案，形成调控有序技术，综合形成区域"分片治理-滞蓄有度-调控有序"防洪除涝安全保障技术及方案。

针对高城镇化水网区城市水环境质量提升存在问题及需求，采用城市多源互补水源保障技术，基于水量、水质保证率分析，筛选制定多源互补的补水方案；利用城市河网水动力有序引排模拟技术，确定区域河网有序引排格局，优化调度方案；通过城市河网水动力精准调控技术，计算河网需水量，寻找关键控制节点布设控导工程，精准控制河网水位-流量；在此基础上，综合提出城市水环境质量提升方案，最后制定现场原型观测方案，验证方案效果，提出方案优化建议，综合形成城市"多源互补-引排有序-精准调控"水环境质量提升技术及方案。针对运北片和运南片分别制定水环境质量提升方案：运北片北临长江，确定长江为运北片补水水源，经过德胜河和澡港河两条引水通道进入城区，通过关河、澡港河东支四座控导工程，形成三级梯级水位差，创造高低水片条件，实现自流活水。运南片现阶段将苏南运河和武宜运河作为水源，通过湖塘片优化调度，配合遥观南枢纽、马杭枢纽等北排泵站启用，达到活水目的；未来考虑利用滆湖水源，配合遥观南枢纽优化调控，实现更大范围河网流动性和水环境提升。

采用城市"多源互补-引排有序-精准调控"的水环境质量提升技术，研究提出示范区水环境质量提升技术方案，于 2020 年 11 月 28 日—12 月 11 日、2021 年 5 月 14—21 日组织实施 2 次示范试验。试验表明，通过优化分区控导工程布设和闸泵工程运行，重构了区域水动力条件，提高了城市河网水环境承载能力，改善了城市水环境质量。委托第三方机构在示范区运北片、运南片方案运行前后对考核断面（15 个）的流量、流速、氨氮浓度进行监测。结果表明，方案运行后，各监测断面流速提升率均超过 14%，氨氮浓度下降率均超过 22%，流动性改善情况、氨氮浓度改善情况均满足考核要求，实现了示范区建设目标，展现出城市水网"潺潺流水"的宜居美景，产生了显著的生态环境和社会经济效益。2020—2022 年示范区建设运行以来，避免了大规模的工程建设，节约工程经费约 0.45 亿元，运行至今（按 2.5 年计），累计形成水资源当量 9000 万 m^3，折合经济效益约 0.18 亿元。

我国河湖水系格局与国家水网布局战略框架

7.1 新形势下国家水网需求分析

不同历史阶段、不同资源条件、不同经济社会发展水平下，水系连通的功能、要求、准则都不一样。通过梳理历史上不同发展阶段河湖水系连通工程，分析河湖水系连通的类型、成效，总结出共性的经验、规律和新时期新形势的要求，为科学推动河湖水系连通工作提供决策支撑。

7.1.1 国家战略对河湖水系连通需求分析

我国在自然河湖水系分布基本框架下，通过大量各类连通工程有机衔接，形成的河湖库渠相结合的水系连通格局，在维护河势总体稳定的基础上，有效提高了洪水调度和水资源调配以及水生态保护的能力，为经济社会发展和生态文明建设做出了巨大贡献。一方面，由于认识水平的局限性与水资源不合理的开发和利用，原本连通的河湖水系出现了连通不畅乃至隔绝的状况，造成一些地区水资源调配能力不足、干旱频发，洪水宣泄不畅、风险增大，河流自净能力减弱、污染加重等问题，需要重新审视和分析现有河湖水系的连通状况；另一方面，我国水资源时空分布和人口、经济发展不匹配的现实，要求一些本来不连通的河流要实现新的连通。新时期国家经济社会发展和生态文明建设，对提高河湖水系连通性提出了更高的要求。

新时期国家经济社会发展和生态文明建设对提高河湖水系连通性提出了更高的要求，主要表现在以下几方面。

7.1.1.1 促进经济社会发展的需求

按照国家主体功能区划，国家21个优化开发区和重点开发区中有京津冀、中原经济区、关中-天水地区等11个位于水资源严重短缺地区，共有19个区水资源安全问题十分突出。国家"五片一带"为主体的能源开发总体布局中，东北地区、新疆、山西、鄂尔多斯盆地等能源基地均位于资源型缺水地区，需在大力节水前提下，通过河湖水系连通，优化水资源配置格局，提高缺水地区水资源承载能力，保障经济社会发展合理用水需求。从经济社会发展对水资源的支撑保障能力的要求，从提高供水保障程度、保障供水安全、提高应对气候干旱等突发事件能力的角度，开展河湖水系连通是保障国家优化开发区和重点开发区经济社会发展的需要，是保障我国重点工业发展的需要，是保障国家能源安全的需要。

7.1.1.2 推进工业化城市化的需求

城市是居民生活用水、工业生产用水和河道外生态环境用水最集中的地区，水作为一种不可替代的资源，是城市生存和发展的基本条件，城市发展离不开水，水兴城旺，水竭城衰，有了水才能有城市的繁荣昌盛和人们的安居乐业。随着工业化、城市化进程加快，我国人口将更进一步向城市聚集，2030年城镇化率将超过62%，城镇人口将达到约9.4亿，比现状增加2.7亿，保障城镇供水安全面临巨大压力。

全国37个主要城市化地区中有21个分布在缺水地区，共有26个城市存在水资源安全问题；123个100万人口以上的特大城市中有58个存在比较严重的缺水问题。保障环渤海地区、长江三角洲地区、珠江三角洲地区3个优先开发区域和冀中南地区、太原城市群、呼包鄂榆地区、哈长地区、东陇海地区、江淮地区、海峡西岸经济区、中原经济区、长江中游地区、北部湾地区、成渝地区、黔中地区、滇中地区、藏中南地区、关中-天水地区、兰州-西宁地区、宁夏沿黄经济区、天山北坡地区18个重点开发区域城市群的用水安全，需要在现有供水工程的基础上，通过加强河湖水系连通，建立多类型、多水源组成，互连互通的城市供水网络，提高城市供水安全保障能力。

城市河湖水系连通，涉及城市的饮用水安全供给、水环境保护、水生态建设和城市排水与雨洪利用，以及河流与城市建设协调规划和提升城市品质与活力等方方面面。在尊重河流的自然规律、维持河流的形态和水文特征、保证河流水质、协调城市建设与河流关系的基础上，进行城市河湖水系连通，是实现城市人水和谐的必由之路。

7.1.1.3 保障国家粮食安全的需求

以东北平原主产区、黄淮海平原主产区、长江流域主产区、汾渭平原主产区、河套灌区主产区、华南主产区、甘肃新疆主产区7个农产品主产区为主体的"七区二十三带"农业战略格局中有五区十四带位于北方缺水地区，水资源矛盾十分突出，支撑保障能力不足。党的十八大以来，以习近平同志为核心的党中央把粮食安全作为治国理政的头等大事，提出了"确保谷物基本自给、口粮绝对安全"的新粮食安全观，确立了以我为主、立足国内、确保产能、适度进口、科技支撑的国家粮食安全战略。目前农业抗旱能力普遍偏低，全国2863个市县中超过一半为易旱县，其中严重旱灾易发县473个、中度旱灾易发县1135个，应对干旱的能力较低。为保障国家粮食安全，需要在加强水源工程和高效节水工程建设的同时，通过适宜的河湖水系连通，合理配置水资源，提高承载能力和保障能力，改善农业基本用水条件，退还被挤占的农业用水，提高农业灌溉的供水保证率和农业抗旱能力。

7.1.1.4 提高防洪除涝能力的需求

我国是世界上洪水最频繁和洪水灾害最严重的国家之一，中华民族在5000年不断与洪水做斗争中，从鲧的堵水到大禹的疏水，从西门豹治邺到李冰父子修建都江堰，从郑国渠到京杭大运河，再到历朝历代修筑大堤等，无不凝聚着连通与疏导等中华民族伟大的治水智慧和结晶。

中华人民共和国成立以来，党和政府始终把江河治理放在发展国民经济的重要地位，经过60多年的不懈努力，全国已建成各类水库8.6万座，堤防长度28.69万km，累计开挖、疏通河道数万公里。目前由水库、河道和蓄滞洪区组成的各流域防洪工程体系均已基本形成，特别是长江三峡、黄河小浪底、嫩江尼尔基、淮河临淮港等骨干防洪工程建设，以及黄河下游堤防4次加高加固和海河下游多条分流入海减河的开辟，以兴建入海水道和整治入江通道为代表的治淮19项骨干工程和以望虞河和太浦河为代表治太骨干工程的完成，大大提高了各流域防洪调度和防洪减灾能力，终结了黄河、淮河数百年来洪患频发的历史，取得了抗御1998年长江、嫩江、松花江特大洪水等各流域的历次抗洪斗争的伟大胜利，为确保国家的稳定和人民生命财产的安全、保障经济社会发展做出了重大贡献。

但目前在局部地区尚存在河床淤高、河道阻塞、湿地开发、湖泊围垦、湿地面积大幅度减少、洪水归槽水位抬高、洪水调蓄容量丧失、流域内河川径流的调节功能削弱等问题，使得防洪形势仍很严峻，防洪压力依旧很大，每年因洪水和泥石流灾害所造成的损失仍然很大。

除长江、黄河、淮河、海河、珠江、松花江、辽河七大江河主要干支流外，全国范围内有数量众多中小河流，许多中小河流主要是20世纪50—80年代通过群众投劳进行治理，与大江大河的防洪建设相比中小河流治理总体滞后，中小河流仍处于"大雨大灾、小雨小灾"的局面。特别是近些年来极端天气事件增多，中小流域常发生集中暴雨，形成较大洪水，造成比较严重的洪涝灾害。中小河流河道淤积堵塞和水面萎缩现象严重，尤其是中小河流和农村河道未进行过系统清淤整治，部分河道基本的调蓄作用和输水排水功能逐渐丧失，严重危及区域防洪安全，直接影响全面建设小康社会与和谐社会建设的进程，影响区域经济社会的可持续发展。

为了确保各流域防洪安全，保障国民经济安全运行，需要在进一步加强防洪工程体系建设和洪水预报调度、植树造林、退田还湖等非工程措施的同时，开展河湖水系连通，打通洪涝水通道、维护洪水蓄滞空间，合理安排洪涝水出路，降低洪水风险，提高河湖的洪水蓄泄能力。

7.1.1.5 改善水生态水环境的需求

我国许多地区天然生态脆弱，加之长期对水资源的过度开发，挤占生态环境用水，水生态系统退化问题突出。

部分地区在经济社会快速发展的同时，废污水排放量增大，由于废污水处理程度低，入河湖污水量增加迅速，大大超过了纳污能力，水污染加剧，水生态环境状况严重恶化，资源环境对经济社会发展的支撑保障能力呈现明显下降趋势，已成为制约经济社会发展的重要因素。

部分地区由于河湖开发、湿地围垦，产生了河湖水系连通性减弱、河湖通道阻隔，水体空间缩小、循环能力降低等问题。与河流连通的众多湖泊注淀，由于垦殖等原因，水系空间被压缩。中小河流河道淤积堵塞和水面萎缩现象严重，有的河道基本的调蓄作用和输水排水功能逐渐丧失。这些问题已成为人水关系不和谐的重要表现，成为影响经济社会可持续发展、水生态系统健康的关键制约因素。

此外，我国农村水环境问题日益显现，农业源污染物排放总量较大，局部地区形势有所好转，但总体形势仍十分严峻。

为逐步恢复和保护生态环境功能，需要增强河湖水系的连通性、改善水体循环状况、保障基本生态环境用水要求，以河湖连通维系流域健全的水循环规律，改善生态平衡，维护河湖生态环境功能，发挥水生态系统自我修复能力，保障生态安全。通过水力调度、生态治理等科学方法和手段，在严格控制污染物排放的前提下，加快水体流动性，提高自净能力，增强水环境承载能力，尽快扭转资源环境状况持续恶化的局面；改善生态用水状况，构建河湖水系连通廊道，增强生物多样性，修复河湖生态功能。依托地域特色，结合城市河湖水系整治，在水资源条件允许的地区构建城市水景观空间；对农村进行水环境整治和水生态修复，保障城乡区域协调发展，建设社会主义新农村，改善城乡人居环境，提高生活质量与水平，建设生态文明。

7.1.2 不同类型地区对河湖水系连通需求分析

我国在推进率先发展沿海战略同时，通过实施西部大开发、振兴东北老工业基地、促进中部地区崛起等一系列战略，逐步形成东中西优势互补、南中北经济联动的发展格局。经济社会发展格局和水资源格局匹配关系不断演变，用水竞争性加剧，不同类型地区河湖水系也不断变化，加之水生态环境禀赋条件等差异，对河湖水系连通的需求也有所不同。根据我国国土空间总体布局、经济社会发展形势、水资源环境承载状况以及未来流域区域水资源配置方案等要求，将我国分为东北地区、华北地区、华中地区、东南沿海地区、西南地区、西北地区六大片区，分区提出河湖水系连通需求，以便于合理布局河湖水系连通方案，突出重点、梯次推进河湖水系连通工程。

7.1.2.1 东北地区

东北地区包括黑龙江、吉林、辽宁、内蒙古 3 市（赤峰、通辽、呼伦贝尔）。西部为大兴安岭，东部为长白山，北为小兴安岭，中部为松辽平原，东北部为三江平原。全区除西部与蒙古高原接壤，其余部分为界江、界河及大海环绕。

东北地区大体上可分为三个自然地带，即东部和北部湿润的森林地带，中部半湿润的森林草原地带和西部半干旱的草原地带。湿润森林地带包括大兴安岭、小兴安岭、长白山（含辽东山地）和南部辽东半岛的千山丘陵以及东北部的三江平原，年降水量 600~1000mm。半湿润森林草原地带位于本区中部，是松辽平原的主体部分，其北部是我国肥沃的黑土带，年降水量 400~600mm。半干旱草原地带位于本区西部，主要包括西辽河流域、松嫩平原西部和呼伦贝尔高原，年降水量 300~450mm，为农牧业交错区与牧区，生态与环境脆弱。

区域内分布着两大水系，北部是流入黑龙江的松花江水系，南部是流入渤海湾的辽河水系。东北地区多年平均水资源总量为 1987 亿 m^3，水资源区域分布呈现北多南少、东多西少、边缘多、腹地少。区内湖泊、沼泽湿地分布广泛，主要湖泊有呼伦湖、兴凯湖、查干湖等。在三江平原、松嫩平原、辽河下游平原，大小兴安岭山地、长白山山地发育了大面积的沼泽，是我国淡水沼泽的集中分布区，其中列入国家级湿地自然保护区为 13 处。

据《全国主体功能区规划》，东北地区拥有大小兴安岭森林生态功能区、长白山森林生态功能区、呼伦贝尔草原草甸生态功能区、三江平原湿地等国家重点生态功能区。森林、草原和湿地三大自然生态系统对防风固沙、水源涵养、生物多样性保护发挥重要作用，是东北平原重要生态屏障，也是全球生态系统的重要组成部分。

东北地区在国家战略全局中举足轻重,是重要的工业基地和保障粮食安全的大粮仓。该区域水土资源配置、生态环境总体良好。但随着经济社会的快速发展和对森林和水土资源的无序开发,本区面临日益趋紧的资源环境压力,出现森林涵养能力降低、黑土地水土流失严重、湿地萎缩生态退化等问题。现状除黑龙江、鸭绿江等跨界河流水资源尚有一定开发潜力外,腹部嫩江、松花江基本无开发潜力,辽河流域水资源已开发过度,开发利用程度已超过70%,存在供水不足、地下水超采和生态用水被挤占等问题。由于水土资源的开发,沼泽湿地面积由20世纪50年代的11.4万km^2减少到21世纪初的6.57万km^2,三江平原、向海、莫莫格、扎龙等湿地都大大萎缩。湿地生态系统功能下降问题突出,表现为湿地面积减小和破碎化、生物物种多样性受到威胁、生物物质生产功能减退、农业生产带来的面源污染日趋严重。

随着振兴东北老工业基地、保证国家粮食安全战略、辽宁省沿海经济带发展战略等实施,东北地区面临更大的水资源需求。同时国家加快推进生态文明建设,对东北地区水生态文明建设提出更高要求。

东北地区粮食增产主要区域为三江平原、松嫩平原和辽河中下游平原。三江平原水土资源丰富,特别是过境水资源丰富,为保障粮食增产目标和粮食灌溉供水量,在保障耕地不增加,湿地不减少的情况下,需要通过开发两江一湖水田灌区,通过旱改水,增加灌溉面积,提高粮食产量;松嫩平原土地资源丰富,但水资源相对不足,辽河中下游平原水资源短缺,现状开发已接近水资源利用的上线,需要通过增加水资源调配工程、完善水资源配置体系,有效增加农田灌溉供水,实现粮食增产。同时,还需要加快三江平原和松嫩平原的防洪排涝体系建设。

东北地区经济社会发展供水保障,需要通过控制辽河流域灌溉面积发展,并通过调水和区域河湖水系连通保障辽中南经济区供水安全。通过大力节水和水源置换,退还生态亏缺水量及置换地下水开采量。通过开发利用嫩江、松花江干流、西流松花江等当地水资源,引调周边界江界湖水资源,保障哈大齐、长吉图经济区,蒙东煤炭基地供水安全。通过建设大伙房输水、辽西北供水、吉林省中部城市群供水、绰尔河引水、呼玛河水资源配置等调水工程,以及三江连通、吉林省西部地区雨洪资源综合利用河湖连通供水工程等河湖水系连通工程,并结合引松、引嫩及一批蓄水工程建设,形成"北水南调、东水西引"的供水格局,增加经济社会发展需求供水量,保障供水安全。

同时,加强河湖湿地修复和生态环境保护。禁止疏干、围垦湿地,严格限制耕地扩张;开展退耕还湿生态工程,恢复扩大湿地空间;改变粗放的生产经营方式,发展生态产业;实施流域湿地生态补水工程、河湖连通工程,推进三江平原、松辽平原等重点湿地修复和保护。

7.1.2.2 华北地区

华北地区包括北京、天津、河北、河南、山东、山西。除山西和山东南部地区以外,均位于地势平坦的华北平原,海拔多在50m以下,西高东低。境内水系分属海河流域和黄河流域。受气候变化和人口增长影响,目前区域内人均水资源仅为285m^3,是全国人均水资源量最少的区域。

华北地区区位条件优越。依托有利的地理位置和丰富的自然资源,华北地区成为我国经济实力雄厚的地区之一，人口稠密，工农业发达，是我国重要粮食主产区。人均 GDP 是全国平均的 1.25 倍，特别是京津冀地区是我国人口集聚最多、创新能力最强、综合实力最强的三大区域之一。

在国家主体功能区规划中，华北地区的京津冀地区、山东半岛地区是国家层面的优化开发区，除冀中南、太原城市群、东陇海和中原经济区四个重点开发区，还拥有京津水源地水源涵养区和黄河三角洲湿地生物多样性保护两个重要生态功能区。

华北地区是我国水资源水环境压力最大的地区，现状人均 GDP 较全国平均水平高 20%，但人均水资源量不足全国平均水平的 1/5，现状水资源已开发过度，是全国地下水超采和挤占生态环境用水问题最为突出的区域。

地表水过度开发，挤占河湖生态环境用水。地下水超采严重，年均超采近 100 亿 m^3，造成地下水位持续下降，已分别形成了以北京、石家庄、保定、邢台、邯郸、唐山为中心总面积达 4.1 万 km^2 的浅层地下水漏斗区，以天津、衡水、沧州、廊坊等多个城市为中心，面积达 5.6 万 km^2 整体连片的深层地下水漏斗区。地下水枯竭直接威胁华北平原地区的安全用水储备，并引起了严重的地面沉降、海水入侵等环境地质问题。

水环境污染严重。由于人口密集、经济社会快速发展导致水污染负荷加大，同时水环境容量和水资源环境保护能力不足，COD、氨氮等已经远远超过水环境容量，造成河湖水体严重污染。在海河流域 64 个国控断面中，V 类占 21.8%，劣 V 类水质断面占 39.1%。海河干流 2 个国控断面分别为 IV 类和劣 V 类水质，海河主要支流为重度污染，劣 V 类占 42%。

受气候变化等因素影响，水资源衰减和短缺严重。1980—2010 系列的水资源量与 1956—1979 系列相比，降水减少 11.8%，水资源量减少 28.5%。降水减少，海河流域供需水的变化，导致水资源短缺约 77 亿 m^3，占总缺水量的 75%。受气候变化和人类水资源过度开发的影响，河川径流量明显减少，甚至断流，湖泊湿地退化严重，已严重威胁到水生态系统的安全。海河流域山区 15 条主要河流 1980—2005 年平均实测水量比 20 世纪 70 年代平均减少约一半，平原 24 条主要河流约有一半的河长干涸，平原 13 个主要湿地水面比 20 世纪 50 年代减少 70% 以上。与 20 世纪 50 年代相比，海河流域近年入海水量锐减 80% 以上，主要河口常年处于淤积状态。

华北地区是未来我国工业化和城镇化的重要地区，是我国重要的农产品主产区，承担着提升国家竞争力、带动全国经济发展、保障国家粮食安全的重要作用。随着京津冀协同发展上升到国家战略，山东半岛、中原经济区、太原城市群等经济区的较快发展与人口聚集，华北地区的水资源环境形势更加严峻，迫切需要针对河流过度开发、地下水超采、水生态退化等问题，加强水资源节约，优化水资源配置，进一步集约利用资源和优化生态系统格局，实施水生态环境保护和修复，实现水资源与经济社会均衡。

针对华北地区的粮食产能需求，稳定现有灌溉面积，达到粮食生产份额在全国的比重不降低，迫切需要结合水资源承载能力和城镇化布局，合理调整灌溉面积，减少灌溉水量，并结合南水北调工程的实施进行灌溉水源置换，逐步退减地下水超采量，控制地下水超采，有序实现地下水的休养生息。

为保障城市和经济区发展供水安全，未来在调整用水结构、大力发展高效节水、压采地下水、减少废污水排放量的基础上，需要加大海水淡化、再生水等其他水源利用，形成"节水为先、调水补源、多源配置"的供水保障体系。通过建设南水北调东、中线后续工程，引黄入冀补淀、山西引黄等调水工程，合理调配水资源，增加经济社会发展需求供水量，退减超采的地下水和挤占的生态环境用水，改善和修复生态环境。

加强重点河湖的生态保护与修复。加强河湖湿地空间管控，禁止在河道内和湖库周围一定范围内进行开垦或随意变更土地用途的行为，防止农业发展对河湖湿地的蚕食。强化水量生态调度，保障生态环境需水量。加强黄河调度，保障黄河入海口的生态需水量，加强黄河三角洲湿地等重要生态功能区的保护。加强白洋淀等湿地和漳河等河流上游水库生态调度，解决湿地的生态水源问题，同时使河流实现季节性过水，修复河流的景观环境功能。实施白洋淀生态综合整治工程、北运河生境修复工程、永定河绿色生态走廊建设等工程，修复重点河湖的水生生态。

7.1.2.3 华中地区

华中地区包括安徽、湖北、江西、湖南，位于我国中部和长江中游地区，地形以低山丘陵和平原为主，以长江为主轴，自南北向河谷方向倾斜，并由西向东降低。降水丰沛，集中在夏季，平均年降水量一般在 800~1600mm。本区河网密布，水系发达，自产水资源丰富，过境水量也大，是我国淡水湖泊最多的区域，拥有全国五大淡水湖中的鄱阳湖、洞庭湖、巢湖、洪湖。

华中地区拥有长江中游城市群，是我国开发潜力大、经济快速发展的地区，具有全国东西、南北四境过渡的要冲和水陆交通枢纽的优势，起着承东启西、连南望北的重要作用。该区包括江淮地区、长江中游地区国家重点开发，黄淮海平原和长江流域还是粮食主产区的重要组成区域。拥有大别山水土保持生态功能区、三峡库区水土保持生态功能区、武陵山区生物多样性与水土保持生态功能区等重点生态功能区，以及淮河中下游、长江荆江段、洞庭湖区、鄱阳湖区、安徽沿长江湿地 5 个洪水调蓄重要功能区。

区内水资源总体较为丰富，河流水资源开发利用程度平均不足 20%，但江河支流调控能力不足，部分地区存在缺水问题。

湖泊湿地萎缩、河湖连通性阻隔严重。华中地区是我国挤占湖泊湿地最严重地区，洞庭湖现有通江水面只有 2691km^2，对比 1949 年通江湖泊面积 4350km^2，缩小了 38%；1950 年以来鄱阳湖湖面面积减少 28%。素有"千湖之省"的湖北省 0.5km^2 以上的湖泊由中华人民共和国成立初期的 1066 个锐减到 309 个，水面仅为当时的 1/3。湖泊经过建闸控制，原江湖、河湖间的水力直接联系被弱化甚至隔断。长江中游众多湖泊中，目前只有鄱阳湖和洞庭湖与长江连通。湖泊萎缩和河湖阻隔造成湖泊调蓄能力、水环境承载力下降。

水污染问题凸显。巢湖、湘江等部分地区水环境污染严重。全区劣于 Ⅳ 类水质以上河长约占评价河长 23%。洞庭湖、洪湖水质为 Ⅳ 类，鄱阳湖、巢湖水质为 Ⅴ 类。湖北省 70% 的湖泊、80% 的中小河流存在不同程度污染。

湖泊湿地面积急剧缩小，湖泊富营养化的加剧，造成生物多样性迅速丧失和生态系统的严重破坏，鱼类面临濒危物种增加、种群数量萎缩、种质资源退化、珍稀物种的灭绝，如白鳍豚、银鱼、江豚在鄱阳湖已成为罕见鱼种，水鸟的种类和数量也急剧减少。

华中地区是我国粮食主产区，现状人均 GDP 较全国平均水平低 30%，城镇化率 45%。区内两湖、江淮等地区是我国未来重点开发区域，在适度增加粮食主产区灌溉面积的同时，在皖江城市带、武汉城市圈、环长株潭城市群辐射带动下，以及在武陵山、罗霄山贫困地区扶持政策支持下，未来该区域年均经济增长速度将快于全国平均水平，城镇化率将达到全国平均水平。

2019 年国家印发实施《长江经济带发展规划纲要》，推动长江经济带发展是党中央做出的重大决策，是关系国家发展全局的重大战略。推动长江经济带发展必须从中华民族长远利益考虑，把修复长江生态环境摆在压倒性位置，共抓大保护、不搞大开发，努力把长江经济带建设成为生态更优美、交通更顺畅、经济更协调、市场更统一、机制更科学的黄金经济带，探索出一条生态优先、绿色发展新路子。

华中地区需要围绕提高区域水环境承载能力，加强水源涵养，实施河湖连通，严格控制和治理水污染，保护重要水源地，修复扩大河湖水生态空间。

以构建生态水网，实施江湖连通工程，提高水环境承载能力。保持鄱阳湖、洞庭湖两大湖泊与长江的良好连通状况，逐步恢复和修复洪湖、巢湖等其他湖泊水体与长江的联系。开展武汉大东湖等地区生态水网建设，恢复城市湖泊与长江的连通性。对洞庭湖四口水系地区、巢湖、南京玄武湖等湖泊湿地实施必要的人工补水。

加强鄱阳湖、洪湖、巢湖等重点湖泊及湿地生态环境修复，严格禁止围垦，积极退田还湖，增加河湖水生态空间。通过保障河湖生态环境用水，实施生态工程措施，修复湖泊湿地生态环境。

加大重点河湖的水污染治理。提高汉江、湘江、嘉陵江等支流城镇污水处理率，减少污染物排放量；加大沿江排污企业、城镇污水的集中治理力度；以节水减排为重点，加强农业面源污染的防治。加大巢湖、洞庭湖和鄱阳湖等重点湖泊的富营养化防治力度，通过引导湖周地区农民科学施肥用药，加强流域内城镇生活污水处理，区域内工业企业应全面达标排放，加快点面源治理，削减入湖污染负荷。

在节水的前提下，进一步加大长江水的开发利用，提高支流的水资源调控能力，形成可调可控的江河湖库供水网络体系。通过建设引江济淮、鄂北水资源配置、引江济汉等一批水资源调配工程，增加经济社会发展需求供水量，保障重点区域供水安全。

加快淮北平原及里下河地区等涝区的排涝工程建设，提高排涝标准。

7.1.2.4 东南沿海地区

东南沿海地区包括上海、江苏、广东、浙江、福建、广西、海南，位于我国东南部，地形以丘陵和平原为主。降水量大、平原和三角洲地区河网密布，湖泊发育，水资源丰富。多年平均年降水量 1662.4mm，人均水资源占有量约为全国平均水平的 1.3 倍。太湖位于长江三角洲南部，是我国第三大淡水湖。

东南沿海地区是我国经济最发达的地区，依据国家主体功能区规划，该区拥有长江三角洲、珠江三角洲两个优化开发区域，海峡西岸和北部湾两个重点开发区。该区还包括华南主产区和部分长江流域农产品主产区，拥有苏北滩涂湿地生物多样性保护区等 3 个重要生态功能区。

由于地处亚热带热带季风气候区，具有良好的水热条件，东南沿海地区生态环境总体较好，生态系统的抗干扰能力强。但由于经济社会的快速发展，人类对水生态系统的扰动不断加大，已对水生态系统构成严重威胁。

水污染问题较为严重。全区劣于Ⅳ类水质以上河长约占评价河长44%，特别是长江三角洲地区，水污染尤其突出，劣于Ⅳ类（包含Ⅳ类）水质河长占总平均河长近80%。珠江三角洲劣Ⅴ类河长比例也高达35.4%。湖泊富营养化问题突出，太湖处于中度富营养状态，局部湖泊蓝藻时有发生。水污染和富营养化已对供水安全构成威胁。

湖泊湿地萎缩，水生态空间缩小。近几十年，仅江苏省湖面面积减少约1600 km^2，约占全省湖面面积的1/7。东太湖如今42.8%的湖面已成为沼泽。珠江河口湿地面积也大幅减少，1986—2005年珠江河口湿地面积减少30%。

河湖连通性降低，改变水动力条件，降低水环境承载力。围湖垦殖和联圩并圩，致使湖泊面积减少，河道缩窄淤浅，造成河道与湖荡连通不畅，减缓了河网水体流动，降低对污染物的降解能力，加剧了水污染。

水生态环境不断恶化、生态功能逐渐衰退。湖泊萎缩、河口咸潮上溯、河口赤潮等问题，直接破坏原有水生生物链。人为的水生植被破坏，又使水体净化作用下降。水利水电及航运工程建设改变水文条件。由于水生生物赖以栖息的生境发生改变，加上过度捕捞，流域水生生物多样性和生态稳定性下降，造成水生态环境退化。

该区域人口集聚、经济总量大，现状城镇化率高于全国平均水平，人均GDP较全国平均水平高50%，是我国优化开发的重点区域，保障长江三角洲和珠江三角洲地区优化开发，海峡西岸经济区和北部湾地区的重点开发，在提供水资源保障的同时，防止新增水污染，治理存量的污染，扩大水生态空间，修复已退化的水生态，面临巨大压力。区域资源型、水质型、工程型缺水问题并存，长三角、珠三角等地区水资源开发程度较高、水环境恶化，福建、浙东等地区工程调控能力不足，广西北部湾局部地区水资源短缺。

为保障经济社会供水，需要在加强治污、修复河湖生态环境的基础上，充分发挥大江大河的作用，依托流域骨干调蓄工程与引调水工程，强化区域水资源统一调配，同时加强沿海地区海水等其他水源开发利用。通过建设引江济太、浙东浙北引水、闽江北水南调、珠三角水资源配置等调水工程，适度开发西江、钱塘江、闽江、韩江等流域水资源，逐步形成区域内互连互通、相互调剂的网络化水系连通格局，增加经济社会发展需求供水量，提高区内供水保证率和应急供水能力。

针对水污染问题严重、湖泊湿地萎缩、河湖连通性降低、水生态退化等生态环境问题，需要促进长江三角洲、珠江三角洲地区河湖水系连通和生态水网建设，实现多源互济的水资源调配格局，逐步提高河流自净能力，恢复河流水质。完善"引江济太"等流域综合治理工程，增加太湖与长江、太湖与下游河道的水力联系，提高太湖过水能力，促进太湖与河网水体交换。开展珠江三角洲内河涌与外江的生态水网建设，改善城市河涌与珠江的连通性。

加强太湖、钱塘江、闽江等重要河湖的保护与修复。通过河湖水系整治，入河湖污染物控制，加强流域与区域水资源调度，实施湿地生态修复工程，修复重要河湖良好的水生态环境。

7 我国河湖水系格局与国家水网布局战略框架

7.1.2.5 西南地区

西南地区包括四川、云南、西藏、贵州、重庆、广西 3 市（百色、河池、崇左），地处我国西南部，跨越我国地势三大阶梯，山地高原广阔，地形起伏，高差悬殊。山地高原占其面积的 78.7%，丘陵占 15.6%，平原只占 5.7%。

西南地区是长江、珠江、西南诸河等江河的上游，水系发达，大江大河较多，是我国水资源、水能资源丰富地区，水资源总量和人均水资源量分别为 11273 亿 m^3 和 5168m^3。西南地区中部和北部以长江流域的河流为主，南部和西部则分属珠江、元江、澜沧江、怒江、雅鲁藏布江水系。该区湖泊发育，是我国高原湖泊集中分布区，典型如滇池、洱海等。

西南地区总体上是我国相对落后的地区，同时生态环境较脆弱。该区拥有成渝地区、黔中地区、藏中南地区 3 个国家重点开发区，拥有全国乃至世界上最重要的生物多样性保护区。

岷江、大渡河、雅砻江、金沙江、澜沧江、雅鲁藏布江等，被已建、在建的各级水电工程建设改变了河流形态与水文情势变化，破坏了河流的连通性，造成河流形态的均一化和不连续化，鱼类洄游通道受阻，生境多样性发生改变，使水生态系统的结构和功能发生变化。

高原湖泊面临水污染、富营养化威胁。在近年评价的湖库中，劣于Ⅳ类水质的湖库占 16%，处于中营养状态的湖库占 96.7%。滇池水体为重度污染，入湖河流多为重度污染。滇池草海、杞麓湖、星云湖和异龙湖、洱海部分区域均出现了不同程度的沼泽化。

当前该地区经济欠发达，城镇化水平和水资源开发利用程度均较低。现状该地区缺乏大型骨干调蓄工程和区域水资源配置工程，水资源开发利用率低，工程型缺水问题突出，人均供水量不足 300m^3。随着区内成渝、滇中、黔中等重点经济区的快速发展，该地区将是我国用水增长最快的区域。

需要加大对滇池、草海等高原湖泊的综合治理修复，建以高原湖泊为主体，林地、水面相连、带状环绕、块状相间的高原生态格局，保护高原湖泊。逐步实施江湖连通，进行必要的人工补充供水，利用滇中引水工程，向滇池生态补水；在滇中引水路线经过洱海边缘处，分出一部分水量补充洱海。

同时，按照国土空间主体功能区划，对现有河流水电梯级开发规划论证，合理确定水电规划的梯级布局，明确水电开发的红线禁区，控制过度开发，为保护生态留足空间。

对已建水电工程项目，实施生态调度。加强流域水资源统一调度，将生态用水纳入水电工程调度的目标，保障流域枯水期最小生态需水流量和敏感期生态需水流量。

经济社会发展所需供水水源，需要立足于本区，通过建设滇中、黔中等调水工程以及一批大中型水库，连通长江、珠江、西南诸河等江河水系，逐步形成大中小微、蓄引提调相结合的水源工程体系，增加经济社会发展需求供水量，为本地区提供水资源保障。

7.1.2.6 西北地区

西北地区包括内蒙古、甘肃、青海、宁夏、陕西、新疆，地形以高原、盆地和山地为主，降水稀少，多年平均降水 200mm，其中黄河流域年均降水 422mm，内陆河流域 153mm，降水自东向西递减。

按地形地貌和河流水循环特征，西北地区可分为内陆河流域（含额尔齐斯河）和西北地区的黄河、内蒙古高原内陆区。在天山、昆仑山、祁连山等高山冰雪融水和雨水的补给下，发育了一些比较长的内陆河，如塔里木河、伊犁河、黑河等。西北地区黄河流域，水资源相对丰富。内蒙古内陆区地形平缓，河流短而稀少。

西北地区是全国畜牧业基地、能源基地和能源战略接替区，是国家西部大开发、建设"一路一带"的重要一环。按照全国主体功能区规划，该区拥有关中-天水地区、兰州-西宁地区、宁夏沿黄地区、天山北坡地区等重点开发区，拥有三江源、祁连山、塔里木河等关系国家生态安全的重要生态功能区。

西北地区是我国水资源禀赋条件较差和生态环境脆弱地区，存在江河源区生态退化、内陆河流域水资源开发利用程度高、部分地区水土流失和水污染等生态环境问题。

江河补给源区生态系统脆弱，生态退化严重，水源涵养能力降低。人口增加和不合理的生产经营活动使三江源区90%的草地出现了不同程度的退化、局部地区出现土地荒漠化。甘南水源涵养重要区，超载过牧、鼠虫害严重，引起的草地退化较为严重。祁连山山地森林、草原生态系统破坏较严重，林草植被呈现不同程度的退化。源区生态退化造成水源涵养、水土保持和生物多样性维护功能下降。

水资源开发利用程度较高，挤占生态用水严重，造成内陆河流域生态退化。全区水资源开发利用率36%，内陆河流域开发利用程度更高，甚至达到90%以上。由于大量挤占生态用水，塔里木河、黑河、石羊河、疏勒河等内陆河下游罗布泊、台特马湖、西居延海、青土湖、哈拉湖等尾闾湖泊消失，地下水位下降，植被退化和沙化严重。

现状水资源开发不均衡。河西内陆河、天山北麓诸河、吐哈盆地、塔里木河等流域水资源开发过度，地下水超采与挤占生态环境用水较为严重。但周边跨界河流水资源开发程度不足30%，尚有一定潜力。

局部地区污染严重，全区劣于Ⅳ类水质以上河长约占评价河长23%。由于工业主要集中在城市周边，因此西北地区城市较集中的地区，其地表水污染问题也比较严重，如黄河的银川-石嘴山段、渭河西安-咸阳-宝鸡段，水污染较严重。

随着西部大开发战略的深入实施，呼包鄂榆、关-天、兰-西、宁夏沿黄、天山北坡等经济区、蒙陕甘宁能源"金三角"以及新疆能源基地将快速发展，水资源需求仍将进一步增加。

需要在塔里木河、吐哈盆地、天山北麓以及河西走廊的石羊河、黑河等生态环境问题突出的内陆河区，根据水资源承载能力和维系生态安全的要求，合理调整农业生产布局，严格限制种植高耗水作物，积极退减灌溉面积，逐步退还超载水量，有序实现耕地、河湖和地下水的休养生息。

通过建设艾比湖生态环境保护与修复工程、引汉济渭、引额供水、引大济湟、引洮等一批区域性水资源调配工程，加大调引长江水以及周边河流开发利用力度，合理调配水资源，增加经济社会发展需求供水量，压采地下水和退还被挤占生态用水，提高区域水资源承载能力，保护与修复生态环境，保障重要经济区和能源基地供水安全。

加强三江源、祁连山、甘南地区等重要水源涵养生态功能区的保护，加强生态恢复与生态建设，恢复与重建水源涵养区森林、草原、湿地等生态系统。

加强水污染防治，保护水资源环境。加强西北地区城市废水处理设施建设，提高城市污水处理率，防止水污染态势加重。进一步加强渭河水环境综合整治，通过节水、治污和调水，逐步解决中下游河道的严重污染和淤积问题。针对现状水质总体较好的青海湖，加大流域水土流失治理和沙化防治，提高植被覆盖率，着力扩大绿色生态空间。

对塔河、黑河、石羊河等由于水资源过度开发对生态造成较大破坏的河流，加强流域综合整治，从全流域水资源承载力的角度，调整经济结构和种植结构，确定灌溉农业发展规模，禁止过度开垦，优化水资源配置，增加河湖生态环境用水，恢复河湖健康。

7.1.3 重点区域对河湖水系连通需求分析

7.1.3.1 粤港澳大湾区河湖水系连通需求分析

粤港澳大湾区是全球四大湾区之一，是我国开放程度最高、经济活力最强的区域之一，在国家发展大局中具有重要的战略地位。该地区地处珠江三角洲，河网密布纵横交错，径流潮流相互作用，水沙变化频繁复杂，水情独特。

一是三江汇流、八口出海，水系交错复杂。粤港澳大湾区地处珠江流域尾闾，西、北、东三江汇流进入河网区，由虎门、磨刀门等八大口门出海，其中东四口门水沙注入伶仃洋河口湾，西四口门注入南海以及黄茅海河口湾。珠江河口地区河网密布、河涌交错，各类河涌1.2万多条，总长超过3万km，河网密度达0.72km/km^2，为全国平均水平的近5倍，是世界上最复杂的河口之一。平原河网感潮河段水动力较弱，断头河涌水体黑臭严重。

二是当地水少、时空不均，供水依赖上游。粤港澳大湾区当地水资源量583亿m^3（含港澳），仅占珠江流域多年平均水资源量的17%；人均当地水资源量819m^3，仅占珠江流域平均水平的28%。水资源时空分布不均，汛期来水占全年的75.8%；深圳、珠海、香港、澳门等地区当地水资源量尤为不足。本地蓄水工程供水量仅占21%，河口受咸潮上溯影响大，重点城市供水主要依赖西江、东江等上游来水。

三是灾害频仍、威胁多源，防灾形势复杂。河网密布、径潮叠加、临海区位等特点，决定了粤港澳大湾区面临着严重、频繁、多样的灾害威胁。汛期洪水峰高量大，西、北江洪水遭遇，极易形成叠加式洪水。大湾区极易受热带气旋侵袭，年均遭受热带气旋1.5个，"天鸽""山竹"等超强台风造成重大损失。区域地势低平，极易在洪潮影响下形成内涝，如广州等出现过"城市看海"问题。

全面建成富有活力和国际竞争力的一流湾区和世界级城市群，势必要求更高的水资源利用水平和效率，更强的水资源供给能力，更可靠的防洪减灾保安能力，以支撑大湾区又好又快发展，提高人民群众的安全感。但目前大湾区的供水与防洪减灾保安能力与大湾区的建设要求仍存在一定差距。亟须以水资源承载能力为约束条件，强化节水，管住用水，从流域和区域不同尺度空间均衡配置水资源，适度调水，推进供水水源互联互通，加强西江、北江、东江和珠江三角洲水资源联合调度，提高大湾区供水安全保障能力；以及统筹大湾区西江、北江、东江以及珠江三角洲综合治理与区域经济发展，协调水域陆域、河湖调蓄、拦挡泄排，以及干支流、上下游、左右岸的关系，加强流域区域联动，构筑防洪减灾联防联控格局，统筹解决洪（潮）涝灾害等问题。

7.1.3.2 长三角地区河湖水系连通需求分析

长江三角洲是长江入海之前的冲积平原，是长江中下游平原的重要组成部分。根据国务院 2019 年批准的《长江三角洲区域一体化发展规划纲要》，长江三角洲包括上海市、江苏省、浙江省、安徽省，区域面积 35.8 万 km²。长三角区域内河湖众多，水网密布，主要有江苏的太湖、洪泽湖、高邮湖、骆马湖、邵伯湖和浙江的杭州西湖、绍兴东湖、嘉兴南湖、鄞州区东钱湖等著名湖泊，除淮河、长江、钱塘江、京杭大运河等重要河流以外，还有江苏的秦淮河、苏北灌溉总渠、新沭河、通扬运河，浙江的瓯江、灵江、苕溪、南江、飞云江、鳌江、曹娥江等水系。

太湖平原地处长江以南，是长江三角洲的主体，北抵长江，东临东海，南滨钱塘江，是我国著名的平原河网地区。流域内河道纵横交错，水网如织，湖泊棋布，发达的河湖水系将流域内江苏省、浙江省、上海市连成不可分割的整体，为流域防洪、城乡饮用水、引排水、航运、灌溉、涵养水源和维持生态平衡等提供了必要的和极为有利的条件，保障和促进了流域经济社会的发展。

太湖流域水系以太湖为中心，分上游水系和下游水系。上游水系主要为西部山丘区独立水系，包括苕溪水系、南河水系及洮滆水系，其多年平均入湖水量分别占太湖上游来水总量的 50%、25% 和 20%；下游主要为平原河网水系，包括北部沿长江水系、东南部沿长江口、杭州湾水系和东部黄浦江水系。京杭大运河贯穿流域腹地及下游诸水系，起着水量调节和承转作用。

总体而言，太湖流域河网水系具有特殊的地理地貌特点：一是平，太湖流域面积 3.69 万 km²，其中近 80% 是平原，而且流域河道水面比降非常小，平均坡降只有约十万分之一；二是低，流域内大部分平原都在海拔 5m 以下，极易受到海潮顶托，排水难度大；三是密，太湖流域河网密布，河道总长约 12 万 km，河道密度达 3.3km/km²，是我国最密集的平原河网区。流域水面面积达 5551km²，水面率为 15%，在全国各大江河流域中非常罕见。

长江是太湖流域的重要补给水源，也是流域排水的主要出路之一。沿长江水系主要由流域北部沿长江河道组成，大多呈南北向。流域现有 75 处沿长江口门，与长江水量交换频繁。多年平均引长江水量为 62.6 亿 m³，排长江水量为 49.3 亿 m³。

沿长江口、杭州湾水系包括浦东沿长江口和杭嘉湖平原南部的入杭州湾河道，长山河、海盐塘、盐官下河、上塘河等杭嘉湖平原入杭州湾河道为流域南排洪涝水的主要通道。

目前，太湖流域已初步形成北向长江引排、东出黄浦江供排、南排杭州湾，充分利用太湖调蓄的防洪与水资源调控工程体系。但河湖水系连通还存在一些突出问题：

一是河湖水体流动性差，河道萎缩淤积，服务功能退化。因河道浅窄多曲、水系紊乱、干支流层次不清、纲网不张，受流域地势平坦、下游潮汐顶托等影响，河道水体流动缓慢，水流不畅，水体环境容量较小，自净能力低，加之随着流域经济社会的持续快速发展，人类活动对河网扰动频繁，河网水系萎缩、堵塞、淤积现象严重。流域内大部分河道淤积普遍超过 0.5m，部分河道淤积速率达 10cm/a。河网的有机联系遭到破坏，功能不断退化，使得河湖水体流速缓慢、流动无序、引排能力不足等诸多问题更为凸显，也加剧河网水体污染。

二是区域与流域河湖水系连通的协调性不够。近年来，流域内省市分别从各自的经济社会发展和水利发展需要出发编制了河湖水系整治规划，水系规划范围主要为地市级辖区所属区域，规划范围包括了流域大部分区域，但规划仅从各自需求出发，侧重点各自不同，迫切需要统筹流域上下游、省际的关系，协调区域与流域河湖水系连通关系，解决流域与区域的供排关系不协调，流域防洪与水资源调配压力增加；部分流域骨干工程虽已建成，但与周边河网不匹配，部分支系河道规模甚至超过骨干河道，影响骨干河道功能的发挥；不合理的圩区建设、联圩并圩等占用调蓄水域，堵塞了输水河道，造成圩内、外水系不连通，圩区排涝能力增加加大了圩外河道的排水压力，以及圩区为改善圩内河网水环境大量调引水资源，增加流域水资源供给压力等矛盾。

三是流域河湖管理薄弱，难以有效发挥河湖水系连通功能。随着城市化进程加快，形成了与河争地的局面，部分区域擅自填堵河道、侵占河岸、覆盖河面等现象时有发生。由于河道水体污染，草率、简单地填埋或覆盖河道，形成了许多死水潭、断头浜，甚至使河浜消失，严重威胁和损害河道连通性，使河湖水系防洪、供水、改善水环境的功能未能正常发挥。

为保障流域供水安全、防洪安全和水生态安全，亟须进一步完善江河湖连通格局，增强江-河-湖-海水力联系，完善流域利用太湖调蓄、北向长江引排、东出黄浦江供排、南排杭州湾的综合治理格局，促进水体有序流动。

7.1.3.3 京津冀河湖水系连通需求分析

京津冀地区是我国三大城市群之一，与长江三角洲、珠江三角洲比肩而立，是我国经济最具活力、开放程度最高、创新能力最强、吸纳人口最多的地区之一，是拉动我国经济发展的重要引擎。该区域绝大部分地区属于海河流域，河流众多，除天然河流外，还有贯穿南北的大运河以及多条人工减河和引水渠道（包括引黄渠道），河渠纵横交错，河水流向复杂。经过多年水利建设，区域已形成较为完善的防洪、供水等工程体系，在支撑和保障经济社会发展中发挥了重要作用。

防洪方面，历史上，海河水系各河均集中于天津入海。为排泄洪水，各主要河系开辟了规模较大的分流入海河道，包括潮白新河（1950年）、独流减河（1953年）、漳卫新河（1412年）等人工入海河道。1963年大水后，又开辟了子牙新河（1967年）、永定新河（1970年）等河道。

供水工程方面，海河流域已初步建成地表水、地下水、引黄水和非常规水源相结合的水资源配置工程体系。在地表水供水工程方面，初步建成了由36座大型水库、18处大型当地水引水工程和27处大型引黄工程为骨干，以京津石等大中城市和太行山燕山山前平原、沿黄平原粮食主产区为主要供水目标的供水系统。

现有主要连通工程包括引滦入津工程（连通滦河水系与海河水系蓟运河、永定河、大清河）、引滦入唐工程（连通河与蓟运河、冀东沿海诸河）、京密引水渠（连通潮白河与北运河）、永定河引水渠（连通永定河与北运河）、引黄济冀工程（连通黄河、徒骇河、马颊河、黑龙港运东地区）、引岳济淀（应急）工程（连通漳卫河、子牙河、大清河系）、引黄济津潘庄线路（应急）工程（连通黄河、徒骇河、马颊河、黑龙港运东地区、大清河）

等，以及一些较小的连通工程，如连通滦河与冀东沿海诸河的引青济秦工程、连通大清河与黑龙港地区联系的王（快水库）大（浪淀水库）引水工程、连通漳河与滏阳河的大跃峰渠道等。

近年来，随着南水北调中线一期工程建成通水，区域供水保障能力有了很大提高；水生态修复工作取得较大进展，北京、天津和河北11个地级市的城市河段水生态环境得到较大改善。近30多年来经济社会发展对水资源的长期掠夺性开发，加之降水偏少，使得水资源环境严重超载，水资源短缺、水生态恶化、水污染严重、防洪体系不完善等水问题突出，与京津冀地区重要地理位置和区域协同发展对水利的新要求极不适应。

一是水资源供需矛盾突出。现有连通工程主要是解决局部地区的供水问题，不具备大范围的水资源配置能力，不能解决在区域层次上大范围配置水资源的需要，同时，供水目标单一，现有连通工程主要任务是城乡供水，一般没有考虑向重要生态目标的供水。近年开展的引岳济淀、引黄济淀等调水均采取了临时工程措施后才得以实现。北京先后5次从河北省应急调水累计19.4亿 m^3，并被迫启用应急水源地常态供水；天津市自20世纪70年代至今，实施引黄济津应急调水12次；河北省长期依靠超采地下水缓解供水压力。即使南水北调东中线一期工程通水后，由于累计挤占生态环境水量大，欠账多，水资源保障形势仍不容乐观，尤其是水资源战略储备缺乏，连续枯水年情况下城市供水压力大。

二是水生态系统损害严重。历史上，京津冀中东部平原和东部沿海带河流交织，天然湿地广布，湿地面积曾接近1万 km^2，河流通航总里程长达3000km以上，但目前平原区13个主要湿地面积已萎缩至1769km^2，白洋淀、衡水湖等重要湿地依靠引黄（岳）生态补水才得以维持；永定河、大清河等主要河道长期断流，区域水生态系统严重损害，水生态功能损失殆尽；河口及近海生态环境功能萎缩，主要河口常年处于淤积状态。此外，地下水生态退化严重，由于长期超采地下水，目前已形成3.3万 km^2 浅层地下水和4.8万 km^2 深层地下水超采区，不仅严重消耗地下水战略储备，还导致地面沉降、地面裂缝、地面塌陷、海水入侵等地质灾害问题。

三是水资源保护形势严峻。与京津冀地区经济社会发展水平相比，城镇污水和工业废水实际处理率仍然较低。大量未经处理的废污水以及农村生活、养殖污水直接排放入河，致使多数河湖水体水质受到严重污染。目前，约60%的地表水功能区水质未达到相应标准，永定河、滦河、大清河等骨干河流部分河段水质污染严重，"华北明珠"白洋淀水质劣于国家地表水Ⅲ类标准，潘家口、大黑汀、于桥、洋河等水库富营养化日趋严重，暑期藻类水华暴发风险大，直接威胁到城乡供水安全。同时，受地表污水下渗和农业面源污染的影响，区域浅层地下水特别是有23%的地下水源地受到不同程度污染，且污染程度有进一步加剧趋势。

四是防洪排涝能力建设滞后。京津冀地区旱涝灾害频发，一方面长期忍受干旱少水、旱灾严重的痛苦，由于连续干旱，以及管理不善，部分连通工程年久失修，如贯穿南北的南运河，因失修和水污染等问题，不能充分发挥连通作用。另一方面，由于区域防洪建设存在诸多薄弱环节，洪涝灾害仍是威胁人民群众生命财产安全的心腹之患。同时海河流域多年未发生大洪水，区域现有防洪工程体系缺乏检验，防洪保安存在不确定性。

针对京津冀严峻的水资源环境现状和存在的突出水问题，破解水安全保障程度不高这一制约京津冀地区经济社会可持续发展的瓶颈性因素，保障经济社会可持续发展，需要按照京津冀协同发展战略对水利提出的新要求，以河湖水系连通工程、重要枢纽工程建设和水质改善为重点构建现代水网，从传统的供水、防洪，扩展到维系河流生态、改善城乡环境，保障和改善民生。

7.1.3.4 大运河河湖水系连通需求分析

大运河是中国古代创造的一项伟大工程，是世界上距离最长、规模最大的人工运河，是沟通我国南北水系的重要通道。大运河纵贯我国东部平原，衔接"一带一路"建设、京津冀协同发展、长江经济带发展、长三角一体化发展、雄安新区建设、黄河流域生态保护和高质量发展等重大国家战略，沿线地区文化资源丰富、人口聚集、经济发达。

大运河自古以来洪涝灾害频繁发生，随着历史演变、人类活动和气候变化影响，大运河水资源短缺、水生态损害、水环境污染等问题更加凸显，严重影响大运河功能发挥。

一是黄河以北段水资源严重短缺，导致部分河段断流。大运河黄河以北段所在的海河流域属于资源型缺水地区，人均水资源量仅为全国平均水平的1/7，受气候变化和人类活动影响，20世纪80年代以来，水资源呈严重衰减趋势，更加剧了水资源短缺状况。随着经济社会快速发展、城镇化水平不断提高，区域用水量逐步增长，水资源开发利用严重超载，导致华北地区地下水严重超采、形成多个地下水位降落漏斗，北运河、南运河等河道长期断流，卫河、卫运河等河道呈现季节性断流甚至长期干涸，即使南水北调中线和东线一期工程通水后，仍不能填补亏空。

二是防洪排涝体系尚不完善，存在突出薄弱环节。大运河黄河以北段普遍存在河道淤积、堤防不达标、行洪能力不足等问题，部分河段防洪标准不足50年一遇。黄河至长江段多处河段防洪标准偏低，加之沿线地势低洼、排水条件差，区域防洪排涝能力不足。长江以南段由于沿线城市大包围和圩区建设条件发生变化，汛期大量洪涝水排入运河，洪涝水外排出路不足，导致运河水位过高，沿线防洪排涝压力大。浙东运河姚江以西段现状排涝标准不足20年一遇，区域外排能力不足，运河排涝不畅，持续保持高水位状态。

三是水域岸线保护不足，影响运河功能发挥。随着大运河沿线城镇化进程加快，部分河段存在岸线无序开发、侵占河湖水域问题。部分河段非法采砂时有发生，影响行洪、输水、通航等功能发挥。由于缺乏岸线保护利用规划，岸线资源的开发利用存在不科学、不合理的现象，江南运河、浙东运河岸线利用率达到50%以上，但集约化利用程度不高。局部河段存在违法侵占岸线行为，对大运河文化遗产保护造成一定威胁。

四是水体污染负荷较重，水资源保护压力大。大运河黄河以北部分河段如通惠河、北运河一度作为排污纳污河道，村镇段河道部分被垃圾侵占，水环境容量大大降低，河道Ⅴ类水体比重大，个别河段甚至达到劣Ⅴ类。黄河至长江段沿线湖泊较多，南四湖湖内围网和湖岸围圩养殖，使得水体不同程度富营养化；沿线部分河段工业废水、生活污水、船舶污染物排放，大运河污染负荷较重。长江以南段两岸工厂、企业集聚，部分企业污水直接排入河道，入河污染量大。部分河段承担城市供水任务，水污染直接影响城市饮用水水源地安全。部分通航河段船舶尾气污染严重，港口、码头岸电使用率不高。

五是航运体系不完善，绿色发展水平待提升。受区域水资源条件限制，20世纪70年代以来，黄河以北大部分河段航运功能逐渐废弃，长期处于断航状态。永济渠黄河至大沙河段和通济渠开封以下段大部分河道已被掩埋或成为遗址遗迹,已建部分跨(临)河建筑物不能满足通航要求。黄河以南段存在局部航道不达标、部分桥梁通航净空不足、部分船闸通过能力趋于饱和、港口专业化集约化程度不高等问题,航道畅通高效绿色发展水平待提升。

为"保护好、传承好、利用好"大运河的重要指示精神,将大运河河道水系治理好和管护好,亟须多渠道统筹调配水资源,加强岸线保护,围绕大运河不同河段的功能定位,协调好防洪排涝、输水供水、内河航运、生态景观、文化传承等各项功能,重塑"有水的河"现实载体,实现防洪保安全、优质水资源、健康水生态、宜居水环境和先进水文化,延续壮美运河的千年神韵,满足沿线群众对"幸福运河"的热切期盼。

7.1.3.5 江汉平原河湖水系连通需求分析

江汉平原,地处长江中游、湖北省中南部,与洞庭湖平原相连,地势平坦、土地肥沃、物产丰富、交通便利,河流纵横交错,湖泊星罗棋布,是我国三大平原中长江中下游平原的重要组成,拥有得天独厚的自然条件和区位优势。长江荆江段历来是长江防洪的重点,江汉平原长江汉江沿岸分布的众多分蓄洪区是长江流域防洪体系的重要组成部分,是保障长江中下游平原和全流域防洪安全的关键河段;区内分布有众多湖泊湿地自然保护区和国家珍稀鱼类自然保护区,以及水产种质资源自然保护区,生态地位至关重要和不可替代。江汉平原作为湖北省政治、经济、文化中心和我国中部社会经济最为发达的地区,仍然面临着水旱灾害频发,水土资源不匹配、水资源短缺形势严峻,水污染问题加剧,江湖阻断、河湖萎缩、生态退化等问题,以及由于外调水所带来的水安全新挑战。

一是江湖阻断、河湖萎缩、生态退化。江汉平原20世纪50年代湖泊星罗棋布、河流弯曲透迤、江湖相通、民垸毗连,后来随着沿江闸站的建设,阻断了内部水体和外部江河的生态通道,随着社会经济的发展,区内湖泊和沼泽地被大量围垦,造成湖泊数量和水面大幅消减。占地100亩以上湖泊个数从20世纪50年代的1332个缩减到80年代的843个,现仅728个,湖泊平均水面面积从20世纪50年代的8528km^2缩减到80年代的2983km^2,现仅2706km^2。

二是水污染加剧、水质恶化。随着区内社会经济的发展和人口的不断增加,工业废水和生活污水排放量逐年增长,以及水产养殖过量投肥、种植区农药化肥过量使用等,近年来,该地区水污染问题越来越突出。中小河流均受到不同程度的污染,如汉北地区天门河、汉北河水质为IV类,府澴河经常性断流,基本生态流量保障不足,府澴河下游段水质为V类,绝大多数湖泊及水库未达到功能区划的要求;塘堰水质基本为劣V类,丧失了基本使用功能;区内浅层地下水普遍受到了污染,达不到饮用水的标准。

三是水资源时空不均衡,水土资源不匹配,局部地区还存在水资源供需矛盾。按自产水资源计算,江汉平原人均占有水资源量1110m^3,约为全国平均水平的一半,也远低于国际公认的严重缺水警戒线(人均1700m^3);耕地亩均占有水资源量约1347m^3,约为长江流域平均值(2001m^3)的70%。江汉平原自产水资源量相对较为紧缺,但具有丰富的客水资源,长江、汉江是其重要的供水水源。地表水资源多的地区耕地少,而地表水资源少的地区耕地多,水土资源分布不平衡。多年平均径流深大于700mm的丰水区,地表水资源占全省地表水资源的40%以上,耕地仅占全省耕地面积的17%;径流小于300mm的少水区，地表水资源约占全省地表水资源的 10%，耕地却占全省耕地面积的 30% 以上。

四是三峡蓄水运用和南水北调中线调水使江汉平原水安全面临新的挑战。三峡工程蓄水运用后，河床冲刷使下游沿程水位出现不同程度下降，江汉平原是其中主要的影响区域，尤其是洞庭湖区的荆南四河，河道断流时间提前，断流天数增加，由此引发的水资源供需矛盾、水生态和水环境问题越来越突出，水安全形势不容乐观。由于南水北调中线调水及汉江梯级建设，汉江中下游水环境容量大大降低，而江汉平原区内众多河湖以汉江为主要补水水源，同时随着汉江生态经济圈开发开放，对汉江水安全要求越来越高。

五是水利工程基础设施仍显薄弱，河道淤积严重，抗御洪涝灾害能力有待进一步提高。新中国成立后江汉平原虽然水利建设取得了较大成绩，但水利工程基础设施仍显薄弱。长江流域防洪体系的杜家台、洪湖等分蓄洪区仍达不到分洪运用标准；由于三峡工程运行影响，长江许多崩岸险情有进一步发展趋势。区内汉江干堤以及内部汉北河、东荆河等重要支流部分堤防以及长湖、洪湖等五大湖泊堤防进行了加固，但众多中小湖泊仍未达标建设；四湖地区、梁子湖区、汈汊湖区等平原湖区由于围湖造田的影响，内部仍有许多区域排涝标准不足 10 年一遇；包括汉江、东荆河在内的连江支流还没有得到系统治理，区域内河道淤积日益严重，整体呈缓慢淤积萎缩态势。

在新时代中国特色社会主义发展进程中，特别是长江经济带、汉江生态经济带、洞庭湖生态经济区和全国两型社会建设等重大国家战略部署下，江汉平原作为几大国家战略的交汇点和支撑点，具有相当重要的战略地位，迫切需要统筹江汉平原的水资源、水生态、水环境和水灾害治理，维持长江流域生态平衡，做长江流域绿色发展的先行区、中西部联动发展的试验区，使长江、汉江成为造福人民的幸福河，保障关系国家发展全局，是贯彻国家重大战略部署的重要举措。

7.1.3.6 山西省构建大水网需求分析

山西省水资源严重短缺，干旱问题十分突出。新中国成立以来，山西水利建设取得了显著成就，供水工程建设已初具规模。特别是"十一五"期间，山西省委、省政府做出了"加强水利建设、实施兴水战略"的重大决定，规划建设的 35 项应急水源工程大部分建成，全省地表水供水能力和黄河干流取水能力有了很大提高，水源结构有了明显改善，地下水超采、水位下降的局面得到初步扭转，河流逐步恢复健康生机。人口稠密、城镇集中、经济发达的六大盆地平川区，基本上都有了骨干水源工程，初步形成了覆盖城乡的供水体系，具备满足正常年份和一般干旱年份需水要求的能力，实现了水利从"短板制约型"向"基本保障型"的跨越式转变。

山西省在初步缓解用水紧张矛盾的同时，在水资源统一调配和水生态保护与修复方面还存在不少问题，突出表现在：区域供水体系之间水资源调配能力不强，遭遇连续干旱年、特大干旱年或重大水污染事故时应急保障程度不高，因采煤破坏地下含水层、地下水污染和严重超采，水生态系统保护与修复难度大。随着山西经济社会快速发展，水资源供需矛盾十分突出，特别是遇特殊干旱年应急水源不足问题亟待解决。

从抗御特大干旱年的自然灾害，保障人民基本生活需水要求和维护社会稳定的目的出发，按照解决供水工程存在的体系不完善、区域之间丰枯调剂能力差、安全保障程度低等主要问题的要求,重点建设互连互通工程,将主要河流和主要区域性供水体系连接起来,形成纵贯南北、横跨东西、多源互补、丰枯调剂的供水网络是十分必要的。

一是山西特有的自然条件具备天然水系的网状雏形和基本条件。省内自北而南有黄河北干流和汾河两条大河纵贯,天然具备了构建水网最主要的两条主骨架,这也是建设山西大水网最重要的基础条件和天然优势。桑干河、滹沱河、漳河、沁河4条大河,以及三川河、文峪河、潇河、涑水河、丹河等中等河流,还有黄河风陵渡至小浪底河段,流向多为东西方向,与纵向的黄河北干流、汾河在大势上呈网状分布,由于没有输水通道,关键节点没有打通,实际上还没有形成有效的供水网络。

二是黄河是应对特大干旱年的重要水源保障。黄河流经山西省西部、南部边界,长度达965km,处于居中位置的龙门水文站多年平均实测径流量280亿 m^3,黄河兰州断面多年平均出境水量为333亿 m^3,说明黄河中游段的径流量大部分源自青海、甘肃,其洪涝丰枯与华北地区基本不同频,且有龙羊峡、刘家峡等大水库的调节,水源可靠,是山西省应对特大干旱年的主要水源保障。国务院"八七"分水方案给山西省分配的水量为43.1亿 m^3,目前黄河干流引水量仅4亿 m^3,还有很大的潜力。

三是岩溶大泉是可靠的应急水源。岩溶大泉数量多、分布广、流量大是山西水资源的重要特征。岩溶区面积占全省总面积的75.2%,其中19个岩溶大泉水资源量达31.5亿 m^3,占全省水资源总量的25%。岩溶大泉主要接收大气降水补给,流程长、流速缓,具有明显的滞后效应,加之含水层较厚,有几倍于资源量的动态调节能力,是应对本泉域范围内特大干旱年的可靠水源,通过跨流域调度也可成为相邻区域应对不时之需的水源。

四是降水分布不均、干旱丰枯不同频,需要跨区域应急补济。山西省境内地形起伏较大,降水量存在众多交替出现的高低值中心,降水地区分布不同频,导致省内汾河、沁河、桑干河、滹沱河、漳河五大河流和其他中小河流径流量丰枯迥异,表现出丰枯不同频的特点。如果能够实现主要水系或河流连通,就可利用以上特点实现不同区域间的水资源丰枯调剂,对抗御干旱或特大干旱具有非常重要的意义。

五是初具规模的供水体系是建设大水网的基础。山西省实施的35项应急水源工程建成后,在六大盆地和主要经济中心区基本形成了以大中型蓄水、引水、提水、调水工程为骨干,以地表水源为主,多种水源统一调配、互相补济的区域性十大供水体系。继续建设一批新的连通工程,将十大供水体系形成的人工供水通道与天然河流有机组合在一起,就可以构建出覆盖全省主要区域的山西大水网,使全省的供水安全性、稳定性和抗御特大干旱能力得到极大的提高,收到事半功倍的效果。

经分析,建设山西大水网具有天然的河流分布条件,经过应急水源工程建设已经初步形成了区域性的供水体系,供水网络的水源条件也基本具备。在此基础上建设必要的连通工程,将天然河流、人工供水系统有机结合起来,由水源工程构成网络节点,形成具有较强安全性、稳定性、能够有效发挥供水工程效益,可以抗御特大干旱的山西大水网,将蓄起来的水和黄河干流的水配置到需要水的区域,同时通过河库连通,合理配置水资源,提高用水的保证率,特别是特大干旱年份的保证率,解决水资源空间分布不均的问题,解决经济社会发达区域用水需求较大、水量少和山区水量大、用水少的矛盾,是必要的,也是可行的。

从目前全国水资源整体配置情况来看，部分地区仍存在水资源承载能力不足的情况，经济社会供水安全风险逐步加大。随着人口的持续增长和经济快速发展，经济社会用水总量将不断增加，水资源供需矛盾日益突出。为改善现状和适应新的发展格局，以水资源的可持续利用支撑经济社会的全面、协调、可持续发展，亟须根据水资源条件和生态环境的整体特点，参照国家级主体功能区规划战略，以河湖连通合理调整河湖水系格局，改善水资源与经济社会发展布局的匹配程度，提高流域和区域水资源承载能力；构建城乡供水网络体系，提高水资源统筹调配能力，提高供水保证率，降低供水安全风险；同时，构建和改善内河水网体系，兼顾河湖水系航运功能。

针对新时期新形势下我国河湖水系开发治理面临的一系列新要求，从经济社会发展和生态文明建设对河湖水系连通的需求角度，推进河湖水系连通是维系流域的良性水循环、保障河湖健康的必然要求，是促进人与自然和谐相处、实现可持续发展的必然要求，是提高资源统筹调配能力、促进水利现代化的必然要求，是增强应对气候变化能力、保障国家水安全的必然要求。坚持河湖水系连通与阻隔的辩证法，宜连则连，明确河湖水系连通的总体思路和战略方向，以水资源的可持续利用支撑经济社会的可持续发展是十分必要和紧迫的。构建与经济社会发展、生态文明建设相协调的江河湖库水网络体系，对提高水资源统筹调配能力和承载能力、修复和改善水生态环境功能、降低水旱灾害风险、保障水安全具有重要意义。

7.2 河湖水系连通与国家水网布局战略框架

7.2.1 国家水网的概念与内涵

水网工程是立足于新时代国家不同发展阶段的战略目标和水利支撑保障需求，以江河湖泊水系为基础、输排水通道为纽带、节点工程为控制，"多尺度-多层面-多情景-多主体-多要素"构建防洪排涝、水资源调配、水生态保护修复、发电、航运、景观等多功能的水流网络体系，为农业网、城镇网、生态网提供水利保障，四网协同发展。

水网工程主要包括江河湖泊水系、输排水通道和节点控制工程三大要素。江河湖泊水系是由江河、湖泊、湿地等水体组成的水流体系，其作用是水循环更新、气候调节、搬运泥沙等，是水资源的载体，是水网工程的基础。输排水通道主要包括跨流域跨区域调水工程、引提水工程、供水工程、灌排渠系、排水通道等，通过维持、重塑或建设满足一定功能目标的人工水流输排水通道，调节水资源空间分布、不同地区洪涝水风险和河湖水生态状况，是水网工程的连接纽带。节点控制工程主要包括水库、枢纽、闸坝等，在水网工程中具有调节径流、蓄洪补枯、调配水流、调节河湖水动力条件等功能，是保障水网工程有序流动、科学调度、精准监控的关键。

7.2.2 国家水网的结构和功能

根据国家水网工程的覆盖和影响范围，可将其分为国家骨干网、流域区域网、城乡保障网三个层次。

7.2 河湖水系连通与国家水网布局战略框架

国家骨干网是以珠江、长江、淮河、黄河、海河、辽河和松花江等大江大河水系为基础，结合南水北调西线、中线、东线等重要的跨流域跨区域调水工程，基于国家战略总体布局以及资源环境条件，构建跨流域、跨省的"南北调配、东西互济、边水济腹"国家骨干网，是国家水网工程的主骨架、大动脉。

流域区域网是围绕流域区域水资源时空分布差异和地区洪水组成，聚焦重点地区水资源和经济社会发展战略布局，构建的上下游、干支流、区域城际之间的水网体系。通过合理安排流域区域洪涝水出路通道、水源连通与调配，降低洪水风险、缓解水资源供需矛盾，保证各流域地区生态稳定与经济社会高质量发展。

城乡保障网是在国家骨干水网和流域调配网的控制下，以城乡原有水系沟渠为基础，通过防洪排涝通道、供水管网、输排水工程、水景观工程等，沟通城市河湖、水面、周边湖库湿地等各类水体，形成水源互补、水系互济的城乡供水保障网，提供公平均等、安全可靠的用水服务。

水网的主要功能和作用体现在三个方面。一是调节水资源时空分布差异。通过构建水源调配和供水网络，解决水资源时空分布不均，提高水资源统筹调配能力和供水保证程度，促进水资源与人口经济社会发展相均衡。二是维持河湖生态健康稳定。合理调节水流和水沙过程，改善河湖的水力联系与水动力条件，维持河湖生态流量，塑造良性水循环关系，保障生态安全。三是调节河湖洪水蓄泄关系。通过水网系统合理安排洪涝水出路、泄洪通道及蓄滞空间关系，蓄泄兼筹，提高流域区域洪涝水防控能力，降低洪水风险，保障防洪安全。

总体上，国家水网工程是通过科学的方式将水利工程体系连通形成水利基础设施网络，并考虑河湖水系生态功能的系统保护修复，是基础设施与河湖水系的综合体。国家水网工程由于水流互联互通、联合调控、相互调剂，发挥出较高的整体和综合效益。在水资源保障方面，网络化的供水通道，使水源互为备用，提高了水资源配置效率和保障程度；在防洪排涝减灾方面，洪涝水出路通畅以及网络化排水通道，提高了洪涝水排泄效率，并结合调蓄工程，降低了洪涝灾害影响；在河湖生态保护修复方面，通过水资源统一调配、河道畅通性提升、行蓄洪空间保护等，提高了河湖生态流量保障程度、强化了水域岸线空间保护，改善了水环境质量；在安全风险应对方面，能分散和调控局部地区或部分工程水安全风险，提高了水安全风险整体应对能力。

7.2.3 国家现代水网总体布局方案

在《全国水资源综合规划》"四横三纵"格局的基础上，针对我国不同地区的功能定位、资源禀赋条件、生态系统特征和发展需求，从提高国家层面水资源统筹调配能力、防洪减灾排涝能力和水生态环境保护能力的角度出发，提出国家层面骨干网总体布局。

7.2.3.1 国家层面水网格局

以重要江河骨干河道为基础，重要控制性水库为中枢，依托南水北调等重大跨流域调水工程，逐步形成"系统完备、安全可靠，集约高效、绿色智能、循环通畅、调控有序"的国家水网，为全面建设社会主义现代化国家提供有力的水安全保障。在提高北方地区水资源承载能力的同时，南方地区要通过河湖疏浚、生态调度、恢复与新建水流通道等措施，提高水资源保障能力，改善水生态环境。国家层面河湖水系连通格局和重点见表 7.1。

表 7.1 国家层面水网总体格局

区 域	解决问题	重大工程	基本格局
南水北调核心区	主要解决华北平原、黄河流域及河西走廊部分地区的缺水问题	南水北调东、中、西线	南北调配 东西互济
东北松辽区	主要解决黑龙江西部、吉林中西部、辽宁西部的水资源短缺问题	呼玛河引水、引松补挠，引绰入辽，吉林省中部城市群引松供水，辽西北供水	北水南调 东水西引
西北内陆区	主要解决关中、北疆等地缺水问题	引汉济渭，引额济乌，引额济克，引黄入河西走廊	引边济腹 东西贯通
东南珠三角及北部湾区	主要解决江苏沿海、浙东、福建沿海、珠江三角洲等地缺水问题	引江济太，太湖引钱塘江，浙东引水，闽江北水南调	南北沟通 相互调剂
西南跨界河流区	主要解决滇中、黔中、成渝等地缺水问题	滇中调水、黔中调水	河系相济 引江补源

7.2.3.2 构建水资源配置和供水保障格局

针对我国夏汛冬枯、北缺南丰的水资源分布特点，聚焦国家发展战略和现代化建设目标，立足流域整体和水资源空间均衡配置，坚持节水优先、量水而行，采取"减需、增供"相结合的举措，在深度节水控水的前提下，遵循"确有需要、生态安全、可以持续"的原则，科学规划建设水资源配置工程和水源工程，依托纵横交织的天然水系和人工水道，完善"南北调配、东西互济、多元保障"的国家水资源优化配置格局，实现水资源互济联调，提高缺水地区供水保障程度和抗风险能力。

南北调配。在已有南水北调东中线等骨干工程基础上，自长江中下游继续向北部淮河、海河地区输送水量，进一步根据长江水源条件，研究自长江上中游向黄河上中游及西北地区调配方案，缓解华北及西北地区水资源短缺问题；将西南诸河作为北方腹地河流战略接续水源，根据国家区域发展需求，预留水资源调控手段和供水能力，实现更大范围内的水资源优化配置；南方自长江上游金沙江等向珠江上游进行水资源调配，以及东南沿海河流南北调配。

东西互济。通过沿河重要调蓄水库及重要湖泊，提高洪水资源化利用率，实现东西向流域内部多功能互济。协调河流上下游用水、河道内外用水，合理控制下泄流量，保证下游河道用水。通过长江上游川滇水源基地向黄河流域供水，通过黄河向东、向北输送水源。川滇、藏东南水源基地接续，利用长江向东、北输送水源。

多元保障。加大再生水、雨水集蓄、微咸水、海水淡化等非常规水利用，形成多水源供水保障格局，提高供水保障和应急备用能力。完善国家水资源战略储备体系建设。

7.2.3.3 完善流域防洪工程体系布局

遵循洪水发生和演进的规律，以流域为单元，以保护重要经济区、重要城市、重大基础设施、粮食主产区、重要能源基地等防洪安全为目标，进一步优化流域防洪减灾布局，构建由水库、河道及堤防、蓄滞洪区为主要组成的流域防洪工程体系，完善洪水风险管控机制，提高流域洪水风险防控能力。

提高河道泄洪能力，给洪水以出路。通过新建一批骨干排洪通道，解决平原河网地区外排通道不足、洪水出路不畅等问题。稳定入海流路，保持河口稳定畅通。

增强洪水调蓄能力。通过控制性枢纽工程建设，提高江河洪水拦蓄能力。通过蓄滞洪区布局优化调整和建设，保证正常分洪运用。有条件的实施退田（圩）还湖，提升湖泊调蓄洪水能力。

提高洪水风险防控能力。充分考虑气候变化引发的极端天气影响，科学提高洪水防御工程标准，完善洪水预报预警预演预案体系建设。做好大江大河中下游地区洪水风险评估，加强行蓄洪空间管控。

7.2.3.4 优化河湖生态系统保护治理格局

以提升水生态系统质量和稳定性为核心，坚持系统治理、综合治理、源头治理，针对水资源开发利用过度、水动力条件不足、地下水超采的区域与河湖，采取"建廊道、保流量、增动力、治超采"相结合的举措，维护河湖空间、保障河湖生态流量，调节河湖生态节律，复苏河湖生态环境，构建河湖生态廊道。

加强水资源开发利用过度河湖治理。针对水资源超载或临界超载地区的河湖，统筹调配各类水源，优化水资源配置，强化节水，推进中水回用，置换挤占河湖生态水，有条件地区依托跨流域跨区域水资源配置，开展生态补水，保障河湖生态流量。

加强水动力条件不足河湖治理。针对河湖阻隔、水流交换与流动性减弱地区的河湖，结合水系连通、清淤清障、河道生态治理、联合调度等综合措施，合理科学调节河湖水文节律，改善水动力条件，增强水体自净能力。

加强地下水超采区综合治理。在浅层地下水超采区，通过强化节水、调整农业种植结构、减少农业配水面积、水源置换、地下水回补等措施进行综合治理，压减地下水超采量；将深层承压水作为应急战略储备水源，禁止规模化开采，逐步实现地下水系统稳定和功能健康。

7.2.3.5 构建协同融合共享格局

加强国家骨干网和省级网互联互通。加强国家骨干网与省级网的统一谋划，推进工程间协调衔接和互联互通，发挥水网工程整体效益。北方缺水地区依托跨流域调水骨干工程，建设完善省级水网，逐步降低水资源开发利用程度，加强洪水资源化利用。南方丰水地区通过水网工程，提高区域防洪排涝能力，统筹调配水资源，增强河湖水动力。

推进省市县水网协同融合。按照国家骨干网与省级网的规划安排，各省区加强省内水网建设的指导协调，市县层面要做好配套建设，推进城乡供水一体化，完善防洪排涝体系，支持城市供水管网向乡村延伸，完善灌排体系，提升城乡水利基本公共服务水平。

推动相关行业协同共享。加强水网建设与水电建设的协同融合，发挥具有控制性作用的水电站在水网中的调蓄和水资源调配作用，统一纳入防洪和水资源调度，推进区域水网调蓄工程与抽水蓄能电站协同布局。加强水网建设与水运建设的协同融合，发挥运河工程的水资源调配、分洪泄洪等功能。加强水网与文旅行业协同融合，推进文化保护传承，打造一批水利风景区，满足人民群众对美好生活的需求。

7.2.4 国家现代水网分区布局方案

7.2.4.1 南水北调核心区布局方案

长江是我国最大的河流,水资源丰富且较稳定,多年平均径流量约9600亿 m^3,特枯年有7600亿 m^3。长江的入海水量约占天然径流量的94%以上。从长江流域调出部分水量,缓解北方地区缺水是可能的。同时,从长江调水地理条件优越。长江自西向东流经大半个中国,上游靠近西北干旱地区,中下游与最缺水的黄淮海平原及胶东地区相邻,兴建跨流域调水工程在经济技术条件方面具有显著优势。

在全面分析研究我国的地势、山脉、水系、水土资源分布状况和经济社会现状及其发展趋势的基础上,拟定以长江为水源的南水北调工程布局,形成了分别从长江下游、中游和上游调水的东线、中线和西线三条调水线路,可基本覆盖黄淮海流域、胶东地区和西北内陆河部分地区,基本可以安全、经济地解决北方缺水地区的需水与供水矛盾。

东线、中线和西线三条线路,可利用黄河由西向东贯穿我国北方的天然优势,采取工程措施后可以与黄河相连接,并通过优化运行调度,实现南水北调工程和黄河之间的水量合理调配。

东线工程可利用现有的东平湖退水闸或穿黄工程的南岸输水渠退水闸向黄河补充长江水,又可通过位山引黄渠道、胶东地区输水工程由黄河补充山东的部分用水量。中线工程一方面在穿黄工程南岸设置了退水闸,遇汉江、淮河丰水年,在黄河枯水时可向黄河补水;另一方面规划了从黄河待建的西霞院水库与中线总干渠的连接渠,遇汉江特枯年份,可引黄河水进入中线总干渠应急补水,提高黄河以北地区的供水保证程度。西线工程建成后,除向黄河上中游和西北内陆河部分地区补水外,也可通过黄河向东线和中线的输水渠道补水。随着黄河上游西北各省(自治区)的经济社会发展,用水量的增加,必将减少进入黄河干流和下游的水量。故在西线未实施前,由于东线和中线的实施,可补充下游沿黄两岸的供水不足,也有利于保证上游西北地区的用水,支持西部大开发。

南水北调工程东线、中线和西线三条调水线路,各有其合理的供水范围和供水目标,并与四大江河形成一个有机整体,可相互补充。实现"四横三纵"的总体布局,可充分发挥多水源供水的综合优势,共同提高受水区的供水保证程度。

7.2.4.2 西南跨界河流区布局方案

长江上游地区水资源存在时空分布不均现象,由于缺乏大型骨干水资源调蓄工程,调蓄能力不强,供水能力较低,供水保证率不高,在干旱年份常出现缺水现象,属于工程型缺水地区。这类地区的水资源配置的重点应放在加大蓄水工程特别是控制性骨干工程的建设上,同时充分挖掘节约用水的潜力和加强水资源的保护,对水资源问题较突出的地区,可根据实际情况进行区域引水或从外流域调水来解决。

金沙江水资源虽然丰沛,但时空分布不均,利用程度较低,滇中高原区是本区和云南省人口最多、经济发展最快的地区,但滇中高原坝子多,位于河流源头,位置高、水源少、地下水少、提水困难,加之调节地表径流的水利工程缺乏,缺水严重,制约了经济社会的发展。同时不合理的水资源开发利用方式造成生态环境恶化,滇池是我国富营养化最严重的湖泊之一。为了解决滇中高原区的缺水问题,规划建设滇中调水工程,从金沙江干流向滇中区调水，以解决水资源十分紧缺的滇中核心经济区的需求。

岷沱江水系是长江上游主要水系之一，也是四川省境内的主要水系，由于清白江、毗河相通，形成两个不封闭的水系，岷沱江区多年平均水资源量为 1066 亿 m^3。位于本水系的成都平原是工农业较发达地区，用水集中，但水资源的时空分布不均，水资源开发利用受经济技术条件的制约，加之沱江水质污染严重，水资源供需矛盾日渐突出。因此规划毗河供水工程、长征渠引水工程解决岷沱江丘陵区缺水问题。通过"引大济岷"工程，补充岷江上游河段水量。

乌江是长江上游南岸的一级支流，岩溶面积广布，地形复杂，多年平均水资源量为 551 亿 m^3，水资源量丰沛，人均和亩均水资源均高于流域平均水平。乌江上游区，地形较为平坦，人口稠密，经济较发达，由于临近源头，集水面积相对较小，难以修建骨干水库予以调剂，均以引水为主，供水保证率低；中下游河谷深切，田高水低，开发条件存在困难，因此干旱仍是本区农业生产的主要威胁，不少地区人畜饮水都存在困难。为了解决该地区的缺水问题，规划建设黔中水利枢纽，总库容 10.8 亿 m^3，设计供水能力 7.34 亿 m^3，新增灌溉面积 58.16 万亩。

7.2.4.3 东北松辽区布局方案

松花江区水资源的特点是东多西少、北多南少，边境多、腹地少，水资源地区分布与经济发展和生产力布局呈逆向分布。东部和北部周边河流及其支流水资源丰富，但人口较少，水资源开发利用率低，中部经济发展水平较高，水资源开发利用率也高。西部地区生态与环境脆弱，水资源匮乏，且开发利用率也较高。为保障哈大齐工业走廊、长吉图经济区、辽中南地区等重点开发区域的城市与工业供水安全，保障和改善松嫩平原、三江平原和辽河中下游平原的农业用水，改善三江平原湿地等生态功能区及辽河等水资源开发利用过渡地区生态环境用水，通过建设引呼济嫩、吉林中部引水、绰尔河引水、LXB 供水、DHF 输水等跨流域调水工程，连通黑龙江、松花江、鸭绿江、辽河等江河水系，逐步形成东北地区"东水中引，北水南调"的水系连通格局。

7.2.4.4 东南珠三角及北部湾区布局方案

东南珠三角及北部湾区水资源总量较为丰富，但时空分布不均，局部地区缺水严重。以山地丘陵为主的西部地区，山高水低，水资源开发利用难度大，人畜饮水困难；下游经济发达的珠江三角洲和沿海地区水资源相对丰富，但由于水污染、咸潮上溯以及水库富营养化等问题，季节性缺水问题较为突出，城乡居民饮水安全受到影响。

随着流域经济社会快速发展，特别是"泛珠三角"经济区的形成与发展和北部湾经济合作等战略的实施，流域东部的广东、海南、福建等省将率先基本实现现代化。

(1) 珠江片区

通过建设大藤峡等大型蓄水工程，基本形成以西江龙滩、大藤峡，北江飞来峡等水库为骨干的水资源调配体系，调节水资源的时空分布，提高水资源调配能力，增加西江干流梧州站的最枯月平均流量，使三角洲咸潮影响范围下移 10～20km，基本保障珠江三角洲地区的饮水安全；在郁江以及浔江、黔江沿江建设一批引提水工程，兴建左江流域抗旱灌溉工程、大藤峡灌区，续建配套与改造青狮潭、右江等灌区，改善农业灌溉条件。

规划珠江三角洲水资源配置工程从广东省内西江水系取水，向珠江三角洲东部地区尤其是粤港澳大湾区供水，以解决东江水资源开发利用率高、流域生态环境受到威胁等问题。

（2）福建沿海

福建沿海经济带国内生产总值占全省的82%，其中闽江及以南的沿海区域国内生产总值占全省的76%，是全省发展潜力最大，也是水资源形势最严峻的区域，通过构建北水南调、西水东济两条输水通道，重点开展闽西南和闽江口城市群水资源配置工程，充分挖掘现有大型水库的调蓄作用，利用一闸三线和水库工程，实施闽江口城市群和闽西南水资源配置工程，沟通汀江-九龙江-晋江-木兰溪-闽江-敖江六大流域，实现全省水流的南北互通、东西共济，从根本上解决沿海地区资源型和工程型缺水局面。

7.2.4.5　西北内陆区布局方案

（1）新疆地区

结合新疆河湖水系、水资源分布特点及空间需求特征，聚焦社会稳定和长治久安的总目标，围绕生态保护和高质量发展战略，按照空间均衡、系统治理的要求，贯彻"蓄水是基础，调水是补充，节水是关键"的思路，遵循把水资源作为最大刚性约束的原则，协调经济社会开发利用与生态保护、水资源承载能力与经济产业布局、本流域水资源利用与外调水利用、国内与国际水资源开发，按照优先发展节水，加大使用再生水、合理开发当地水、科学适当补充外调水的策略，在现有水资源配置工程基础上，构建以塔里木河为骨干水源，以蓄水为基础、以节水为关键、以调水为补充的水安全保障网络工程体系，形成"三区三廊、四纵四横、北水南调、西水东济"的全疆水资源安全保障总体格局。

（2）甘肃地区

按照"西控、南保、东调、中优"的水安全保障总体格局，以全面节水、保护生态为前提，以河西诸河、大通河、黄河、洮河、白龙江等河流为主要水源，以河西走廊平原区、兰白经济区、榆中生态创新城、天水经济区、陇东能源基地等地区为重点，以重大引提水工程为骨干，以当地水库为节点，以城乡供水管网及河湖沟渠为脉络，构建"四横一纵、九河连通、多源互济、统筹调配"的全域供水网络格局。

（3）青海地区

实施"东西部开源节流并重、南北部保护修复并举"，以构建青海高原生态屏障为目标，以涵养大江大河水源、强化治理水土流失、合理调配水资源、增加生态用水量为主要手段，加强水系、绿带建设，用水系网络化推进水资源合理配置。在西宁为中心的东部城市群，统筹考虑引黄济宁和引大济湟两大骨干工程，联合当地水源，提高湟水流域水资源配置效率；在以柴达木盆地为核心的循环经济试验区，建设蓄集峡水库及其供水工程、那棱格勒河水库及其供水工程、香日德水库及其供水工程、"引江济柴"调水工程，优化柴达木盆地水资源配置格局。

7.3　小结

本章提出了我国不同发展阶段河湖水系连通战略需求。紧密呼应国家现代水网建设的现实需求，从国家、流域、区域等不同发展阶段的宏观时空尺度着眼，在全面分析河湖水系连通及其演变历程、国内外水系连通实践的基础上,从保障经济高质量发展、保障能源安全、保障国家粮食安全、提高防洪除涝能力、改善水生态水环境等角度分析提出了与我国不同发展阶段相适应的河湖水系连通功能需求及发展趋势。

从战略层面创新提出了国家现代水网布局战略框架。明确定义了国家水网的概念与内涵,分析了我国水网的结构与功能。通过研究国家层面、区域层面的现代水网总体布局,按照功能协同、空间协同、过程协同、要素协同等要求,提出了与新型城镇化、农业现代化、生态文明建设"四网"协同发展、深度融合的国家现代水网布局战略框架。

结论 8

本书围绕我国河湖水系连通水安全保障的科技需求，以"机理揭示-关键技术-示范应用-政策战略"为主线，以我国国家水网与典型区域为例，构建了我国河湖水系连通治理理论方法体系，研发了河湖水系连通"评价-治理-集成"一体化水安全保障技术体系，并在南水北调东线影响区临沂市沂沭河上片、高城镇化平原水网武澄锡虞区常州市示范应用，提出了我国国家现代水网总体布局战略框架，有力支撑了《国家水网建设规划纲要》编制、全国及流域区域"十四五"水安全保障规划编制、《南水北调工程总体规划》评估与后续工程方案论证，综合效益显著。

机理揭示方面，揭示了我国典型区河湖水系格局形成机理、连通驱动机制及其演变规律，阐明了国家层面河湖水系连通格局与功能协同响应机制，提出了多目标约束下河湖水系连通格局优化准则与风险管控理论框架，形成了我国河湖水系连通治理理论方法体系。

关键技术方面，创建了河湖水系连通水安全适配性评价技术，编撰了河湖水系连通评价技术导则；研发了河湖水系动力重构技术、河湖水系有序流动调控技术、河湖水系连通多目标协同调控技术以及河湖水系连通伴生风险识别与管控技术，形成了布局优化-联合调度-目标协同-风险管控的链式河湖水系连通治理共性技术；提出了武澄锡虞片"分片治理-滞蓄有度-调控有序"防洪除涝安全保障技术及方案、沂沭河上片闸坝群"拦-蓄-调-补-用"的水资源配置技术及方案、南四湖湖东片"截-导-滞-净-控"水质保障技术及方案、常州市城市"多源互补-引排有序-精准调控"水环境质量提升技术及方案等4项系统性水安全保障技术方案，形成了河湖水系连通"评价-治理-集成"一体化水安全保障技术体系。

示范应用方面，建立了以南水北调东线影响区临沂市沂沭河上片（面积2294 km²）和高城镇化平原水网武澄锡虞区常州市（1190 km²）为代表的河湖水系连通水安全保障技术示范区并成功示范，经第三方评估，实现沂沭河上片枯季水资源保障率提高17.4%，常州市河网水体流动性提高超14%、水体氨氮浓度降低超22%，显著提升了示范区水资源保障率与水环境质量，直接惠及人口868万，2020—2022年共节省工程运行费用0.45亿元，形成水资源当量效益1.1亿 m³，折合经济效益0.22亿元。

政策战略方面，解析了我国不同发展阶段河湖水系连通与国家水安全保障的需求，提出了我国沂沭泗流域、渭河关中地区、太湖流域武澄锡虞区以及吉林西北部等典型区河湖水系连通布局优化方案，形成了与新型城镇化、农业现代化、生态文明建设"四网"（水流网、农业网、城镇网和生态网）协同发展和深度融合的国家现代水网布局战略框架建议，有力支撑了《国家水网建设规划纲要》编制、全国及流域区域"十四五"水安全保障规划编制、《南水北调工程总体规划》评估与后续工程方案论证。

参 考 文 献

[1] GLOCK W S. The development of drainage systems: A synoptic view [J]. Geographical Review, 1931, 21 (3): 475-482.

[2] 魏嵩山. 太湖水系的历史变迁 [J]. 复旦学报（社会科学版）, 1979 (2): 58-64.

[3] HORTON R E. Erosional development of streams and their drainage basins: hydrophysical approach to quantitative morphology [J]. Geological Society of America Bulletin, 1945, 56 (3): 275-370.

[4] STRAHLER A N. Quantitative analysis of watershed geomorphology [J]. Eos, Transactions American Geophysical Union, 1957, 38 (6): 913-920.

[5] 高华端, 杨世逸. 乌江流域水系结构分析 [J]. 贵州农学院丛刊, 1994 (1): 104-125.

[6] 周家维, 胡蘖. 北盘江流域水系结构特征及分析 [J]. 贵州林业科技, 1997, 25 (1): 26-31.

[7] MANDELBROT B. How long is the coast of Britain? Statistical self-similarity and fractional dimension [J]. Science, 1967, 156 (3775): 636-638.

[8] MANDELBROT B B. The fractal geometry of nature [M]. New York: WH Freeman, 983.

[9] TARBOTON D G. Fractal river networks, Horton's laws and Tokunaga cyclicity [J]. Journal of Hydrology, 1996, 187 (1-2): 105-117.

[10] LA BARBERA P, ROSSO R. On the fractal dimension of stream networks [J]. Water Resources Research, 1989, 25 (4): 735-741.

[11] 梁虹, 卢娟. 喀斯特流域水系分形、熵及其地貌意义 [J]. 地理科学, 1997, 17 (4): 310-315.

[12] 甘容, 左其亭. 襄阳市河湖水系空间格局演变评估分析 [J]. 中国农村水利水电, 2017 (6): 53-57, 64.

[13] 夏敏, 周震, 赵海霞. 基于多指标综合的巢湖环湖区水系连通性评价 [J]. 地理与地理信息科学, 2017, 33 (1): 73-77.

[14] WATTS D J, STROGATZ S H. Collective dynamics of "small-world" networks [J]. Nature, 1998, 393 (6684): 440.

[15] FREEMAN M C, PRINGLE C M, JACKSON C R. Hydrologic connectivity and the contribution of stream headwaters to ecological integrity at regional scales [J]. Journal of the American Water Resources Association, 2007, 43 (1): 5-14.

[16] PRINGLE C. What is hydrologic connectivity and why is it ecologically important? [J]. Hydrological Processes, 2003, 17 (13): 2685-2689.

[17] 蔡其华. 健康长江 [M]. 武汉: 长江出版社, 2006.

[18] 张欧阳, 熊文, 丁洪亮. 长江流域水系连通特征及其影响因素分析 [J]. 人民长江, 2010, 41 (1): 1-5, 78.

[19] GUBIANI E A, GOMES L C, AGOSTINHO A A, et al. Persistence of fish populations in the upper Paraná River: effects of water regulation by dams [J]. Ecology of Freshwater Fish, 2007, 16 (2): 191-197.

[20] TURNBULL L, WAINWRIGHT J, BRAZIER R E. A conceptual framework for understanding semi-arid land degradation: Ecohydrological interactions across multiple-space and time scales [J]. Ecohydrology, 2008, 1 (1): 23-34.

[21] 徐宗学，庞博. 科学认识河湖水系连通问题 [J]. 中国水利，2011 (16): 13-16.
[22] 李宗礼，李原园，王中根，等. 河湖水系连通研究：概念框架 [J]. 自然资源学报，2011, 26 (3): 513-522.
[23] 刘加海. 黑龙江省河湖水系连通战略构想 [J]. 黑龙江水利科技，2011, 39 (6): 1-5.
[24] 刘伯娟，邓秋良，邹朝望. 河湖水系连通工程必要性研究 [J]. 人民长江，2014, 45 (16): 5-6.
[25] 李原园，黄火键，李宗礼，等. 河湖水系连通实践经验与发展趋势 [J]. 南水北调与水利科技，2014, 12 (4): 81-85.
[26] GOLDEN H E, LANE C R, AMATYA D M, et al. Hydrologic connectivity between geographically isolated wetlands and surface water systems: A review of select modeling methods [J]. Environmental Modelling & Software, 2014, 53: 190-206.
[27] 夏军，高扬，左其亭，等. 河湖水系连通特征及其利弊 [J]. 地理科学进展，2012, 31 (1): 26-31.
[28] 黄初龙，章光新，杨建锋. 中国水资源可持续利用评价指标体系研究进展 [J]. 资源科学，2006, 28 (2): 33-40.
[29] 靳梦，窦明. 城市化对水系连通功能影响评价研究——以郑州市为例 [J]. 中国农村水利水电，2013 (12): 41-44.
[30] 周震. 巢湖流域水系统连通性及其对水质的影响研究 [D]. 南京：南京农业大学，2017.
[31] 左其亭，崔国韬. 人类活动对河湖水系连通的影响评估 [J]. 地理学报，2020, 75 (7): 1483-1493.
[32] KARIM F, KINSEY HENDERSON A, WALLACE J, et al. Modelling wetland connectivity during overbank flooding in a tropical floodplain in north Queensland, Australia [J]. Hydrological Processes, 2012, 26 (18): 2710-2723.
[33] 徐志. 基于长江荆南三口地区水资源需求的水系连通指标阈值研究 [D]. 长沙：湖南师范大学，2018.
[34] 诸发文，陆志华，蔡梅，等. 太湖流域平原河网区水系连通性评价 [J]. 水利水运工程学报，2017 (4): 52-58.
[35] 王柳艳. 太湖流域腹部地区水系结构、河湖连通及功能分析 [D]. 南京：南京大学，2013.
[36] 何蒙，吕殿青，李景保，等. 水文变异下长江荆南三口河道内生态需水量变化及贡献因素 [J]. 应用生态学报，2017, 28 (8): 2554-2562.
[37] ZHOU F, ZHANG W S, Su W C, et al. Spatial differentiation and driving mechanism of rural water security in typical "engineering water depletion" of karst mountainous area—A lesson of Guizhou, China [J]. Science of the Total Environment, 2021, 793: 148387.
[38] PAUDEL SUSSHILA, KUMAR PANGKAJ, DASGUPTA RAJARSHI, et al. Nexus between water security framework and public health: A comprehensive scientific review [J]. Water, 2021, 13 (10): 1365.
[39] ZHAO J, CHEN Y Q, XU J C, et al. Regional water security evaluation with risk control model and its application in Jiangsu Province, China [J]. Environmental Science and Pollution Research International, 2021, 28 (39): 55700-55715.
[40] 郭相春. 中国水安全评价及对策研究 [J]. 中州学刊，2015 (6): 78-82.
[41] 李雪松，李婷婷. 水安全综合评价研究——基于中国 2000—2012 年宏观数据的实证分析 [J]. 中国农村水利水电，2015 (3): 45-49.
[42] COOK C, BAKKER K. Water security: Debating an emerging paradigm [J]. Global Environmental Change, 2012, 22 (1): 94-102.
[43] BAKKER K. Water security: Research challenges and opportunities [J]. Science, 2012, 337

(6097)：914-915.

[44] PARTNERSHIP G W. Towards water security：A framework for action [M]. GWP Secretariat，2000.

[45] LOHANI B N，AIT-KADI M. Asian Water Development Outlook 2013：Measuring Water Security in Asia and the Pacific [M]. Mandaluyong City：A D B，2013.

[46] WATER U N. Water security and the global water agenda：a UN-water analytical brief [M]. Hamilton, ON：UN University，2013.

[47] 贾绍凤，张军岩，张士锋. 区域水资源压力指数与水资源安全评价指标体系 [J]. 地理科学进展，2002，21（6）：538-545.

[48] 陈绍金. 水安全概念辨析 [J]. 中国水利，2004（17）：13-15.

[49] 张翔，夏军，贾绍凤. 水安全定义及其评价指数的应用 [J]. 资源科学，2005，27（3）：145-149.

[50] 韩宇平，阮本清. 区域水安全评价指标体系初步研究 [J]. 环境科学学报，2003，23（2）：267-272.

[51] SUN F，STADDON C，CHEN M. Developing and applying water security metrics in China：experience and challenges [J]. Current Opinion in Environmental Sustainability，2016，21：29-36.

[52] 吴强，李淼，高龙. 水安全指数编制及水安全状况评估研究 [J]. 水利发展研究，2019，19（1）：4-11，30.

[53] ALVES DA SILVA R L，MORAIS M，SAITO C H. Water security and river basin revitalization of the São Francisco River Basin：A symbiotic relationship [J]. Water，2021，13（7）：907.

[54] CHANG Y，ZHU D. Water security of the megacities in the Yangtze River basin：Comparative assessment and policy implications [J]. Journal of Cleaner Production，2021，290.

[55] LU C. DENG O，LI Y. A study on spatial variation of water security risks for the Zhangjiakou Region [J]. Journal of Resources and Ecology，2021，12（1）：91-98.

[56] ACUÑA-ALONSO C，FERNANDES A C P，ÁLVAREZ X，et al. Water security and watershed management assessed through the modelling of hydrology and ecological integrity：A study in the Galicia-Costa（NW Spain）[J]. Science of the Total Environment，2021，759：143905.

[57] ZHANG C，LI J，ZHOU Z X，et al. Application of ecosystem service flows model in water security assessment：A case study in Weihe River Basin，China [J]. Ecological Indicators，2021，120：106974.

[58] PODGER G M，AHMAD MOBINUDDIN，YU Y，et al. Development of the Indus River System Model to Evaluate Reservoir Sedimentation Impacts on Water Security in Pakistan [J]. Water，2021，13（7）：895.

[59] YAO J P，WANG G Q，XUE B L，et al. Identification of regional water security issues in China，using a novel water security comprehensive evaluation model [J]. Hydrology Research，2020，51（5）：854-866.

[60] HUANG Z，LIU J H，MEI C，et al. Water security evaluation based on comprehensive index in "Jing-Jin-Ji" district，China [J]. Water Science & Technology Water Supply，2020，20（7）：2698-2714.

[61] WANG C，HAN Y，RUAN B，et al. Water safety evaluation for regional development in China [J]. Journal of China Institute of Water Resources and Hydropower Research，2010，8：34-38.

[62] HAN Y P，RUAN B Q，XIE J C. Multi-objective and multilevel fuzzy optimization model and its application in water security evaluation [J]. Resources Science，2003，25（4）：37-42.

[63] WANG S，LI Y，DING J. Evaluation method of water security based on indicator system [J].

China Rural Water and Hydropower, 2007, 2.
[64] SHEN Y, XIE J. Fuzzy matter-element model for evaluating of water safety based on entropy weight and TOPSIS and application [J]. System Engineering, 2014, 32: 143-148.
[65] 李东林, 左其亭, 张伟, 等. 基于 Nerlove 方法的塔里木河流域农业水资源配置模型 [J]. 水资源保护, 2021, 37 (2): 75-80.
[66] 卢文峰, 胡蝶. 水资源配置研究概述 [J]. 人民长江, 2014, 45 (S2): 1-5.
[67] 甘泓, 李令跃, 尹明万. 水资源合理配置浅析 [J]. 中国水利, 2000 (4): 20-23, 4.
[68] 王浩, 秦大庸, 王建华. 流域水资源规划的系统观与方法论 [J]. 水利学报, 2002 (8): 1-6.
[69] 冯耀龙, 韩文秀, 王宏江, 等. 面向可持续发展的区域水资源优化配置研究 [J]. 系统工程理论与实践, 2003, 23 (2): 133-138.
[70] 尹明万, 谢新民, 王浩, 等. 基于生活、生产和生态环境用水的水资源配置模型 [J]. 水利水电科技进展, 2004 (2): 5-8.
[71] 徐冬梅, 王欣, 王文川, 等. 博弈论格序理论评价模型在水资源配置方案优选中的应用——以雄安新区起步区为例 [J]. 中国农村水利水电, 2021 (3): 41-45, 52.
[72] 汪风. 考虑水系连通的西安市黑河流域水资源配置方案研究 [D]. 西安: 西安理工大学, 2021.
[73] 赵洪杰, 唐德善. 流域防洪体系防洪安全评价研究 [J]. 灾害学, 2006, 21 (4): 31-35.
[74] 姜付仁. 我国防洪安全度评价方法探析 [J]. 中国防汛抗旱, 2012, 22 (5): 16-18.
[75] 谷树忠, 李维明, 贾绍凤. 中国水安全现状的系统评价与问题清单 [J]. 发展研究, 2018 (4): 9-14.
[76] 林志敏. 我国水生态系统保护和修复技术的分析 [J]. 环境与发展, 2018, 30 (11): 194-195.
[77] 朱党生, 王晓红, 张建永. 水生态系统保护与修复的方向和措施 [J]. 中国水利, 2015 (22): 9-13.
[78] 何大华. 环境水生态修复的概念、特点及其应用 [J]. 湖南水利水电, 2016 (1): 37-38, 41.
[79] 苏伟, 陈凯麒, 彭文启, 等. 新时期河流水生态系统修复设计研究 [J]. 水力发电, 2020, 46 (11): 15-19.
[80] 张坤, 李卫明, 陈圣盛, 等. 基于大型底栖动物的黄柏河河流健康评价 [J]. 长江流域资源与环境, 2022, 31 (10): 2218-2229.
[81] 魏辅文, 聂永刚, 苗海霞, 等. 生物多样性丧失机制研究进展 [J]. 科学通报, 2014, 59: 430-437.
[82] 顾垒, 闻丞, 罗玫, 等. 中国最受关注濒危物种保护现状快速评价的新方法探讨 [J]. 生物多样性, 2015, 23 (5): 583-590.
[83] VANNOTE R L, MINSHALL G W, CUMMINS K W, et al. River Continuum Concept [J]. Canadian Journal of Fisheries and Aquatic Sciences, 1980, 37 (1): 130-137.
[84] 蔡娟. 太湖流域腹部城市化对水系结构变化及其调蓄能力的影响研究 [D]. 南京: 南京大学, 2012.
[85] 李丽. 南渡江河湖水系连通系统评价研究 [D]. 海口: 海南大学, 2017.
[86] 王欣. 海口市河湖水系连通与水动力水环境研究 [D]. 广州: 华南理工大学, 2018.
[87] 汪跃军. 淮河流域降水量的小波分析 [J]. 治淮, 2006 (12): 25-27.